Excel
应用技巧
速查宝典 第2版

472 节视频讲解+手机扫码看视频+行业案例+素材源文件+在线服务

Excel精英部落◎编著

视频案例版

中国水利水电出版社
www.waterpub.com.cn
·北京·

内 容 提 要

《Excel 应用技巧速查宝典（第 2 版）》是一本全面介绍 Excel 应用技巧的图书，包括 Excel 表格的基本操作、数据处理、数据分析、函数应用等，涵盖面广，易学易懂，随用随查。

《Excel 应用技巧速查宝典（第 2 版）》共 22 章，在表格的基本操作方面包括了表格创建与调整、格式美化；数据处理方面包括了数据的输入（数据验证和自定义单元格格式、复制粘贴技巧）及填充技巧，表格的结构及不规范数据处理；大数据表格分析方面包括了条件格式、数据筛选、排序、分类汇总、透视表、图表、高级分析工具、合并计算等；函数应用方面包括了逻辑判断函数、数学计算函数、统计函数、文本函数、日期函数、查找函数、财务函数等。在具体章节的介绍过程中，重要知识点均配有实例辅助讲解，简单易学、实用高效。

《Excel 应用技巧速查宝典（第 2 版）》包含 472 节同步视频讲解，赠送全书实例的素材和源文件，非常适合 Excel 从入门到精通、从新手到高手各层次的读者使用。行政管理、财务管理、市场营销、人力资源管理、统计分析等人员均可将此书作为案头速查参考手册。本书适用于 Excel 2021/2019/2016/2013/2010/2007/2003 等版本。

图书在版编目（CIP）数据

Excel 应用技巧速查宝典 / Excel 精英部落编
著. --2 版. -- 北京：中国水利水电出版社, 2025.1
ISBN 978-7-5226-1958-3

Ⅰ. ①E… Ⅱ. ①E… Ⅲ. ①表处理软件 Ⅳ.
①TP391.13

中国国家版本馆 CIP 数据核字(2023)第 232648 号

书　　名	Excel 应用技巧速查宝典（第 2 版） Excel YINGYONG JIQIAO SUCHA BAODIAN(DI 2 BAN)
作　　者	Excel 精英部落　编著
出版发行	中国水利水电出版社 （北京市海淀区玉渊潭南路 1 号 D 座　100038） 网址：www.waterpub.com.cn E-mail：zhiboshangshu@163.com 电话：（010）62572966-2205/2266/2201（营销中心）
经　　售	北京科水图书销售有限公司 电话：（010）68545874、63202643 全国各地新华书店和相关出版物销售网点
排　　版	北京智博尚书文化传媒有限公司
印　　刷	北京富博印刷有限公司
规　　格	145mm×210mm　32 开本　20.625 印张　650 千字
版　　次	2019 年 2 月第 1 版第 1 次印刷　2025 年 1 月第 2 版　2025 年 1 月第 1 次印刷
印　　数	0001—4000 册
定　　价	108.00 元

前　言

目前，Excel 表格广泛应用于企业日常办公中，是数据处理分析的专业好帮手。无论是从事会计、审计、营销、统计，还是金融、管理等工作，通过本书的实操学习，都可以让工作事半功倍，简捷高效！但是要想全面深入学习应用好 Excel，忙碌的职场人可能会感到力不从心，而本书巧妙地结合实际工作中经常遇到的问题，融合众多高效的小技巧，方便职场人士快速查阅并学习。

本书特点

视频讲解：本书录制了技巧配套视频，手机扫描书中二维码，可以随时随地看视频。

内容详尽：本书介绍了 Excel 几乎所有的应用方法和技巧，介绍过程中结合实例辅助理解，科学合理，好学好用。

多线应用：Excel 中的各项操作技巧并非是孤立使用的，每一章的小技巧都可以互相结合应用，帮助用户获得更丰富的数据分析能力。比如公式函数在条件格式、数据验证和图表中的结合运用（本书第 20 章函数组合应用）等。

图解操作：本书采用图解模式逐一介绍 Excel 的应用技巧，清晰直观、简洁明了、好学好用，希望读者朋友可以在最短时间里学会相关知识点，从而快速解决办公中的疑难问题。

在线服务：本书提供 QQ 交流群，"三人行，必有我师"，读者可以在群里相互交流，共同进步。

Excel 2021 新增功能

界面升级：Excel 2021 的启动界面和操作界面全新升级，更简洁清晰的图标设计和整体配色相得益彰。

更丰富的搜索功能：在 Excel 2021 版本中应用"搜索"功能可以更快捷地找到想要学习的信息，用户可以按照图形、表格等信息查找，并且会自动记忆用户常用的搜索内容，为用户推荐更多实用的搜索应用，使用更智能更丰富。

新增实用函数：Excel2021 中新增了 XLOOKUP、XMATCH、LET、FILTER、SORT、SORTBY、UNIQUE 等函数。这些函数在参数设置中更加简洁，还可以让数据实现动态查找、筛选和排序（比如新增的 SORTBY 函数可以实现多条件动态排序），更好地提高数据分析能力，数据查找应用也更加强大。

本书目标读者

财务管理：财务管理人员需要熟练掌握财务相关的各类数据，通过对大量数据的计算分析，辅助公司领导对公司的经营状况有一个清晰的判定，并为公司财务政策的制定，提供有效的参考。

人力资源管理：人力资源管理人员工作中经常需要对各类数据进行整理、计算、汇总、查询、分析等处理。熟练掌握并应用此书中的知识进行数据分析，可以自动得出所期望的结果，轻松解决工作中的许多难题。

行政管理：公司行政人员经常需要使用各类数据管理与分析表格，通过本书可以轻松、快捷地学习 Excel 相关知识，以提升行政管理人员的数据处理、统计分析等能力，提高工作效率。

市场营销：营销人员经常需要面对各类数据，因此对销售数据进行统计和分析显得非常重要。Excel 中用于数据处理和分析的函数众多，所以将本书作为案头手册，可以在需要时随查随用，非常方便。

广大读者：普通人也需要注意很多重要数据，如个人收支情况、贷款还款情况等。作为一个负责任的人，对这些都应该做到心中有数。广大读者均可通过 Excel 对数据进行记录、计算与分析。

本书资源获取及在线交流方式

使用手机微信扫一扫下面的公众号二维码，关注后输入 EX19583 至公众号后台，即可获取本书相应资源的下载链接。将该链接复制到计算机浏览器的地址栏中（一定要复制到计算机浏览器的地址栏中），根据提示进行下载。

推荐加入 QQ 群：830284198。对本书有任何疑问，都可在群里提问和交流。

（本书中的所有数据都是为了说明 Excel 函数与公式的应用技巧，实际工作中切不可直接应用。比如，涉及个税计算的基准问题，请参考本书方法，以最新基准计算。）

作者简介

本书由 Excel 精英部落组织编写。Excel 精英部落是一个 Excel 技术研讨、项目管理、培训咨询和图书创作的 Excel 办公协作联盟，其成员多为长期从事行政管理、人力资源管理、财务管理、营销管理、市场分析及 Office 相关培训的工作者。

致谢

本书能够顺利出版，是作者、编辑和所有审校人员共同努力的结果，在此表示感谢。同时，祝福所有读者在职场一帆风顺。

编　者

目　录

Excel 应用技巧速查宝典(第2版)

目
录

Excel 应用技巧速查宝典（第 2 版）

视频讲解：1 小时 8 分钟

目
录

视频讲解：57 分钟

目录

Excel 应用技巧速查宝典（第2版）

第 1 章　表格创建与调整

1.1　创建表格

　　安装 OFFICE 2021 办公软件之后，如果要创建表格文件可以启用 Excel 2021 程序，用户在启动 Excel 程序时系统就会自动创建一个工作簿文件（默认名称为工作簿 1）；除此之外，还可以应用一些技巧实现工作簿的创建、打开、保存等操作，比如固定常用的某个工作簿、快速打开最近使用过的工作簿等。

1.　将 Excel 2021 固定到开始屏幕

　　为了能更快地启动 Excel 2021 程序，可以在"开始屏幕"或者"任务栏"中创建快捷图标。之后想要启动 Excel 2021 程序时，直接单击这两处的 Excel 图标即可快速打开。

扫一扫，看视频

　　❶ 在桌面上单击左下角的"开始"按钮，在弹出的菜单中选择"所有程序"命令，展开所有程序。

　　❷ 将鼠标指针指向 Excel 2021 命令，然后单击鼠标右键，在弹出的快捷菜单中选择"固定到'开始'屏幕"选项（如图 1-1 所示），即可在开始屏幕创建 Excel 2021 快捷图标，如图 1-2 所示。

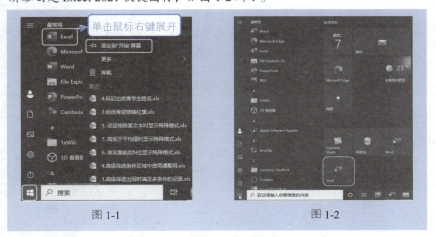

图 1-1　　　　　　　　　　　　　　图 1-2

　　❸ 每次想启动 Excel 2021 时，只要单击开始屏幕中的 Excel 2021 图标

即可启动该程序。

📢 **注意：**

如果想将其固定在"任务栏"中，可以在右键快捷菜单依次选择"更多"→"固定到任务栏"选项即可。

2. 保存新工作簿

扫一扫，看视频

新建工作簿并编辑内容后，如果直接关闭工作簿就会弹出如图 1-3 所示的提示框提示是否保存当前工作簿。用户可以在创建工作簿后在"另存为"对话框中设置文件名及保存路径。

❶ 创建并编辑好工作簿后（也可以创建后就先保存，后面一边编辑一边更新保存），选择"文件"→"另存为"命令，在右侧的窗口中单击"浏览"按钮（如图 1-4 所示），打开"另存为"对话框。

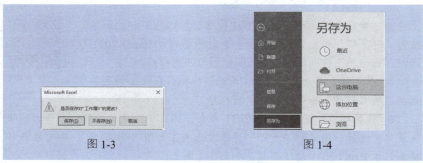

图 1-3   图 1-4

❷ 在地址栏中进入要保存到的文件夹的位置（可以从左侧的树状目录中逐层进入），然后在"文件名"文本框中输入保存的文件名，如图 1-5 所示。

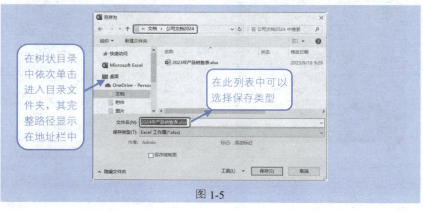

在树状目录中依次单击进入目录文件夹，其完整路径显示在地址栏中

在此列表中可以选择保存类型

图 1-5

❸ 单击"保存"按钮，即可保存此工作簿到指定位置。后期需要打开此工作簿时，只要进入保存的文件夹，双击文件名即可。

📢 **注意：**

❶ 为工作簿设定好保存路径并保存后，在后续的编辑过程中只要产生新的编辑或修改，直接单击程序窗口左上角的"保存"即可。

❷ 在"另存为"对话框中还有一个"保存类型"下拉列表框，用于设置工作簿的保存格式。格式有多种，最为常用的有"Excel 97-2003 工作簿"（与早期版本兼容格式）"启用宏的工作簿"（使用 VBA 必须启用）"Excel 模版"等。只要在该下拉列表框中选择相应的类型，单击"保存"按钮即可。

3. 创建模版工作簿

Excel 新手想要设计出一套美观且专业的工作簿是很难的，用户可以使用在线模版功能免费下载各种类型的模版工作簿文件。模版虽然为用户建立表格提供了很多便利，但也不是万能的，常见的借鉴方式是先下载符合主题的表格模版，然后按自己的实际设计需求修改使用。

扫一扫，看视频

❶ 打开空白工作簿后，选择"文件"→"新建"命令（该选项下出现"Office"和"个人"两个标签内容，常用的是 Office 在线模版），首先在搜索框中输入关键字进行自定义搜索。例如，在搜索框中输入"预算"，再单击"搜索"按钮（如图 1-6 所示），进入模版搜索结果页面。

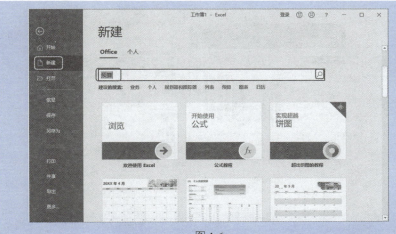

图 1-6

❷ 列表中呈现了很多设计美观专业的 Excel 文件，比如单击列表模版中的"小型企业现金流预测"（如图 1-7 所示），打开"小型企业现金流预测"对话框，如图 1-8 所示。单击"创建"按钮，即可创建指定报表，如图 1-9 所示。

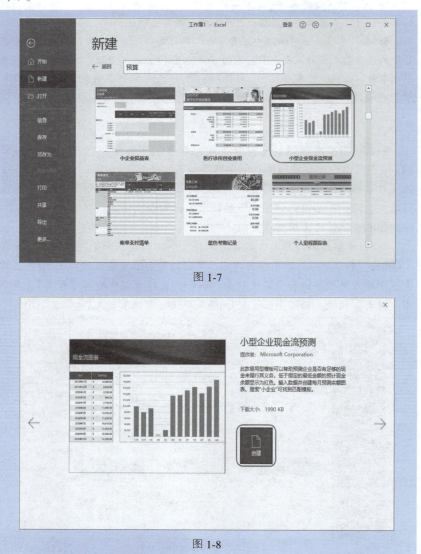

图 1-7

图 1-8

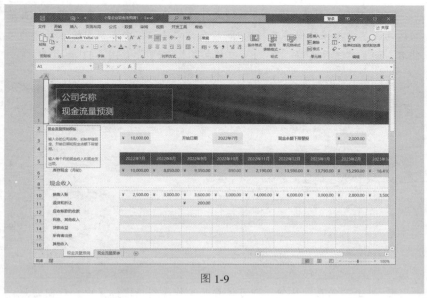

图 1-9

📢 **注意:**

　　通过模版创建的表格,可以根据自己的实际需要对其进行格式设置、框架结构调整等,比起完全从零开始设计表格要省事得多。

4. 保存模版工作簿

　　如果工作中经常要使用某种框架或格式的工作表,可以在创建完毕后将其保存为个人模版类型。当以后要使用时,即可快速打开模版工作簿,再进行局部编辑即可。

扫一扫,看视频

　　❶ 创建好模版工作簿并修改细节后,选择"文件"→"存为"命令,在右侧的窗口中单击"浏览"按钮(如图 1-10 所示),打开"另存为"对话框。

图 1-10

❷ 在地址栏中进入要保存到的文件夹的位置（这里的表格模版位置是默认的，不需要修改保存路径），然后在"文件名"文本框中输入保存的文件名，设置"保存类型"为"Excel 模版（*.xltx）"，如图 1-11 所示。

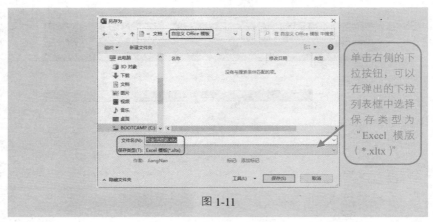

单击右侧的下拉按钮，可以在弹出的下拉列表框中选择保存类型为"Excel 模版（*.xltx）"

图 1-11

❸ 单击"保存"按钮，即可保存此工作簿到指定位置中。后期需要打开此模版工作簿时，只要进入"新建"窗口中，在"个人"选项卡下即可看到创建的表格模版（如图 1-12 所示），单击后即可打开该模版。

图 1-12

🔊 注意：

如果要删除自己创建的工作簿模版，沿默认路径"C:\Users\××（即用户命名的个人文件夹，这里的文件夹名称是计算机根据您的用户名而命名的）Documents\自定义 Office 模版"找到个人模版后，直接删除即可。

5. 打开最近使用的工作簿

Office 程序中的 Word、Excel、PowerPoint 等软件都具有保存最近使用的文件的功能，就是将用户近期打开过的文档保存为一个临时列表。如果用户最近打开过某些文件，想要再次打开时，则不需要逐层进入保存目录去打开，只要启动程序，然后去这个临时列表中即可找到所需文件，再单击即可将其打开。

扫一扫，看视频

❶ 启动 Excel 2021 程序，进入启动界面时会显示一个"最近使用的文档"列表，列出的就是最近使用过的文件，如图 1-13 所示。在目标文件上单击，即可打开该工作簿。

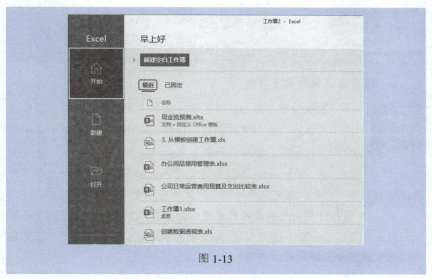
图 1-13

❷ 如果已经启动程序进入工作界面，则选择"文件"→"打开"命令，在右侧窗口中单击"最近"按钮，也可显示最近使用过的文件。单击目标文件，即可打开该工作簿，如图 1-14、图 1-15 所示。

图 1-14

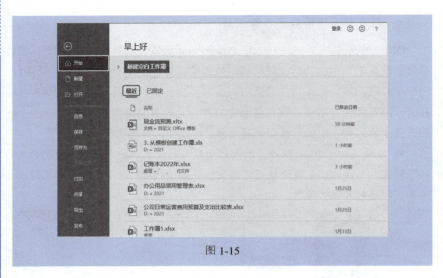

图 1-15

6. 固定最近常用的工作簿

扫一扫，看视频

如果想要在最近打开的文件列表中快速找到每天都要使用的工作簿，可通过文件固定功能实现，用户可以将单个或多个文件进行固定，也可以取消固定。

❶ 启动 Excel 2021 程序，进入启动界面时会显示一个"最近使用的文档"列表，其中显示的就是最近使用的文件。

❷ 将鼠标指针指向想要固定的文件名上，其右侧会出现"将此项目固定到列表"按钮（如图 1-16 所示），单击该按钮，即可固定此文件并将其显示到列表最上方，如图 1-17 所示。

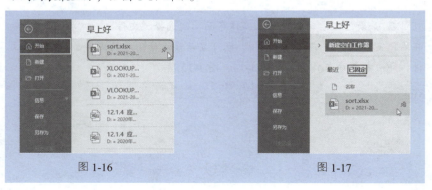

图 1-16　　　　　　　　　　图 1-17

📢 **注意：**

如果不再需要使用某个固定文件，单击该文件右侧的"从列表中取消对此项目的固定"按钮即可取消。

1.2 导入外部表格

使用 Excel 编辑"网页""文本文件""其他工作表"中的数据时，只需要使用"导入"功能，就能实现外部数据的输入。

1. 导入 Excel 表格数据

如果想要在现有工作表中使用指定文件夹内的指定工作表，可按以下方式导入表格文件。

扫一扫，看视频

❶ 在目标工作表中选中要存放数据的首个单元格，在"数据"选项卡的"获取和转换数据"组中单击"现有连接"按钮（如图 1-18 所示），打开"现有连接"对话框。单击下方的"浏览更多"按钮（如图 1-19 所示），打开"选取数据源"对话框。

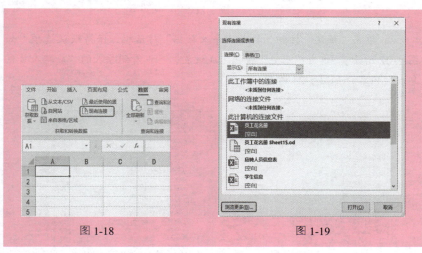

图 1-18　　　　　　　　　　　　图 1-19

❷ 定位要导入表格的保存位置，选中"应聘人员信息表"工作簿（如图 1-20 所示），单击"打开"按钮，打开"选择表格"对话框。

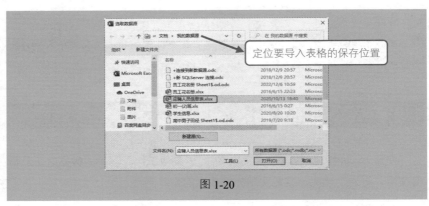

图 1-20

❸ 在"选择表格"对话框中单击"应聘人员信息表"（对话框中显示的是选中工作簿所包含的所有工作表），如图 1-21 所示。

图 1-21

❹ 单击"确定"按钮，打开"导入数据"对话框，保持默认选项（如图 1-22 所示）。单击"确定"按钮完成设置，可以看到导入的"应聘人员信息表"内容，如图 1-23 所示。

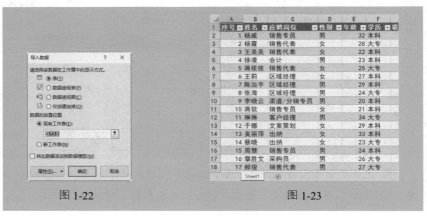

图 1-22   图 1-23

2. 导入文本文件数据

如图 1-24 所示为文本文件数据。为了便于对数据的查看与
分析，可以将其转换为规则的 Excel 数据。

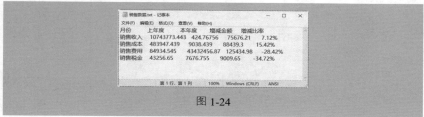

图 1-24

❶ 选中要显示导入数据的首个单元格，在"数据"选项卡的"获取和
转换数据"组中单击"从文本"按钮（如图 1-25 所示），打开"导入文本文
件"对话框。选择要导入的文件后单击"导入"按钮（如图 1-26 所示），打
开"文本导入向导，第 1 步，共 3 步"对话框。

图 1-25   图 1-26

❷ 再打开"销售数据"对话框，单击"转换数据"按钮（如图 1-27 所
示），打开编辑器。

图 1-27

❸ 在编辑器中可以预览转换后的表格效果，如图 1-28 所示。

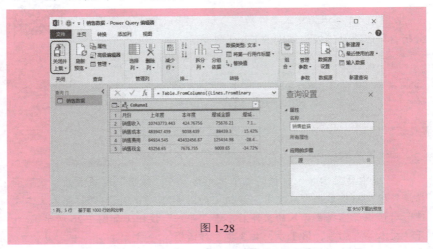

图 1-28

❹ 单击"确定"按钮即可导入文本文件数据，为数据设置文本格式并添加边框和底纹，得到如图 1-29 所示的表格效果。

图 1-29

🔊 注意：

在导入的过程中，要确保文本文件数据采用统一的分隔符间隔，如逗号、空格、分号、换行符等均可，只有这样程序才可以找到相关的规则实现数据的自动分列。

3. 导入网页中的表格

扫一扫，看视频

如果需要在表格中引用某网页中的表格，可以在打开网页后选取相应的表格执行导入即可。

❶ 选中要导入的单元格，如 A1，在"数据"选项卡的"获取外部数据"组中单击"自网站"按钮（如图 1-30 所示），打开"从 Web"对话框。

❷ 首先在"地址"栏中输入网址，如图 1-31 所示。

图 1-30   图 1-31

❸ 单击"确定"按钮打开"导航器"对话框，首先在左侧选择需要的表格名称，如"Table7"，即可在右侧生成预览表格，如图 1-32 所示。

❹ 单击"加载"按钮完成设置，此时可以看到工作表中导入的表格数据，如图 1-33 所示。

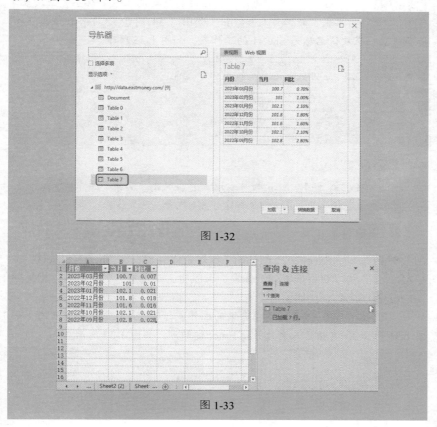

图 1-32

图 1-33

1.3 表格操作

默认 Excel 2021 工作簿中只包含一张工作表，根据实际工作内容的不同，通常会在同一工作簿中建立多张工作表来管理数据，并根据数据性质对工作表进行重命名（比如按季度统计销售数据、按月统计员工薪酬等），还可以将不需要的工作表删除，也可以复制移动指定工作表，这些操作都是针对工作表的基本操作。

1. 添加新工作表

扫一扫，看视频

Excel 2021 程序默认工作簿中只有一张工作表，为了满足实际工作的需要，可以在任意指定位置添加新的工作表。

❶ 打开工作簿后，在已经创建好的工作表标签（业绩表）后单击"新工作表"按钮（如图 1-34 所示），即可在该工作表后面建立一张默认名称为 Sheet1 的工作表，如图 1-35 所示。

图 1-34   图 1-35

📢 注意：

连续单击"新工作表"按钮可以添加更多的新工作表，或在"Excel 选项"对话框中进行设置，让工作簿新建时自动包含几张工作表。

2. 重命名工作表

扫一扫，看视频

Excel 2021 默认的工作表名称为 Sheet1、Sheet2、Sheet3……为了更好地管理工作表，可以将工作表重命名为与内容相关的名称，比如 1 月工资表、2 月工资表等。

❶ 双击需要重命名的工作表标签，进入文字编辑状态（如图 1-36 所示），直接输入名称并按 Enter 键即可，如图 1-37 所示。

图 1-36   图 1-37

❷ 或者选中工作表标签后单击鼠标右键，在弹出的快捷菜单中选择"重命名"命令（如图 1-38 所示），也可进入文字编辑状态，直接输入工作表名称并按 Enter 键即可。

单击鼠标右键展开

图 1-38

3. 重设工作表标签颜色

Excel 2021 默认的工作表标签颜色为透明色，为了更好地区分不同类型的工作表并美化工作表标签，可以重新设置工作表标签的颜色。

扫一扫，看视频

❶ 选中工作表标签后单击鼠标右键，在弹出的快捷菜单中选择"工作表标签颜色"命令，在弹出的子菜单中选择"主题颜色"中的"橙色"（如图 1-39 所示），即可更改工作表标签的颜色。

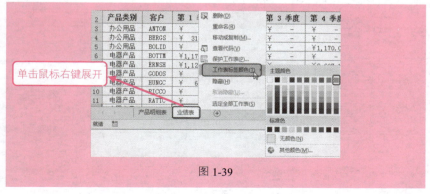

单击鼠标右键展开

图 1-39

❷ 再按照相同的方法依次设置其他工作表标签的颜色，效果如图 1-40 所示。

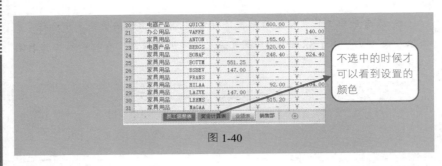

图 1-40

📢 **注意：**

如果"主题颜色"列表无法满足设置需求，可以在"工作表标签颜色"列表中选择"其他颜色"，在打开的颜色对话框中选择所需的颜色。

4. 快速移动或复制工作表

扫一扫，看视频

如果要在同一工作簿中移动或调换工作表之间的位置，可以直接使用鼠标进行操作。操作的过程中还需要同时配合 Ctrl 键进行。

❶ 将鼠标指针指向要移动的工作表标签上，然后按中鼠标左键不放（此时可以看到鼠标指针下方出现一个书页符号），保持这种状态并拖动鼠标，如图 1-41 所示。

❷ 拖动到需要的位置后，可以看到书页符号上方出现一个倒三角，代表要放置工作表的位置，如图 1-42 所示。释放鼠标左键后，即可将该工作表移动到指定位置，如图 1-43 所示。

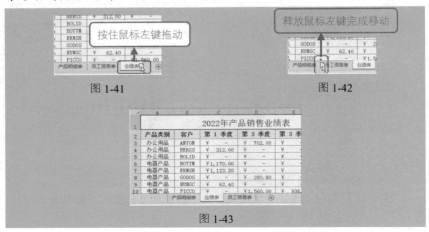

图 1-41

图 1-42

图 1-43

❸ 如果要复制工作表，可以将鼠标指针指向要复制的工作表标签，然后在按住 Ctrl 键的同时按住鼠标左键不放进行拖动（此时可以看到鼠标指针下方出现内部有一个加号的书页符号），如图 1-44 所示。拖动到需要的位置后，释放鼠标左键，即可将该工作表复制到指定位置，如图 1-45 所示。

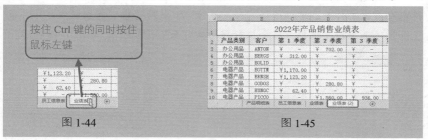

图 1-44　　　　　　　　　　　　　图 1-45

📢 注意：

这种使用鼠标或鼠标配合按键拖动的方式只能实现在同一工作簿中工作表的移动或复制，如果要一次性复制多张工作表，可以按"Ctrl"键依次选中多张工作表标签后，再按住"Ctrl"键同时按住鼠标左键拖动，即可快速复制多张工作表；如果要跨工作簿移动或复制工作表，需要使用"移动或复制工作表"对话框。

5. 跨工作簿移动复制工作表

前面介绍的是在同一工作簿中复制或移动工作表。如果要在不同工作簿之间复制或移动工作表，可以通过"移动或复制工作表"对话框实现。比如现在需要把"2020 业绩表"中的"业绩表"复制到"2021 业绩表"中，如图 1-46 所示。

扫一扫，看视频

图 1-46

❶ 鼠标右键单击"业绩表"标签，在弹出的快捷菜单中选择"移动或复制"命令（如图 1-47 所示），打开"移动或复制工作表"对话框。

❷ 在"将选定工作表移至工作簿"下拉列表框中选择"2021 业绩表.xls"，在"下列选定工作表之前"下拉列表框中选择 Sheet1（如果要复制到的工作簿包含多张工作表，可以选择"移至最后"），然后选中"建立副本"复选框（如果不选中该复选框，将会执行移动操作而不是复制），如图 1-48 所示。

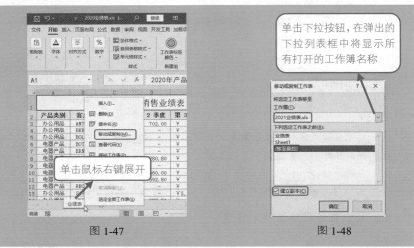

图 1-47　　　　　　　　　　图 1-48

❸ 单击"确定"按钮，即可将"业绩表"由"2020 业绩表"复制到"2021 业绩表"中的指定位置，如图 1-49 所示。

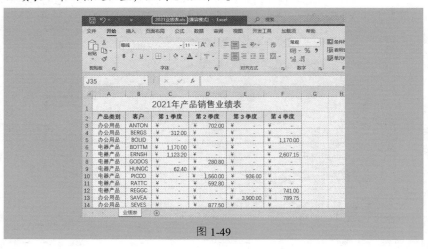

图 1-49

也可以同时打开多张工作簿后，选中要移动或复制的工作表标签，再按住"Ctrl"键不放的同时将其拖动至其他工作簿中的指定工作表位置。

6. 将多张工作表建立为一个工作组

日常工作经常需要对多张工作表进行相同的操作，比如一次性删除一个工作簿中的多张工作表、一次性输入相同数据、一次性设置相同的单元格数据格式等。这时利用"工作组"功能，将多张工作表组成一个组，就可以同时实现相同的操作了。

扫一扫，看视频

比如本例需要同时在 3 张工作表中输入相同的列标识、序号，并且列标识使用相同的格式。

❶ 打开工作簿后，按住 Ctrl 键的同时依次单击所有要成组的工作表标签（如图 1-50 所示），即可将 3 张工作表建立为一个工作组。

同时选中多个工作表标签

图 1-50

❷ 在 Sheet1 工作表中依次设置表格边框、输入列标识文字并设置填充格式、在 A 列输入序号，如图 1-51 所示。依次切换至其他工作表后，即可看到 Sheet2 和 Sheet3 应用了与 Sheet1 工作表相同的文字和格式，如图 1-52 所示。

切换到 Sheet2 工作表

图 1-51　　　　图 1-52

📢 注意：

虽然"格式刷"功能也可以实现格式的快速刷取，但如果是大面积地引用表格文字和格式，还是建议使用"成组工作表"功能。

7. 隐藏包含重要数据的工作表

扫一扫，看视频

如果工作表中包含重要数据而不希望被别人看到，可以将工作表设置为隐藏，则该工作表标签就不会显示在工作簿中。

选中要隐藏的工作表标签后，单击鼠标右键，在弹出的快捷菜单中选择"隐藏"命令（如图 1-53 所示），即可隐藏该工作表，如图 1-54 所示。

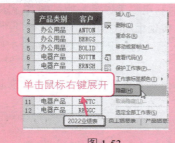

图 1-53

图 1-54

📢 **注意：**

如果要取消某一工作表的隐藏，可在选中该工作表标签后，单击鼠标右键，在弹出的快捷菜单中选择"取消隐藏"命令，然后在打开的对话框中选择想要取消隐藏的工作表即可。

8. 隐藏工作表标签

扫一扫，看视频

启动 Excel 2021 程序后，默认会在表格界面下方显示所有的工作表标签（包含工作表名称、标签颜色等信息），如果将工作表标签隐藏，也可以在一定程度上实现对数据的保护。

❶ 打开工作簿后，选择"文件"→"选项"命令（如图 1-55 所示），打开"Excel 选项"对话框。

❷ 选择"高级"选项卡，在右侧"此工作簿的显示选项"栏中取消勾选"显示工作表标签"复选框，如图 1-56 所示。

📢 **注意：**

在"Excel 选项"对话框中重新勾选"显示工作表标签"复选框，就可以再次显示工作表标签了。

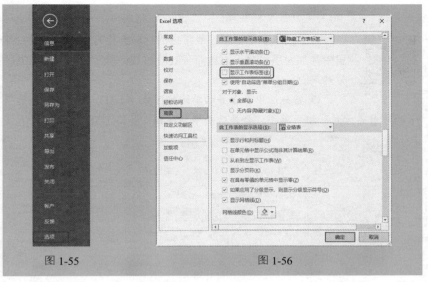

图 1-55   图 1-56

❸ 单击"确定"按钮完成设置，此时即可看到所有工作表标签均被隐藏，如图 1-57 所示。

图 1-57

1.4　调整表格外观

本节主要介绍如何设置表格的边框、底纹、列宽、行高等，比如用添加边框线条或调整边框的粗细度来区分数据的层级。为了凸显各项目的逻辑层次，还可以为行、列标识单元格区域设置不同的填充效果、边框效果、列宽、行高值等，美化表格边框时同一层级应使用同一粗细的线条边框。

1. 合并居中显示表格的标题

为了突出表格标题，最常见的标题美化方式是将标题合并居中并加大字号显示，从而有效地和其他单元格区域的数据区分开来。

❶ 首先选中要合并的单元格区域 A1:J1，在"开始"选项卡的"对齐方式"组中单击"合并后居中"按钮，如图 1-58 所示。

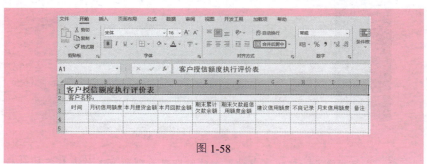

图 1-58

❷ 此时可以看到选中的单元格区域中的数据被合并且居中显示，效果如图 1-59 所示。

图 1-59

📢 注意：

如果要取消合并居中效果，再次单击该按钮即可取消。

2. 设置标题分散对齐效果

如果觉得标题文字的默认显示效果过于紧凑，可以使用"分散对齐"功能，拉远字与字之间的距离。

❶ 选中要分散对齐的单元格 A1，在"开始"选项卡的"对齐方式"组中单击"对话框启动器"按钮（如图 1-60 所示），打开"设置单元格格式"对话框。

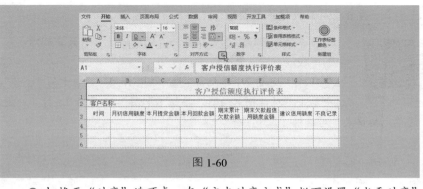

图 1-60

❷ 切换至"对齐"选项卡，在"文本对齐方式"栏下设置"水平对齐"
为"分散对齐（缩进）"，并调整缩进值为"7"，如图 1-61 所示。

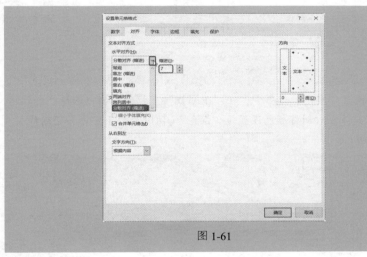

图 1-61

❸ 单击"确定"按钮完成设置，即可看到所选单元格内的文本呈现出分
散对齐效果（如果不设置缩进值，默认将占满整个单元格），如图 1-62 所示。

图 1-62

3. 为表格标题设置下划线

为表格标题设置居中对齐后，还可以单独为其添加指定颜色的单线或双线下划线效果。

❶ 首先选中 A1 单元格，然后在"开始"选项卡的"字体"组中单击"对话框启动器"按钮（如图 1-63 所示），打开"设置单元格格式"对话框。

图 1-63

❷ 切换至"字体"选项卡，在"下划线"下拉列表框中选择"会计用双下划线"，并在右侧将颜色设置为"橙色"（同时应用于字体和下划线），如图 1-64 所示。

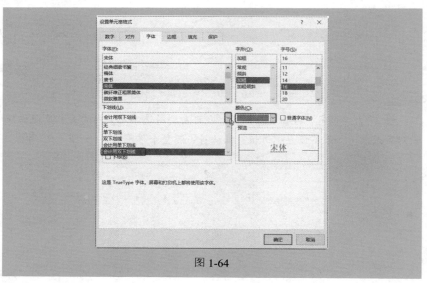

图 1-64

❸ 单击"确定"按钮完成设置，此时可以看到标题下方添加了一条橙色长下划线，如图 1-65 所示。

图 1-65

4. 让表格部分数据竖向显示

表格内输入的文本默认都是横向显示的，但在实际制表中经常需要根据表格的设置情况使用竖向文字或其他角度显示的文字效果。比如文字较少时，为了和上部分的单元格列宽一致，不破坏表格整体的美感，就可以将单元格内的文字设置为竖向显示。

扫一扫，看视频

❶ 首先选中要更改为竖向显示的文本所在的单元格，然后在"开始"选项卡的"对齐方式"组中单击"方向"下拉按钮，在打开的下拉列表中选择"竖排文字"选项，如图 1-66 所示。

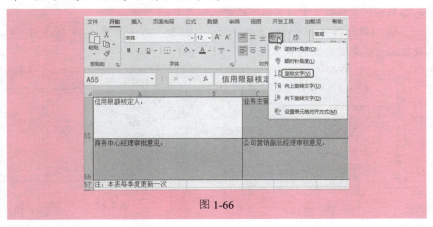

图 1-66

❷ 此时可以看到原来的横排文本显示为竖向，如图 1-67 所示。

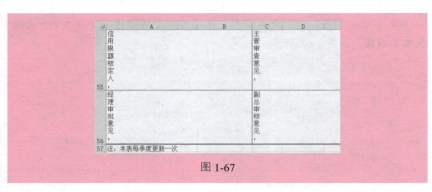

图 1-67

📢 注意：

　　在"方向"下拉列表中还有其他几个选项，可以使用不同的竖向方式，也可以让文字斜向显示，但竖向文本和斜向文本注意要合理应用。

5. 批量调整行高、列宽

扫一扫，看视频

　　工作表有默认的行高和列宽值，默认列宽为 8.43 个字符。如果某列的宽度或某行的高度为 0，则此列或行将隐藏。在工作表中，可指定列宽为 0~255，可指定行高为 0~409。

　　本例介绍如何手动批量调整多行、多列的行高和列宽。

❶ 首先选中要调整列宽的多列（这里直接单击 E、F、G 三列的列标），然后将鼠标指针放在 G 列右侧边线上，按住鼠标左键（此时鼠标指针会变成黑色带双向箭头的十字形）向右拖动，如图 1-68 所示。

❷ 当鼠标指针上方的列宽数字变成"22.25"时（如图 1-69 所示），释放鼠标左键完成列宽调整。

图 1-68　　　　　　　　　　　　　图 1-69

❸ 继续选中要调整行高的多行（这里直接单击第 4~16 行的行号），然

后将鼠标指针放在第 16 行下侧边线上，按住鼠标左键（此时鼠标指针会变成黑色带双向箭头的十字形）向下拖动，如图 1-70 所示。

❹ 当鼠标指针上方的行高数字变成"22.50"时（如图 1-71 所示），释放鼠标左键完成行高调整。

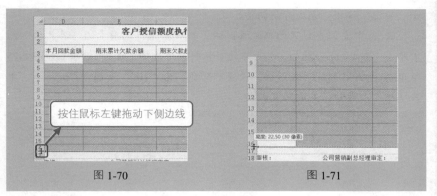

图 1-70　　　　　　　　　　　图 1-71

❺ 此时可以看到手动调整后的表格行高和列宽效果，如图 1-72 所示。

图 1-72

📢 注意：

　　如果要设置不连续多行的行高（列宽），可以在按住 Ctrl 键的同时依次选中不连续的多行或多列（在行号或列标上单击即可依次选中），然后按照相同的操作方法向右或者向下拖动，实现手动调整行高或列宽。

6. 精确调整行高、列宽

　　上文介绍了手动调整表格行高和列宽的方法，如果要精确地设置行高和列宽，可以打开"列宽"和"行高"对话框，输

扫一扫，看视频

入精确数值。

❶ 选中要调整列宽的单元格区域，在"开始"选项卡的"单元格"组中单击"格式"下拉按钮，在打开的下拉列表中选择"行高"选项（如图 1-73 所示），打开"行高"对话框，设置"行高"为"15"，如图 1-74 所示。单击"确定"按钮，完成行高调整。

❷ 选中要调整列宽的单元格区域，在"开始"选项卡的"单元格"组中单击"格式"下拉按钮，在打开的下拉列表中选择"列宽"选项（如图 1-75 所示），打开"列宽"对话框，设置"列宽"为"10"，如图 1-76 所示。单击"确定"按钮，完成列宽调整。

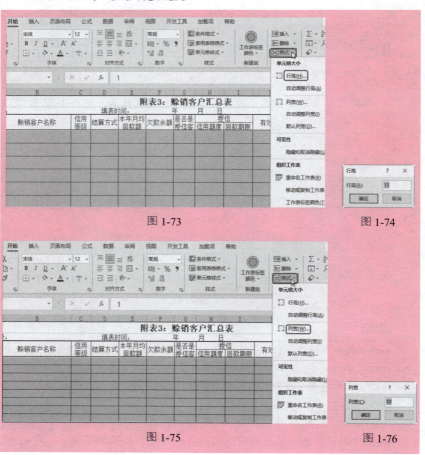

图 1-73　　　　　　　　　　　　　　　　图 1-74

图 1-75　　　　　　　　　　　　　　　　图 1-76

📢 **注意：**

　　如果要批量将行高和列宽自适应单元格的文本长度，可以在"格式"列表中选择"自动调整列宽"或"自动调整行高"。

7. 为表格定制边框线条

　　工作表中的网格线是方便用户辅助输入数据的，且在执行表格打印时不会显示。用户可以根据实际需求为表格指定区域添加指定样式的框线。

扫一扫，看视频

❶ 选中要添加框线的单元格区域，在"开始"选项卡的"字体"组中单击对话框启动器按钮（如图 1-77 所示），打开"设置单元格格式"对话框。

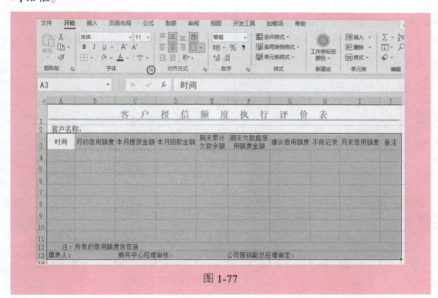

图 1-77

　　❷ 切换至"边框"选项卡，在"线条"栏下的"样式"列表框中选择一个样式，在"颜色"下拉列表框中选择深灰色，在"预置"栏下选择"外边框"，即可完成外部边框样式的设置，如图 1-78 所示。

　　❸ 继续在"线条"栏下的"样式"列表框中选择一个样式，在"颜色"下拉列表中选择深灰色，在"预置"栏下选择"内部"，即可完成内部边框样式的设置，如图 1-79 所示。

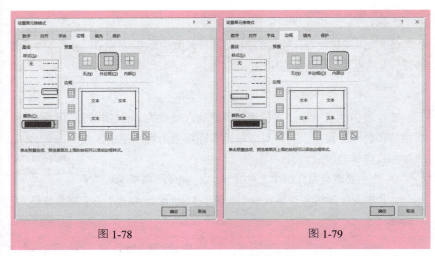

图 1-78   图 1-79

❹ 单击"确定"按钮完成设置，即可得到整张表格的边框效果（加粗深灰色外框线，细虚线内部边框），如图 1-80 所示。

图 1-80

8. 快速套用表格格式

扫一扫，看视频

如果对表格的边框底纹没有特殊设计需求，可以使用"套用表格格式"功能一键应用特定的边框底纹效果。

❶ 选中需要应用格式的区域，在"开始"选项卡的"样式"组中单击"套用表格格式"下拉按钮，在打开的下拉列表中选择"橙色、表样式中等深浅 10"（如图 1-81 所示），打开"套用表格式"对话框。

❷ 选中"表包含标题"复选框，如图 1-82 所示。

❸ 单击"确定"按钮返回表格，即可快速套用指定样式，取消"筛选"按钮即可，如图 1-83 所示。

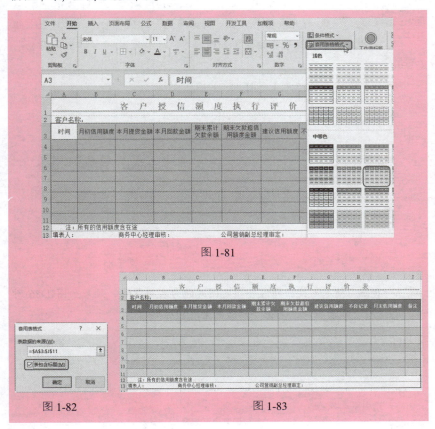

图 1-81

图 1-82

图 1-83

1.5 调整表格页面

Excel 在执行表格打印之前，先要进行页面设置，比如设置页面（纸张大小、纸张方向等）、页边距（页边距的大小、打印内容位置）、添加页眉和页脚等。页面设置的有关命令可以在"页面布局"选项卡中的"页面设置"组中查找。

1. 设置页面背景

表格的默认背景效果为白色，用户可以将事先准备好的图片做为整张表格的背景，执行表格打印时不会打印背景图片。

❶ 打开表格后，在"页面布局"选项卡的"页面设置"组中单击"背景"按钮（如图 1-84 所示），打开"工作表背景"对话框。

❷ 打开文件夹路径并选中图片，如图 1-85 所示。

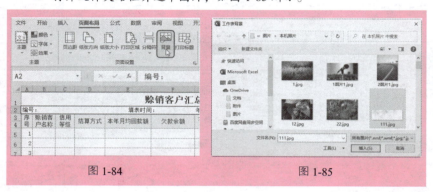

图 1-84　　　　　　　　　　　　　　图 1-85

❸ 单击"插入"按钮即可将指定图片做为表格背景，效果如图 1-86 所示。要想删除背景照片，单击"删除背景"按钮即可。

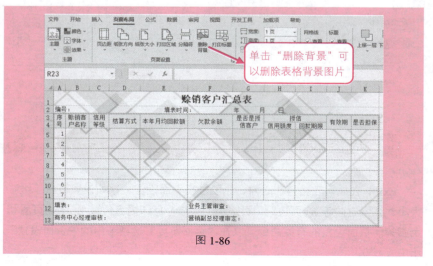

图 1-86

32

2. 调整默认页边距

页边距是指工作表中数据到纸张边缘的距离，默认显示为表格距边界的空白区域。调整页边距主要是为打印效果服务的，也可以通过调整页边距放置一些其他元素，比如页码、页眉、页脚等。

扫一扫，看视频

❶ 打开表格后，在"页面布局"选项卡的"页面设置"组单击"页边距"下拉按钮，在打开的下拉列表选择"自定义页边距"（如图 1-87 所示），打开"页面设置"对话框。

❷ 切换至"页边距"选项卡，分别设置上边距、下边距，左边距和右边距，如图 1-88 所示。

❸ 单击"确定"按钮完成设置，进入打印预览界面时可以看到页边距效果。

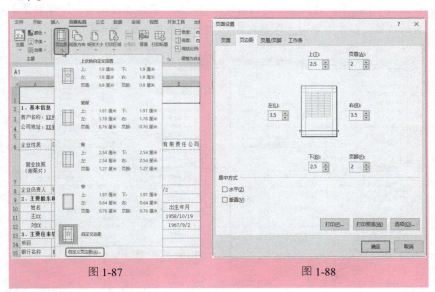

图 1-87   图 1-88

📢 **注意：**

调整页边距时，尽量将左右边距数值设置为相同，上下边距数值也设置为相同，这样打印出来的表格会比较美观。

3. 在任意位置分页

当表格有多页时，正常情况下是第一页排满的情况下才把内容排向下一页，但在实际打印需求中，有时需要在指定的位置上分页，即随意安排想分页的位置。

❶ 打开表格后，在"视图"选项卡的"工作簿视图"组中单击"分页预览"按钮（如图 1-89 所示），进入分页预览状态。

图 1-89

❷ 在"分页预览"视图中，可以看到蓝色虚线分页符（默认的分页处），如图 1-90 所示。将鼠标指针指向分页符，按住鼠标左键拖动，即可调整分页的位置。如本例中向上拖动到第 19 行处，如图 1-91 所示。

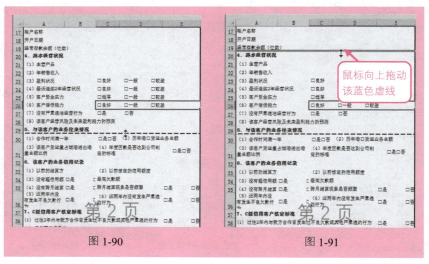

图 1-90   图 1-91

❸ 调整后在"视图"选项卡的"工作簿视图"组中单击"普通"按钮，返回普通视图。重新进入打印预览状态，可以看到当前表格将第 19 行之后的内容分到下一页了，如图 1-92、图 1-93 所示。

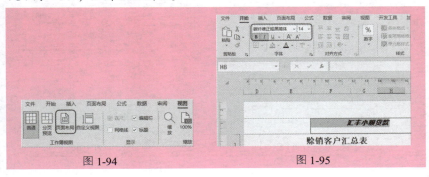

图 1-92　　　　　　　　　　　　　　图 1-93

4. 应用页眉

在工作表的顶部可以添加页眉来修饰。例如，可以创建包含图片、公司联系方式、宣传语等。

页眉会显示在"页面布局"视图中，因此如果要添加页眉，可以进入"页面布局"视图中进行操作。

❶ 打开表格后，在"视图"选项卡的"工作簿视图"组中单击"页面布局"按钮（如图 1-94 所示），即可进入页面布局视图。

❷ 进入页眉编辑状态后，此时可以看到表格上方显示了页眉，分为 3 个编辑区域。单击中间区域后，直接输入文本并选中文本，在"开始"选项卡的"字体"组中设置字体为"碳纤维正粗黑简体"，字形为"倾斜""加粗"，大小为"14"，如图 1-95 所示。

图 1-94　　　　　　　　　　　　　　图 1-95

❸ 按照相同的方法输入剩下的页眉文字并设置格式，退出页眉编辑状态，效果如图1-96所示。

图1-96

Excel 应用技巧速查宝典（第2版）

📢 注意：

只有在页面布局视图中才可以看到页眉和页脚，日常编辑表格时都是在普通视图中，普通视图是看不到页眉和页脚的。

5. 应用页脚

扫一扫，看视频

在工作表的底部可以添加页脚。例如，可以创建一个包含页码、日期和文件名的页脚。

❶ 进入页面视图状态后，可以看到表格页面的下方显示了页脚，分为3个编辑区域。单击左侧的第一个区域后，在"页眉和页脚"选项卡的"页眉和页脚元素"组中单击"页码"按钮，如图1-97所示。此时可以看到插入的"页码"域，如图1-98所示。

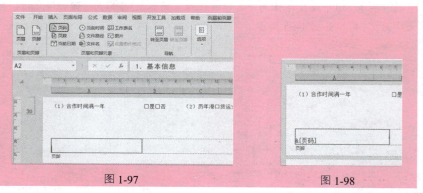

图1-97　　　　　　　　　　　图1-98

❷ 在非页脚区域的任意空白处单击鼠标左键退出编辑状态，此时可以看到添加的页码，如图 1-99 所示。按相同的方法单击其他区域，还可以插入其他页脚。

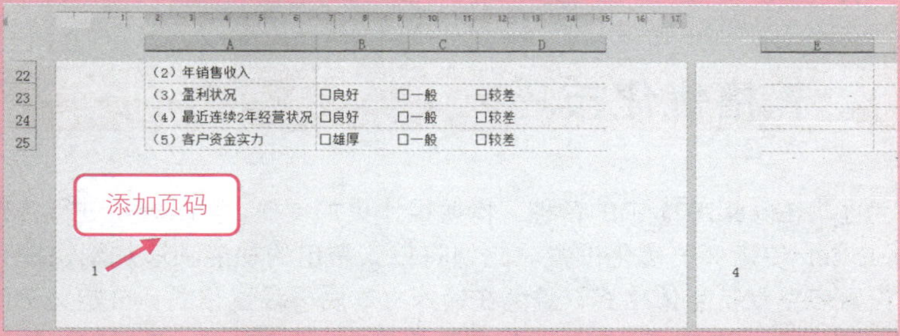

图 1-99

注意：

如果要在页眉和页脚部位添加图片修饰，可以在“页眉和页脚”选项卡下单击“图片”按钮，再根据界面提示选择合适的图片即可。

第2章 表格优化与格式

2.1 表格优化技巧

　　为了让 Excel 2021 中的各种工作簿操作更加便捷，可以事先进行各种实用的 Excel 使用环境优化设置。比如将每天常用的功能项添加到快捷列表中；设置表格默认字体格式，避免在输入文本后再设置格式；自定义工作表的列宽和行高（使其符合自己常用的表格行高、列宽值）；设置默认的表格数量等。

1．一键快速选择常用命令

扫一扫，看视频

　　Excel 2021 中的每个选项卡下都会展示一些与之相关的功能命令，通过这些命令可以完成不同的表格操作。但是很多常用的命令都需要逐步打开分级菜单才能找到（比如筛选和排序功能需要在"数据"选项卡的"排序和筛选"组中找到相应的功能按钮），为了能快速找到并使用这些命令，可以事先将一些常用的命令（比如新建工作簿、打印工作簿、设置表格边框线条等）添加到自定义快速访问工具栏列表中，下次要使用时直接一键选择相应的命令即可。

　　例如，要将"保护工作簿"命令添加至快速访问工具栏中可以进行如下操作。

　　❶ 在标题栏单击"自定义快速访问工具栏"按钮，在弹出的下拉菜单中选择"其他命令"（如图 2-1 所示），打开"Excel 选项"对话框。

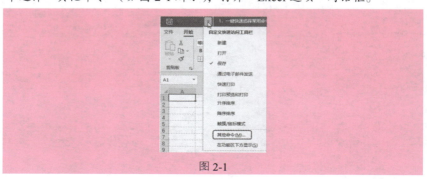

图 2-1

❷ 选择"快速访问工具栏"选项卡，在右侧"从下列位置选择命令"下拉列表框中选择"'审阅'选项卡"，在下面的列表框中选择"保护工作簿"。然后单击"添加"按钮，即可将"保护工作簿"命令添加到"自定义快速访问工具栏"列表框中，如图 2-2 所示。

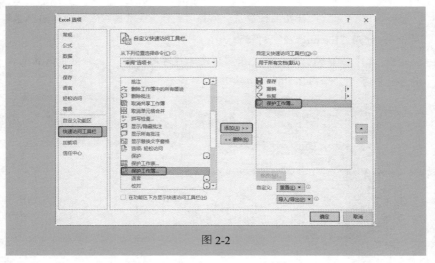

图 2-2

❸ 单击"确定"按钮，即可将"保护工作簿"命令添加到快速访问工具栏中（如图 2-3 所示）。单击该命令按钮后，即可打开相关对话框设置工作簿保护密码。

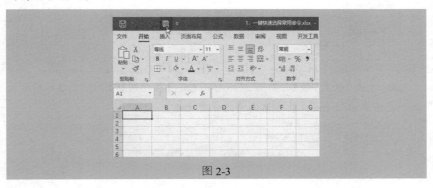

图 2-3

📢 注意：

如果要删除添加的某个命令按钮，可以将鼠标指针指向该命令，然后单击鼠标右键，在弹出的快捷菜单中选择"从快速访问工具栏删除"即可。

2. 为工作簿定制默认字体格式

扫一扫，看视频

Excel 2021 默认的字体、字号为"正文字体"、11 磅。如果需要在创建工作簿时使用相同的字体格式，可以在"Excel 选项"对话框中统一定制默认的字体格式，提高工作效率。

❶ 打开工作簿后，选择"文件"→"选项"命令（如图 2-4 所示），打开"Excel 选项"对话框。

❷ 选择"常规"选项卡，在"新建工作簿时"栏下分别重新设置默认的字体和字号，如图 2-5 所示。

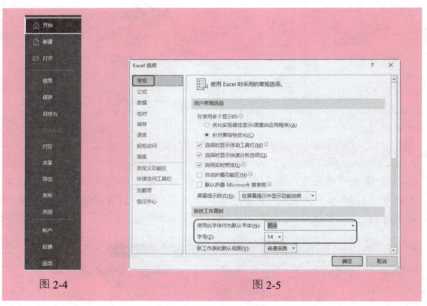

图 2-4　　　　　　　　　　图 2-5

❸ 单击"确定"按钮，打开 Microsoft Excel 提示对话框（如图 2-6 所示），提示要重新启动 Excel 后字体的更改才能生效。

图 2-6

❹ 单击"确定"按钮，完成 Excel 的重新启动。

3. 为工作簿定制默认表格数量

Excel 2021 默认的工作表数量只有一张，为了满足实际工作需要，可以设置在创建工作簿时就默认包含任意指定张数的工作表。

扫一扫，看视频

❶ 打开工作簿后，选择"文件"→"选项"命令（如图 2-7 所示），打开"Excel 选项"对话框。

❷ 选择"常规"选项卡，在"新建工作簿时"栏下设置"包含的工作表数"为 5，如图 2-8 所示。

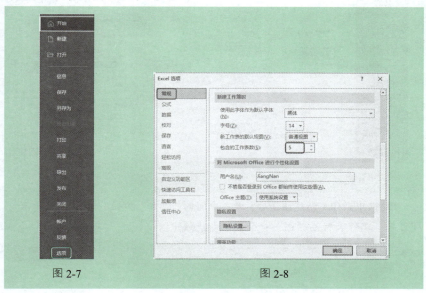

图 2-7 图 2-8

❸ 单击"确定"按钮，再次启动工作簿时就可以自动包含 5 张工作表。

4. 为工作簿定制常用的功能按钮

如果希望在工作簿的指定选项卡下添加某些功能按钮，可以使用自定义功能区来新建组，并将指定的命令按钮添加到新组中。例如，下面添加一个新组并在其中放置"工作表标签颜色"功能按钮。

扫一扫，看视频

❶ 打开工作簿后，选择"文件"→"选项"命令（如图 2-9 所示），打开"Excel 选项"对话框。

❷ 选择"自定义功能区"选项卡，在中间的"从下列位置选择命令"

下拉列表框中选择"所有命令",在下方列表框中选择"工作表标签颜色",在右侧的"主选项卡"下选择"开始"→"样式"（为了让新建组显示在"开始"选项卡下"样式"组的后面），单击下方的"新建组"命令（如图 2-10所示），即可添加新组。

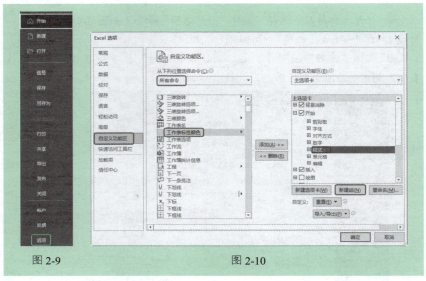

图 2-9　　　　　　　　　　　图 2-10

❸ 选中新组（新建组）后，单击中间的"添加"按钮（如图 2-11 所示），即可将"工作表标签颜色"命令加到新建组中。

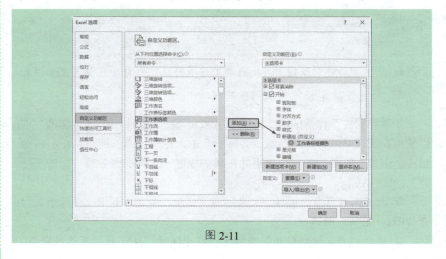

图 2-11

❹ 单击"确定"按钮完成设置，即可看到"开始"选项卡"新建组"中的"工作表标签颜色"按钮，如图 2-12 所示。

图 2-12

5. 为工作簿定制默认的保存路径

如果需要将当天的工作簿文件全部保存到指定的文件夹内，可以事先设置工作簿保存的默认文件夹路径，就可以省去每次都要设置文件保存路径的麻烦。

扫一扫，看视频

❶ 打开工作簿后，选择"文件"→"选项"命令（如图 2-13 所示），打开"Excel 选项"对话框。

❷ 选择"保存"选项卡，在"保存工作簿"栏下选中"默认情况下保存到计算机"复选框，并在"默认本地文件位置"文本框内输入默认的文件保存路径，如图 2-14 所示。

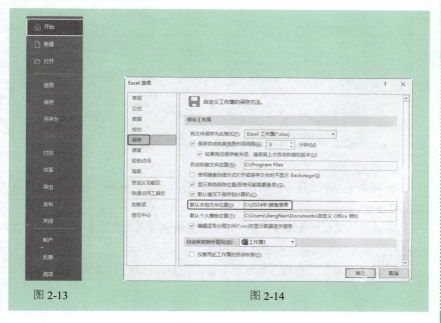

图 2-13   图 2-14

❸ 单击"确定"按钮，即可完成工作簿保存的默认文件夹路径设置。

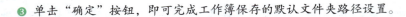**注意:**

如果默认的文件位置无法满足存储需要，用户可以自定义文件的存储路径，但是要方便自己管理和查找。

6. 快速恢复工作簿默认状态

扫一扫，看视频

在多人应用环境下，有时候因为其他用户的误操作会导致原本默认的设置发生改变，例如打开工作表时发现行号、列标不显示，如图 2-15 所示。

或者滚动鼠标中键时，工作表会随之进行缩放。出现这些情况一般是由于在"Excel 选项"对话框中的误操作或个性化设置造成的，用户可以逐步打开"Excel 选项"对话框，寻找相应的恢复选项。

下面结合两个实例讲解用户在遇到此类情况时的恢复技巧。

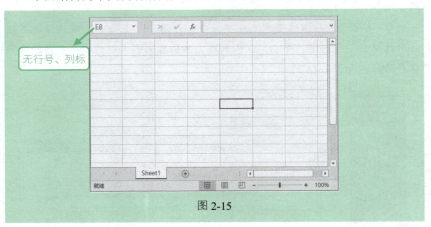

图 2-15

例 1：工作表中的行号和列标恢复法

❶ 打开 Excel 工作簿，选择"文件"→"选项"命令，打开"Excel 选项"对话框。

❷ 选择"高级"选项卡，在"此工作表的显示选项"栏中重新选中"显示行和列标题"复选框，如图 2-16 所示。

❸ 单击"确定"按钮，即可重新显示行和列标题。

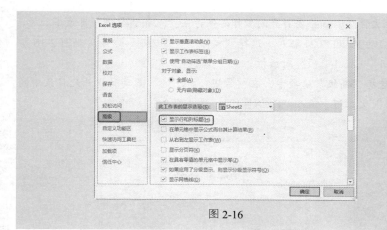

图 2-16

例 2：取消鼠标中键的智能缩放功能

打开"Excel 选项"对话框，选择"高级"选项卡，在"编辑选项"栏中取消选中"用智能鼠标缩放"复选框即可，如图 2-17 所示。

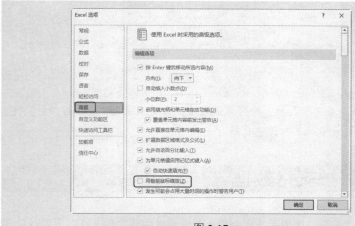

图 2-17

7. 启动 Excel 时自动打开某个工作簿

工作中如果某段时间必须打开某一个或某几个工作簿，则可以将其设置为随 Excel 程序启动而自动打开，从而提高工作效率。

❶ 首先创建一个文件夹，将要随程序启动而打开的工作簿

扫一扫，看视频

都放到此文件夹，如将要打开的工作簿保存在"F:/销售数据"目录下。

❷ 启动 Excel 2021 程序，选择"文件"→"选项"命令（如图 2-18 所示），打开"Excel 选项"对话框。

❸ 选择"高级"选项卡，在"常规"栏下的"启动时打开此目录中的所有文件"文本框中输入"F:/销售数据"，如图 2-19 所示。

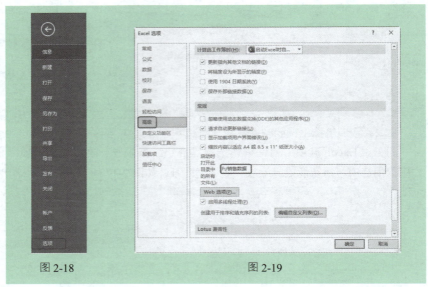

图 2-18　　　　　　　　　　　　　　　　图 2-19

❹ 单击"确定"按钮，即可完成设置。当再次启动 Excel 程序时，"F:/销售数据"目录中的工作簿将自动打开。

2.2　保护表格数据

编辑好表格后，如果要防止外部人员查看或编辑文件，可以设置以只读方式访问工作簿，保护工作表部分区域不被修改，以及设置工作簿打开密码等。

1. 加密保护重要工作簿

扫一扫，看视频

如果要阻止他人打开并查看工作簿数据，可以为工作簿设置打开密码。只有输入正确的密码，才能打开工作簿。

❶ 打开工作簿后，选择"文件"→"信息"命令，在右侧的窗口中单击"保护工作簿"下拉按钮，在弹出的下拉菜单中选择"用密码进行加密"命令（如图 2-20 所示），打开"加密"文档对话框。

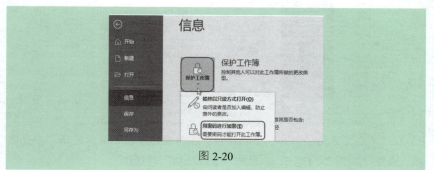

图 2-20

❷ 输入密码并单击"确定"按钮（如图 2-21 所示），在弹出的对话框中再次输入相同密码即可完成设置。返回"信息"窗口后，可以看到"保护工作簿"标签下显示"需要密码才能打开此工作簿"，如图 2-22 所示。

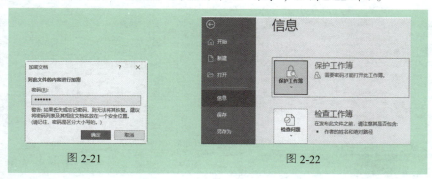

图 2-21　　　　　　　　　　图 2-22

🔊 注意：

如果要取消工作簿密码保护设置，可以按照相同的操作步骤再次打开"加密文档"对话框，删除其中的密码即可。

2. 设置工作表修改权限密码

在将工作簿交由他人查看时，如果不希望他人擅自修改工作簿中的重要内容，可以为其设置修改权限密码。设置后的工作簿可以正常打开，如果要修改数据则需要拥有修改权限密码。

扫一扫，看视频

❶ 打开表格后，选择"文件"→"另存为"命令，在右侧的窗口中单

击"浏览"按钮（如图 2-23 所示），打开"另存为"对话框。

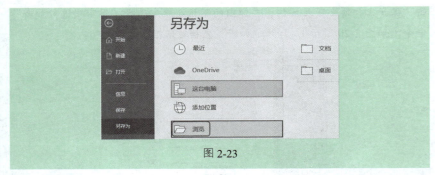

图 2-23

❷ 单击下方的"工具"下拉按钮，在打开的下拉菜单中选择"常规选项"命令（如图 2-24 所示），打开"常规选项"对话框。

❸ 在"修改权限密码"文本框内输入密码（"打开权限密码"文本框保持空白），如图 2-25 所示。

图 2-24　　　　　　　　　　　　　　　图 2-25

❹ 单击"确定"按钮，弹出确认密码对话框，再次输入相同的密码即可。

3. 保护工作表的指定区域

扫一扫，看视频

如果工作表中包含重要的数据区域（比如员工考核成绩、商品库存量、公司年度利润统计等），只想要他人查看并禁止编辑修改，可以首先取消所有数据区域的锁定状态，然后单独锁定禁止编辑的部分区域，最后再设置指定区域的保护密码。

❶ 首先选中表格中的整个数据区域（如图 2-26 所示），按 Ctrl+1 组合键，打开"设置单元格格式"对话框。切换至"保护"选项卡，取消选中"锁定"复选框，如图 2-27 所示。

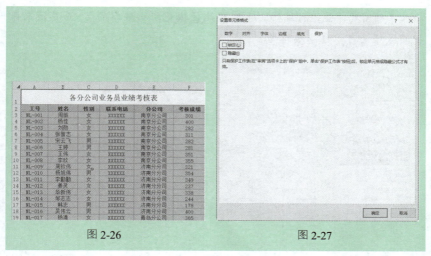

图 2-26   图 2-27

❷ 选中要保护的工作表区域，比如 F 列的考核成绩（除此之外，其他区域都可以编辑），再次打开"设置单元格格式"对话框，选中"锁定"复选框，如图 2-28 所示。

❸ 单击"确定"按钮，即可锁定指定区域。继续在"审阅"选项卡的"更改"组中单击"保护工作表"按钮（如图 2-29 所示），打开"保护工作表"对话框。

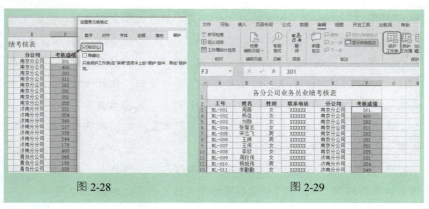

图 2-28   图 2-29

❹ 在"取消工作表保护时使用的密码"文本框内输入密码，如图 2-30 所示。单击"确定"按钮，返回表格。当对局部保护的区域进行编辑时（比如双击 F5 单元格）会弹出提示对话框，如图 2-31 所示。单击"确定"按钮，输入正确密码才能进行编辑（无密码此区域是阻止编辑的）。而其他未保护的区域是可以任意编辑的。

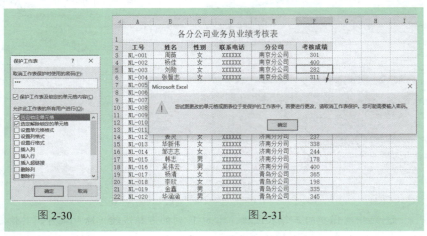

图 2-30   图 2-31

🔊 注意：

同理，如果是要保护工作表中的公式单元格区域，也可以依次按照本例介绍的步骤对公式区域执行保护。

4. 清除工作簿中的个人信息

扫一扫，看视频

创建工作簿之后，会在其中储存一些文档信息，比如文档属性和个人信息等，为了保护工作簿隐私，可以将其快速清除。

❶ 打开工作簿后，选择"文件"→"信息"命令，在右侧的窗口中单击"检查工作簿"下拉按钮，在打开的下拉菜单中选择"检查文档"命令（如图 2-32 所示），打开"文档检查器"对话框。

❷ 用户可以根据需要选中指定内容前面的复选框，再单击"检查"按钮即可执行文档检查，如图 2-33 所示。

❸ 在指定内容（比如文档属性和个人信息）右侧单击"全部删除"按钮（如图 2-34 所示），即可删除指定的个人信息内容，如图 2-35 所示。

图 2-32   图 2-33

图 2-34   图 2-35

5. 隐藏"最近使用的工作簿"

"最近使用的工作簿"列表中会默认显示最近打开的多张
工作簿。通过以下设置可以禁止此列表的显示。

扫一扫，看视频

❶ 打开工作簿后，选择"文件"→"选项"命令（如图 2-36
所示），打开"Excel 选项"对话框。

❷ 选择"高级"选项卡，在"显示"栏下的"显示此数目的'最近使
用的工作簿'"数值框中输入"0"，如图 2-37 所示。

❸ 单击"确定"按钮即可完成设置，当再次打开工作簿时将不会显示
"最近使用的工作簿"。

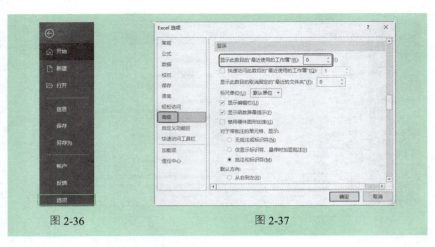

图 2-36　　　　　　　　　　　图 2-37

6. 阻止文档中的外部内容

扫一扫，看视频

为了保护文档的安全，可以设置阻止外部内容（如图像、链接媒体、超链接和数据连接等）显示。阻止外部内容有助于防止 Web 信号和黑客侵犯用户的隐私，诱使用户运行不知情的恶意代码等。下面介绍如何设置打开文档时禁止打开外部内容。

❶ 打开"Excel 选项"对话框，选择"信任中心"选项卡，在"Microsoft Excel 信任中心"栏中单击"信任中心设置"按钮（如图 2-38 所示），打开"信任中心"对话框。

图 2-38

❷ 选择"外部内容"选项卡，在"数据连接的安全设置"栏中选中"禁用所有数据连接"按钮，如图 2-39 所示。

❸ 单击"确定"按钮即可完成设置，当再次打开工作簿时会弹出安全警告提示框，如图 2-40 所示。

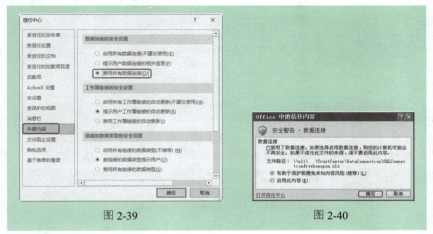

图 2-39　　　　　　　　　　　　　　　　　图 2-40

2.3　优化表格格式

设置好保护表格数据后，还需要对内部文本及格式进行美化，包括对齐方式、单元格样式、艺术字效果等。

1. 设置文字对齐方式

表格内的文本默认对齐方式为左对齐，数据为右对齐，使用对齐功能可以为任意指定内容更改对齐效果。

选中要对齐的文本，在"开始"选项卡的"对齐方式"组中单击"居中"按钮（如图 2-41 所示），即可居中对齐文本，如图 2-42 所示。

扫一扫，看视频

2. 使用艺术字标题

艺术字是一种文本样式，比如阴影或镜像（反射）文本等，对于表格中一些特殊文本可以为其应用此效果，比如重点数据或者标题文本。

扫一扫，看视频

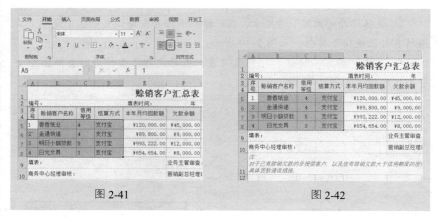

图 2-41　　　　　　　　　　　　图 2-42

① 打开表格后，在"插入"选项卡的"文本"组中单击"艺术字"下拉按钮，在打开的下拉列表中选择一种艺术字样式，如图 2-43 所示。

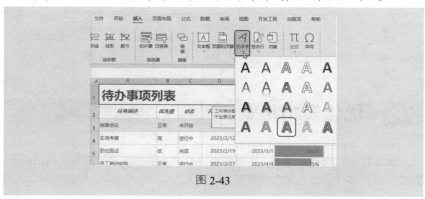

图 2-43

② 此时可以在表格中插入"请在此放置您的文字"文本框（如图 2-44 所示），然后单击文本框并输入文本。

图 2-44

❸ 选中插入的艺术字后，在"开始"选项卡的"字体"组中设置字体、字号、字形和颜色，再将艺术字移动到合适的位置即可，效果如图 2-45 所示。

图 2-45

3. 自定义艺术字样式

扫一扫，看视频

应用预设的艺术字样式之后，还可以进一步优化艺术字的轮廓、填充和三维立体格式效果。

❶ 选中艺术字，在"形状格式"选项卡的"艺术字样式"组单击对话框启动器按钮（如图 2-46 所示），打开"设置形状格式"窗格。

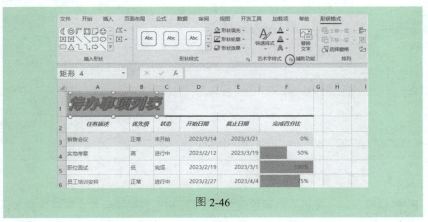

图 2-46

❷ 切换至"文本填充与轮廓"选项卡，在"文本填充"栏下选中"图案填充"单选按钮，依次设置图案样式并设置前景、背景色即可，如图 2-47 所示。

❸ 在"文本轮廓"栏下选中"渐变线"单选按钮，依次设置各个渐变

光圈的颜色、位置、亮度等，如图 2-48 所示。

❹ 切换至"文本效果"选项卡，在"三维格式"栏下分别设置顶部和底部棱台效果的各项参数值，如图 2-49 所示。

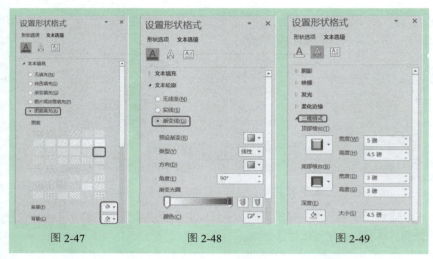

图 2-47　　　　　　图 2-48　　　　　　图 2-49

❺ 优化后的艺术字效果如图 2-50 所示。

图 2-50

4. 快速设置注释文本样式

扫一扫，看视频

根据表格用途及性质不同，有些表格中会包含解释性文本，例如用注释文本告知注意事项、操作方法等。这样的文本可以为其快速应用"单元格样式"中的"解释性文本"格式。

❶ 选中要设置注释文本样式的单元格 A11，在"开始"选项卡的"样式"组中单击"单元格样式"下拉按钮，在打开的下拉列表中选

择"解释性文本",如图 2-51 所示。

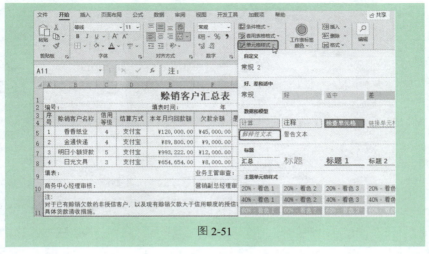

图 2-51

❷ 此时可以看到单元格内的文本被应用了指定的样式，如图 2-52 所示。

图 2-52

5. 自定义单元格样式

上面的例子中介绍了如何为表格快速应用"单元格样式"下拉列表中的内置样式，但很多时候预定义样式并不一定能满足实际需要，此时用户可以创建自己的样式。创建完毕后的样式同样可以保存至"单元格样式"下拉列表中，以后想使用时也可以快速套用。例如，下面将建立一个列标识样式。

扫一扫，看视频

❶ 打开表格后，在"开始"选项卡的"格式"组中单击"单元格样式"下拉按钮，在打开的下拉列表中选择"新建单元格样式"（如图 2-53 所示），打开"样式"对话框。

❷ 设置"样式名"为"单元格列标识"，单击"格式"按钮（如图 2-54 所示），打开"设置单元格格式"对话框。

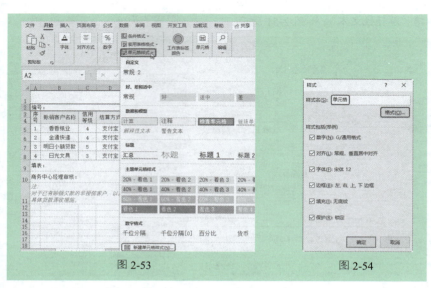

图 2-53   图 2-54

❸ 切换至"字体"选项卡，在"字体"栏下的列表框中选择"加粗"，在"字号"栏下的列表框中选择"13"，如图 2-55 所示。

❹ 切换至"填充"选项卡，分别设置"图案颜色"和"图案样式"，如图 2-56 所示。

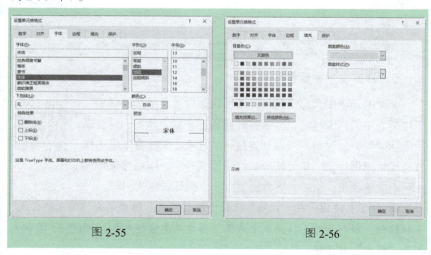

图 2-55   图 2-56

❺ 单击"确定"按钮，返回"样式"对话框，再次单击"确定"按钮完成设置。

⑥ 返回表格后，选中要应用单元格样式的单元格区域，在"开始"选项卡的"样式"组中单击"单元格样式"下拉按钮，在打开的下拉列表中选择"自定义"栏下的"单元格列标识"，如图 2-57 所示。

图 2-57

⑦ 此时可以看到选中的单元格区域应用了用户自定义的单元格样式，如图 2-58 所示。

图 2-58

注意：

如果要删除自定义单元格样式，可以打开样式列表，将鼠标指针指向要删除的样式缩略图并单击鼠标右键，在弹出的快捷菜单中选择"删除"命令即可。

6. "格式刷"快速复制格式

"格式刷"是表格数据编辑中非常实用的一个功能按钮，可以快速刷取相同的文字格式、数字格式、边框样式和填充效果等。

扫一扫，看视频

❶ 选中设置好格式的标题区域，在"开始"选项卡的"剪贴板"组中单击"格式刷"按钮（双击该按钮，可以实现无限次格式引用操作），如图 2-59 所示。

❷ 此时鼠标指针旁会出现一个刷子，按住鼠标左键拖动选取要应用相同格式的单元格区域即可，如图 2-60 所示。

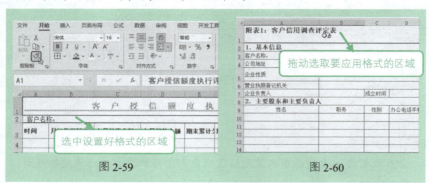

图 2-59　　　　　　　　　　　　　图 2-60

❸ 释放鼠标左键完成格式的快速引用，最终效果如图 2-61 所示。

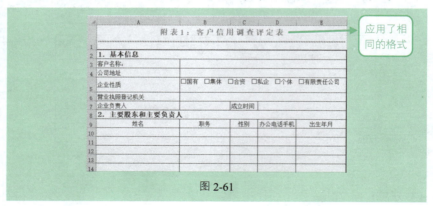

图 2-61

2.4　用图形图片丰富表格

表格美化不仅包括前面介绍的文字格式、边框底纹、对齐方式等的设置，还可为表格应用图片、背景、自定义图形、SmartArt 图形等内容。当然，并不是所有表格都需要使用这种修饰效果，在学习了应用方法后，用户可选择性地将其应用于合适的表格中。

1. 插入并调整图片

本例中需要在指定单元格中插入多张食物图片（在插入图片之前需要将图片文件保存到指定的文件夹中）。插入图片之后还可以对图片的位置和对齐方式进行调整。

❶ 打开表格后，在"插入"选项卡的"插图"组中单击"图片"下拉按钮，在打开的下拉列表选择"此设备"选项（如图 2-62 所示），打开"插入图片"对话框。

❷ 找到图片文件所在的文件夹路径并按 Ctrl 键，再依次单击选中多张图片文件，如图 2-63 所示。

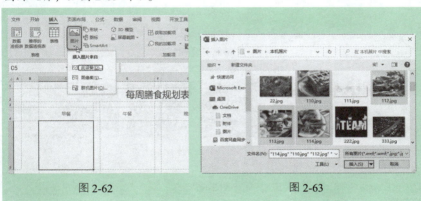

图 2-62   图 2-63

❸ 单击"插入"按钮，即可把图片插入表格。

❹ 将鼠标指针指向非控制点的其他任意位置，鼠标指针变为四向箭头（如图 2-64 所示），按住鼠标拖动可移动图片的位置。

图 2-64

❺ 依次选中多张图片，在"图片格式"选项卡下单击"对齐对象"下

拉按钮，在打开的下拉列表选择"顶端对齐"（如图 2-65 所示），最终效果如图 2-66 所示。

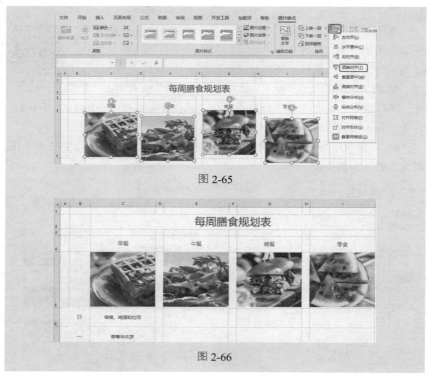

图 2-65

图 2-66

📢 **注意：**

如果要手动调整图片尺寸，可以单击图片，当图片四周出现尺寸控制点时，将鼠标指针指向拐角控制点，此时鼠标指针变成双向对拉箭头（如图 2-67 所示），按住鼠标左键拖动可缩放图片。

图 2-67

2. 裁剪图片

在表格中插入图片之后，如果插入的图片包含不需要的部分或需要将图片适应当前表格的排版，可以使用"裁剪"功能将多余的区域裁剪掉，只保留需要的部分。

扫一扫，看视频

❶ 选中插入的图片后，在"图片格式"选项卡下的"大小"组中单击"裁剪"按钮（如图 2-68 所示），即可进入裁剪状态。

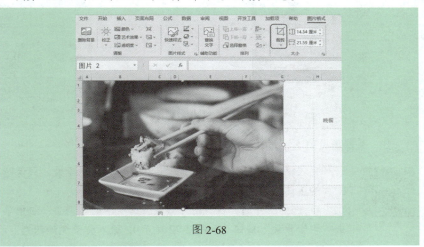

图 2-68

❷ 此时图片四周会出现 8 个控制点，将鼠标指针放在右侧中间的控制点，如图 2-69 所示。

❸ 按住鼠标左键向左拖动，裁剪到大小合适后释放鼠标左键即可，按照相同的方法再将左侧中间控制点向右拖动，此时可以看到 8 个控制点的位置发生了变化，灰色区域的图片部分是即将被裁剪掉的部分，如图 2-70 所示。

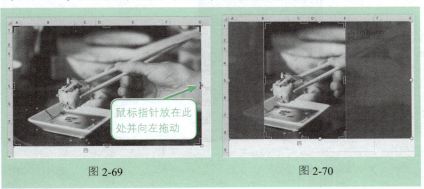

图 2-69　　　　　　　　　　　　　图 2-70

鼠标指针放在此处并向左拖动

④ 最后在表格任意空白处单击，即可完成图片的裁剪，如图 2-71 所示。

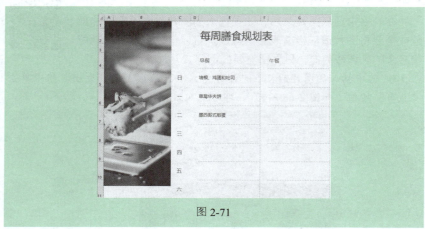

图 2-71

3. 删除图片背景

在表格中插入图片之后，如果要删除图片的背景，只保留图片的主体部分，可以使用"删除背景"功能。

扫一扫，看视频

❶ 选中图片后，在"图片格式"选项卡的"调整"组中单击"删除背景"按钮（如图 2-72 所示），进入背景删除状态。

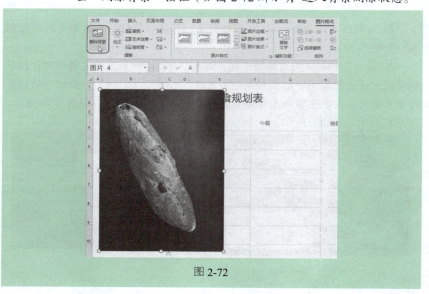

图 2-72

❷ 当前状态下变色的区域为即将被删除的区域，本色的区域为要保留的区域。如果图片中有想保留的区域也变色了，需要单击"标记要保留的区域"按钮（如图 2-73 所示），当鼠标指针变成笔的形状时，在变色区域上拖动（小面积则单击），即可以让其恢复本色，如图 2-74 所示。

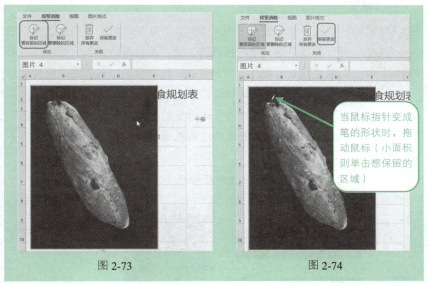

图 2-73　　　　　　　　　　图 2-74

❸ 按相同方法不断调整，直到所有想保留的区域保持本色、想删除区域处于变色状态即为调整完毕完，在图片以外的任意位置单击即可删除背景，如图 2-75 所示。

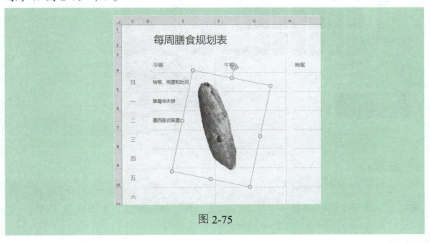

图 2-75

🔊 **注意:**

> 在挑选图片时应当选择背景简单的图片，这样抠图操作会更容易实现，如果是复杂的图片，还是需要借助专业的图形图像处理软件抠图。

4. 调整图片色调

扫一扫，看视频

为了使表格有更加完美的设计效果，可以重新更改插入的图片的颜色饱和度和色调等。通过图片颜色修正，可以得到黑白照片和复古照片等特殊效果，或将色调较暗的图片增加色彩饱和度、更改色温或重新调色。

❶ 选中图片后，在"图片格式"选项卡的"调整"组中单击"颜色"下拉按钮，在打开的下拉列表中选择"颜色饱和度"栏下的"100%"，如图 2-76 所示。

❷ 此时可以看到图片的颜色饱和度增强了，效果如图 2-77 所示。

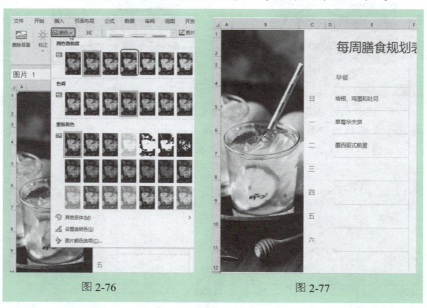

图 2-76

图 2-77

🔊 **注意:**

> 为图片设置了各种效果之后，如果要快速恢复图片原始状态，可以在"图片格式"选项卡的"调整"组单击"重置图片"按钮即可，如图 2-78 所示。

图 2-78

5. 快速应用图片样式

完成图片插入之后，为了让图片符合表格设计要求并和表格内容更好地融合，可以重新设置图片的样式，比如添加边框、三维立体效果等。Excel 内置了一些可供一键套用的样式，省去了逐步设置的麻烦。

❶ 选中图片后，在"图片格式"选项卡的"图片样式"组中打开"图片样式"下拉列表，从中选择"旋转，白色"，如图 2-79 所示。

❷ 此时可以看到图片的边框投影旋转效果，如图 2-80 所示。

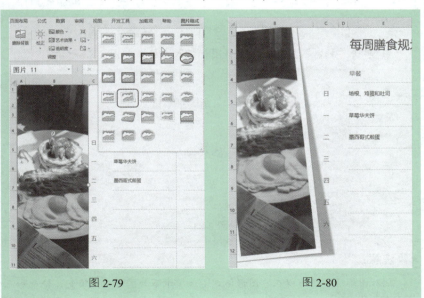

图 2-79 　　　　　　　　　　　　图 2-80

6. 快速应用图标

除了图形图片元素，也可以使用图像集功能在表格中使用合适的小图标。

❶ 打开表格后，在"插入"选项卡的"插图"组中单击"图标"按钮（如图 2-81 所示），打开"图像集"对话框。

❷ 输入图标类型为"食品"，并在打开的列表中单击需要的图标即可，如图 2-82 所示。

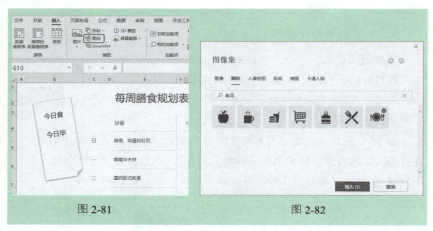

图 2-81　　　　　　　　　　　　图 2-82

❸ 单击"插入"按钮，即可将图标插入表格，如图 2-83 所示。

图 2-83

🔊 注意：

　　插入图标后，还可以在"图形格式"选项卡下为图标应用填充、轮廓和三维立体效果。

扫一扫，看视频

7. 应用图片版式

　　如果想在插入的图片上添加文本标注，可以直接使用"图片版式"功能来完成。此功能可以在图片上添加图形并进行文字编辑,应用非常方便,排版效果也很不错。

❶ 选中图片后,在"图片格式"选项卡的"调整"组中单击"图片版式"下拉按钮,在打开的下拉列表中选择"蛇形图片题注",如图 2-84 所示。

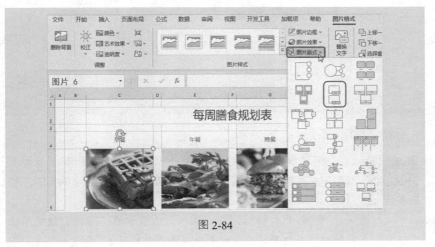

图 2-84

❷ 此时可以看到图片被更改为指定的版式,同时在打开的"在此处键入文字"框中输入文本即可,如图 2-85 所示。

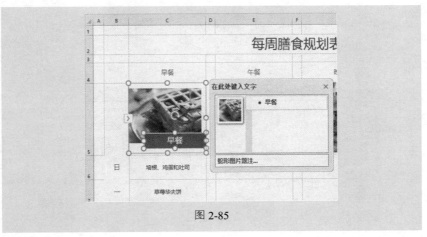

图 2-85

❸ 按相同的方法为其他图片应用相同版式,最终的图片排版效果如图 2-86 所示。

图 2-86

8. 应用形状

扫一扫，看视频

编辑表格的过程中经常需要使用一些特殊形状来表示数据，比如本例需要绘制笑脸图形标记完成度为 100% 的工作任务。

❶ 打开表格后，在"插入"选项卡的"插图"组中单击"形状"下拉按钮，在打开的下拉列表中选择"基本形状"栏下的"笑脸"，如图 2-87 所示。

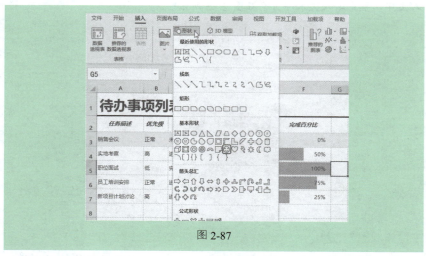

图 2-87

❷ 按住鼠标左键拖动，绘制一个笑脸（如图 2-88 所示），释放鼠标左键后完成形状的绘制，如图 2-89 所示。

图 2-88　　　　　　　　　　　图 2-89

9. 为形状添加文本

有时在绘制形状后需要在形状上面添加文字说明，此时可按如下方法激活编辑文本。

扫一扫，看视频

❶ 选中形状后单击鼠标右键，在弹出的快捷菜单中选择"编辑文字"命令（如图 2-90 所示），进入文字编辑状态。

❷ 直接输入文字即可，同时可以选中文字，在"开始"选项卡的"字体"组中设置字体、字号、颜色、字型，并在对齐方式组中设置"居中"对齐效果，如图 2-91 所示。

图 2-90　　　　　　　　　　　图 2-91

10. 设置形状边框线条

绘制图形并添加文字之后，图形的边框线条样式是默认的。下面介绍如何设置形状边框的颜色、粗细值和草绘样式。

扫一扫，看视频

❶ 选中表格中的形状后，在"形状格式"选项卡下的"形

状样式"组中单击右下角的"对话框启动器"按钮（如图 2-92 所示），打开"设置形状格式"窗格。

图 2-92

❷ 在"线条"栏下选中"实线"单选按钮，并分别设置线条颜色和粗细值，如图 2-93 所示。

❸ 打开"草绘样式"列表选择"自由曲线"，如图 2-94 所示。

图 2-93　　　　　　　　　　　图 2-94

❹ 设置完毕后，关闭"设置形状格式"窗格。此时可以看到形状的边框线条显示为指定的格式效果，如图 2-95 所示。

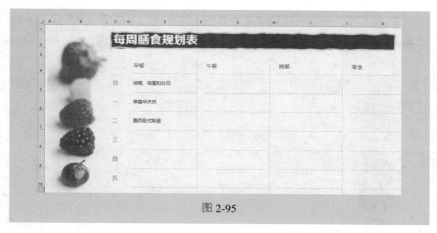

图 2-95

11. 设置形状填充效果

绘制图形后的填充颜色会根据当前主题色自动匹配,也可以将图形设置为渐变、图案、纹理和图片填充效果。

扫一扫,看视频

❶ 选中形状并打开右侧的"设置形状格式"窗格(操作方法同技巧 10)。

❷ 在"填充"栏下选中"渐变填充"单选按钮,保持各选项不变,并在"渐变光圈"下设置"停止点 1"的颜色和透明度及位置(如图 2-96 所示),继续选中"停止点 2"并设置颜色和透度及位置,如图 2-97 所示。

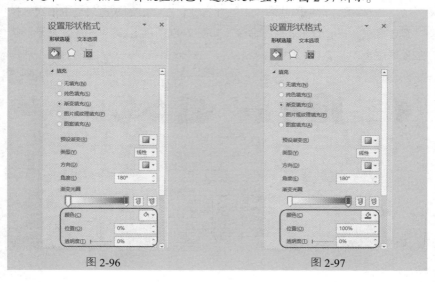

图 2-96   图 2-97

❸ 设置完毕后，关闭"设置形状格式"窗格。此时可以看到设置了渐变填充效果的图形，如图 2-98 所示。

图 2-98

12. 设置对象叠放次序

扫一扫，看视频

在利用多对象（图片、图形、文本框等）完成一项设计时，会牵涉到对象叠放次序的问题。如果要显示在上面的对象被其他对象覆盖，则可以重新调整其叠放次序。

选中图片后单击鼠标右键，在弹出的快捷菜单中依次选择"置于底层"→"置于底层"命令（如图 2-99 所示），即可将图片置于形状的最底层，如图 2-100 所示。

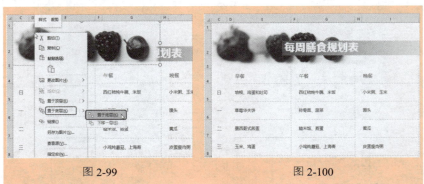

图 2-99　　　　　　　　　　　图 2-100

13. 应用 SmartArt 图形

Excel 2021 中提供了多种类型的 SmartArt 图形，包含列表、流程、循环、层次结构、关系、矩阵、棱锥图等一系列图形，SmartArt 图形具有形象、清晰、直观、易懂等特点，用户可以方便地编制各种逻辑结构图形。

扫一扫，看视频

❶ 打开表格后，在"插入"选项卡的"插图"组中单击"SmartArt"按钮（如图 2-101 所示），打开"选择 SmartArt 图形"对话框。

❷ 选择"流程"选项卡，在中间列表框中选择"基本流程"，如图 2-102 所示。

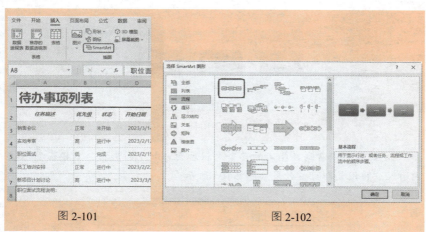

图 2-101　　　　　　　　　　　　　　图 2-102

❸ 单击"确定"按钮，即可插入 SmartArt 图形。在激活的"在此处键入文字"框中输入文本即可，如图 2-103 所示。

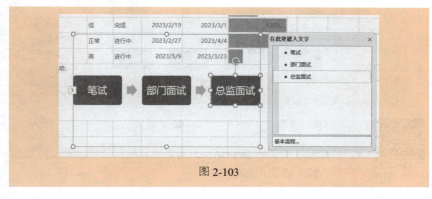

图 2-103

14. SmartArt 图形不够时自定义添加

默认的流程图形状个数为 3 个，如果想要表达的信息需要使用 4 个或更多形状，可以在指定的任意单个形状前面或后面添加任意个数的形状，并在其中输入相应的信息内容。

❶ 选中要在其后添加新形状的 SmartArt 单个形状，在"SmartArt 设计"选项卡的"创建图形"组中单击"添加形状"下拉按钮，在打开的下拉列表中选择"在后面添加形状"，如图 2-104 所示。

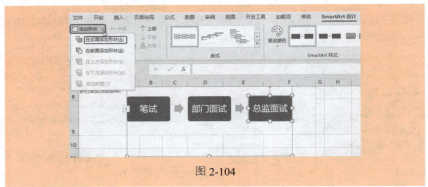

图 2-104

❷ 此时可以看到在指定的单个形状后面添加了新形状，直接在新形状内输入"聘用"即可，效果如图 2-105 所示。

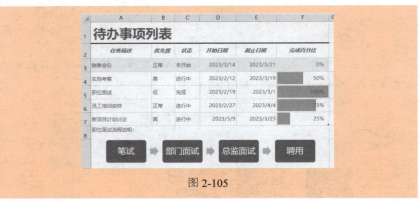

图 2-105

15. 更改 SmartArt 图形布局和样式

应用了合适的 SmartArt 图形之后，后期还可以更改为其他布局，或一键应用配色样式。

Excel 应用技巧速查宝典（第 2 版）

❶ 选中 SmartArt 图形，在"SmartArt 设计"选项卡的"版式"组中单击右侧的"其他"下拉按钮，在打开的下拉列表中选择"其他布局"（如图 2-106 所示），打开"选择 SmartArt 图形"对话框。

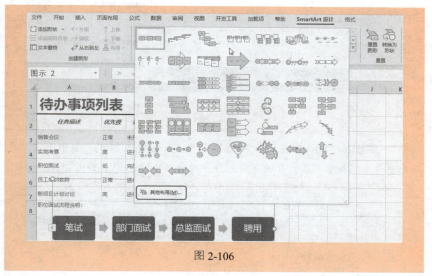

图 2-106

❷ 选择"流程"选项卡，在中间列表框中选择"闭合 V 形流程"，如图 2-107 所示。

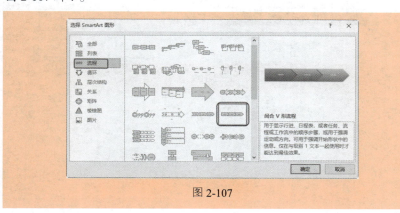

图 2-107

❸ 单击"确定"按钮完成设置。继续在"SmartArt 设计"选项卡的"SmartArt 样式"组中单击"其他"下拉按钮，在打开的下拉列表中选择"优雅"，如图 2-108 所示。

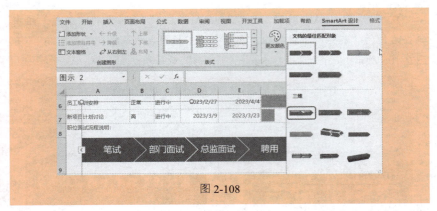

图 2-108

❹ 继续在"SmartArt 设计"选项卡的"SmartArt 样式"组中单击"更改颜色"下拉按钮,在打开的下拉列表中选择"个性色 1",如图 2-109 所示。

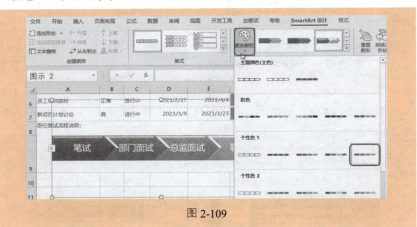

图 2-109

第3章　高效输入表格数据

3.1　常规数据输入技巧

通过前两章的介绍掌握了表格的基础操作技巧之后，接下来需要了解表格内部数据的输入技巧，可输入的数据类型可归纳为常数和公式（后面几章会介绍公式的应用）。常数是指文字、数字、日期和时间等数据，还可以包括逻辑值和错误值，每种数据都有它特定的格式和输入方法。除了常规的输入方式之外，还需要掌握一些输入技巧来提高工作效率。

1. 输入生僻字的技巧

在人事信息表中录入员工姓名时经常会遇到生僻字，当不知道它的读音又不会五笔输入法时，只需要输入和该汉字部首或偏旁相同的文字后，再打开"符号"对话框，查找到对应的生僻字即可，如图 3-1 所示为输入的生僻字"樁"。

扫一扫，看视频

❶ 首先在 B7 单元格内输入和生僻字部首相同的汉字，如"楠"，再选中"楠"字，在"插入"选项卡的"符号"组中单击"符号"按钮（如图 3-2 所示），打开"符号"对话框。

图 3-1

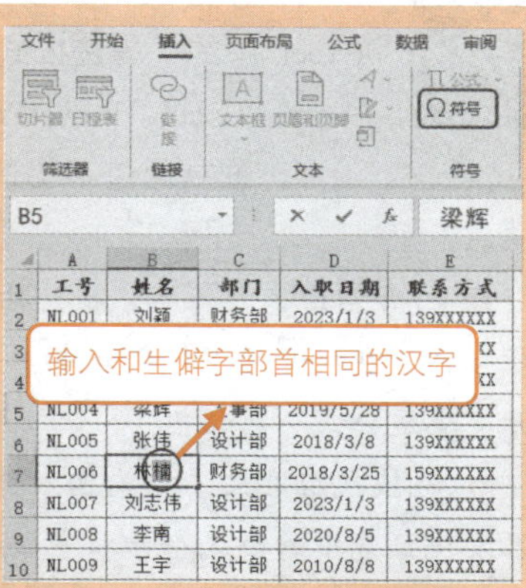

图 3-2

❷ 在"符号"选项卡下的列表框中找到并单击选中"替"（列表框中会显示部首为"林"的全部汉字，包括生僻字），如图 3-3 所示。

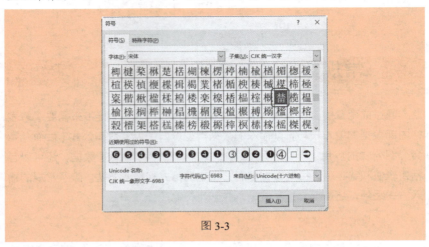

图 3-3

❸ 单击"插入"按钮，即可看到输入的生僻字。

📢 注意：

如果需要在表格中输入汉字的偏旁，也可以使用相同的技巧。首先输入和偏旁相同的汉字，然后在对话框中查找这个偏旁。

2. 运用"墨迹公式"手写数学公式

扫一扫，看视频

如果想要在表格中输入任意简单或复杂的公式，可以使用 Excel 中的"墨迹公式"功能，实现手写输入公式。该工具在 Word、Excel、PowerPoint 和 OneNote 程序中也能够使用。

下面就通过"墨迹公式"来手写输入一个较为复杂的数学公式。

❶ 打开空白工作簿后，在"插入"选项卡的"符号"组中单击"公式"下拉按钮，在打开的下拉列表中单击"墨迹公式"按钮（如图 3-4 所示），打开"墨迹公式"对话框。

❷ 拖拽鼠标在文本框内输入公式中的字母和符号，公式输入完毕后，如果发现预览中的公式符号和字母有出入，可以单击下方的"选择和更正"按钮（如图 3-5 所示），进入更正状态。

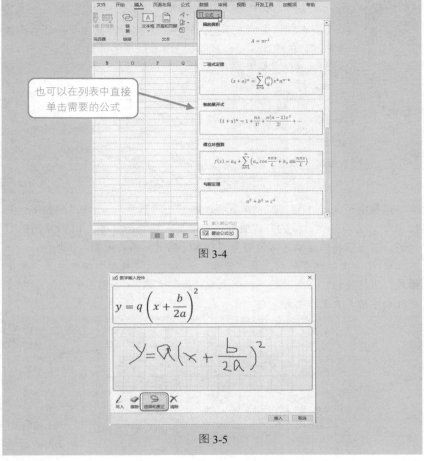

也可以在列表中直接
单击需要的公式

图 3-4

图 3-5

❸ 拖动鼠标左键在需要更正的部位进行圈释，释放鼠标左键后会弹出下拉列表，在列表中单击 "α" 即可更正符号，如图 3-6 所示。

❹ 最后单击 "插入" 按钮完成公式输入，如图 3-7 所示。

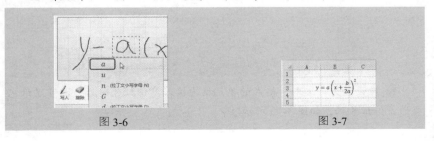

图 3-6   图 3-7

3. 输入身份证号码或长编码

当在表格中输入字符比较长的数据时，比如身份证号码或者产品订单编码，就会返回如图 3-8 所示的计数方式。

图 3-8

这是由于 Excel 程序默认单元格的格式为"数字"，当输入的数字达到 12 位时，会以科学计数的方式显示。如果要完整地显示超过 12 个字符的数据时，首先应将单元格区域设置为"文本"格式，然后再输入长数据。

❶ 选中身份证号码列，在"开始"选项卡的"数字"组中单击"数字格式"下拉按钮，在打开的下拉列表中选择"文本"（如图 3-9 所示），即可更改数字格式为文本格式。

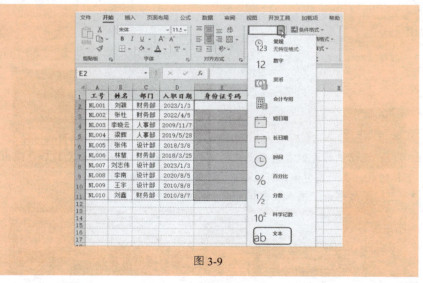

图 3-9

❷ 在设置为"文本"格式的单元格内输入身份证号码后，即可显示完整的身份证号码，如图 3-10 所示。

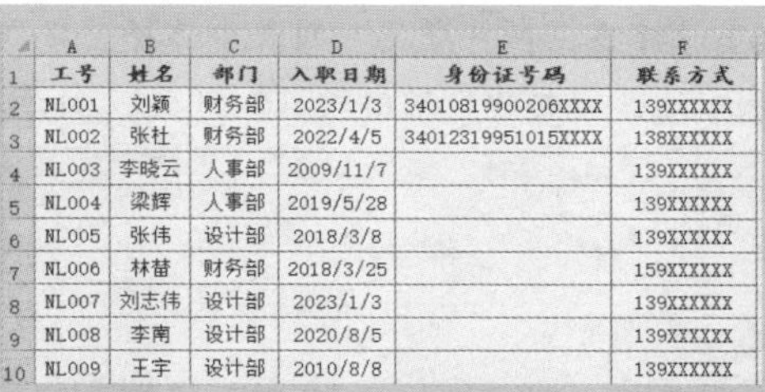

	A	B	C	D	E	F
1	工号	姓名	部门	入职日期	身份证号码	联系方式
2	NL001	刘颖	财务部	2023/1/3	3401081 9900206XXXX	139XXXXXX
3	NL002	张杜	财务部	2022/4/5	34012319951015XXXX	138XXXXXX
4	NL003	李晓云	人事部	2009/11/7		139XXXXXX
5	NL004	梁辉	人事部	2019/5/28		139XXXXXX
6	NL005	张伟	设计部	2018/3/8		139XXXXXX
7	NL006	林替	财务部	2018/3/25		159XXXXXX
8	NL007	刘志伟	设计部	2023/1/3		139XXXXXX
9	NL008	李南	设计部	2020/8/5		139XXXXXX
10	NL009	王宇	设计部	2010/8/8		139XXXXXX

图 3-10

注意：

除了为输入超过 12 位的长编码设置文本格式之外，如果要输入以 0 开头的数字，也可以事先设置单元格的格式为"文本"格式后再输入。其原理是文本数据永远是保持输入与显示一致。

4. 设置指定的日期格式

在输入日期数据时，默认的格式为"2024/7/2"。如果想显示其他样式的日期，则先以程序可识别的最简易的方式输入，然后再通过设置单元格格式来让其一次性显示为所需要的格式。规范日期格式不但可以让表格更专业，也有利于日期数据参与公式计算。

扫一扫，看视频

❶ 选中已经输入了日期数据的单元格区域，在"开始"选项卡的"数字"组中单击"对话框启动器"按钮（如图 3-11 所示），打开"设置单元格格式"对话框。

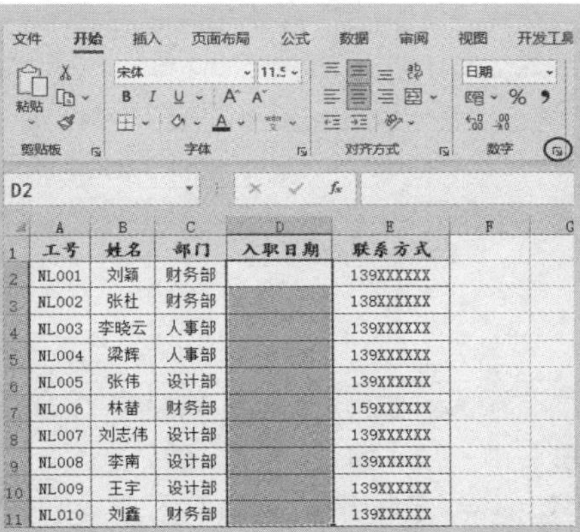

图 3-11

❷ 选择"数字"标签，在"分类"列表中选择"日期"类别，然后在右侧"类型"列表中选择需要的日期格式，如图 3-12 所示。

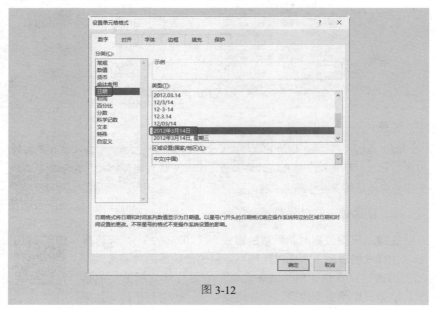

图 3-12

❸ 单击"确定"按钮，可以看到选中的单元格区域中的日期数据显示为所指定的格式，如图 3-13 所示。

图 3-13

📢 注意：

在"开始"选项卡的"数字"组中单击"数字"下拉按钮打开下拉列表，列表中有"短日期"与"长日期"两个选项，执行"短日期"会显示"2024/7/3"样式日期，执行"长日期"则会显示"2024 年 7 月 3 日"样式日期，这两个选项用于对日期数据的快速设置。

5. 输入大写人民币金额

大写人民币值是会计报表和各类销售报表中经常要使用的数据格式。当需要使用大写人民币值时，可以先输入小写金额，然后通过单元格格式的设置实现快速转换。

扫一扫，看视频

❶ 选中要转换为大写人民币的单元格，如 D15，在"开始"选项卡的"数字"组中单击"数字格式"按钮（如图 3-14 所示），打开"设置单元格格式"对话框。

图 3-14

❷ 选择"数字"选项卡，在"分类"列表框中选择"特殊"，然后在右侧的"类型"列表框中选择"中文大写数字"，如图 3-15 所示。

图 3-15

❸ 单击"确定"按钮完成设置，此时可以看到原来的数字转换为大写人民币金额，如图 3-16 所示。

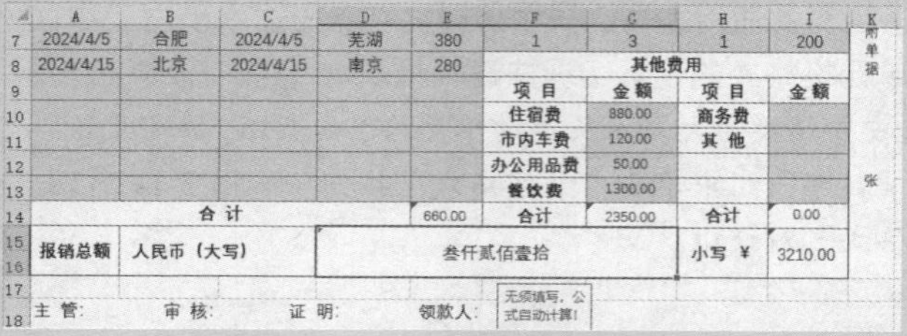

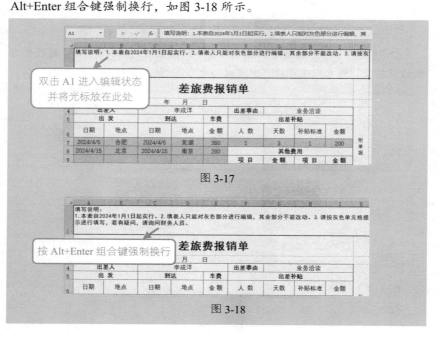

图 3-16

6. 输入时在指定位置强制换行

如果单元格内要输入比较长的文本，并且希望在指定位置换行，可以配合 Alt+Enter 组合键实现强制换行。

❶ 首先双击 A1 单元格并将光标定位至最后一个文本后面（本例将光标放在"："后面）（如图 3-17 所示），然后按 Alt+Enter 组合键强制换行，如图 3-18 所示。

图 3-17

图 3-18

❷ 继续按照相同的操作方式在另外两处设置强制换行即可，如图 3-19 所示。

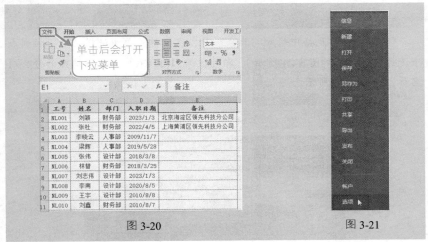

图 3-19

7. 记忆式输入提高数据录入效率

在进行 Excel 数据处理时，经常需要输入大量重复的长信息。如果想要简化输入，减少工作量，可以启用记忆式输入功能。

扫一扫，看视频

❶ 打开表格后可以看到 E 列已经输入好已有的分公司名称，单击"文件"菜单项（如图 3-20 所示），在弹出的下拉菜单中选择"选项"命令（如图 3-21 所示），打开"Excel 选项"对话框。

图 3-20   图 3-21

❷ 切换到"高级"标签，在右侧"编辑选项"栏下选中"为单元格值启用记忆式键入"复选框，如图 3-22 所示。

图 3-22

❸ 单击"确定"按钮完成设置。当在 E5 单元格输入"上海"时（如图 3-23 所示），可以看到自动在后面输入了"黄埔区领先科技分公司"，按 Enter 键即可快速输入文本。

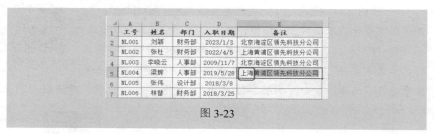

图 3-23

❹ 继续在单元格中输入"北京"时，在右键菜单中选择"从下拉列表中选择"选项（如图 3-24 所示），即可在弹出的列表中看到可选择的分公司名称，如图 3-25 所示。

图 3-24

❺ 在列表中单击选项，即可快速键入指定名称，如图 3-26 所示。

图 3-25　　　　　　　　　　　　图 3-26

8. 让数据自动保留两位小数位数

本例介绍如何在单元格内输入数据并自动添加指定的小数位数，实现小数数据的高效输入。

扫一扫，看视频

❶ 单击"文件"菜单项，从弹出的下拉菜单中选择"选项"命令（如图 3-27 所示），打开"Excel 选项"对话框。

❷ 切换到"高级"选项卡，在右侧"编辑选项"栏下选中"自动插入小数点"复选框，并在下方的"小位数"数值框中设置小数位数为"2"，如图 3-28 所示。

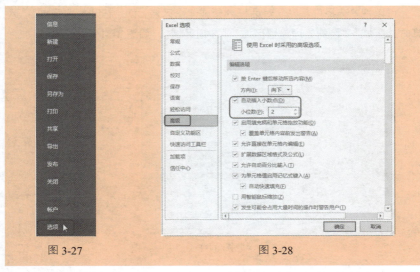

图 3-27　　　　　　　　　　　　图 3-28

❸ 在 E4 单元格中输入数字"315"（如图 3-29 所示），然后按 Enter 键，即可返回两位数的小数，如图 3-30 所示。

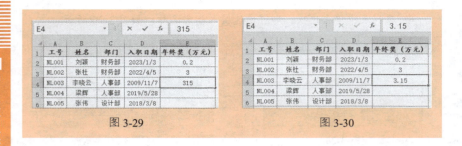

图 3-29　　　　　　　　　　　　　　図 3-30

3.2　数据的复制粘贴

在 Microsoft Excel 工作表中，可以使用"选择性粘贴"命令有选择地粘贴剪贴板中的数值、格式、公式、批注等内容，从而使复制和粘贴操作更加灵活。选择性粘贴在 Word、Excel、PowerPoint 等软件中都具有十分重要的作用。

使用"选择性粘贴"之前需要选中要复制的单元格区域，然后打开"选择性粘贴"对话框，在"粘贴"栏中选择相应的选项。

可以把"选择性粘贴"对话框划分成 4 个区域，即"粘贴方式区域""运算方式区域""特殊处理设置区域""按钮区域"，如图 3-31 所示。

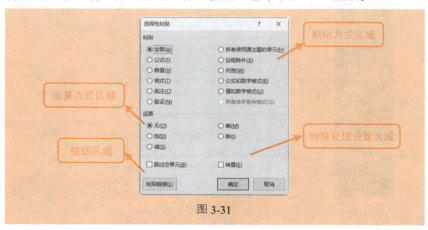

图 3-31

执行完复制命令后，在"开始"选项卡的"剪贴板"组中单击"粘贴"下拉按钮，会显示出一个功能按钮的列表（如图 3-32 所示），或单击鼠标右键，在弹出的快捷菜单中也会显示该功能按钮列表（如图 3-33 所示）。将鼠标指针指向其中的按钮时会显示粘贴预览，单击则会应用粘贴。这里包含了"选择性粘贴"对话框中大部分功能，因此也可以从此处选择粘贴选项快速实现粘贴。但要执行运算时，则必须打开"选择性粘贴"对话框。

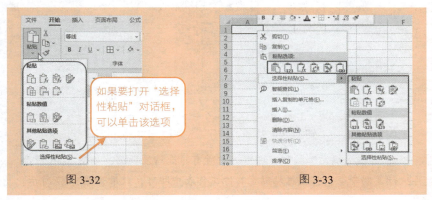

图 3-32   图 3-33

表 3-1 为一些特殊功能的介绍。

表 3-1

功　能	规　则
跳过空白单元格	当复制的源数据区域中有空单元格，粘贴时空单元格不会替换粘贴区域对应单元格中的值
转置	将被复制数据的列变成行，将行变成列
粘贴链接	粘贴后的单元格将显示公式。如将 A1 单元格复制并粘贴链接到 D8 单元格，则 D8 单元格的公式为 "=$A$1"（粘贴的是 "=源单元格"这样的公式，不是值）。如果更新源单元格的值，目标单元格的内容也会同时更新
保留源列宽	复制数据表保持行高、列宽不变

1.　正确复制筛选后的数据

如果要在其他工作表中复制使用执行筛选后的数据结果，首先需要定位选中所有可见单元格（即筛选出来的数据，忽略隐藏的未筛选数据）。再执行复制粘贴命令即可。

扫一扫，看视频

❶ 选中筛选结果区域（如图 3-34 所示），按 F5 打开"定位对话框"，再单击"定位条件"按钮打开"定位条件"对话框。

❷ 选中"可见单元格"单选按钮，如图 3-35 所示。

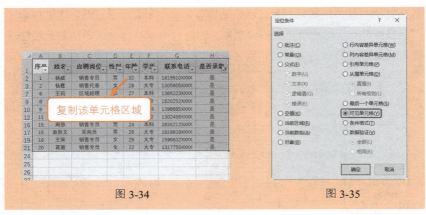

复制该单元格区域

图 3-34   图 3-35

❸ 单击"确定"按钮，即可选中所有筛选结果数据，如图 3-36 所示。再执行复制命令，将数据粘贴至其他工作表中即可，效果如图 3-37 所示。

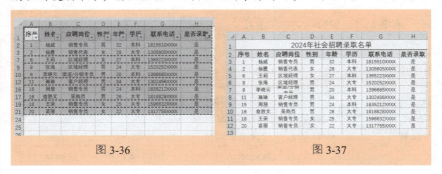

图 3-36   图 3-37

2. 仅复制单元格的格式

扫一扫，看视频

如果事先设置了通用的表格格式（包括底纹、边框和字体格式），下次想要在其他工作中使用相同格式的话，可以利用"选择性粘贴"仅复制表格中的单元格格式。

❶ 在"应聘人员信息表"工作表中选中 A1:F18 单元格区域后，按 Ctrl+C 组合键执行复制，如图 3-38 所示。切换至"初试人员名单"工作表，在"开始"选项卡的"剪贴板"组中单击"粘贴"下拉按钮，在打开的下拉列表中选择"选择性粘贴"选项（如图 3-39 所示），打开"选择性粘贴"对话框。

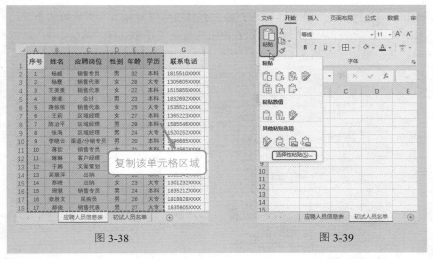

图 3-38   图 3-39

❷ 在"粘贴"栏选中"格式"单选按钮（如图 3-40 所示），单击"确定"按钮完成设置。此时可以看到"初试人员名单"工作表中仅引用了格式（不包含单元格内的数据和文本），如图 3-41 所示。

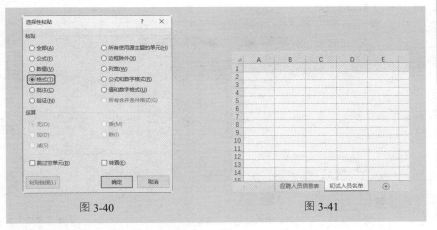

图 3-40   图 3-41

3. 粘贴数据匹配目标区域格式

如果想要将一张表格中的数据复制到另一张表格时，可以自动匹配另一张表格中的格式（包括字体颜色、格式、字号等），可以在执行粘贴时应用"值"选项。

扫一扫，看视频

❶ 在源数据表中选中 A1:F13 单元格区域，按 Ctrl+C 组合键执行复制，

如图 3-42 所示。打开新工作表，选中要粘贴到的目标位置区域的首个单元格，即 A1，然后单击鼠标右键，在弹出的快捷菜单中选择"粘贴选项"栏下的"值"命令，如图 3-43 所示。

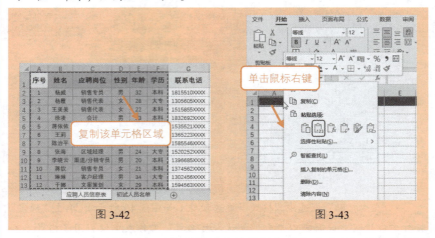

图 3-42　　　　　　　　　　　　　　　　图 3-43

❷ 执行上述操作后可以看到粘贴来的数据自动应用了目标位置处的格式，如图 3-44 所示。

图 3-44

🔊 注意：

如果需要将公式计算结果应用到其他位置，也可以按照相同的操作方法将公式结果转换为"值"形式。

扫一扫，看视频

4. 同增同减数据时忽略空单元格

本例只需要统计销售人员的基本工资，下面需要忽略其他员工的工资（即忽略空白单元格），自动将销售人员的工资统一增加 500。

❶ 选中 I2 单元格，按 Ctrl+C 组合键执行复制；接着选中 G2:G14 单元格区域，在"开始"选项卡的"编辑"组中单击"查找和选择"下拉按钮，在打开的下拉列表中选择"常量"选项（如图 3-45 所示），即可选中 G2:G14 区域中的所有数据（忽略空白单元格）。

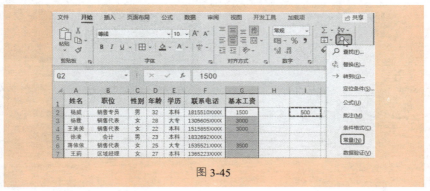

图 3-45

❷ 保持当前的选中状态，在"开始"选项卡的"剪贴板"组中单击"粘贴"下拉按钮，在打开的下拉列表中选择"选择性粘贴"选项（如图 3-46 所示），打开"选择性粘贴"对话框，在"运算"栏下选中"加"单选按钮，如图 3-47 所示。

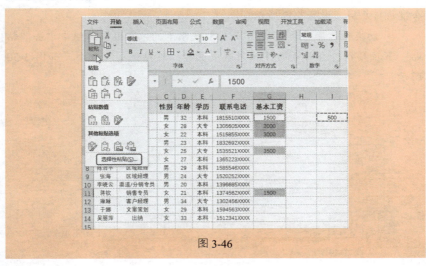

图 3-46

❸ 单击"确定"按钮完成设置，此时可以看到销售人员的工资额统一加上了"500"（忽略了空白单元格），得到新的基本工资，如图 3-48 所示。

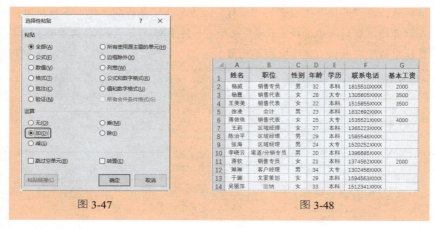

图 3-47   图 3-48

5. 让粘贴数据随源数据自动更新

扫一扫，看视频

本例中需要将"单价表"中的单价数据粘贴到"库存表"中，并且希望在后期更改"单价表"中的数据时，"库存表"中的相应数据也能实现更新，可以设置粘贴选项为"粘贴链接"。

❶ 打开"单价表"，选中 A1:B8 单元格区域，按 Ctrl+C 组合键执行复制，如图 3-49 所示。

❷ 切换至"库存表"，在"开始"选项卡的"剪贴板"组中单击"粘贴"下拉按钮，在打开的下拉列表中选择"粘贴链接"命令，如图 3-50 所示。

图 3-49   图 3-50

注意：

如果需要将表格转换为图片格式，可以在"其他粘贴选项"栏下选择"图片"选项即可。

❸ 粘贴效果如图 3-51 所示。如果更改"单价表"B2 单元格中的单价（如图 3-52 所示），可以看到"库存表"中粘贴得到的数据也会自动更新，如图 3-53 所示。

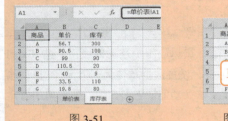

图 3-51

图 3-52

图 3-53

6. 链接 Excel 与 Word 中的表格

将 Excel 表格以链接的形式粘贴到 Word 中，可以实现当在 Excel 表格中更改源表数据时，Word 中的表格也能自动更新。

扫一扫，看视频

❶ 首先选中 Excel 中的表格数据，按 Ctrl+C 组合键执行复制，如图 3-54 所示。

❷ 再打开 Word 文档，将光标定位至空白处，在"开始"选项卡的"剪贴板"组中单击"粘贴"下拉按钮，在打开的下拉菜单中选择"链接与保留源格式"（如图 3-55 所示），即可将 Excel 中的表格粘贴到 Word 中，并保持二者相链接。

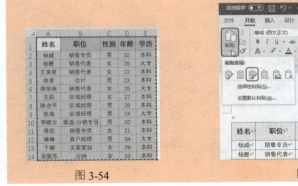

图 3-54

图 3-55

注意:

"粘贴选项"列表中有 6 个按钮，前两个按钮是直接粘贴表格和不保持链接；中间两个按钮是保持数据链接；第 5 个按钮是将表格以图片形式粘贴；第 6 个按钮是将表格以文本形式粘贴。

3.3 自定义单元格格式

虽然 Excel 为用户提供了大量的实用数字格式（如"数值""日期""会计专用""货币""百分比"等），但是在实际应用中还需要使用一些 Excel 未提供的数字格式，比如日期只显示日、设置数据单位为"万元"、自动输入重复内容等，这时就可以应用自定义格式功能。下面介绍一些常用的自定义数字格式要用到的占位符，如表 3-2 所示。

表 3-2

格　式	具 体 说 明
G/通用格式	以常规的数字显示，相当于"分类"列表中的"常规"选项
#	数字占位符。它只显示有意义的零而不显示无意义的零。例如，代码："###.##"，12.1 显示为 12.10;12.1263 显示为 12.13
0	数字占位符。如果单元格的内容大于占位符，则显示实际数字，如果小于占位符的数量，则用 0 补足。代码："00000"，123 显示为 00123
@	文本占位符。如果只使用单个@，作用是引用原始文本；要在输入数字数据之前自动添加文本，使用自定义格式——"文本内容"@；要在输入数字数据之后自动添加文本，使用自定义格式——@"文本内容"。@符号的位置决定了 Excel 输入的数字数据相对于添加文本的位置。本节会通过一个实例介绍该文本占位符的使用。如果使用多个@，则可以重复文本
*	重复下一次字符，直到充满列宽。例如，代码："@*-"。"ABC"显示为 "ABC-------------------"，用于仿真密码保护：代码 "**.**.**.**"，123 显示为：************

格　式	具 体 说 明
，	千位分隔符
\	显示下一个字符。与""""用途相同，都是显示输入的文本，且输入后会自动转变为双引号表达。例如，对于代码"人民币"#,##0,,"百万"与"\人民币 #,##0,,\百万"，输入 1234567890 显示为"人民币 1,235 百万"
?	数字占位符。在小数点两边为无意义的 0 添加空格，以便当按固定宽度时小数点可对齐，另外还用于长度不相等的数据
颜色	用指定的颜色显示字符。有 8 种颜色可选:红色、黑色、黄色、绿色、白色、兰色、青色和洋红。 例如，代码"[青色];[红色];[黄色];[兰色]"（注意这里使用的分号分隔符必须要在英文状态下输入才有效），显示结果是正数为青色，负数显示为红色，0 显示为黄色，文本则显示为兰色。 "颜色 N"是指调用调色板中的颜色，N 是 0~56 之间的整数。例如，代码"[颜色 3]"，单元格显示的颜色为调色板上第 3 种颜色
条件	条件格式化只限于使用 3 个条件，其中两个条件是明确的，另一个是"所有的其他"。条件要放到方括号中，必须进行简单的比较。例如代码"[>0] "正数",[=0] "零","负数""，显示结果是单元格数值大于 0 显示正数，等于 0 显示零，小于 0 显示"负数"
!	显示""""。由于引号是代码常用的符号，在单元格中是无法用""""来显示""""的，要想显示出来，须在前面加入"!"
时间和日期代码	YYYY 或 YY 是指按 4 位（1900~9999）或 2 位（00~99）显示年；MM 或 M 是指以 2 位（01~12）或 1 位（1~12）表示月；DD 或 D 是指以 2 位（01~31）或 1 位（1~31）来表示日。例如对于代码"YYYY.MM.DD"，2023 年 1 月 10 日显示为"2023.01.10"
"文本"	显示双引号里面的文本,如输入 123,自定义格式"GEW"00000 格式后可显示为 GEW00123

本节也会通过一些例子来介绍这些占位符的实际应用技巧。

1. 自定义日期数据格式

日期的默认格式是｛mm/dd/yyyy｝，其中"mm"表示月份，"dd"表示日期，"yyyy"表示年度，固定长度为8位。

如果要实现自定义日期数据的设置，必须要掌握这几个字母的含义，再通过重新组合字符得到任意想要的日期数据格式。

❶ 选中单元格区域 A2:A11，在"开始"选项卡的"数字"组中单击"对话框启动器"按钮（如图 3-56 所示），打开"设置单元格格式"对话框。

❷ 在"分类"列表框中选择"自定义"，然后在右侧的"类型"文本框中输入"m.d(yyyy)"，如图 3-57 所示。

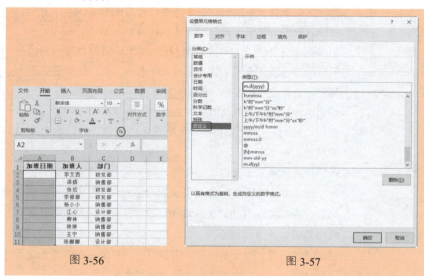

图 3-56　　　　　　　　　　　　　　图 3-57

❸ 单击"确定"按钮完成设置，可以看到当再次输入数据时会显示为指定的日期格式，如图 3-58 所示。

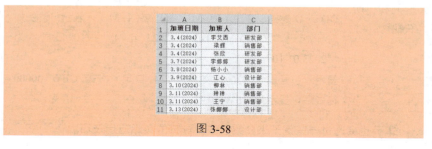

图 3-58

2. 在考勤表中只显示日

员工考勤统计中一般会按月显示每一天的日期，下面需要针对本月的日期，通过自定义单元格格式让日期显示为"日"格式。

扫一扫，看视频

❶ 选中单元格区域 A2:B3，在"开始"选项卡的"数字"组中单击"数字格式"按钮（如图 3-59 所示），打开"设置单元格格式"对话框。

❷ 在"分类"列表中选择"自定义"，然后在右侧的"类型"文本框中输入"d"日""，如图 3-60 所示。

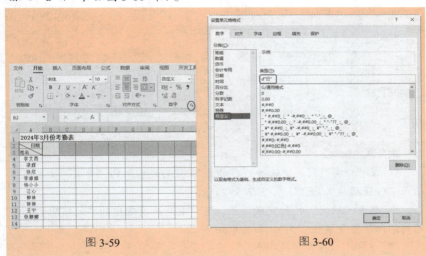

图 3-59　　　　　　　　　　图 3-60

❸ 单击"确定"按钮完成设置，当在 B2 单元格输入日期"2024/3/1"并按回车键后（如图 3-61 所示），即可忽略年份和月份只显示日，向右复制公式即可批量得出当月的考勤日期，如图 3-62 所示。

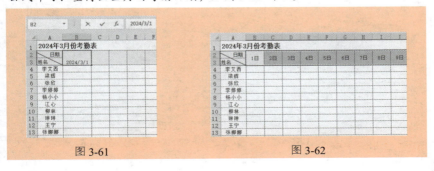

图 3-61　　　　　　　　　　图 3-62

3. 为数据批量添加重量单位

扫一扫,看视频

本例表格统计了所有产品的重量和单价信息,下面需要统一为"重量"下方的数据添加单位"克",如果直接在重量数据后添加文本"克",会导致之后的公式引用无法识别从而返回错误值(如图 3-63 所示),可以为其设置自定义数字格式统一添加单位名称。

❶ 选中单元格区域 B2:B14,在"开始"选项卡的"数字"组中单击"数字格式"按钮(如图 3-64 所示),打开"设置单元格格式"对话框。

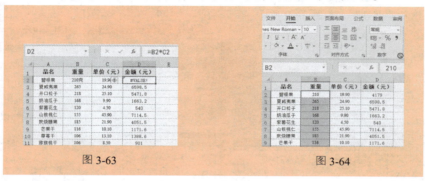

图 3-63 图 3-64

❷ 在"分类"列表中选择"自定义",然后在右侧的"类型"文本框中输入"G/通用格式"克"",如图 3-65 所示。

❸ 单击"确定"按钮完成设置,可以看到所有选中的单元格中的数据后均添加了重量单位"克",如图 3-66 所示。

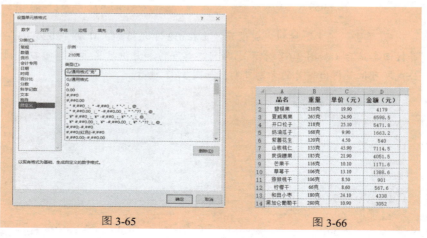

图 3-65 图 3-66

4. 数据部分重复时的快捷输入技巧

本例中需要快速输入每一个销售记录的交易流水号，交易流水号的前几位编码都是相同的，只有后面的几位数字不同。此时可以通过自定义单元格格式让重复部分自动输入，用户在实际数据输入时只输入后面几位不同的数字即可。

扫一扫，看视频

❶ 选中单元格区域 A2:A15，在"开始"选项卡的"数字"组中单击"对话框启动器"按钮（如图 3-67 所示），打开"设置单元格格式"对话框。

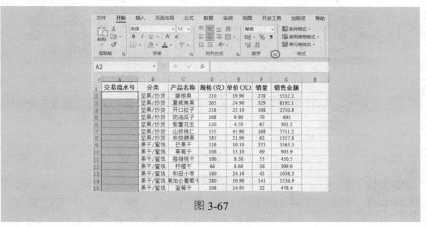

图 3-67

❷ 在"分类"列表中选择"自定义"，然后在右侧的"类型"文本框中输入""YH1-"@"，如图 3-68 所示。

图 3-68

❸ 单击"确定"按钮完成设置，在 A2 单元格输入"1001"（如图 3-69 所示），按 Enter 键后自动在数字前加上重复的字母和符号，如图 3-70 所示。

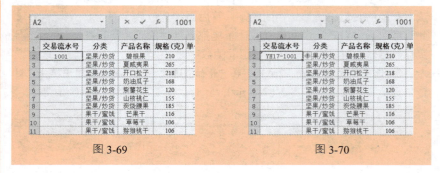

图 3-69　　　　　　　　　　　　　图 3-70

📢 注意：

这里将代码"@"放在最末尾，表示要在输入数字数据之前自动添加文本。

5. 输入 1 显示"√"，输入 0 显示"×"

扫一扫，看视频

　　如果用户在编辑表格时经常使用"√"与"×"号，每次通过手工插入符号是非常麻烦的，这时可以通过自定义单元格格式的方法实现输入"0"显示"×"，输入"1"显示"√"。

❶ 选中单元格区域 C2:C14，在"开始"选项卡的"数字"组中单击"数字格式"按钮（如图 3-71 所示），打开"设置单元格格式"对话框。

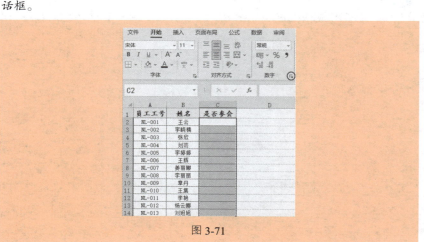

图 3-71

❷ 在"分类"列表中选择"自定义",然后在右侧的"类型"文本框中输入"[=1]√;[=0]×",如图 3-72 所示。

图 3-72

❸ 单击"确定"按钮完成设置,在单元格内输入数字"1"即可返回"√"(如图 3-73 所示),输入数字"0"即可返回"×",如图 3-74 所示。

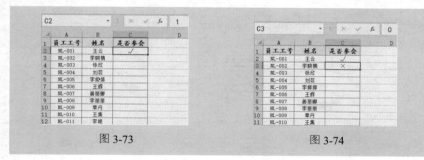

图 3-73   图 3-74

📢 注意:

返回的不同值之间要使用";"隔开(英文状态下输入),输入的值要使用中括号括起来。

6. 根据正负值自动显示前缀文字

统计数据时经常需要对上期和本期的数据进行比较,本例中将根据去年同期和本期的费用同比升降的正(上升)负(降

扫一扫,看视频

低）号，自动添加"上升"和"降低"前缀文字，让数据查看更加一目了然。

❶ 选中要添加前缀文本的单元格区域 E2:E9，在"开始"选项卡的"数字"组中单击"对话框启动器"按钮（如图 3-75 所示），打开"设置单元格格式"对话框。

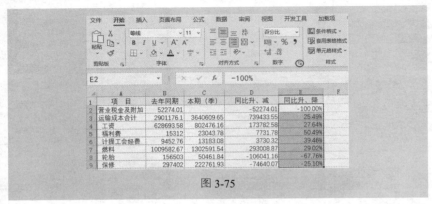

图 3-75

❷ 在"分类"列表框中选择"自定义"，然后在右侧的"类型"文本框输入"上升 0.00%;降低 0.00%"，如图 3-76 所示。

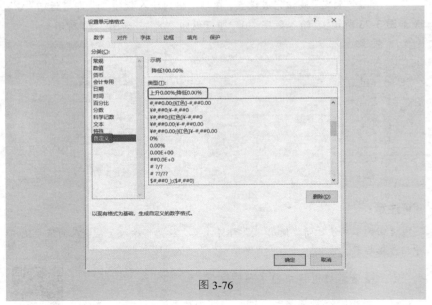

图 3-76

❸ 单击"确定"按钮完成设置，此时可以看到系统根据数据的正负值

添加了相应的前缀文字，如图 3-77 所示。

	A	B	C	D	E
1	项　目	去年同期	本期（季）	同比升、减	同比升、降
2	营业税金及附加		52274.01	-52274.01	降低100.00%
3	运输成本合计	2901176.1	3640609.65	739433.55	上升25.49%
4	工资	628693.58	802476.16	173782.58	上升27.64%
5	福利费	15312	23043.78	7731.78	上升50.49%
6	计提工会经费	9452.76	13183.08	3730.32	上升39.46%
7	燃料	1009582.67	1302591.54	293008.87	上升29.02%
8	轮胎	156503	50461.84	-106041.16	降低67.76%
9	保修	297402	222761.93	-74640.07	降低25.10%

图 3-77

🔊 **注意：**

格式代码中的 "0.00%" 代表返回表格中原来的百分比数据，前面分别添加前缀为 "上升" 和 "降低"，两者之间使用 ";" 隔开。

7. 约定数据宽度不足时用零补齐

扫一扫，看视频

本例中需要规范产品编号统一为 5 位数字，如果数字宽度不足，则自动在前面用 "0" 补齐。

❶ 选中要设置自定义格式的单元格区域，在"开始"选项卡的"数字"组中单击"对话框启动器"按钮（如图 3-78 所示），打开"设置单元格格式"对话框。

❷ 在"分类"列表框中选择"自定义"，然后在右侧的"类型"文本框输入 "00000"，如图 3-79 所示。

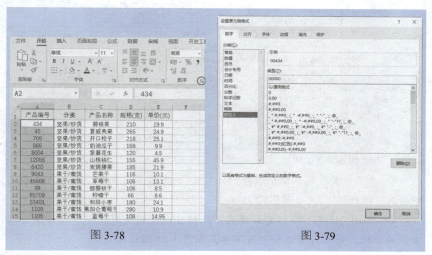

图 3-78　　　　　　　　　　　　　　　　图 3-79

❸ 单击"确定"按钮完成设置，此时可以看到所有宽度不足的数字自动添加零值补足，如图 3-80 所示。

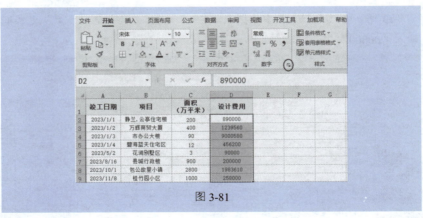

图 3-80

8. 设置数据以"万元"为显示单位

扫一扫，看视频

本例表格记录了每一个项目的设计费用，并且是以"元"为单位的。如果数额非常大的话，输入一串数字时就会容易出错，这时可以通过自定义单元格格式的方法将金额显示为"万元"格式。

❶ 选中单元格区域 D2:D9，在"开始"选项卡的"数字"组中单击"对话框启动器"按钮（如图 3-81 所示），打开"设置单元格格式"对话框。

图 3-81

❷ 在"分类"列表框中选择"自定义"，然后在右侧的"类型"文本框中输入"0!.0,"万""，如图 3-82 所示。

❸ 单击"确定"按钮完成设置，此时可以看到所有数字自动转换为以万元为单位，并在后面添加"万"字，如图 3-83 所示。

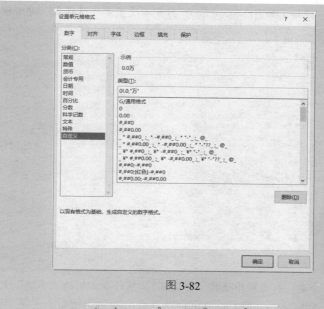

图 3-82

竣工日期	项目	面积 （万平米）	设计费用
2023/1/1	静兰.云亭住宅楼	200	89.0万
2023/1/2	万辉商贸大厦	400	124.0万
2023/1/3	市办公大楼	90	900.1万
2023/1/4	碧海蓝天住宅区	12	45.6万
2023/5/2	花涧别墅区	3	9.0万
2023/8/16	县城行政楼	900	20.0万
2023/10/1	包公故里小镇	2800	198.4万

图 3-83

📣 注意：

"，"是千分位分隔符，每隔 3 位就加一个；"0"就是把最后 3 位数字直接去掉；"!."用来强制显示小数点。"0!.0,"就是在第 4 位数字前面强制显示一个小数点，"万"就是在上面的结果后面再添加单位"万"。

9. 根据单元格中数值大小显示不同的颜色

本例中将根据数值大小设置字体的颜色，如将分数在 90 分以上（含 90）的显示为红色，在 60 分以下的显示为蓝色。在 Excel 中可以使用"条件格式"功能实现这种显示效果，也可以通过自定义单元格格式来完成。

扫一扫，看视频

❶ 选中单元格区域 B2:D16，在"开始"选项卡的"数字"组中单击"对

话框启动器"按钮（如图 3-84 所示），打开"设置单元格格式"对话框。

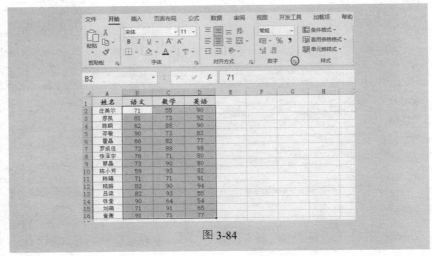

图 3-84

❷ 在"分类"列表框中选择"自定义"，然后在右侧的"类型"文本框中输入"[红色][>=90]0;[蓝色][<60]0;0"，如图 3-85 所示。

❸ 单击"确定"按钮完成设置，此时可以看到 90 分以上（含 90）的数值显示为红色，60 分以下的数值显示为蓝色，如图 3-86 所示。

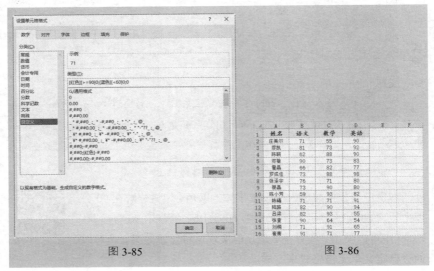

图 3-85   图 3-86

10. 设置业绩小于5万时显示"业绩不达标"

本例需要为业绩在5万元以下的业绩数据标记为"无奖金"。

❶ 选中单元格区域B2: B11，在"开始"选项卡的"数字"组中单击"对话框启动器"按钮（如图3-87所示），打开"设置单元格格式"对话框。

❷ 在"分类"列表框中选择"自定义"，然后在右侧的"类型"文本框中输入"[>50000]G/通用格式;"无奖金""，如图3-88所示。

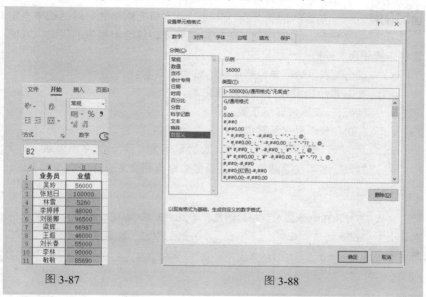

图 3-87   图 3-88

❷ 单击"确定"按钮完成设置，此时可以看到业绩小于或等于 50000 的单元格显示"无奖金"，如图3-89所示。

图 3-89

📢 注意：

> 本例中的格式代码可以灵活设置，如可以自定义所大于的值；再如设置为"[>0] G/通用格式; [=0] "无效""，表示当值大于0时正常显示，当值等于0时显示"无效"文字等。

11. 隐藏单元格中所有或部分数据

扫一扫，看视频

通过自定义单元格的格式，可以实现单元格中数据的隐藏，要达到这一目的需要使用占位符";"。

前面的例子多次打开过"设置单元格格式"对话框来自定义代码，本例根据不同的隐藏要求，只给出相应的代码，方便读者查阅使用。

- ● ";;;"表示隐藏单元格所有的数值或文本。
- ● ";;"表示隐藏数值而不隐藏文本。
- ● "##;;;"表示只显示正数。
- ● ";;0;"表示只显示零值。
- ● """"表示隐藏正数和零值，负数显示为"-"，文字不隐藏。
- ● "???"表示仅隐藏零值，不隐藏非零值和文本。

📢 注意：

> 格式"???"有四舍五入显示的功能，因此"???"不仅隐藏"0"值，同时也将小于"0.5"的值都隐藏了。因此，它也会将"0.7"显示为"1"，将"1.7"显示为"2"。

3.4 数据验证提高准确性

数据验证可以规范用户的文本及数字输入格式，如只能输入指定区间的数值、只能输入文本数据、限制输入空格、限制输入重复值等。利用该功能还可以实现数据的正确性和有效性的检查，避免用户输入错误的数据，同时规范他人的数据输入。

扫一扫，看视频

1. 建立可选择输入序列

可选择输入序列是数据验证中最常用的一个功能。比如，在表格中输入公司员工职位、所属部门等信息时，因为这些信息有固定的名称，因此可以事先通过数据验证设置来建立可选择序列，后期输入数据时通过列表单击选择即可输入，从而确保数据规范，避免出错，提高数据输入的工作效率。

❶ 首先选中 C 列的部门单元格区域，在"数据"选项卡的"数据工具"组中单击"数据验证"按钮（如图 3-90 所示），打开"数据验证"对话框。

❷ 在"验证条件"栏下设置"允许"条件为"序列"，在"来源"文本框中输入部门名称（各部门名称之间使用英文状态下的逗号分隔），如图 3-91 所示。

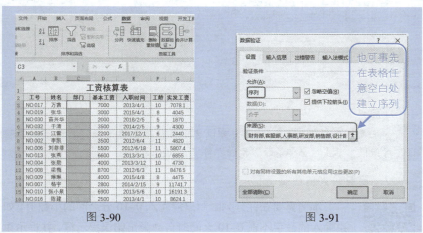

图 3-90   图 3-91

❸ 切换至"输入信息"选项卡，勾选"选定单元格时显示输入信息"复选框，在"选定单元格时显示下列输入信息"栏下的"输入信息"文本框中输入"请从下拉列表选择部门！"，如图 3-92 所示。

❹ 单击"确定"按钮完成设置，当选中 C 区域中的任意单元格时，会在右下角显示输入的提示文字，如图 3-93 所示。

图 3-92   图 3-93

❺单击该按钮后会打开下拉列表（如图 3-94 所示），从中进行选择即可快速输入部门名称，如图 3-95 所示。

	A	B	C	D	E
1			工资核算表		
2	工号	姓名	部门	基本工资	入职时间
3	NO.017	万茜		7000	2013/4/1
4	NO.019	张华		3000	2015/4/1
5	NO.030	苗兴华	2000		2018/2/5
6	NO.032	于涛	财务部		2014/2/5
7	NO.035	江雷	客服部 人事部		2017/12/1
8	NO.002	李凯	研发部		2012/6/4
9	NO.006	刘菲菲	销售部	5500	2012/6/18
10	NO.013	张燕	设计部	6600	2013/3/1
11	NO.004	张勋		4000	2013/3/12
12	NO.008	梁梅		8700	2012/6/3
13	NO.009	琳琳		4000	2015/4/8
14	NO.007	杨宇		2800	2014/2/15
15	NO.010	张小泉		6900	2013/5/6

图 3-94

	A	B	C	D	E
1			工资核算表		
2	工号	姓名	部门	基本工资	入职时间
3	NO.017	万茜		7000	2013/4/1
4	NO.019	张华		3000	2015/4/1
5	NO.030	苗兴华	人事部	2000	2018/2/5
6	NO.032	于涛	财务部	3500	2014/2/5
7	NO.035	江雷	研发部	2200	2017/12/1
8	NO.002	李凯		请从下拉列表 选部门1!	2012/6/4
9	NO.006	刘菲菲			2012/6/18
10	NO.013	张燕			2013/3/1
11	NO.004	张勋		4000	2013/3/12
12	NO.008	梁梅		8700	2012/6/3
13	NO.009	琳琳		4000	2015/4/8
14	NO.007	杨宇		2800	2014/2/15
15	NO.010	张小泉		6900	2013/5/6

图 3-95

🔊 注意：

如果要删除提示信息的设置，可以选中目标单元格区域，打开"数据验证"对话框，单击"全部清除"按钮即可。

2. 限制输入的数据范围

扫一扫，看视频

本例需要在评分列限制只能输入 0~10 分之间的小数值，如果输入的数字不在 0~10 之间时自动弹出错误提示框，并提示重新输入符合数据范围的数字。

❶ 选中 C2:C15 单元格区域，在"数据"选项卡的"数据工具"组中单击"数据验证"按钮（如图 3-96 所示），打开"数据验证"对话框。

❷ 选择"设置"选项卡，在"验证条件"栏下设置"允许"条件为"小数"，"数据"条件为"介于"，"最小值"和"最大值"分别为"0"和"10"，如图 3-97 所示。

❸ 切换至"出错警告"选项卡，设置样式为"警告"，在"错误信息"文本框中输入错误信息提示内容，如图 3-98 所示。

❹ 单击"确定"按钮完成设置，当在 C2:C15 单元格区域中输入的数字不在 0~10 之间时就会弹出错误提示框，提示重新输入符合要求的数据，如图 3-99 所示。

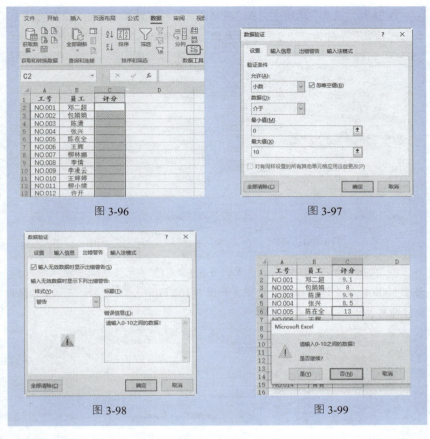

图 3-96

图 3-97

图 3-98

图 3-99

📢 **注意：**

如果单元格中既允许输入整数又允许小数，则需要设置"允许"条件为"小数"。如果设置"允许"条件为"整数"，那么当输入"2.5"这样的小数时则会被禁止输入。

3. 限制数据的最大值

如果想要限制员工的报销额费用在 5000 元以下，可以按以下步骤操作。

❶ 选中 C2:C13 单元格区域，在"数据"选项卡的"数据工具"组中单击"数据验证"按钮（如图 3-100 所示），打开"数据验证"对话框。

扫一扫，看视频

115

❷ 选择"设置"选项卡，在"验证条件"栏下设置"允许"条件为"小数"，"数据"条件为"小于"，"最大值"为"5000"，如图 3-101 所示。

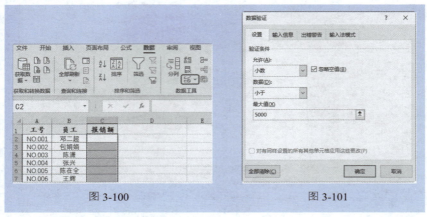

图 3-100　　　　　　　　　　　　图 3-101

❸ 单击"确定"按钮完成设置，当在 C2:C13 单元格区域中输入的数据大于 5000 时就会弹出错误提示框（如图 3-102 所示），重新输入符合范围的数据即可。

图 3-102

4. 限制输入指定范围日期

扫一扫，看视频

本例表格中要求在"值班日期"列中只能输入日期数据，并且日期只能介于 2024/4/1—2024/4/30 之间。

❶ 选中 C2:C15 单元格区域，在"数据"选项卡的"数据工具"组中单击"数据验证"按钮（如图 3-103 所示），打开"数据验证"对话框。

❷ 选择"设置"标签，在"验证条件"栏下设置"允许"条件为"日

期"，"数据"条件为"介于"，"开始日期"为"2024/4/1"，"结束日期"为"2024/4/30"，如图 3-104 所示。

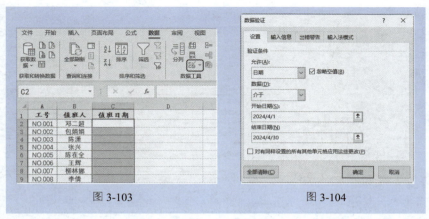

图 3-103　　　　　　　　　　图 3-104

❸ 切换至"出错警告"选项卡，设置样式为"警告"，在"错误信息"文本框中输入错误信息提示内容，如图 3-105 所示。

❹ 单击"确定"按钮完成设置，当在 C2:C15 单元格区域中输入的日期不在限定范围时就会弹出错误提示，如图 3-106 所示。

图 3-105　　　　　　　　　　图 3-106

5. 圈释无效数据

"圈释无效数据"功能是指将不符合条件的数据以红色圆圈圈释出来。要使用该功能，必须先输入数据，然后针对已有的数据来设置数据验证条件，再将不满足条件的数据圈释出来。

扫一扫，看视频

❶ 选中 C2:C15 单元格区域（已输入数据），按前面相同的方法打开"数据验证"对话框，设置验证条件如图 3-107 所示，单击"确定"按钮完成设置。

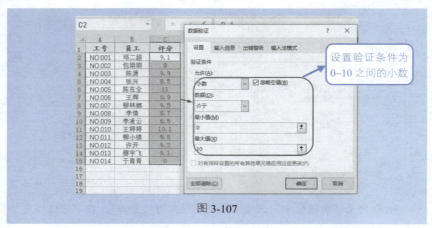

图 3-107

❷ 选中 C2:C15 单元格区域，在"数据"选项卡的"数据工具"组中单击"数据验证"下拉按钮，在展开的下拉列表中选择"圈释无效数据"命令（如图 3-108 所示），即可将不符合数据验证条件的单元格数据圈释出来，如图 3-109 所示。

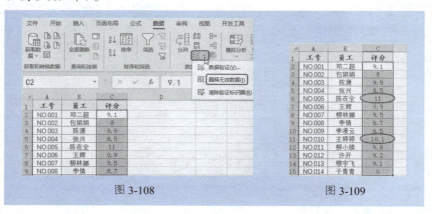

图 3-108   图 3-109

🔊 **注意：**

如果要取消圈释效果，可以在"数据验证"功能按钮的下拉列表中单击"清除验证标识圈"命令即可。

6. 快速应用相同的数据验证

如果想要为其他工作表应用已经设置好的数据验证格式，只需要应用"选择性粘贴"功能直接复制数据验证即可，不需要重新在新表格中逐步设置数据验证。

扫一扫，看视频

❶ 选中 C2:C15（设置好数据验证的数据区域），按"Ctrl+C"执行复制，如图 3-110 所示。

❷ 切换至另一张工作表（需要复制相同数据验证的表格），并选中要应用数据验证的区域，即 C2:C15，并在"开始"选项卡的"剪贴板"组中单击"粘贴"下拉按钮，在打开的下拉列表中选择"选择性粘贴"命令（如图 3-111 所示），打开"选择性粘贴"对话框。

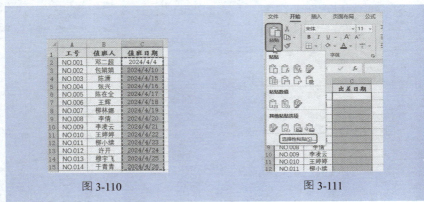

图 3-110   图 3-111

❸ 在"粘贴"栏下选择"验证"，如图 3-112 所示。

❹ 单击"确定"按钮，即可在 C2:C15 区域也应用了相同的验证条件，当输入的日期范围错误时，会弹出警告提示框，如图 3-113 所示。

图 3-112   图 3-113

7. 定位设置数据验证的单元格

如果想查看整张表格中哪些地方被设置了数据验证条件，可以使用"定位"功能实现快速选中设置了数据验证的单元格区域。

❶ 打开表格后，在"开始"选项卡的"编辑"组中单击"查找和选择"下拉按钮，在打开的下拉菜单中选择"定位条件"命令（如图 3-114 所示），打开"定位条件"对话框。选中"数据验证"和"全部"单选按钮，如图 3-115 所示。

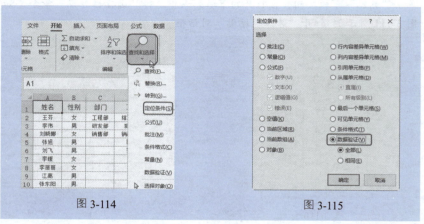

图 3-114　　　　　　　　　　　图 3-115

❷ 单击"确定"按钮完成设置，此时可以看到表格中设置了数据验证的单元格全部被选中，如图 3-116 所示。

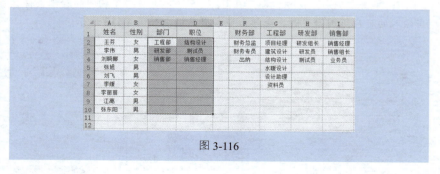

图 3-116

第4章 高效填充表格数据

4.1 常规数据填充

如果想要快速完成批量数据的输入，可以使用 Excel 中的"填充"功能，比如公式填充，序号、日期填充，在指定区域批量输入数据等。

1. 连续单元格中填充相同数据

本例中需要在多个连续的单元格中快速填充和上一个单元格中相同的内容。填充的方式有两种：一种是利用"填充"功能按钮，一种是使用拖动填充柄的方式。

扫一扫，看视频

❶ 在 C4 单元格输入文本"人事部"，选中要输入相同文本的 C4:C10 单元格区域（注意要包含 C4 单元格在内），在"开始"选项卡的"编辑"组中单击"填充"下拉按钮，在打开的下拉列表中选择"向下"命令，如图 4-1 所示。

❷ 此时可以看到选中的单元格区域快速填充了和 C4 单元格相同的文本，如图 4-2 所示。

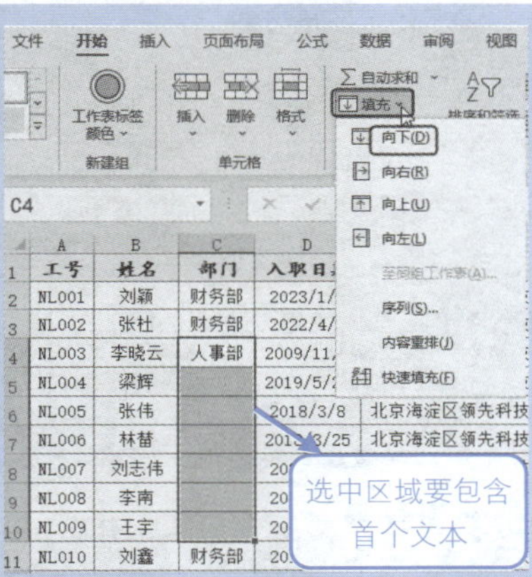

图 4-1

选中区域要包含首个文本

图 4-2

❸ 或者在 C4 单元格内输入文本“人事部”，将鼠标指针指向该单元格的右下角的填充柄，当鼠标指针变成黑色十字形时（如图 4-3 所示），按住鼠标左键不放向下拖动填充柄，释放鼠标左键后，即可快速填充相同的文本。

	A	B	C	D	E
1	工号	姓名	部门	入职日期	
2	NL001	刘颖	财务部	2023/1/3	北京
3	NL002	张杜	财务部	2022/4/5	上海
4	NL003	李晓云	人事部	2009/11/7	北京
5	NL004	梁辉		2019/5/28	北京
6	NL005	张伟		2018/3/8	北京
7	NL006	林蕾		2018/3/25	北京
8	NL007	刘志伟		2023/1/3	北京
9	NL008	李南		2020/8/5	北京
10	NL009	王宇		2010/8/8	北京
11	NL010	刘鑫	财务部	2010/8/7	北京

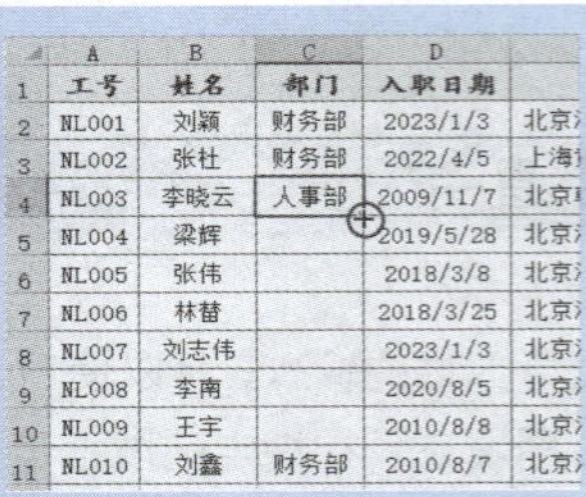

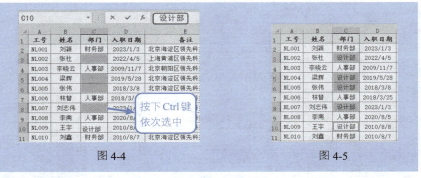

图 4-3

2. 不连续单元格中填充相同数据

扫一扫，看视频

上一个技巧介绍了如何在连续单元格填充相同数据，如果需要在不连续的多个单元格内填充相同的数据，可以配合 Ctrl 键实现。

❶ 按下 Ctrl 键不放，使用鼠标依次单击需要输入相同数据的单元格（把它们都选中），然后将光标定位到编辑栏内，输入“设计部”，如图 4-4 所示。

❷ 按下 Ctrl+Enter 组合键后，即可完成不连续单元格相同内容的填充，如图 4-5 所示。

	A	B	C	D	E
1	工号	姓名	部门	入职日期	备注
2	NL001	刘颖	财务部	2023/1/3	北京海淀区领先科
3	NL002	张杜		2022/4/5	上海黄浦区领先科
4	NL003	李晓云	人事部	2009/11/7	北京朝阳区领先科
5	NL004	梁辉		2019/5/28	北京海淀区领先科
6	NL005	张伟		2018/3/8	北京海淀区领先科
7	NL006	林蕾	人事部	2018/3/	
8	NL007	刘志伟		2023/1/	
9	NL008	李南	人事部	2020/8/	
10	NL009	王宇	设计部	2010/8/	
11	NL010	刘鑫	财务部	2010/8/7	北京海淀区领先科

图 4-4

	A	B	C	D
1	工号	姓名	部门	入职日期
2	NL001	刘颖	财务部	2023/1/3
3	NL002	张杜	设计部	2022/4/5
4	NL003	李晓云	人事部	2009/11/7
5	NL004	梁辉	设计部	2019/5/28
6	NL005	张伟	设计部	2018/3/8
7	NL006	林蕾	人事部	2018/3/25
8	NL007	刘志伟	设计部	2023/1/3
9	NL008	李南	人事部	2020/8/5
10	NL009	王宇	设计部	2010/8/8
11	NL010	刘鑫	财务部	2010/8/7

图 4-5

3. 大范围区域中填充相同数据

扫一扫，看视频

本例表格需要在大块空白单元格区域中一次性输入“合格”，可以首先使用名称框快速准确的定位大范围区域，然后再输入文本即可。

❶ 首先在左上角的名称框内输入"C2:E16"（如图 4-6 所示），按 Enter 键后即可选中所有指定单元格区域。然后在编辑栏内输入"合格"，如图 4-7 所示。

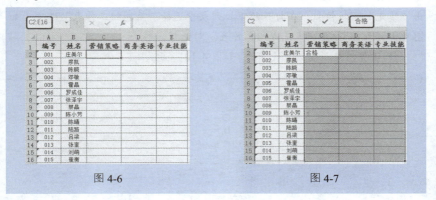

图 4-6　　　　　　　　　　图 4-7

❷ 按下 Ctrl+Enter 组合键，即可完成大块区域相同数据的一次性快速输入，如图 4-8 所示。

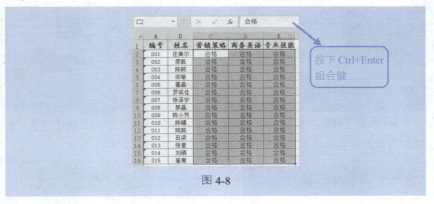

按下 Ctrl+Enter 组合键

图 4-8

📢 注意：

如果是要选中不连续的大范围区域，可以在名称框中使用","分隔不连续的单元格区域地址，比如"C2:E16,F4:F80,G3:G16"。

4．多工作表中填充相同数据

本例工作簿中包含 3 张工作表（表格的基本结构是相同的），第一张工作表的数据是完整的，下面需要在另外两张工作

扫一扫，看视频

表中输入序号、分类、产品名称、规格和单价，可以使用"填充成组工作表"功能实现相同数据在多张工作表的输入。

❶ 在"1月销售数据"表中选中要填充的目标数据，然后同时选中要填充到的其他工作表（或多张工作表），在"开始"选项卡的"编辑"组中单击"填充"下拉按钮，在打开的下拉列表中选择"至同组工作表"选项（如图4-9所示），打开"填充成组工作表"对话框。

❷ 设置填充类型为"全部"，如图4-10所示。

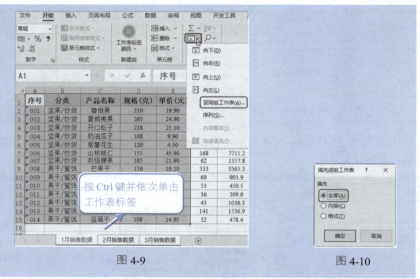

图 4-9　　　　　　　　　　　　　　图 4-10

❸ 单击"确定"按钮，即可看到所有成组的工作表中都被填充了在"1月销售数据"表中选中的那一部分内容，如图4-11、图4-12所示。

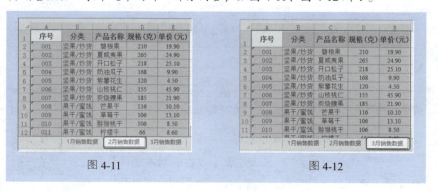

图 4-11　　　　　　　　　　　　　　图 4-12

5. 忽略非空单元格填充数据

本例表格需要统计各名员工各项考核科目的合格情况，即除了个别不合格外（已输入），其他空白的单元格需要统一输入"合格"文字，此时可以先一次性选中所有空白单元格，然后一次性输入数据。

扫一扫，看视频

❶ 打开表格后，选中目标数据区域，在"开始"选项卡的"编辑"组中单击"查找和选择"下拉按钮，在打开的下拉列表中选择"定位条件"（如图 4-13 所示），打开"定位条件"对话框。选中"空值"单选按钮，如图 4-14 所示。

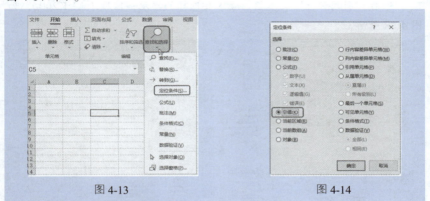

图 4-13　　　　　　　　　　　　　图 4-14

❷ 单击"确定"按钮完成设置，即可一次性选中表格中的所有空白单元格，如图 4-15 所示。光标定位到编辑栏内，输入"合格"，然后按下 Ctrl+Enter 组合键，即可将所有选中的单元格填充"合格"，效果如图 4-16 所示。

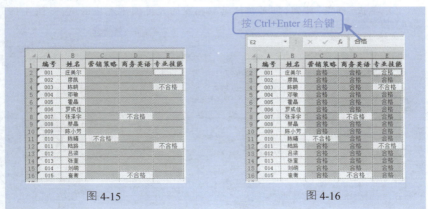

图 4-15　　　　　　　　　　　　　图 4-16

6. 定位大范围区域

扫一扫，看视频

编辑 Excel 表格数据最基础的操作就是选取单元格区域，只有正确选取相应区域才能进入下一步操作。常规的操作方式是拖动鼠标选取，但是如果要选择的数据区域非常庞大，就可以使用 Excel 中的"定位"功能实现精确无误的选取。

❶ 打开表格后，在"开始"选项卡的"编辑"组中单击"查找和选择"下拉按钮，在打开的下拉菜单中选择"转到"命令（如图 4-17 所示），打开"定位"对话框。

❷ 在"引用位置"文本框内输入要选择的单元格区域（A1:K200），如图 4-18 所示。

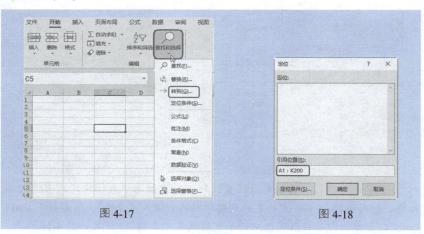

图 4-17   图 4-18

❸ 单击"确定"按钮，即可快速选取指定的大范围单元格区域，如图 4-19 所示。

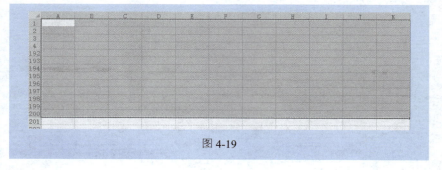

图 4-19

4.2 自动填充选项

在执行数据填充时，会在右下角出现自动填充选项下拉按钮，在该列表中可以实现序列递增、按工作日、按分钟数等要求进行数据填充。

1. 快速填充递增序号

快速填充递增序号有两种方法：一是输入单个数据，填充后在"自动填充选项"列表中选择"填充序列"；二是直接输入两个填充源，然后使用鼠标拖动的方法完成填充。

扫一扫，看视频

❶ 在 A2 单元格输入序号"1"（如图 4-20 所示），将鼠标指针指向 A2 单元格右下角，待指针变成黑色十字型时按住鼠标左键向下拖动进行填充。

❷ 此时在右下角出现"自动填充选项"按钮，单击该按钮，在打开的下拉列表中选择"填充序列"，如图 4-21 所示。此时可以看到按照递增序列完成 A 列序号的填充，效果如图 4-22 所示。

图 4-20 　　　　　图 4-21 　　　　　图 4-22

如果要实现按等差序列进行数据填充，也可以输入前两个编号作为填充源，然后拖动填充，程序即可自动找到编号的规律。

❶ 在 A2 和 A3 单元格中分别输入 2 和 6（表示按照等差为 4 进行递增填充）（如图 4-23 所示），同时选中 A2:A3 单元格区域再将鼠标指针放在 A3 单元格右下角，并拖动填充柄向下填充，如图 4-24 所示。

❷ 拖动至 A13 单元格后释放鼠标左键，此时可以看到数据按照等差序

列递增填充，效果如图 4-25 所示。

图 4-23　　　　　　图 4-24　　　　　　图 4-25

2. 快速填充相同日期

扫一扫，看视频

在单元格中输入日期并向下填充后，默认是按递增序列填充日期的。如果希望在多个单元格中一次性填充相同的日期，可以重新设置填充方式为"复制单元格"。

❶ 首先在 D2 单元格输入日期，然后拖动右下角的填充柄，拖动至 D11 单元格位置处并释放鼠标左键，此时在右下角出现"自动填充选项"按钮，单击该按钮并在打开的下拉列表中选择"复制单元格"命令，如图 4-26 所示。

❷ 此时可以看到 D3~D11 单元格日期和 D2 单元格内的日期相同，如图 4-27 所示。

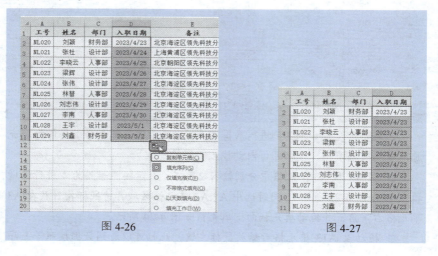

图 4-26　　　　　　　　　　　　图 4-27

3. 快速填充工作日日期

员工考勤管理表是针对员工当月的出勤记录进行统计管理的表格。用户可以使用填充功能来完成日期的快速输入。例如，要输入 2024 年 4 月的工作日日期来制作考勤表，操作如下。

❶ 打开工作簿后，首先在 A3 单元格输入第一个日期"2024/4/1"，再双击填充柄得到递增日期，单击右下角"自动填充选项"下拉按钮，在展开的列表中选择"填充工作日"命令，如图 4-28 所示。

图 4-28

❷ 此时可以看到表格中只填充了工作日日期（省略了周末日期），如图 4-29 所示。

图 4-29

4. 按分钟数递增填充

在 A2 单元格输入起始时间后（如图 4-30 所示），再拖动右下角填充柄进行填充时，可以看到默认是按照小时数进行递增填充的，如图 4-31 所示。那么如何将时间按照分钟数进行递增填充呢？

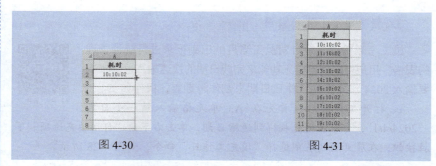

图 4-30 图 4-31

❶ 依次在 A2 和 A3 单元格中输入数据"10:02:02"和"10:17:02"（表示按照每隔 15 分钟进行递增填充），如图 4-32 所示。然后选中单元格区域 A2:A3，将鼠标指针放在 A3 单元格右下角的填充柄上向下拖动填充柄进行填充，如图 4-33 所示。

❷ 拖动至 A8 单元格后释放鼠标左键，此时可以看到时间按照每隔 15 分钟进行递增填充，效果如图 4-34 所示。

图 4-32 图 4-33 图 4-34

5. 快速填充大批量序号

扫一扫，看视频

如果要在表格列中快速输入上千个递增序号，可以应用名称框快速选中大范围区域再填充序号。

❶ 首先在 A1 单元格输入起始序号"1"，然后在左上角名称框输入"A1:A2000"（如图 4-35 所示），按 Enter 键即可选中 A1:A2000 单元格区域。

名称框内输入超大
单元格区域

图 4-35

❷ 保持区域的选中状态，然后在"开始"选项卡的"编辑"组中单击"填充"下拉按钮，在展开的下拉列表中单击"序列"命令（如图 4-36 所示），打开"序列"对话框。

❸ 保持各默认选项不变，并设置步长值为"1"，如图 4-37 所示。

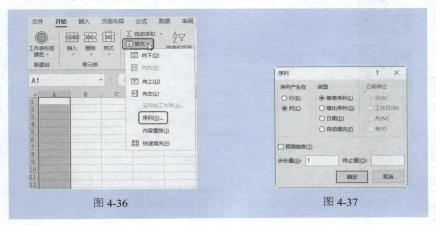

图 4-36　　　　　　　　　　　　　图 4-37

❹ 单击"确定"按钮完成设置，此时可以看到表格中选中的 A1:A2000 单元格区域被快速从序号 1 填充至序号 2000，如图 4-38、图 4-39 所示。

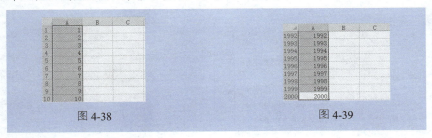

图 4-38　　　　　　　　　　　　　图 4-39

6. 自定义填充序列

用户可以在填充数据时使用"填充柄"来完成数据的自动填充。如果想要应用其他序列（比如填充员工姓名、职位、星期数等），则可以向内置库中添加自定义序列。

扫一扫，看视频

❶ 在 Excel 工作界面中，选择"文件"菜单项，在弹出的下拉菜单中选择"选项"命令（如图 4-40 所示），打开"Excel 选项"对话框。

❷ 切换到"高级"标签，在右侧"常规"栏下单击"编辑自定义列表"

按钮（如图 4-41 所示），打开"自定义序列"对话框。

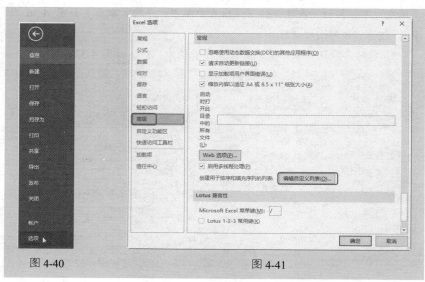

图 4-40   图 4-41

❸ 在"输入序列"标签下的列表框内输入星期数（每输入一个星期数需要按 Enter 键另起一行），如图 4-42 所示。

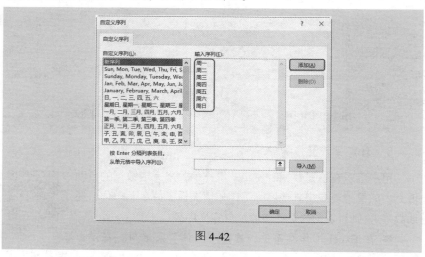

图 4-42

❹ 单击"添加"按钮（如图 4-43 所示），即可将自定义序列添加至左侧的"自定义序列"列表框中。单击"确定"按钮完成设置。

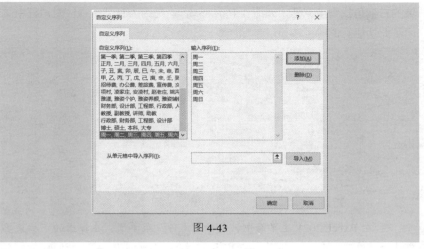

图 4-43

⑤ 当在 D3 单元格输入第一个星期数后（如图 4-44 所示），拖动单元格右下角的填充柄至 D9 单元格，释放鼠标左键即可完成星期数的快速填充，如图 4-45 所示。

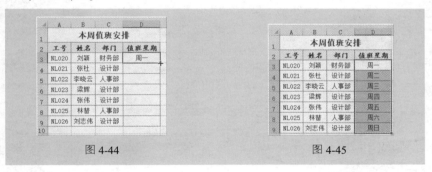

图 4-44　　　　　　　　　图 4-45

📢 注意：

　　添加序列除了在"自定义序列"对话框中逐一输入序列的各个元素外，也可以事先将要建立为序列的数据输入到工作表中相邻的单元格内，然后打开"自定义序列"对话框后，单击"导入"按钮前面的"拾取器"，然后回到工作表中选中单元格区域，单击"导入"按钮快速导入序列。

7. 解决填充柄消失问题

　　在本节介绍的数据批量输入技巧中，多次用到了填充柄。填充柄可以快速地进行数据填充，但有时会发现无法在选中区

扫一扫，看视频

域的右下角找到填充柄（如图 4-46 所示），这是因为在"选项"对话框中关闭了此功能。此时可按如下步骤恢复。

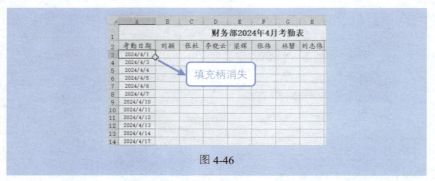

图 4-46

❶ 在 Excel 2021 主界面中，选择"文件"菜单项，在弹出的下拉菜单中选择"选项"命令（如图 4-47 所示），打开"Excel 选项"对话框。

❷ 选择"高级"标签，在右侧"编辑选项"栏下选中"启用填充柄和单元格拖放功能"复选框，如图 4-48 所示。

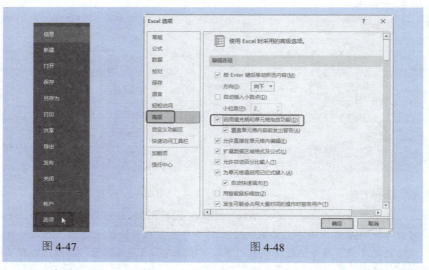

图 4-47　　　　　　　　　　　　　　图 4-48

❸ 单击"确定"按钮完成设置，当再次选中单元格时就会发现填充柄又出现了。

第5章 调整表格结构及数据

5.1 调整表格结构

　　创建好表格数据之后，后期还需要根据实际工作需求做出行列数据调整，比如数据顺序不合理、有空行空列等，本节会介绍一些表格结构调整方面的实用操作技巧。

1. 一次性插入多行、多列

扫一扫，看视频

　　完成表格编辑之后，如果后期需要补充编辑，常常要插入多行、多列。

　　打开工作表后，首先选中 6 行（第 2~7 行，共 6 行，可以直接选择表格行，也可以单击前面的行号选中）。单击鼠标右键，在弹出的快捷菜单中选择"插入"命令（如图 5-1 所示），即可在选中的 6 行内容上方插入 6 行空行，如图 5-2 所示。

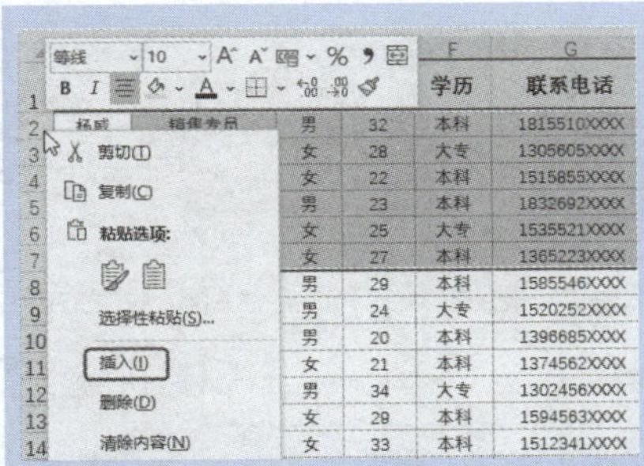

图 5-1 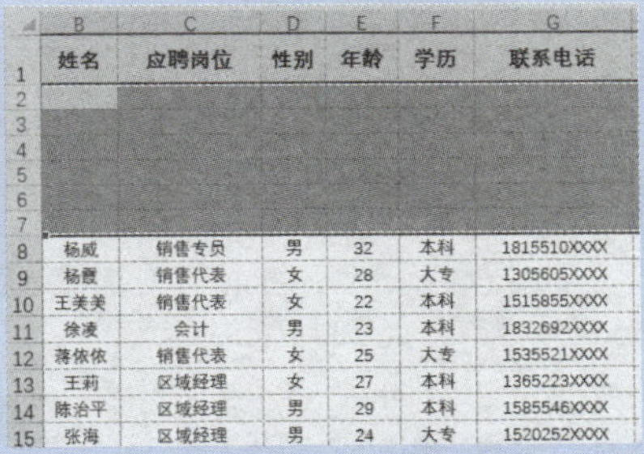　　　　　　　图 5-2

　　按照类似的方法也可以实现在任意指定的位置插入多列，例如本例中需要在"姓名"后插入 3 列空列。

　　打开工作表后，首先选中 3 列（C 到 E 列，共 3 列，可以直接选择表格列，也可以单击前面的列标选中）。单击鼠标右键，在弹出的快捷菜单中选择"插入"命令（如图 5-3 所示），即可在选中的 3 列内容左侧插入 3 列空列，如图 5-4 所示。

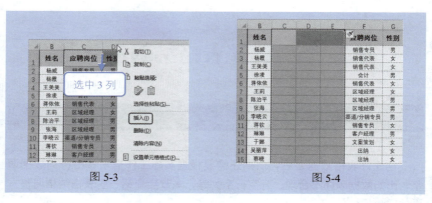

图 5-3   图 5-4

2. 一次性隔行插入空行

扫一扫，看视频

　　如果想隔行插入空行，普通办法是无法实现的，此时可以通过一些辅助单元格实现一次性隔行插入空行。

　　❶ 首先在 J3:K23 单元格区域输入辅助数据（如果数据条目很多，也可以先输入"1"与"2"后向下填充），然后选中辅助数据，在"开始"选项卡的"编辑"组中单击"查找和选择"下拉按钮，在打开的下拉列表中选择"定位条件"（如图 5-5 所示），打开"定位条件"对话框，选中"常量"单选按钮，如图 5-6 所示。

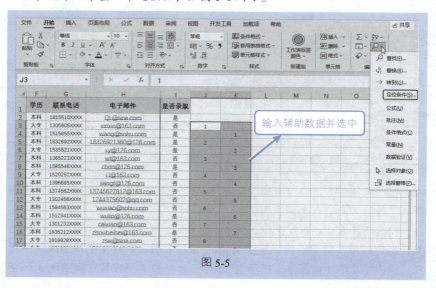

图 5-5

❷ 此时选中了 J3:K23 单元格区域中所有含有常量的单元格。保持选中状态并单击鼠标右键，在弹出的快捷菜单中选择"插入"命令（如图 5-7 所示），打开"插入"对话框。

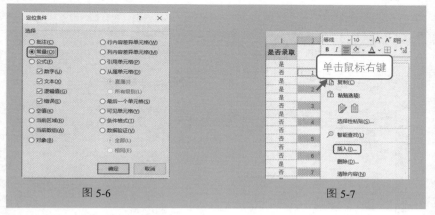

图 5-6   图 5-7

❸ 选中"整行"单选按钮，如图 5-8 所示。

❹ 单击"确定"按钮完成设置，此时可以看到在选中的单元格上方都分别插入了 1 行空行，如图 5-9 所示。

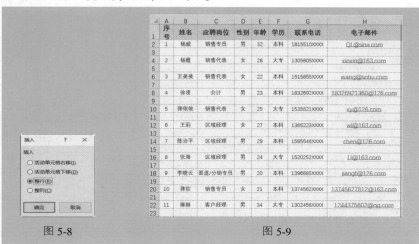

图 5-8   图 5-9

3. 隔 4 行（任意指定）插入空行

技巧 2 介绍了隔 1 行插入空行的技巧，如果需要在指定位置每隔 4 行（或任意指定行）插入空行，可以利用相同的操作

扫一扫，看视频

技巧，关键在于对辅助数字的设置。

如图 5-10 所示，在 J 列中输入辅助数据时每隔 4 行输入一个数字。选中辅助数据，接着利用技巧 2 相同的步骤进行操作，即可实现一次隔 4 行插入空行，如图 5-11 所示。

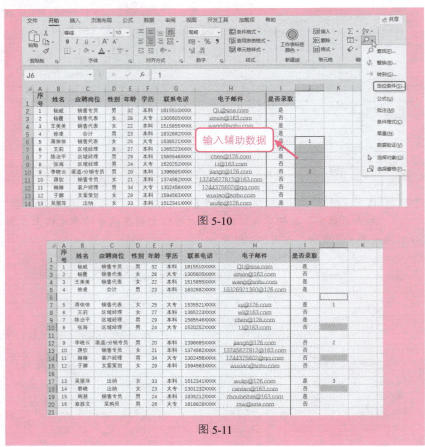

图 5-10

图 5-11

4. 整行整列数据调换

扫一扫，看视频

在整理表格数据时经常需要对数据区域进行行、列移动，采用不同的方法带来的工作量是不一样的。常规调换的方法是先在目标位置插入一列，然后剪切待调整的列并将其粘贴在新插入的空白列处，最后还要删除剪切后留下的空白列。这种做法既没有效率，也很容易出错。下面介绍一种快速调整方法。

❶ 首先选中要移动的列，如 D 列，然后将鼠标指针指向该列的左边线，此时在鼠标指针下会出现一个十字形箭头，如图 5-12 所示。

❷ 按住 Shift 键的同时按住鼠标左键不放，向左拖动至目标位置（A 列和 B 列之间）时，可以看到鼠标指针下方的边线变成了"工"字形，如图 5-13 所示。

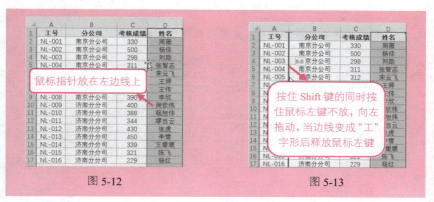

图 5-12　　　　　　　　　　　　　　　图 5-13

❸ 释放鼠标左键后，即可完成整列数据位置的快速调换，如图 5-14 所示。

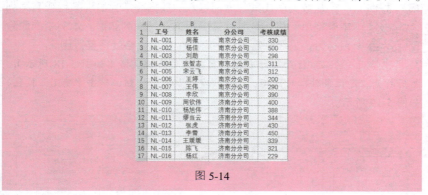

图 5-14

如果要完成整行数据位置的调整，可以按照相同的方法进行。

❶ 首先选中要移动的行，如第 4 行，然后将鼠标指针指向该行的下边线，此时在鼠标指针下方会出现一个十字形箭头，如图 5-15 所示。

❷ 按住 Shift 键的同时按住鼠标左键不放，向下拖动至目标位置（第 7 行和第 8 行之间）时，可以看到鼠标指针下方的边线变成了"工"字形，如图 5-16 所示。

图 5-15　　　　　　　　　　　图 5-16

❸ 释放鼠标左键后，即可完成整行数据位置的调整，如图 5-17 所示。

图 5-17

5．删除有空白单元格的所有行

扫一扫，看视频

　　　　从数据库或其他途径导入的数据经常会出现某行或者某列中有空白单元格，这时就需要把这些行或列删掉。本例中的删除目标为，只要一行数据中有一个空白单元格就将整行删除。

　　❶ 打开某行中存在空白单元格的表格（如图 5-18 所示），然后打开"定位条件"对话框，选中"空值"单选按钮，单击"确定"按钮，如图 5-19 所示。

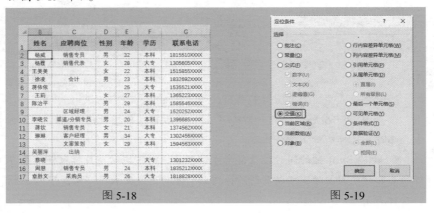

图 5-18　　　　　　　　　　图 5-19

❷ 此时选中了表格中的所有空白单元格，单击鼠标右键，在弹出的快捷菜单中选择"删除"命令（如图 5-20 所示），打开"删除"对话框，选中"整行"单选按钮，如图 5-21 所示。

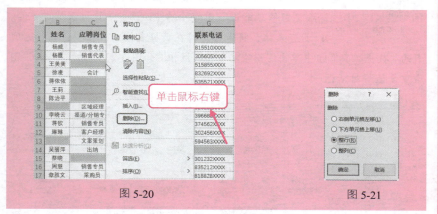

图 5-20   图 5-21

❸ 单击"确定"按钮完成设置，此时可以看到原先的空白单元格所在行全部被删除，如图 5-22 所示。

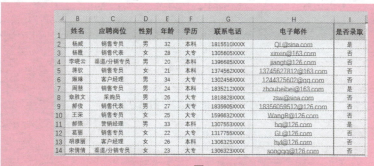

图 5-22

5.2　规范表格数据技巧

　　工作中遇到的表格并非都是数据规范且符合要求的，比如多属性的数据被记录到同一列、表格中存在重复值、不合规范的字符等。这些都可以通过 Excel 2021 中的相关功能快速调整。

1. 删除重复值

扫一扫，看视频

　　表格中存在重复数据是一种常见问题，如果是一两条重复数据，直接手动删除即可；但若是几百上千条，就可以应用 Excel 中的删除重复值功能进行重复项的快速清除，并只保留唯一值。

❶ 打开表格，将光标定位在数据表格中，在"数据"选项卡的"数据工具"组中单击"删除重复值"按钮（如图 5-23 所示），打开"删除重复值"对话框。

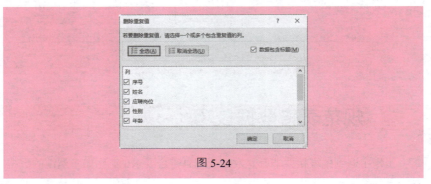

图 5-23

❷ 选中"列"列表框中的所有复选框，如图 5-24 所示。

图 5-24

❸ 单击"确定"按钮，弹出提示对话框，提示删除了几个重复值，单

击"确定"按钮返回表格，即可看到删除了表格中的重复记录，如图 5-25 所示。

图 5-25

2. 拆分不同类型数据

本例表格中人员的联系电话和学历信息都填写在一列中，并使用空格键分隔，下面需要使用分列功能将这两类数据分布显示在两列。

扫一扫，看视频

❶ 选中要分列的 F2:F10 单元格区域，在"数据"选项卡的"数据工具"组中单击"分列"按钮（如图 5-26 所示），打开"文本分列向导-第 1 步，共 3 步"对话框。

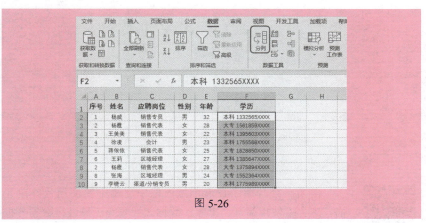

图 5-26

❷ 选中"分隔符号"单选按钮，单击"下一步"按钮，如图 5-27 所示。

❸ 打开"文本分列向导-第 2 步，共 3 步"对话框，在"分隔符号"栏下选中"空格"复选框，如图 5-28 所示。

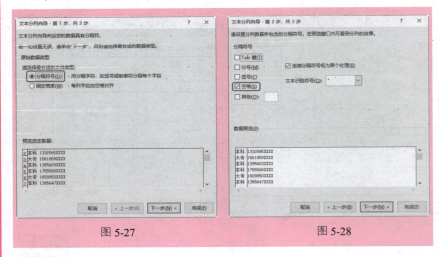

图 5-27　　　　　　　　　　　　　图 5-28

📢 **注意：**

如果两种不同类型的数据之间使用的分隔符不是空格，比如分号、冒号、破折号等，就可以在分列对话框中选择"其他"，并手动填写分隔符号。

❹ 单击"完成"按钮，即可得到如图 5-29 所示的结果。此时可以看到原先 F 列的内容分隔为两列显示。

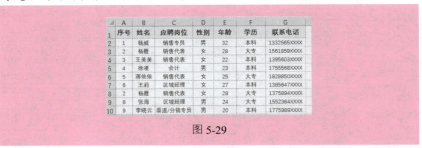

	A	B	C	D	E	F	G
1	序号	姓名	应聘岗位	性别	年龄	学历	联系电话
2	1	杨威	销售专员	男	32	本科	1332565XXXX
3	2	杨穗	销售代表	女	28	大专	1561859XXXX
4	3	王美美	销售代表	女	22	本科	1395603XXXX
5	4	徐凌	会计	男	23	本科	1755568XXXX
6	5	蒋依侬	销售代表	女	25	大专	1828850XXXX
7	6	王莉	区域经理	女	27	本科	1385647XXXX
8	7	杨穗	销售代表	女	28	大专	1375894XXXX
9	8	张海	区域经理	男	24	大专	1552364XXXX
10	9	李晓云	渠道/分销专员	男	20	本科	1775989XXXX

图 5-29

3. 解决分类汇总的合并单元格问题

扫一扫，看视频

前面已经介绍了在清单型表格中尽量不要使用合并单元格，这会给使用筛选、排序、数据透视表等工具进行数据分析带来很大的麻烦。但在报表型表格中却经常用合并单元格来让表格更加美观、工整和易读，那么有没有办法实现批量合并相同内容的单元格且不影响数据分析呢？下面总结了一个技巧，可供读者学习以解决上述问题。

❶ 首先选中任意单元格，在"数据"选项卡的"排序和筛选"组中单击"降序"按钮（如图 5-30 所示），对数据进行排序，把相同的系列名称显示在一起。

❷ 在"数据"选项卡的"分级显示"组中单击"分类汇总"按钮（如图 5-31 所示），打开"分类汇总"对话框。

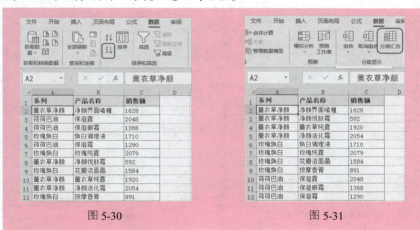

图 5-30   图 5-31

❸ 设置"分类字段"为"系列"，在"选定汇总项"列表框中勾选"系列"复选框，如图 5-32 所示。

❹ 单击"确定"按钮，即可创建分类汇总。选中 A2:A14 单元格区域（如图 5-33 所示），按 F5 键，打开"定位条件"对话框。

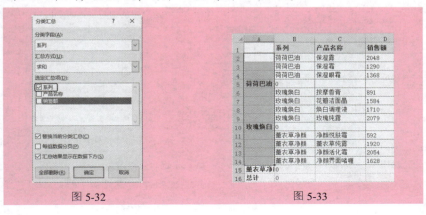

图 5-32   图 5-33

❺ 选中"空值"单选按钮（如图 5-34 所示），单击"确定"按钮，即可选中该区域中的所有空值单元格。

❻ 保持空白单元格选中状态，在"开始"选项卡的"对齐方式"组中单击"合并后居中"下拉按钮，在打开的下拉列表中选择"合并单元格"（如图 5-35 所示），即可合并所有空白单元格。

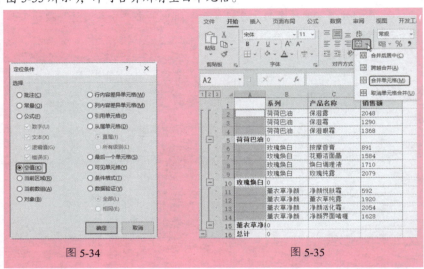

图 5-34   图 5-35

❼ 选中分类汇总结果表格中的任意单元格（如图 5-36 所示），然后打开"分类汇总"对话框，单击"全部删除"按钮（如图 5-37 所示），即可取消分类汇总。

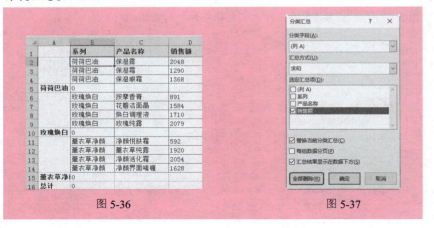

图 5-36   图 5-37

❽ 返回表格后，选中合并后的单元格区域 A2:A12，按 Ctrl+C 组合键执行复制，继续选中 B2 单元格并单击鼠标右键，在弹出的快捷菜单中选择"格式"命令（如图 5-38 所示），即可复制合并单元格格式。

❾ 删除 A 列的空白区域，即可得到既保持合并单元格格式又不影响数据分析的表格，如图 5-39 所示。

图 5-38　　　　　　　　　　　图 5-39

4. 巧用 Word 批量清除指定字符

本例 C 列单元格中的文本既包含数字也包含字母，为了规范数据格式，下面需要将 C 列单元格中的字母和数字全部去除。可通过如下方法实现批量删除。

扫一扫，看视频

❶ 打开表格后选中 C2:C12 单元格区域，再按 Ctrl+C 组合键执行复制，如图 5-40 所示。

❷ 打开 Word 空白文档后，单击鼠标右键，在弹出的快捷菜单中选择"保留源格式"命令（如图 5-41 所示），即可将表格中所选内容粘贴到文档。

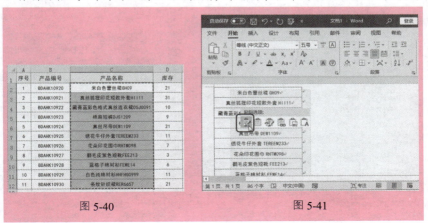

图 5-40　　　　　　　　　　　图 5-41

❸ 选中文档中粘贴过来的表格后，按 Ctrl+H 组合键，打开"查找和替换"对话框。在"替换"选项卡下的"查找内容"文本框中输入"[!a-z,A-Z,0-9]"，单击"更多"按钮，打开对话框的隐藏选项，如图 5-42 所示。

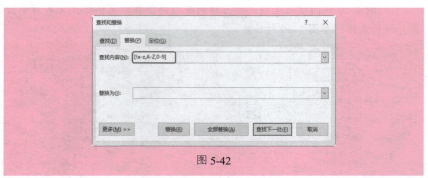

图 5-42

❹ 选中"搜索选项"栏下的"使用通配符"复选框，如图 5-43 所示。单击"全部替换"按钮完成替换，此时可以看到 Word 文档中的所有字母被删除。

❺ 将删除字母后的内容重新复制粘贴到 Excel 表格中即可，如图 5-44 所示。

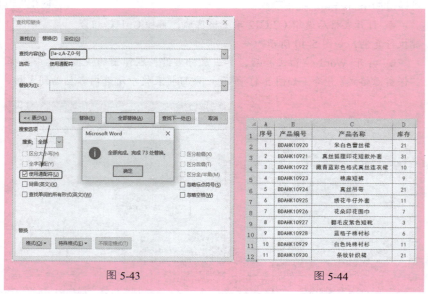

图 5-43   图 5-44

5.3 处理无法计算的数据

由于数据来源的不同，数据表中有时会存在众多不规范的数据，这样的表格会给数据计算分析带来很多阻碍。此时可以通过如下几个技巧的学习，对不规范的数据进行整理。

1. 为什么明明显示的是数据却不能计算

公式计算是 Excel 中最为强大的一项功能，通过输入公式可快速返回运算结果，这是手工计算所不能比拟的。但是有时候会遇到一些情况，比如明明输入的是数字却无法对其进行运算与统计，如图 5-45 所示。这是因为输入的数字是文本格式的数字，因此无法计算，需要进行格式转换。

扫一扫，看视频

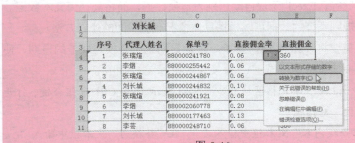

图 5-45

❶ 单击 E4 单元格左上角的绿色警告按钮，在打开的下拉列表中选择"转换为数字"，如图 5-46 所示。

图 5-46

❷ 此时可以看到原来单元格左上角的绿色小三角形消失了。依次进行相同的处理，C1 单元格内就能显示正确的计算结果了，如图 5-47 所示。

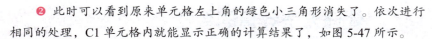

	A	B	C	D	E
1		刘长城	416.88		
2					
3	序号	代理人姓名	保单号	直接佣金率	直接佣金
4	1	张瑞煊	880000241780	0.06	360
5	2	李烟	880000255442	0.06	360
6	3	张瑞煊	880000244867	0.06	360
7	4	刘长城	880000244832	0.10	300
8	5	张瑞煊	880000241921	0.08	253.2
9	6	李烟	880002060778	0.20	400.02
10	7	刘长城	880001177463	0.13	116.88
11	8	李芸	880000248710	0.06	360

图 5-47

2. 处理不规范的无法计算的日期

扫一扫，看视频

在 Excel 中必须按指定的格式输入日期，Excel 才会把它当作日期型数值，否则会视为不可计算的文本。输入以下 4 种格式的日期 Excel 均可识别：

● 短横线"-"分隔的日期，如"2024-4-1""2024-5"。

● 用斜杠"/"分隔的日期，如"2024/4/1""2024/5"。

● 使用中文年月日输入的日期，如"2024 年 4 月 1 日""2024 年 5 月"。

● 使用包含英文月份或英文月份缩写输入的日期，如"April-1""May-17"。

用其他符号间隔的日期或数字形式输入的日期，如"2024.4.1""24\4\1""20240401"等，Execl 无法自动识别为日期数据，而将其视为文本数据。对于这种不规则类型的数据可以根据具体情况运用不同的处理方法。

本例中需要将"2024.4.1"这类不规则日期统一替换为规范的日期，使用查找和替换功能将"."或"\"替换为"-"或"/"即可。

❶ 选中 A2:A13 单元格区域（如图 5-48 所示），按 Ctrl+H 组合键，打开"查找和替换"对话框。

❷ 在"查找内容"文本框中输入".",在"替换为"文本框中输入"/",如图 5-49 所示。

| | 图 5-48 | | | 图 5-49 |

❸ 单击"全部替换"按钮,打开 Microsoft Excel 提示对话框,单击"确定"按钮,即可看到 Excel 程序已将应聘日期转换为可识别的规范日期,如图 5-50 所示。

图 5-50

另一种方法是使用"分列"功能,比如默认把日期输入为"20240401"的形式,可以统一转换为"2024/4/1"的日期格式。

❶ 选中 A2:A13 单元格区域,在"数据"选项卡的"数据工具"组中单击"分列"按钮(如图 5-51 所示),打开"文本分列向导-第 1 步,共 3 步"对话框。

❷ 保持默认设置,依次单击"下一步"按钮,如图 5-52 所示,进入"文本分列向导-第 2 步,共 3 步"对话框。

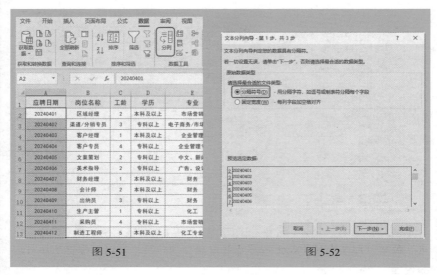

图 5-51　　　　　　　　　　　　　　图 5-52

❸ 继续保持默认设置，依次单击"下一步"按钮，进入 "文本分列向导-第 3 步，共 3 步"对话框，选中"日期"单选按钮，并在其后的下拉列表中选择"YMD"格式，如图 5-53 所示。

❹ 单击"完成"按钮，即可将所选单元格区域中的数字全部转换为日期格式，如图 5-54 所示。

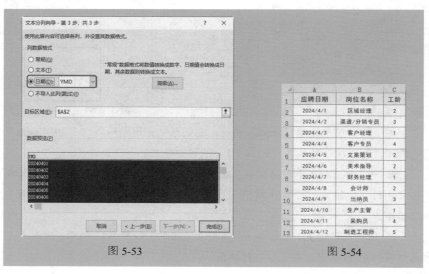

图 5-53　　　　　　　　　　　　　　图 5-54

3. 一次性处理文本中所有空格

如果 Excel 单元格中的数据存在空格，就会影响到引用该单元格的公式的运算并得到错误的计算结果。如图 5-55 所示表格的 C2 单元格中返回的是错误值，这个错误值的出现是因为 A2 中有一个不可见空格，而 VLOOKUP 函数在查找时找不到匹配的对象。单击 A2 单元格进入编辑状态后，可以看到"鲜牛奶"后面有一个多余的空格（可以通过光标定位看到），如图 5-56 所示。

扫一扫，看视频

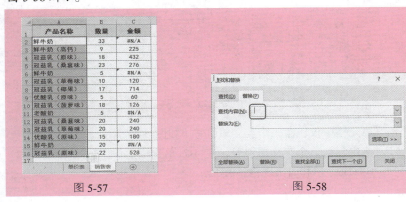

图 5-55　　　　　　　　　　　　　图 5-56

当文本中含有空格、不可见字符时，通常情况下是无法用眼睛观察出的，本例会介绍如何一次性处理文本中的所有空格，使得函数或公式返回正确的计算结果。

❶ 选中 A2:A16 单元格区域（如图 5-57 所示），按 Ctrl+H 组合键，打开"查找和替换"对话框。

❷ 在"查找内容"文本框内输入一个空格，"替换为"内容栏为空，如图 5-58 所示。

图 5-57　　　　　　　　　　　　　图 5-58

❸ 单击"全部替换"按钮，即可替换所有不可见的空格，所有的金额即可返回正确的计算结果，效果如图5-59所示。

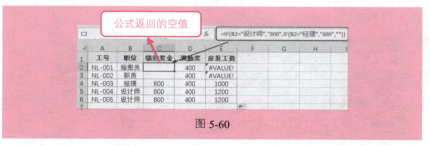

图 5-59

4. 谨防空值陷阱

扫一扫，看视频

这里说的空值陷阱就是指表格中存在"假"空单元格。所谓"假"空单元格，是指看上去好像是空单元格而实际包含内容的单元格。换句话说，这些单元格实际上并非真正的空单元格。这些假空单元格的存在，往往会为数据分析带来一些麻烦。下面列举几种常见情况。

- 一些由公式返回的空字符串""""（如图5-60所示，由于使用公式在 C2、C3 单元格中返回了空字符串，当在 E2 单元格中使用公式"=C2+D2"求和时出现了错误值）。

图 5-60

- 单元格中仅包含一个英文单引号（如图5-61所示，由于 B3 单元格中包含一个英文单引号，在 B7 单元格中使用公式"=B2+B3+B4+B5"求和时出现错误值）。

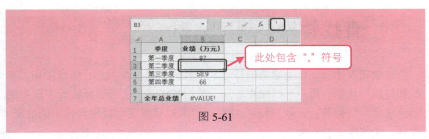

图 5-61

- 单元格虽包含内容，但其单元格格式被设置为 ";;;" 等 [如图 5-62 所示的 B2:B5 单元格中有数据，但是在 B7 单元格中使用公式 "=SUM(B2:B5)" 求和时返回了如图 5-63 所示的 "空" 数据]。

图 5-62   图 5-63

针对上述返回错误值的情形，可以使用 ISBLANK 函数对空单元格进行判断，如果是空返回 TRUE，否则返回 FALSE。知道了单元格是否为空，再去解决这个问题就很简单了。

❶ 在 F2 单元格中输入公式 "=ISBLANK(C2)"，按 Enter 键，即可返回判断结果，如图 5-64 所示。

❷ 选中 F2 单元格，拖动右下角的填充柄至 F3 单元格，即可返回 C3 单元格的判断结果（如图 5-65 所示）。两处结果都为 FALSE，可见单元格并不为空。

图 5-64   图 5-65

5.4 查找替换不规范数据

在编辑表格时，如果需要选择性地查找和替换少量数据，可以使用"查找和替换"功能。用户可以搜索应用于数据的格式，还可选择匹配字段中的部分或全部数据等。使用"替换"功能可以大批量快速地替换表格中的数据，提高工作效率。

1. 为替换后的内容设置格式

扫一扫，看视频

本例中需要将招聘表中的应聘岗位"销售专员"统一替换为"业务员"，并且将替换后的数据显示为特殊格式。

❶ 打开表格后，在"开始"选项卡的"编辑"组中单击"查找和选择"下拉按钮，在打开的下拉菜单中选择"替换"命令（如图 5-66 所示），打开"查找和替换"对话框。

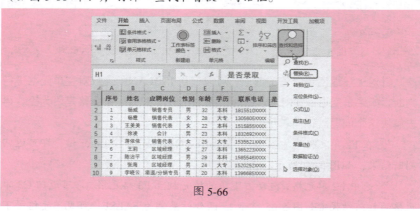

图 5-66

❷ 切换至"替换"选项卡，在"查找内容"文本框内输入"销售专员"，在"替换为"文本框内输入"业务员"，如图 5-67 所示。

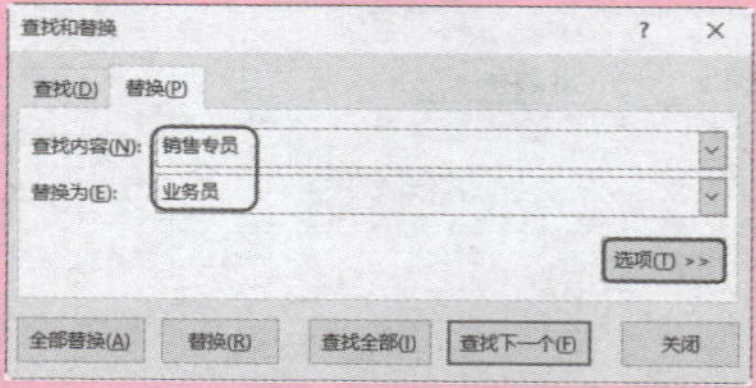

图 5-67

❸ 单击"选项"按钮打开隐藏选项，然后单击"替换为"右侧的"格式"按钮（如图 5-68 所示），打开"替换格式"对话框。

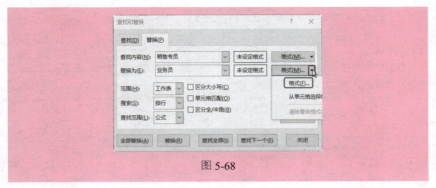

图 5-68

❹ 切换至"边框"选项卡，设置边框样式，如图 5-69 所示。再切换至"填充"选项卡，设置单元格填充颜色，如图 5-70 所示。

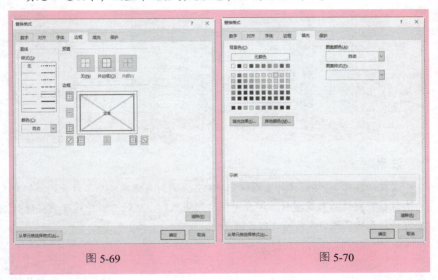

图 5-69 图 5-70

❺ 单击"确定"按钮，返回"查找和替换"对话框。可以看到替换后格式的预览效果。单击"全部替换"按钮（如图 5-71 所示），出现 Microsoft Excel 提示对话框，提示完成了 5 处替换，如图 5-72 所示。

❻ 单击"确定"按钮，回到表格中，可以看到替换后的效果，如图 5-73 所示。

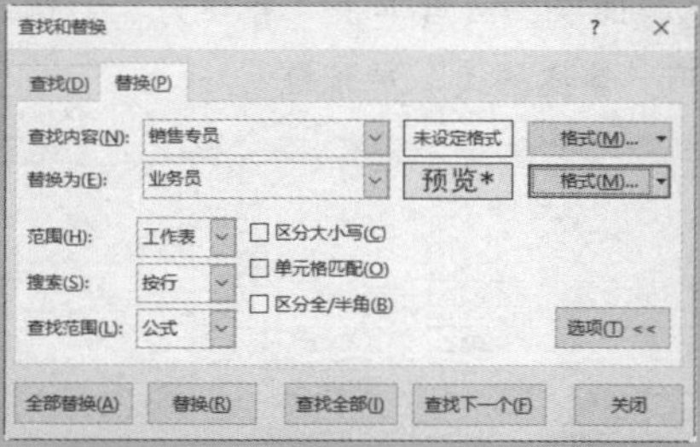

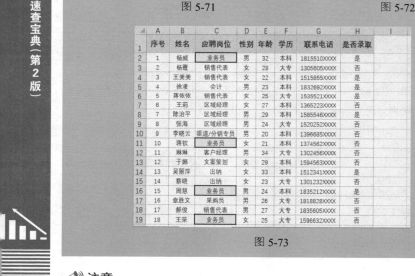

图 5-71

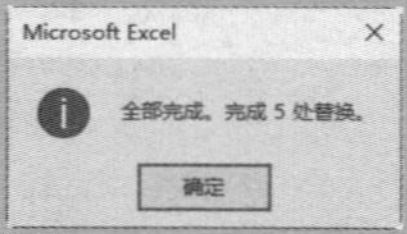

图 5-72

图 5-73

🔊 **注意：**

在默认情况下，Excel 的查找和替换操作是针对当前的整个工作表的，但有时查找和替换操作只需要针对部分单元格区域进行，此时可以先选择需要进行操作的单元格区域，然后再进行替换操作。

2. 单元格匹配替换数据

扫一扫，看视频

Excel 默认的查找方式是模糊查找，比如将复试分数为 0 的应聘人员按"弃考"处理（如图 5-74 所示），由于有些人员的分数为整数，即包含"0"，如果使用默认的查找替换功能将"0"全部替换为"弃考"字样，就会得到 5-75 所示的替换结果。此时就需要在替换的同时启用"单元格匹配"功能。

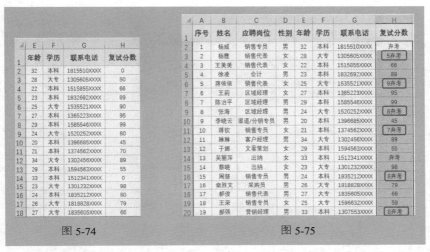

图 5-74　　　　　　　　　　　　图 5-75

❶ 打开表格后，选中要替换数据的区域，按"Ctrl+H"快捷键，打开"查找和替换"对话框。

❷ 在"查找"选项卡下单击下方的"选项"按钮，打开隐藏的选项。在"查找内容"文本框内输入"0"，"替换为"文本框输入"弃考"，在下方选中"单元格匹配"复选框，如图 5-76 所示。

❸ 单击"全部替换"按钮，即可将所有分数为"0"的数据替换为"弃考"，如图 5-77 所示。

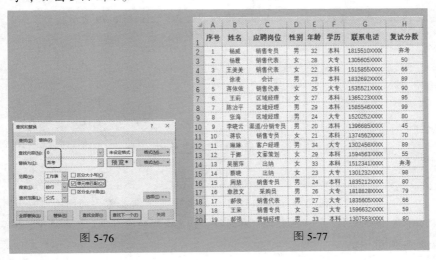

图 5-76　　　　　　　　　　　　图 5-77

◁)) 注意：

　　如果之前的操作中为数据设置了替换后的格式效果，再次打开"查找和替换"对话框后，单击"替换为"右侧的"格式"下拉列表的"清除替换格式"选项，即可删除所有格式效果，如图 5-78 所示。

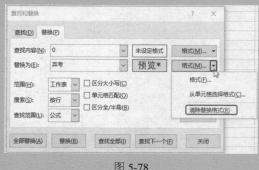

图 5-78

3. 查找数据应用通配符

扫一扫，看视频

　　如果需要快速查找表格中应聘岗位为"销售"类的职位信息，可以利用通配符"*"（代表任意字符），快速找到所有销售类数据。

　　❶ 打开表格后，按"Crtl+H"组合键打开"查找和替换"对话框。在"查找内容"文本框内输入"销售*"，如图 5-79 所示。

图 5-79

　　❷ 单击"查找全部"按钮即可在列表中显示满足需要的所有值，按 Ctrl+A 全部选中，即可在表格中看到符合指定条件的所有单元格被选中，如图 5-80 所示。

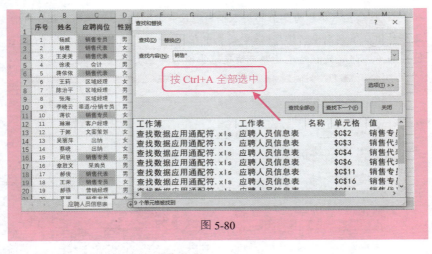

图 5-80

4. 替换小于指定数值的数据

本例中需要将复试分数在 80 分以下的全部查找出来，并统一替换为文字"不合格"。

扫一扫，看视频

❶ 打开表格后，选中"复试分数"列数据，按"Crtl+H"组合键打开"查找和替换"对话框。在"查找内容"文本框内输入"*"，选中"单元格匹配"复选框，单击"查找全部"按钮，即可在列表中显示所有分数值，如图 5-81 所示。

工作簿	工作表	名称	单元格	值	公式
替换小于指定数值的数据.xls	应聘人员信息表		$H$3	88	
替换小于指定数值的数据.xls	应聘人员信息表		$H$4	66	
替换小于指定数值的数据.xls	应聘人员信息表		$H$5	89	
替换小于指定数值的数据.xls	应聘人员信息表		$H$6	90	
替换小于指定数值的数据.xls	应聘人员信息表		$H$7	73	
替换小于指定数值的数据.xls	应聘人员信息表		$H$8	99	
替换小于指定数值的数据.xls	应聘人员信息表		$H$9	80	

22 个单元格被找到

图 5-81

❷ 继续在"替换为"后的文本框内输入"不合格",再单击"值"即可将分数值从低到高重新排序,选中列表中在 80 分以下的内容（可以配合 Shift 键分别单击起始处和结尾处即可快速选中所有部分）,如图 5-82 所示。

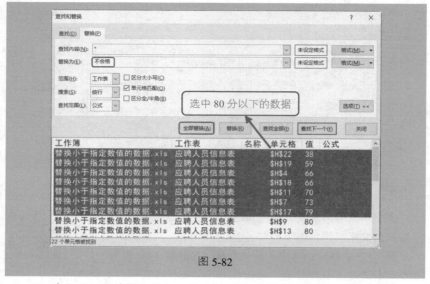

图 5-82

❸ 单击"全部替换"按钮,即可将选中的所有 80 分以下的数据替换为"不合格",如图 5-83 所示。

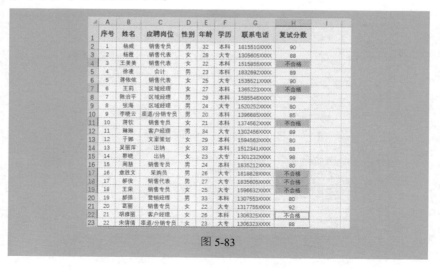

图 5-83

5. 快速选中格式相同的单元格

如果表格中有多处设置了相同的格式，则可以使用"查找"功能一次性选中这些相同格式的单元格。

扫一扫，看视频

❶ 打开表格后，按 Ctrl+H 组合键，打开"查找和替换"对话框，单击"选项"按钮展开对话框。

❷ 单击"格式"右侧的下拉按钮，在打开的下拉菜单中选择"从单元格选择格式"命令（如图 5-84 所示），即可进入单元格格式拾取状态。直接在要查找的相同格式的单元格上单击，即可拾取其格式，如图 5-85 所示。

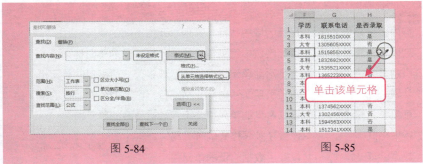

图 5-84　　　　　　　　　　　图 5-85

❸ 单击后返回"查找和替换"对话框，单击"查找全部"按钮，即可在下方列表框中显示出所有找到的满足条件的单元格，如图 5-86 所示。

❹ 按 Ctrl+A 组合键，选中列表框中的所有项，然后关闭"查找和替换"对话框。此时可以看到工作表中所有相同格式的单元格均被选中，如图 5-87 所示。

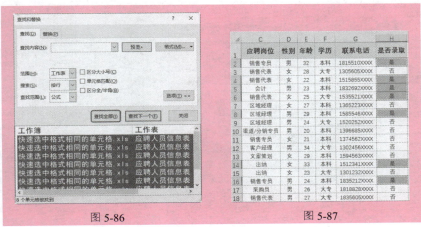

图 5-86　　　　　　　　　　　图 5-87

6. 核对两列数据是否一致

扫一扫，看视频

　　"行内容差异单元格"的作用是定位选中区域中与当前活动行内容不同的单元格区域。如果想实现快速核对两列数据是否一致，则可以借助此功能。

　　表 5-1 所示为一些"定位条件"的规则说明，可以帮助大家更好地理解这些定位条件。

表 5-1

条　　件	规　　则
行内容差异单元格	目标区域中每行与其他单元格不同的单元格
列内容差异单元格	目标区域中每列与其他单元格不同的单元格
引用单元格	选定活动单元格或目标区域中公式所引用的单元格
从属单元格	选定引用了活动单元格或目标区域的公式所在的单元格
可见单元格	可以看见的单元格（不包括被隐藏的单元格）
条件格式	设置了条件格式的单元格
数据验证	设置了数据验证的单元格

❶ 打开表格后，选中 B 列和 C 列的数据区域，在"开始"选项卡的"编辑"组中单击"查找和选择"下拉按钮，在打开的下拉菜单中选择"定位条件"命令（如图 5-88 所示），打开"定位条件"对话框。

❷ 选中"行内容差异单元格"单选按钮，如图 5-89 所示。

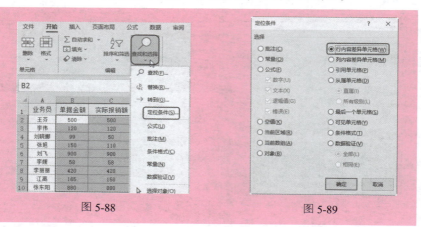

图 5-88　　　　　　　　　　　　　　　　图 5-89

❸ 单击"确定"按钮返回表格，即可看到不一致的数据单元格被选中。
继续在"字体"组中选择填充颜色（如图 5-90 所示），即可标记出不同的数
据，如图 5-91 所示。

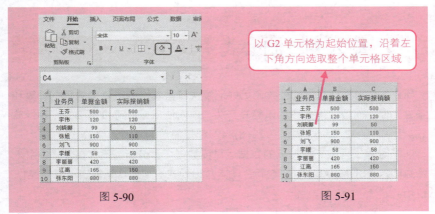

图 5-90　　　　　　　　　　　图 5-91

以 G2 单元格为起始位置，沿着左
下角方向选取整个单元格区域

第6章　函数与公式基础

6.1　输入并复制公式

Excel 用户可以借助公式，更好地解决日常表格中较复杂的数据计算和条件判断。而公式则是一种以等号开头，中间使用运算符相连接的一种计算式。比如"=22+25-6"和"=(22+8)×4"都是简单的常量运算公式。

同时为了完成一些特殊的数据运算或数据统计分析，还会在公式中引入函数[比如=SUM(B2:E2)]。本节会具体介绍公式的一些基础编辑、复制操作技巧。

1.　手动编辑公式

扫一扫，看视频

无论是简单的数学公式还是复杂的函数公式，都要以等号（"="）开始，等号后面的计算式可以包括函数、引用区域、运算符和常量。例如公式"=IF(E2>5，2000+100,2000)"中，IF是函数，括号内都是该函数的参数，其中"E2"是对单元格的引用，"E2>5"与"2000+100"是表达式，"2000"是常量，">"和"+"则是运算符。在 Excel 中要进行数据运算、统计、查询，编辑公式的操作必不可少，要想熟练运用公式，首先需要学习简易的公式编辑方法，即手动编辑公式的技巧。

❶ 首先选中要输入公式的单元格，如本例中选中 F2 单元格，在编辑栏中输入"="，如图 6-1 所示。

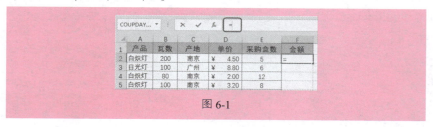

图 6-1

❷ 在 D2 单元格上单击鼠标，即可引用 D2 单元数据进行运算（也可以手动输入要引用的单元格），如图 6-2 所示。

D2 =D2

	A	B	C	D	E	F
1	产品	瓦数	产地	单价	采购盒数	金额
2	白炽灯	200	南京	¥ 4.50	5	=D2
3	日光灯	100	广州	¥ 8.80	6	
4	白炽灯	80	南京	¥ 2.00	12	

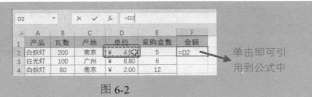

图 6-2

❸ 当需要输入运算符时，手工输入运算符，如图 6-3 所示。

COUPDAY... =D2*

	A	B	C	D	E	F
1	产品	瓦数	产地	单价	采购盒数	金额
2	白炽灯	200	南京	¥ 4.50	5	=D2*
3	日光灯	100	广州	¥ 8.80	6	
4	白炽灯	80	南京	¥ 2.00	12	

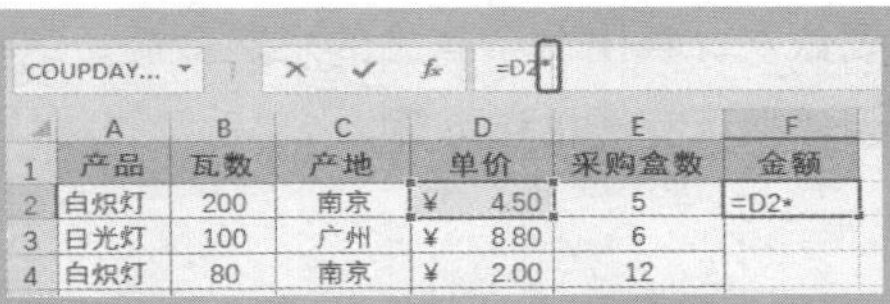

图 6-3

❹ 在要参与运算的单元格上单击，如单击 E2 单元格，如图 6-4 所示。

E2 =D2*E2

	A	B	C	D	E	F
1	产品	瓦数	产地	单价	采购盒数	金额
2	白炽灯	200	南京	¥ 4.50	5	=D2*E2
3	日光灯	100	广州	¥ 8.80	6	
4	白炽灯	80	南京	¥ 2.00	12	

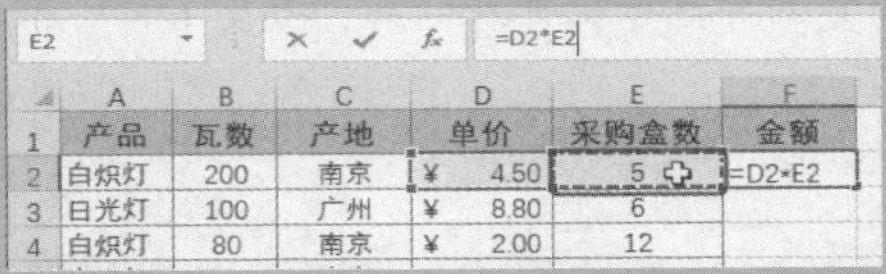

图 6-4

❺ 按 Enter 键即可计算出结果，如图 6-5 所示。

	A	B	C	D	E	F
1	产品	瓦数	产地	单价	采购盒数	金额
2	白炽灯	200	南京	¥ 4.50	5	¥ 22.50
3	日光灯	100	广州	¥ 8.80	6	
4	白炽灯	80	南京	¥ 2.00	12	
5	白炽灯	100	南京	¥ 3.20	8	

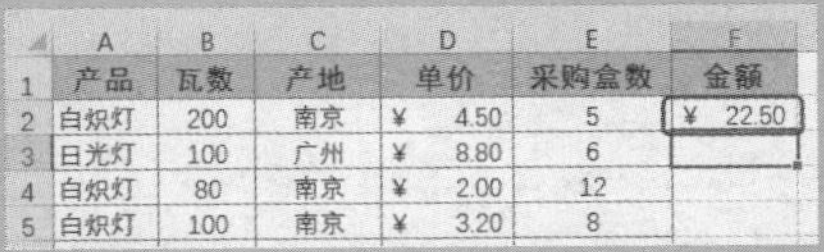

图 6-5

注意：

❶ 在选择参与运算的单元格时，如果需要引用的是单个单元格，直接在它上面单击即可；如果是单元格区域，则在起始单元格上单击然后按住鼠标左键不放拖动即可选中单元格区域（也可以手工输入引用区域）。

❷ 要想修改或重新编辑公式，只要选中目标单元格，将光标定位到编辑栏中直接重新更改即可。

❸ 如果公式中未使用函数，操作方法就比较简单，只要按上面的方法在编辑栏中输入公式即可，遇到要引用的单元格时用鼠标点选即可。如果公式中使

用函数，那么应该先输入函数名称，然后按照该函数的参数设定规则为函数设置参数即可。在输入函数的参数时，同样的运算符与常量采用手工输入，当引用单元格区域时可以用鼠标点选。在 6.2 节中会讲解函数的应用。

2. 复制公式完成批量计算

在 Excel 中进行数据运算时通常需要批量复制引用公式。例 1 中在 F2 单元格建立公式计算出第一件商品的采购金额后，还需要依次计算出剩余商品的采购金额，这种情况下只要通过复制公式即可完成批量运算。

方法一：使用填充柄

❶ 选中 F2 单元格，将鼠标指针指向此单元格右下角的填充柄，直至出现黑色十字型，如图 6-6 所示。

❷ 按住鼠标左键向下拖动（如图 6-7 所示），松开鼠标后拖动过的单元格即可实现公式的复制并显示出计算结果，如图 6-8 所示。

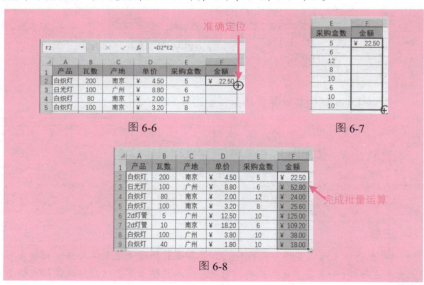

图 6-6　　　　　　　　　　图 6-7

图 6-8

📢 **注意：**

也可以双击 F2 单元格右下角的填充柄，实现公式快速向下复制并批量得到运算结果。

168

方法二：Ctrl+D 快速填充

❶ 设置 F2 单元格的公式后，选中包含 F2 单元格在内的想填充公式的单元格区域，如图 6-9 所示。

❷ 按 Ctrl+D 组合键即可快速填充，如图 6-10 所示。

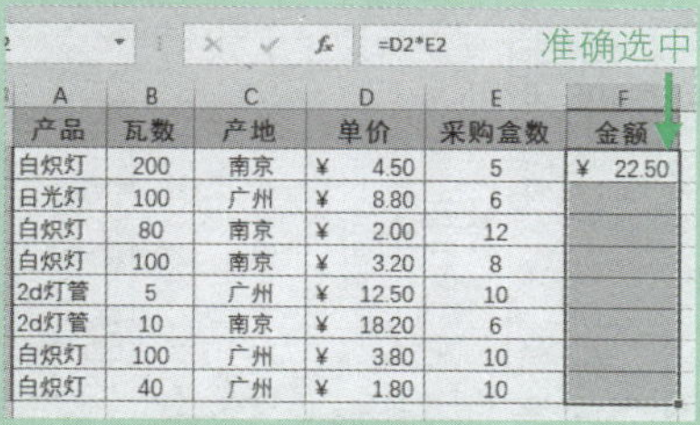

A	B	C	D	E	F
产品	瓦数	产地	单价	采购盒数	金额
白炽灯	200	南京	¥ 4.50	5	¥ 22.50
日光灯	100	广州	¥ 8.80	6	
白炽灯	80	南京	¥ 2.00	12	
白炽灯	100	南京	¥ 3.20	8	
2d灯管	5	广州	¥ 12.50	10	
2d灯管	10	南京	¥ 18.20	6	
白炽灯	100	广州	¥ 3.80	10	
白炽灯	40	广州	¥ 1.80	10	

图 6-9

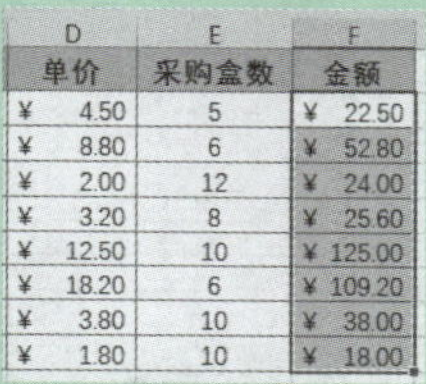

D	E	F
单价	采购盒数	金额
¥ 4.50	5	¥ 22.50
¥ 8.80	6	¥ 52.80
¥ 2.00	12	¥ 24.00
¥ 3.20	8	¥ 25.60
¥ 12.50	10	¥ 125.00
¥ 18.20	6	¥ 109.20
¥ 3.80	10	¥ 38.00
¥ 1.80	10	¥ 18.00

图 6-10

注意：

如果要在不连续的多单元格区域中复制公式，需要采用复制粘贴的方法来实现公式的复制。

3. 超大范围公式复制的办法

用户也可以通过“名称框”功能首先选中并定位大范围区域，再快速在大范围区域（如几百上千条数据记录）中复制公式。

扫一扫，看视频

❶ 选中 E2 单元格，在名称框中输入要填充公式的单元格地址“E2:E54”，如图 6-11 所示。

❷ 按 Enter 键选中 E2:E54 单元格区域，如图 6-12 所示。

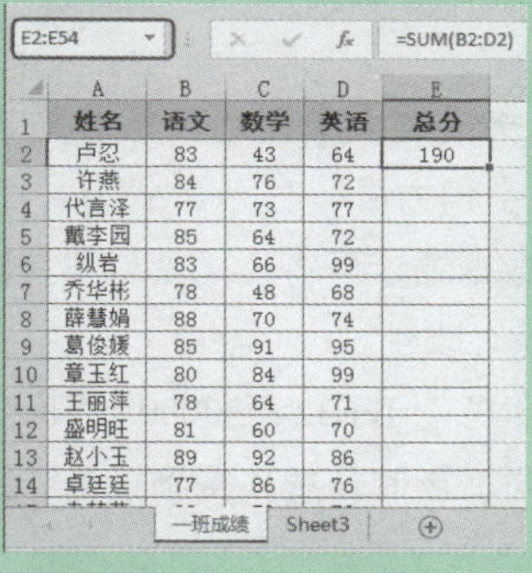

	A	B	C	D	E
1	姓名	语文	数学	英语	总分
2	卢忍	83	43	64	190
3	许燕	84	76	72	
4	代言泽	77	73	77	
5	戴李园	85	64	72	
6	纵岩	83	66	99	
7	乔华彬	78	48	68	
8	薛慧娟	88	70	74	
9	葛俊媛	85	91	95	
10	章玉红	80	84	99	
11	王丽萍	78	64	71	
12	盛明旺	81	60	70	
13	赵小王	89	92	86	
14	卓廷廷	77	86	76	

图 6-11

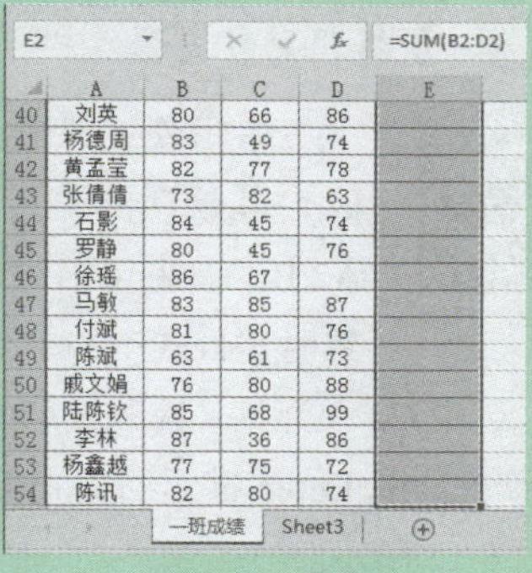

	A	B	C	D	E
40	刘英	80	66	86	
41	杨德周	83	49	74	
42	黄孟莹	82	77	78	
43	张倩倩	73	82	63	
44	石影	84	45	74	
45	罗静	80	45	76	
46	徐瑶	86	67		
47	马敏	83	85	87	
48	付斌	81	80	76	
49	陈斌	63	61	73	
50	戚文娟	76	80	88	
51	陆陈钦	85	68	99	
52	李林	87	36	86	
53	杨鑫越	77	75	72	
54	陈讯	82	80	74	

图 6-12

❸ 按 Ctrl+D 组合键，即可一次性将 E2 单元格的公式填充至 E54 单元格，如图 6-13、图 6-14 所示。

▲	A	B	C	D	E
1	姓名	语文	数学	英语	总分
2	卢忍	83	43	64	190
3	许燕	84	76	72	232
4	代言泽	77	73	77	227
5	戴李园	85	64	72	221
6	纵岩	83	66	99	248
7	乔华彬	78	48	68	194
8	薛慧娟	88	70	74	232
9	綦俊媛	85	91	95	271
10	章玉红	80	84	99	263
11	王丽萍	78	64	71	213
12	盛明旺	81	60	70	211
13	赵小玉	89	92	86	267
14	卓廷廷	77	86	76	239
15	袁梦莉	88	79	76	243

一班成绩　Sheet3　⊕

图 6-13

▲	A	B	C	D	E
41	杨德周	83	49	74	206
42	黄孟莹	82	77	78	237
43	张倩倩	73	82	63	218
44	石影	84	45	74	203
45	罗静	80	45	76	201
46	徐瑶	86	67		153
47	马敏	83	85	87	255
48	付斌	81	80	76	237
49	陈斌	63	61	73	197
50	戚文娟	76	80	88	244
51	陆陈钦	85	68	99	252
52	李林	87	36	86	209
53	杨鑫越	77	75	72	224
54	陈讯	82	80	74	236
55					

一班成绩　Sheet3　⊕

图 6-14

6.2　数据引用方式

在 Excel 中进行的数据计算则不仅仅是常量运算，还会涉及对数据源的引用，除了将一些常量运用到公式中之外，最主要的是引用单元格中的数据来进行计算，我们称之为对数据源的引用。公式引用数据源计算时可以采用相对引用方式，也可以采用绝对引用方式，还可以引用其他工作表或工作簿中的数据。不同的引用方式可以满足不同的应用需求，在不同的应用场合需要使用不同的数据源引用方式。

1. 引用相对数据源

扫一扫，看视频

编辑公式时通过单击单元格或选取单元格区域参与运算时，其默认的引用方式是相对引用方式，显示形式为"A1、A2:B2"。采用相对方式引用的数据源，再将公式复制到其他位置时，公式中的单元格地址会随之改变。

选中 C2 单元格，在公式编辑栏中输入公式"=IF(B2>=30000,"达标","不达标")"，按 Enter 键返回第 1 项结果，再向下复制公式，得到批量结果，如图 6-15 所示。

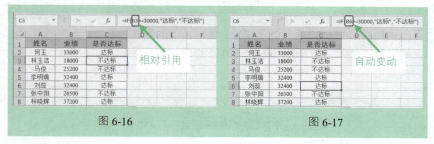

图 6-15

下面来查看向下复制公式后各单元格的公式数据源引用情况。选中 C3 单元格，在公式编辑栏显示该单元格的公式为：=IF(B3>=30000,"达标","不达标")，如图 6-16 所示（即对 B3 单元格中的值进行判断）。选中 C6 单元格，在公式编辑栏显示该单元格的公式为：=IF(B6>=30000,"达标","不达标")，如图 6-17 所示（即对 B6 单元格中的值进行判断）。

图 6-16   图 6-17

通过对比 C2、C3、C6 单元格的公式可以发现，当建立了 C2 单元格的公式并向下复制公式时，数据源自动向下发生相应的变化，并依次对其他人员业绩进行判断并得到达标评定，这就是相对数据源的应用环境。

2. 引用绝对数据源

绝对引用是指把公式移动或复制到其他单元格中，公式的引用位置保持不变。绝对引用的单元格地址前会使用"$"符号。"$"符号表示"锁定"，添加了"$"符号的就是绝对引用。

扫一扫，看视频

如图 6-18 所示的表格中，对 B2 单元格使用了绝对引用（$B$2），向下复制公式时可以看到的结果是每个返回值完全相同（如图 6-19 所示）。只要采用了绝对引用方式，那么无论将公式复制到哪里，永远是"=IF($B$2>=30000,"达标","不达标")"这个公式，所以返回值是不会有任何变化的。

通过上面的分析，似乎相对引用才是真正需要的引用方式，其实并非如此，绝对引用也有其必须要使用的场合。

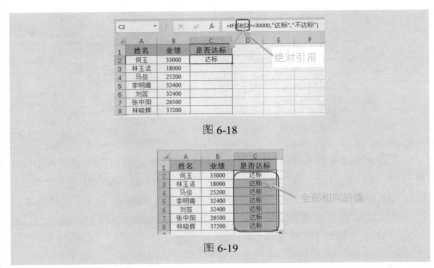

图 6-18

图 6-19

例如在如图 6-20 所示的表格中，要对人员的业绩排名次，首先在 C2 单元格中输入公式 "=RANK(B2,B2:B8)" (这里假设先采用相对引用方式)，得出的是第 1 位人员的销售业绩名次。

图 6-20

向下复制公式到 C3 单元格时得到的就是错误的结果了 (因为用于排名的数值区域发生了变化，已经不是整个数据区域)，如图 6-21 所示。

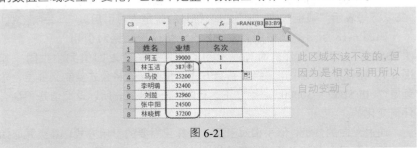

图 6-21

继续向下复制公式，可以看到返回的名次都是错的，如图 6-22 所示。

	A	B	C
1	姓名	业绩	名次
2	何玉	39000	1
3	林玉洁	38700	1
4	马俊	25200	4
5	李明璐	32400	3
6	刘蕊	32960	2
7	张中阳	24500	2
8	林晓辉	37200	1

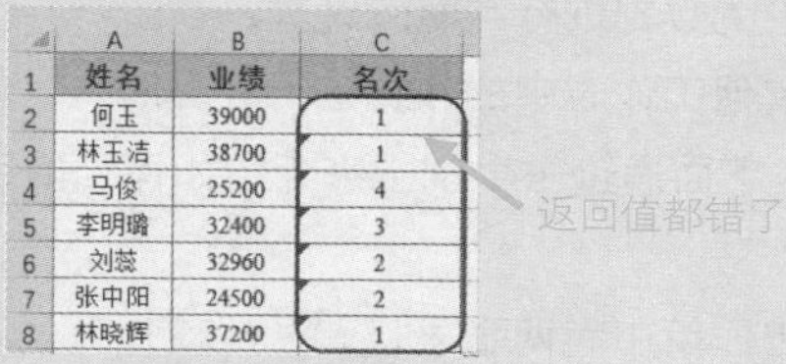

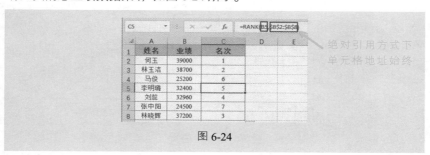

图 6-22

显然 RANK 函数中用于排名的数值区域的数据源是不能发生变化的，必须采用绝对引用。因此调整公式数据源引用方式为“=RANK(B2,$B$2:$B$8)”，然后向下复制公式，即可得到正确的结果，如图 6-23 所示。

C2 =RANK(B2,$B$2:$B$8)

	A	B	C	D	E
1	姓名	业绩	名次		
2	何玉	39000	1		
3	林玉洁	38700	2		
4	马俊	25200	6		
5	李明璐	32400	5		
6	刘蕊	32960	4		
7	张中阳	24500	7		
8	林晓辉	37200	3		

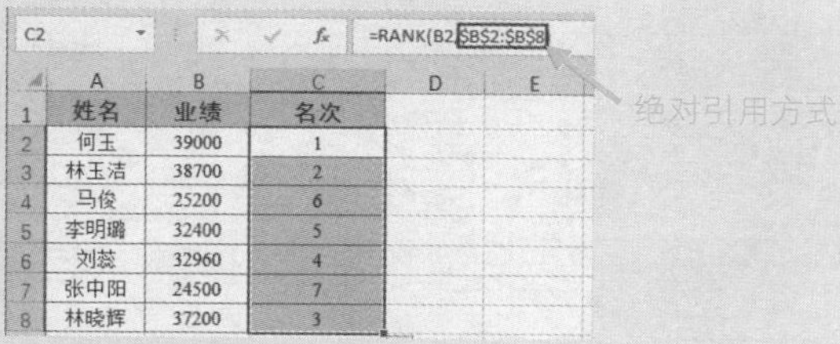

图 6-23

选中公式区域中的任意单元格，可以看到只有相对引用的单元格发生了变化（即每位人员的业绩值），绝对引用的单元格区域则不发生任何变化（所有人员的总业绩数据集），如图 6-24 所示。

C5 =RANK(B5,$B$2:$B$8)

	A	B	C	D	E
1	姓名	业绩	名次		
2	何玉	39000	1		
3	林玉洁	38700	2		
4	马俊	25200	6		
5	李明璐	32400	5		
6	刘蕊	32960	4		
7	张中阳	24500	7		
8	林晓辉	37200	3		

图 6-24

3. 引用当前工作表之外的单元格

扫一扫，看视频

日常工作中会不断产生众多数据，并且数据会根据性质不同记录在不同的工作表中。而在进行数据计算时，相关联的数

据则需要进行合并计算或引用判断等,这自然就造成建立公式时通常要引用其他工作表中的数据进行判断或计算。

在引用其他工作表中的数据进行计算时,需要按"工作表名!数据源地址"来引用。下面通过一个例子来介绍如何正确引用其他工作表中的数据进行计算。

当前的工作簿中有两张表格,图 6-25 所示的表格为"员工培训成绩表",用于对成绩数据的记录与计算总成绩;图 6-26 所示的表格为"平均分统计表",用于对成绩按分部求平均值。显然求平均值的运算需要引用"员工培训成绩表"中的数据。

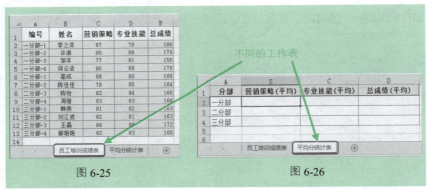

图 6-25　　　　　　　　　　　图 6-26

❶ 在"平均分统计表"中选中目标单元格,在公式编辑栏中输入"=AVERAGE(",将光标定位到括号中,如图 6-27 所示。

图 6-27

❷ 在"员工培训成绩表"工作表标签上单击(最快捷的工作表引用方式),切换到"员工培训成绩表"中,选中要参与计算的数据区域,此时可以看到编辑栏中同步显示,如图 6-28 所示。

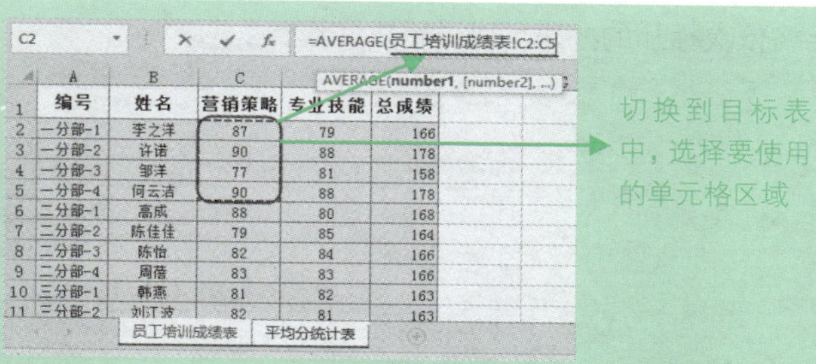

图 6-28

❸ 如果此时公式输入完成了，则按 Enter 键结束输入（图 6-29 所示已得出计算值）。如果公式还未建立，则应当手工输入的手工输入。当要引用单元格区域时，就先切换到目标工作表中，然后选择目标区域即可。

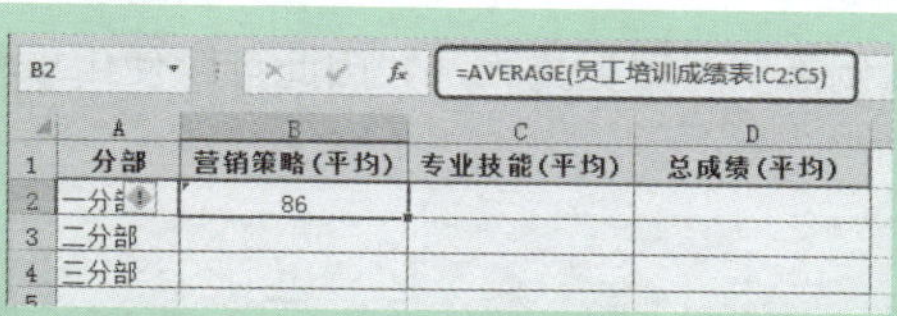

图 6-29

🔊 **注意：**

在需要引用其他工作表中的单元格时，也可以直接在公式编辑栏中输入，但要使用"工作表名!单元格地址"数据源地址格式。

6.3 函数基础知识

Excel 之所以具有强大的数据计算与分析能力，很大一部分原因归结于函数的功劳。如果创建数学表达式时不使用函数就只能解决简单的计算，要想完成更复杂的数据整理、判断、统计、查找等就必须要运用函数。本节会简单介绍函数的结构和相关操作技巧，在后面的章节中将会介绍如何利用各种类型的函数去辅助数据的管理与计算。

1. 函数简化公式

加、减、乘、除等简单运算只需要以等号开头，然后将运算符号和单元格地址结合就能执行。在图 6-30 中，通过使用单

扫一扫，看视频

元格依次相加的办法可以进行求和运算。

F10 =F2+F3+F4+F5+F6+F7+F8+F9

	A	B	C	D	E	F
1	产品	瓦数	产地	单价	采购盒数	金额
2	白炽灯	200	南京	¥ 4.50	5	¥ 22.50
3	日光灯	100	广州	¥ 8.80	6	¥ 52.80
4	白炽灯	80	南京	¥ 2.00	12	¥ 24.00
5	白炽灯	100	南京	¥ 3.20	8	¥ 25.60
6	2d灯管	5	广州	¥ 12.50	10	¥ 125.00
7	2d灯管	10	南京	¥ 18.20	6	¥ 109.20
8	白炽灯	100	广州	¥ 3.80	10	¥ 38.00
9	白炽灯	40	广州	¥ 1.80	10	¥ 18.00
10						¥ 415.10

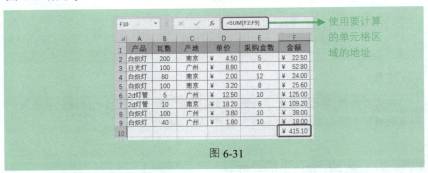

图 6-30

但试想一下，如果要管理的公司采购数据多达几百上千条，还是要这样逐个相加吗？显然这是非常不便的。这时就可以使用一个合适的函数来解决这样的问题（本例需要对数据集相加，因此可以使用求和函数 SUM），如图 6-31 所示。

F10 =SUM(F2:F9)

使用要计算的单元格区域的地址

	A	B	C	D	E	F
1	产品	瓦数	产地	单价	采购盒数	金额
2	白炽灯	200	南京	¥ 4.50	5	¥ 22.50
3	日光灯	100	广州	¥ 8.80	6	¥ 52.80
4	白炽灯	80	南京	¥ 2.00	12	¥ 24.00
5	白炽灯	100	南京	¥ 3.20	8	¥ 25.60
6	2d灯管	5	广州	¥ 12.50	10	¥ 125.00
7	2d灯管	10	南京	¥ 18.20	6	¥ 109.20
8	白炽灯	100	广州	¥ 3.80	10	¥ 38.00
9	白炽灯	40	广州	¥ 1.80	10	¥ 18.00
10						¥ 415.10

图 6-31

这样无论有多少个单元格，只需要将函数参数中的单元格地址写清楚即可实现快速求和，如输入“=SUM(B2:B1005)”则会对 B2~B1005 间的所有单元格数据进行求和运算。

使用函数除了可以简化计算公式，还可以帮助解决复杂的数据分析。例如，IF 函数可以对条件进行判断，即满足条件时返回一个特定值，不满足条件时则返回其他特定值（判断考核成绩是否达标、员工升职是否符合规定等）；MID 函数可以从一个文本字符串中提取部分需要的文本（在一长串商品规格中提取尺码、在身份证号码中提取性别等）；SUMIF 函数可以按指定条件求和计算（求解指定部门的报销总额、指定店铺的总营业额等），类似这样的运算或统计无法为其设计简单的数学表达式，只能通过函数来辅助完成。

如图 6-32 所示的工作表中需要根据员工的销售额返回其销售排名，使用的是专业的排位函数 RANK。针对这样的统计需求，如果不使用函数而只使用表达式，显然是无法得到想要的结果的。

图 6-32

所以要想完成各种复杂的数据统计、文本处理、数据查找等就必须使用函数。函数是公式运算中非常重要的元素，如果能学好函数，就可以利用各种类型的函数嵌套技巧来解决众多办公和学习难题。通过本书的学习还会了解到：函数不但可以帮助完成复杂的数据计算，还可以应用在图表创建、条件格式等实用功能中，从而帮助我们解决更多实际问题。

2. 了解函数结构

函数的结构以函数名称开始，后面是左括号、以逗号（输入法切换至英文状态）分隔的多个参数，接着则是标志函数结束的右括号。

扫一扫，看视频

等号，公式的起始符号

函数的名称

参数用括号括起

=IF(E3>=20000,"达标","不达标")

参数

函数必须要在完整的公式中使用才有意义，如果在单元格中只输入函数，那么返回的将只是一个文本而不是计算结果，图 6-33 中因为没有使用"="开头，所以返回的是一个文本数据。

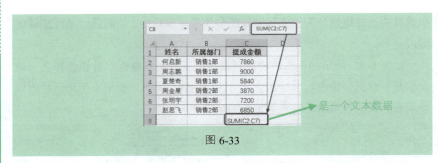

图 6-33

是一个文本数据

另外，函数的参数设定必须满足相应的规则（不同的函数有不同的参数设置规则），否则也会返回错误值。如图 6-34 所示公式中的"合格"与"不合格"是文本，如果要将其应用于公式中则必须要添加双引号，因当前例子中未使用双引号，所以参数不符合规则，导致公式计算返回错误值。

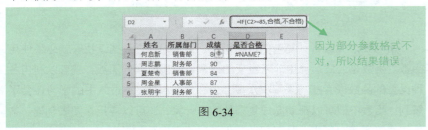

因为部分参数格式不对，所以结果错误

图 6-34

通过为函数设置不同的参数，可以解决不同的问题。举例如下：

- 公式 "=SUM（B2:E2）"中，括号中的"B2:E2"就是函数的参数，且是一个变量值。
- 公式 "=RANK(C2,$C$2:$C$8)"中，括号中"C2""$C$2:$C$8"分别为 RANK 函数的两个参数，该公式用于求解一个数值在一个数组中的排名情况。
- 公式 "=LEFT(A5,FIND("-",A5)-1)"中，除了使用了变量值作为参数外，还使用了函数表达式"FIND("-",A5)-1"作为参数（以该表达式返回的值作为 LEFT 函数的参数），这个公式是函数嵌套使用的例子（后文介绍的各种函数实例大部分都会应用嵌套函数）。

3. 了解函数参数

扫一扫，看视频

选择合适的函数类型之后，还需要学习不同函数的参数设置规则。而利用函数运算时一般有两种方式，一种是利用"函数参数"对话框根据提示逐步设置参数（适合函数初学者）；另

Excel 应用技巧速查宝典（第 2 版）

一种是直接在编辑栏中输入公式（适合熟练应用函数的非初学者）。

❶ 选中目标单元格，单击公式编辑栏前的 f_x 按钮（如图 6-35 所示），弹出"插入函数"对话框，在"选择函数"列表中选择 SUMIF 函数，如图 6-36 所示。

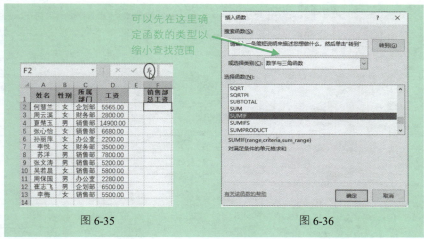

图 6-35　　　　　　　　　　　　　　　图 6-36

❷ 单击"确定"按钮，弹出"函数参数"设置对话框，将光标定位到"Range"参数设置框中，在下方可看到关于此参数的设置说明（此说明可以帮助理解参数），如图 6-37 所示。

图 6-37

❸ 单击右侧的 ⬆ 按钮，在数据表中用鼠标左键拖曳选择单元格区域作为参数（如图 6-38 所示），释放鼠标左键后单击 ⬇ 按钮返回，即可得到第一个参数（也可以直接手工输入），如图 6-39 所示。

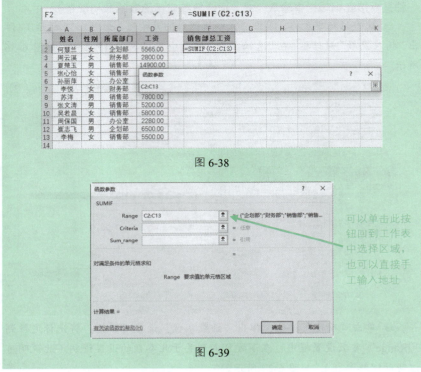

图 6-38

图 6-39

可以单击此按钮回到工作表中选择区域，也可以直接手工输入地址

❹ 将光标定位到"Criteria"参数设置框中，可看到相应的设置说明，手动输入第二个参数，如图 6-40 所示。

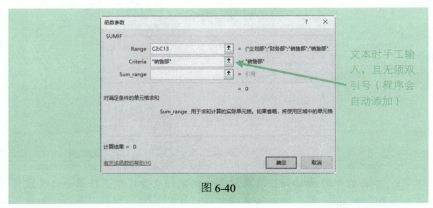

文本时手工输入，且无须双引号（程序会自动添加）

图 6-40

❺ 接着再将光标定位到"Sum_range"参数设置框中，按步骤❸的方法

去工作表中选择单元格区域或手工输入单元格区域，如图 6-41 所示。

图 6-41

❻ 单击"确定"按钮后，即可得到公式的计算结果，如图 6-42 所示，并且可以看到编辑栏中显示了完整的公式。

图 6-42

📢 **注意：**

> 如果已经熟练掌握了各个函数参数的设置规则，则不必打开"函数参数"向导对话框，可以直接在编辑栏中输入即可，编辑时注意参数间的逗号要手工输入，文本参数中的双引号也要手工输入，当需要引用单元格或单元格区域时利用鼠标拖动选取即可。如果是嵌套函数，则使用手工输入的方式会比"函数参数"向导更加方便快捷。

4. 了解函数嵌套

为解决一些复杂的数据计算问题，很多时候并不仅限于使用单个函数，还需要嵌套使用其他函数，即让一个函数的返回

扫一扫，看视频

值作为另一个函数的参数，并且有些函数的返回值就是为了配合其他函数而使用的。下面举一个嵌套函数的例子，在后面各个函数章节中也会出现很多实用的嵌套函数用法。

例如在如图 6-43 所示的表格中要求对产品调价，调价规则是：如果是打印机就提价 200 元，其他产品均保持原价。针对这一需求，如果只使用 IF 函数是否能判断呢？

	A	B	C	D
1	产品名称	颜色	价格	
2	打印机TM0241	黑色	998	
3	传真机HHL0475	白色	1080	
4	扫描仪HHT02453	白色	900	
5	打印机HHT02476	黑色	500	
6	打印机HT02491	黑色	2590	
7	传真机YDM0342	白色	500	
8	扫描仪WM0014	黑色	400	

图 6-43

这时就要使用另一个函数来辅助 IF 函数了。可以用 LEFT 函数提取产品名称的前 3 个字符并判断是否是"打印机"，如果是返回一个结果，不是则返回另一个结果。

因此将公式设计为"=IF(LEFT(A2,3)="打印机",C2+200,C2)"，即"LEFT(A2,3)="打印机""这一部分作为 IF 函数的第一个参数，如图 6-44 所示。

作为 IF 的第一参数，表示从 A2 的最左侧提取 3 个字符，并判断是不是"打印机"，如果是返回 TRUE，不是则返回 FALSE

图 6-44

向下复制 D2 单元格的公式，可以看到能逐一对 A 列的产品名称进行判断，并且自动返回调整后的价格，如图 6-45 所示。

	A	B	C	D
1	产品名称	颜色	价格	调价
2	打印机TM0241	黑色	998	1198
3	传真机HHL0475	白色	1080	1080
4	扫描仪HHT02453	白色	900	900
5	打印机HHT02476	黑色	500	700
6	打印机HT02491	黑色	2590	2790
7	传真机YDM0342	白色	500	500
8	扫描仪WM0014	黑色	400	400

图 6-45

Excel 应用技巧速查宝典（第2版）

6.4 函数学习技巧

如果想要更加详细地学习函数基础知识，可以通过 Excel 搜索等相关功能学习，帮助更好地掌握并灵活运用函数计算。

1. Excel 搜索功能快速学习函数

Excel 函数种类非常多，要想在实际工作中熟练运用每一个函数也是非常困难的。对于初学者来说，当不了解某个函数的用法时可以使用 Excel 帮助来辅助学习。在 Excel 2021 版本中提供了一个"搜索"的功能项，只要在搜索框中输入函数名称即可找寻该函数的帮助信息。

扫一扫，看视频

例如在搜索框中输入"COUNTIF"（如图 6-46 所示），按"Enter"键即可弹出"帮助"窗格，其中罗列了 COUNTIF 函数所有的信息，包括功能、结构、用法等，并且举例说明如何正确地使用该函数，如图 6-47 所示。

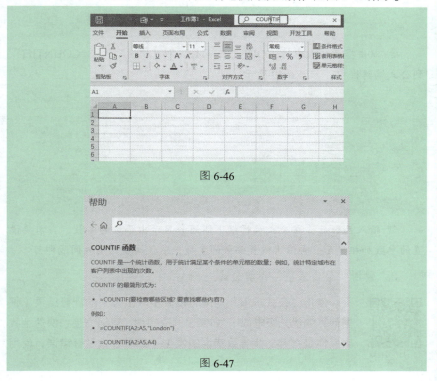

图 6-46

图 6-47

2. 利用提示列表快速选择函数

使用函数时经常会发生无法记清所有函数字母的情况，有一些初学者只能记得函数前面几个字母，无法完整拼写出函数，此时函数提示列表功能可以帮助输入。例如，在公式编辑栏中输入"=C"，会自动显示出以字母 C 开头的函数列表。下面的例子中要使用 COUNTIF 函数。

❶ 选中 E2 单元格，在公式编辑栏中输入"=COU"，即可看到下方提示的函数信息，如图 6-48 所示。

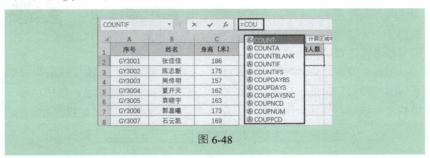

图 6-48

❷ 双击提示列表中的 COUNTIF 函数，即可快速输入"=COUNTIF("到公式编辑栏中，如图 6-49 所示。

图 6-49

❸ 输入函数后，在公式编辑栏下侧还会显示出函数的参数，当前要设置的参数加粗显示。再依次设置函数的参数，参数间使用逗号间隔即可。

3. 利用"公式求值"理解公式

使用"公式求值"功能可以分步求出公式的计算结果（根据计算的优先级求取），如果公式有错误，可以方便、快速地找出具体是在哪一步导致错误的发生；如果公式没有错误，使用该功能可以帮助理解公式每一步的计算过程，辅助对公式的学习。

❶ 选中显示公式的单元格，在"公式"选项卡的"公式审核"组中单击 公式求值 按钮（如图 6-50 所示），打开"公式求值"对话框。

图 6-50

❷ 求值的部分以下划线效果显示（如图 6-51 所示），单击"求值"按钮即可对下划线的部分求得平均值，如图 6-52 所示。

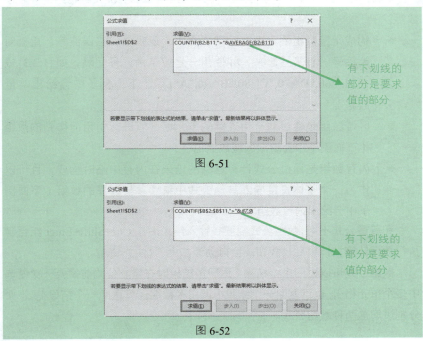

有下划线的部分是要求值的部分

图 6-51

有下划线的部分是要求值的部分

图 6-52

❸ 单击"求值"按钮再接着对下划线部分求值，如图 6-53 所示。再单击"求值"按钮即可求出最终结果，如图 6-54 所示。

图 6-53　　　　　　　　　　　　　　图 6-54

6.5　公式数组运算技巧

Excel 数组有三种不同的类型，分别是常量数组、区域数组和内存数组。

● 构成常量数组的元素有数字、文本、逻辑值和错误值等，用一对大括号"{}"括起来，并使用分号或半角逗号间隔，如{1;2;3}或{0,"E";60,"D";70,"C";80,"B";90,"A"}等（下面例子中会给出常量数组）。

● 区域数组是通过对一组连续的单元格区域进行引用而得到的数组（下面例子中会给出区域数组）。

● 内存数组是通过公式计算返回的结果在内存中临时构成，且可以作为一个整体直接嵌入其他公式中继续参与计算的数组（下面例子中会给出内存数组）。

和普通公式不同，数组公式需要在输入结束后按 Ctrl+Shift+Enter 组合键执行数据计算，计算后公式两端会自动添加上"{}"。

数组公式可以返回多个结果（返回多结果时在建立公式前需要一次性选中多个单元格），也可返回一个结果（调用多数据计算返回一个结果）。下面分别讲解这两种数组公式。

1. 多单元格数组公式

本例中需要根据两个店铺在上半年每月的营业额数据，一次性返回前 3 名的金额，显然这是要求一次性返回多个结果，属于典型的多单元格数组公式。

扫一扫，看视频

❶ 首先选中 E2:E4 单元格区域，然后在编辑栏中输入公式"=LARGE(B2:C7,{1;2;3})"，如图 6-55 所示。

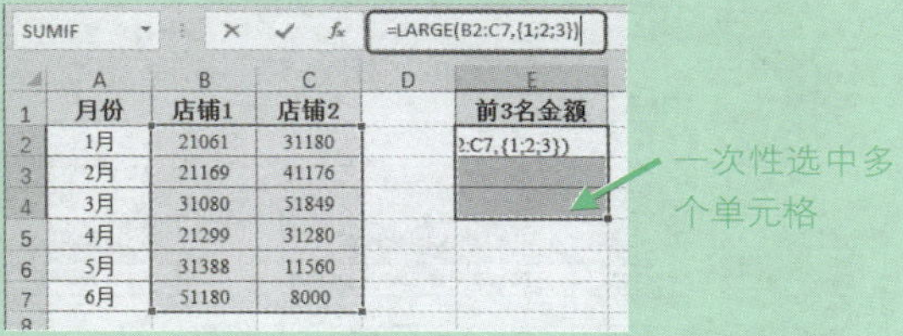

图 6-55

❷ 按 Ctrl+Shift+Enter 组合键，即可一次性在 E2:E4 单元格区域中返回 3 个值，即最大的 3 个值，如图 6-56 所示。

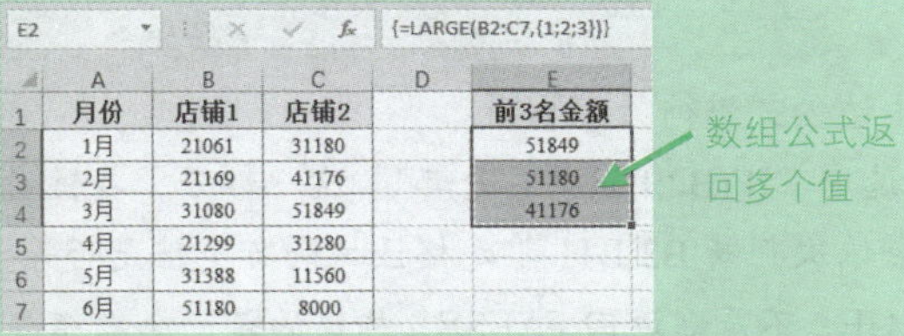

图 6-56

其计算原理是在选中的 E2:E4 单元格区域中依次返回第 1 个、第 2 个和第 3 个最大值，其中的{1;2;3}是常量数组。

2. 单个单元格数组公式

本例表格中统计了各个销售分部的销售员的销售额，现在要求统计出"1 分部"的最高销售额。

扫一扫，看视频

❶ 首先选中 F2 单元格，然后在编辑栏中输入公式"=MAX(IF(B2:B11="1 分部",D2:D11))"，如图 6-57 所示。

❷ 按 Ctrl+Shift+Enter 组合键，即可求解出"1 分部"的最高销售额，如图 6-58 所示。

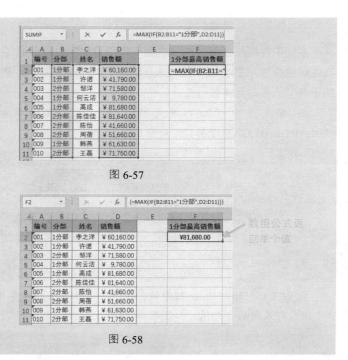

图 6-57

图 6-58

对上述公式进行分步解析：

❶ 选中"IF(B2:B11="1 分部""这一部分，在键盘上按 F9 功能键，可以看到会依次判断 B2:B11 单元格区域的各个值是否等于"1 分部"，如果是返回 TRUE，不是则返回 FALSE，构建的是一个数组，同时也是上面讲到的内存数组，如图 6-59 所示。

图 6-59

❷ 选中"D2:D11"这一部分，在键盘上按 F9 功能键，可以看到返回的是 D2:D11 单元格区域中的各个单元格的值，这是一个区域数组，如图 6-60 所示。

图 6-60

❸ 选中"IF(B2:B11="1分部",D2:D11)"这一部分，在键盘上按F9功能键，可以看到会把❶步数组中的TRUE值对应在❷步上的值取下，这仍然是一个构建内存数组的过程，如图6-61所示。

=MAX({60160;41790;FALSE;9780;81680;FALSE;FALSE;FALSE;61630;FALSE})

构建内存数组

图6-61

❹ 最终再使用MAX函数判断数组中的最大值。

📢 **注意：**

在公式中选中部分（注意是要计算的一个完整部分），按键盘上的F9功能键即可查看此步的返回值，这也是对公式的分步解析过程，便于对复杂公式的理解。

关于数组公式，在后面函数实例中会有多处范例体现，同时也会给出公式解析，读者可不断巩固学习。

6.6 其他公式技巧

本节会通过两个例子分别介绍定义名称在简化公式中的应用，以及快速查看公式引用单元格的技巧。

1. 定义名称简化公式引用

定义名称是指将一个单元格区域指定为一个特有的名称（比如部门、销售额、班级等，一般可以根据单元格列标识决定），当公式中要使用这一个单元格区域时，只要输入这个名称代替即可。如果除了同一张工作表之外，还经常需要引用其他工作表的数据区域；或者需要频繁引用某一大范围区域数据时，定义名称就非常重要了。

扫一扫，看视频

如图6-62所示的表格是一个产品的"单价一览表"，而在如图6-63所示的表格中计算金额时需要先使用VLOOKUP函数返回指定产品编号的单价（用返回的单价乘以数量才是最终金额），因此设置公式时需要引用"单价一览表!A1:B13"这样一个数据区域。

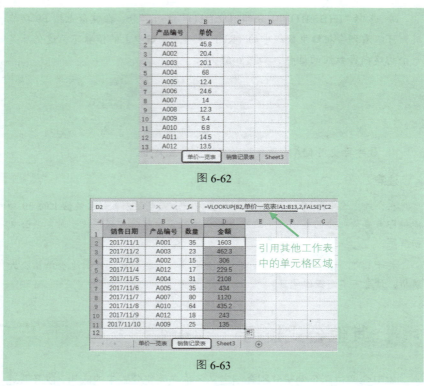

图 6-62

图 6-63

那么该如何正确快速的定义名称呢?首先在"单价一览表"中选中数据区域,在左上角的名称框中输入一个名称,此处定义为"单价表"(如图 6-64 所示),按 Enter 键即可完成名称的定义。

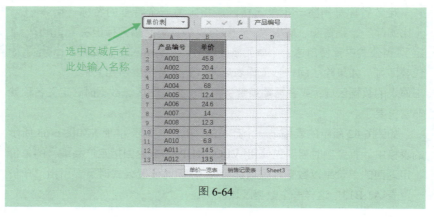

图 6-64

◁狝 注意：

　　使用名称框定义名称是最方便的一种定义方式。如果当前工作簿中定义了多个名称，想查看具体有哪些，可以在"公式"选项卡的"定义的名称"组中单击"名称管理器"按钮，打开"名称管理器"对话框，如图 6-65 所示。

图 6-65

　　定义名称后，就可以使用公式"=VLOOKUP(B2,单价表,2,FALSE)*C2"了，即在公式中使用"单价表"名称来替代"单价一览表!A1:B13"这个区域，如图 6-66 所示。

图 6-66

◁狝 注意：

　　也可以在"公式"选项卡的"定义的名称"组选择"定义名称"功能按钮，在打开的对话框中设置名称及引用的单元格地址。

2. 查看公式引用的所有单元格

扫一扫，看视频

对于比较复杂的公式，如果想要查找公式中引用了哪些单元格，可以使用"定位"功能快速选中公式引用的所有单元格。

❶ 选中公式所在的单元格（C5），然后在"开始"选项卡的"编辑"组中单击"查找和选择"下拉按钮，在打开的下拉菜单中选择"定位条件"命令（如图 6-67 所示），打开"定位条件"对话框。选中"引用单元格"单选按钮，如图 6-68 所示。

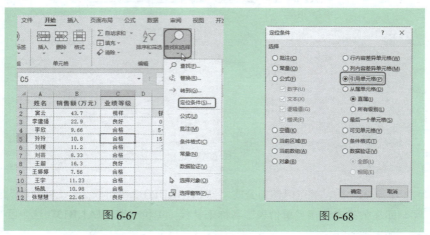

图 6-67   图 6-68

❷ 单击"确定"按钮完成设置，此时可以看到 C5 单元格中的公式引用到了 B5 与 F3:G6 单元格区域中的数据（这些单元格区域被选中），如图 6-69 所示。

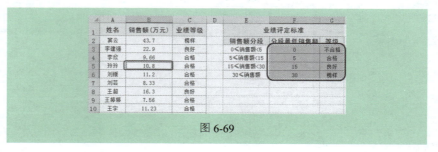

图 6-69

第 7 章　逻辑判断函数

7.1　AND 和 OR 函数

日常工作学习中最常用的逻辑函数有 4 个，这些函数在绝大部分情形下都需要嵌套使用。一是用于"与"条件表示判断的 AND 函数（多个条件同时满足时返回逻辑值 TRUE，否则返回逻辑值 FALSE）；二是用于"或"条件表示判断的 OR 函数（多个条件是否有一个条件满足时返回逻辑值 TRUE，否则返回逻辑值 FALSE）。另外两个函数会在 7.2 节中介绍。

由于 AND 与 OR 这两个函数最终返回的是逻辑值（TRUE 和 FALSE），实际应用中会配合 IF 或者 IFS 函数首先做一个判断，再让其返回指定的中文文本表达结果，如"录取""合格""库存充足""审核通过"等文字。

1. AND 函数

【函数功能】AND 函数用来检验一组条件判断是否都为
"真"，即当所有条件均为"真"（TRUE）时，返回的运算结果
为"真"（TRUE）;反之，返回的运算结果为"假"（FALSE）。

扫一扫，看视频

因此，该函数一般用来检验一组数据是否都满足条件，比如员工考核成绩是否都达到 80 分及以上；库存量是否都在 10 件及以上；应聘人员的学历和面试成绩是否都达到要求等。

【函数语法】AND(logical1,[logical2]…)

logical1,logical2…：第一个参数是必需的，后续的为可选。表示测试条件值或表达式，不过最多有 30 个条件值或表达式。

【用法解析】

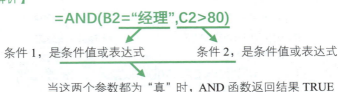

=AND(B2="经理",C2>80)

条件 1，是条件值或表达式　　条件 2，是条件值或表达式

当这两个参数都为"真"时，AND 函数返回结果 TRUE

在如图 7-1 所示的表格中可以看到，D2 单元格中返回的是 TRUE，原因

是"B2>30000"与"C2>5"这两个条件同时为"真";D3 单元格中返回的是 FALSE,原因是"B3>30000"与"C3>5"这两个条件中有一个不为"真"。

图 7-1

由于返回的逻辑值效果不直观,可以把"AND(B2>30000,C2>5)"这一部分嵌套进 IF 函数中,做为 IF 函数的一个参数,即当"AND(B2>30000,C2>5)"的结果为 TRUE 时,返回"发放",否则返回空值。

因此,可以将公式整理为如图 7-2 所示的样式,就可以按要求返回需要的值了。

图 7-2

【公式解析】

①IF 的第一个参数,返回的　　②IF 的第二个参数,当①为
结果为 TRUE 或 FALSE　　　　真时返回该结果

=IF(AND(B2>30000,C2>5),"发放","")

③IF 的第三个参数,当①为假时返回空值

2. OR 函数

扫一扫，看视频

【函数功能】OR 函数用来检测当其参数中任意一个参数逻辑值为 TRUE，即返回 TRUE；当所有参数的逻辑值均为 FALSE，即返回 FALSE。

【函数语法】OR(logical1, [logical2], ...)

logical1, logical2...: 第一个参数是必需的，后续的为可选。表示要检查的条件值或表达式，可以有最多 255 个条件。

【用法解析】

$$=OR(B2>85,C2="优")$$

条件 1，是条件值或表达式　　　　　　条件 2，是条件值或表达式

当这两个参数中只要有一个为"真"时，OR 函数返回结果 TRUE

与 AND 函数一样，OR 函数的最终返回结果也是逻辑值 TRUE 或 FALSE，在实际应用中，用户也可以在 OR 函数的外层嵌套使用 IF 函数。有时还可以使用 IF 函数同时嵌套 AND 和 OR 函数，完成更复杂的逻辑判断。

本例沿用图 7-1 的表格，假设公司准予发放奖金的规定如下：业绩达到30000 或者工龄达到 5 年以上（两个条件达到一个即可），现在需要使用公式判断员工是否可以发放奖金。

❶ 选中 D2 单元格，在编辑栏中输入公式：

`=IF(OR(B2>=30000,C2>5),"是","否")`

按 Enter 键即可依据 B2 和 C2 的业绩和工龄情况判断是否可以发放奖金，如图 7-3 所示。

❷ 将 D2 单元格的公式向下填充，可一次得到批量判断结果，如图 7-4所示。

D2			fx	=IF(OR(B2>=30000,C2>5),"是","否")

	A	B	C	D
1	姓名	业绩	工龄	是否发放奖金
2	何玉	33000	7	是
3	林文洁	18000	9	
4	马俊	25200	2	
5	李明曦	28000	2	
6	刘蕊	32400	2	
7	张中阳	36000	5	
8	林晓辉	24000	11	

图 7-3

	A	B	C	D
1	姓名	业绩	工龄	是否发放奖金
2	何玉	33000	7	是
3	林文洁	18000	9	是
4	马俊	25200	2	否
5	李明曦	28000	2	否
6	刘蕊	32400	2	是
7	张中阳	36000	5	是
8	林晓辉	24000	11	是

图 7-4

【公式解析】

②若①为 TRUE，则返回"是"

=IF(OR(B2>=30000,C2>5),"是","否")

①判断"B2>=30000"和"C2>=5"两个条件，这两个条件中只要有一个为真，结果返回为 TRUE，否则返回 FALSE。当前这项判断返回的是 TRUE

③若①为 FALSE，则返回"否"

7.2 IF 和 IFS 函数

应用 IF 函数结合 AND 和 OR 函数，可以根据给定的条件判断其"真""假"，从而返回其相对应内容的 IF 函数，如果要判断的条件非常多，则可使用简化 IF 函数多层嵌套的 IFS 函数（Excel 2019 版本新增的函数）。

1. IF 函数

【函数功能】IF 函数用于根据指定的条件来判断其"真"（TRUE）"假"（FALSE），从而返回其相对应的内容，让数据判断结果表现更直观。

【函数语法】IF(logical_test,value_if_true,value_if_false)

- logical_test：必需。表示逻辑判断表达式。
- value_if_true：必需。当表达式 logical_test 为"真"（TRUE）时，显示该参数表达的内容。
- value_if_false：必需。当表达式 logical_test 为"假"（FALSE）时，显示该参数表达的内容。

【用法解析】

第 1 个参数是逻辑判断表达式，返回结果为 TRUE 或 FALSE

=IF(B2<50,"补货","充足")

第 2 个参数为函数返回值，当第 1 个参数返回 TRUE 时，公式最终返回这个值。如果是文本要使用双引号

第 3 个参数为函数返回值，当第 1 个参数返回 FALSE 时，公式最终返回这个值。如果是文本要使用双引号

◀)) **注意：**

在使用 IF 函数进行判断时，其参数的设置必须遵循规则进行，要按顺序输

入，即：第1个参数为判断条件，第2个参数和第3个参数为函数返回值。颠倒顺序或格式不对时都不能让公式返回正确的结果。

例1：根据销售额返回提成率（IF 函数嵌套）

当进行多层条件判断时，IF 函数可以嵌套使用，最多可达到 7 层。如图 7-5 所示表格中给出了每位员工本月的销售额，公司约定不同的销售额区间有不同的提成率。当销售额小于 8000 元时，提成率为 5%；当销售额在 8000~10000 元之间时，提成率为 8%；当销售额大于 10000 元时，提成率为 10%（在下面的公式解析中可对此用法进一步了解）。

扫一扫，看视频

❶ 选中 D2 单元格，在编辑栏中输入公式（如图 7-5 所示）：
=IF(C2>10000,10%,IF(C2>8000,8%,5%))

❷ 按 Enter 键即可依据 C2 的销售额判断其提成率，如图 7-6 所示。将 D2 单元格的公式向下填充，可一次得到批量判断结果。

	A	B	C	D
	姓名	所属部门	销售额	提成率
2	何启新	销售1部	8600	0.08
3	周志鹏	销售3部	9500	
4	夏奇	销售2部	4840	
5	周金星	销售1部	10870	
6	张明宇	销售3部	7920	
7	赵飞	销售2部	4870	
8	韩玲玲	销售1部	11890	
9	刘莉	销售2部	9820	

图 7-5

	A	B	C	D
	姓名	所属部门	销售额	提成率
2	何启新	销售1部	8600	0.08
3	周志鹏	销售3部	9500	0.08
4	夏奇	销售2部	4840	0.05
5	周金星	销售1部	10870	0.1
6	张明宇	销售3部	7920	0.05
7	赵飞	销售2部	4870	0.05
8	韩玲玲	销售1部	11890	0.1
9	刘莉	销售2部	9820	0.08

图 7-6

注意：

如果使用 IFS 函数实现多层嵌套应用，这里可以将公式设置为：=IFS(C2>10000,10%,C2>8000,8%,C2<8000,5%)，当 IF 函数需要多层嵌套时，使用 IFS 函数会让嵌套条件及结果设置思路更清晰。

【公式解析】

①判断 C2 单元格中值是否大于 10000，如果是返回 10%，如果不是则执行第二层 IF

②判断 C2 单元格中值是否大于 8000，如果是返回 8%，如果不是返回 5%（整体作为前一 IF 的第 3 个参数）

=IF(C2>10000,10%,IF(C2>8000,8%,5%))

③经过①与②的两层判断，就可以界定值数据的范围，并返回相应的百分比

例2：只为满足条件的员工调整薪资（IF 函数嵌套其他函数）

扫一扫，看视频

IF 函数的第 1 个参数并非只能是一个表达式，它还可以是嵌套其他函数的表达式（如上文介绍"与"函数与"或"函数时，范例中都是将 AND 与 OR 函数的返回值作为 IF 函数的第 1 个参数）。下面的表格中统计的是一部分员工的薪资，现在需要对部分员工薪资进行调整，具体规则为：当职务是"高级职称"时，薪资上调 500 元，其他薪资保持不变。

要完成这项自动判断，需要公式能自动找出"高级职称"这几个文字，从而实现当满足条件时进行调薪运算。由于"高级职称"文字都显示在职务名称的后面，因此可以使用 RIGHT 这个文本函数实现从右侧开始提取字符。

❶ 选中 D2 单元格，在编辑栏中输入公式（如图 7-7 所示）：

`=IF(RIGHT(B2,6)="(高级职称)",C2+500,C2)`

❷ 按 Enter 键即可根据 B2 单元格中的职务名称判断其是否满足"高级职称"这个条件，从图 7-8 中可以看到当前是满足的，因此计算结果是"C2+500"的值。将 D2 单元格的公式向下填充，可一次得到批量判断结果。

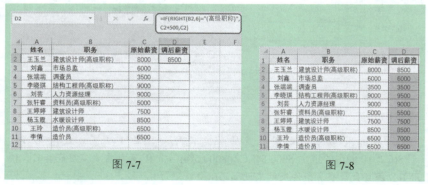

图 7-7   图 7-8

【公式解析】

RIGHT 是一个文本函数，它用于从给定字符串的右侧开始提取字符，提取字符的数量用第 2 个参数来指定

=IF(RIGHT(B2,6)="(高级职称)",C2+500,C2)

该项是此公式的关键，表示从 B2 单元格中数据的右侧开始提取，共提取 6 个字符。提取后判断其是否是"(高级职称)"，如果是，则返回"C2+500"；否则只返回 C2 的值，即不调薪

注意：

> 在 "(RIGHT(B2,6)="(高级职称)")" 中，"(高级职称)" 前后的括号是区分全、半角形态的，即如果在单元格中使用的是全角括号，那么公式中也需要使用全角括号，否则会导致公式错误。

2. IFS 函数

IFS 函数是 Excel 2019 版本就已经新增的实用函数，使用 IF 函数可以嵌套多层逻辑条件的判断（当逻辑判断条件过多时很容易出错），而 IFS 函数则可省略多层嵌套设置，简化公式的同时也让条件判断和返回结果的展示更加直观。

【函数功能】检查 IFS 函数的一个或多个条件是否满足，并返回到第一个条件相对应的值。IFS 可以进行多个嵌套 IF 语句，并可以更加轻松地阅读使用多个条件。

【函数语法】IFS(logical_test1,value_if_true1,[logical_test2, value_if_true2], [logical_test3, value_if_true3],…)

- logical_test1：必需。计算结果为 TRUE 或 FALSE 的条件。
- value_if_true1：必需。当 logical_test1 的计算结果为 TRUE 时要返回结果，可以为空。
- logical_test2, value_if_true2：可选。计算结果为 TRUE 或 FALSE 的条件。
- logical_test3, value_if_true3：可选。当 logical_testN 的计算结果为 TRUE 时要返回结果。每个 value_if_trueN 对应于一个条件 logical_testN，可以为空。

例 1：根据销售额返回提成率（IFS 函数）

本例沿用 IF 函数中的例子，需要使用 IFS 函数重新简化公式，根据不同的业绩数据范围返回对应的提成率。

扫一扫，看视频

❶ 选中 D2 单元格，在编辑栏中输入公式（如图 7-9 所示）：

`=IFS(C2>10000,10%,C2>8000,8%,C2<8000,5%)`

❷ 按 Enter 键即可依据 C2 的销售额判断其提成率，如图 7-10 所示。将 D2 单元格的公式向下填充，可一次得到批量判断结果。

图 7-9　　　　　　　　　　　　　图 7-10

【公式解析】

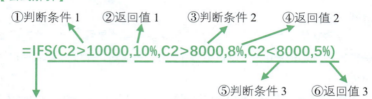

①判断条件 1　②返回值 1　③判断条件 2　④返回值 2

=IFS(C2>10000,10%,C2>8000,8%,C2<8000,5%)

⑤判断条件 3　⑥返回值 3

使用 IFS 实现起来非常的简单，只需要以"判断条件，返回值"这种格式成对出现就可以了，相对 IF 函数来说，嵌套逻辑更清晰简洁

例 2：根据工龄和职位统计年终奖

扫一扫，看视频

表格统计了不同职位员工的工龄，要求根据这两项条件统计年终奖，假设本例规定：如果职位是总监且工龄大于等于 5 年即可发放年终奖 25000，其中有一项不满足则不发放奖金；如果职位为职员且工龄大于等于 3 年即可发放年终奖 8000 元，其中一项不满足则不发放奖金。

❶ 选中 E2 单元格，在编辑栏中输入公式：

=IFS(AND(C2="总监",D2>=5),25000,AND(C2="职员",D2>=3), 8000, D2<5,"无年终奖")

按 Enter 键，判断职位和工龄并返回结果，如图 7-11 所示。

图 7-11

❷ 选中 E2 单元格，向下填充公式到 E9 单元格，可批量判断其他员工的职位和工龄，并依照条件判断是否有年终奖，如图 7-12 所示。

	A	B	C	D	E
1	姓名	所属部门	职位	工龄	年终奖
2	梁梅	设计部	总监	5	25000
3	李晓楠	财务部	职员	6	8000
4	张辉	设计部	职员	1	无年终奖
5	刘毅	设计部	总监	2	无年终奖
6	李丽丽	财务部	职员	3	8000
7	江蕙	人事部	总监	6	25000
8	王勤勤	人事部	职员	2	无年终奖
9	华均	设计部	职员	4	8000

图 7-12

【公式解析】

①第 1 组判断条件和返回结果。AND 函数判断 C2 单元格中的职位是否为"总监"并且 D2 单元格中工龄是否大于等于 5，若同时满足则返回 25000

=IFS(AND(C2="总监",D2>=5),25000,AND(C2="职员",D2>=3),8000,D2<5,"无年终奖")

②第 2 组判断条件和返回结果。AND 函数判断 C2 单元格中的职位是否为"职员"并且 D2 单元格中工龄是否大于等于 3，若同时满足则返回 8000

③第 3 组判断条件和返回结果

例 3：根据分数进行等级评定

已知表格统计了学生的考试成绩，下面需要根据不同的分数区间划分不同的等级评定。本例规定：分数小于 60 分为不及格；60 至 70 分为及格；70 至 80 分为一般；80 至 90 分为良好；90 分以上为优秀。这里涉及多层嵌套，使用 IFS 函数代替 IF 函数可以简化公式逻辑嵌套。

扫一扫，看视频

❶ 选中 D2 单元格，在编辑栏中输入公式（如图 7-13 所示）：
=IFS(C2<60,"不及格",C2<70,"及格",C2<80,"一般",C2<90,"良好",C2<100,"优秀")

❷ 按 Enter 键即可依据 C2 的分数判断等级，如图 7-14 所示。将 D2 单元格的公式向下填充，可一次得到批量判断结果。

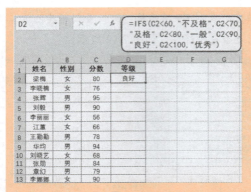

	A	B	C	D	E	F	G
1	姓名	性别	分数	等级			
2	梁梅	女	80	良好			
3	李晓楠	女	76				
4	张辉	男	95				
5	刘毅	男	90				
6	李丽丽	女	56				
7	江蕙	女	66				
8	王勤勤	男	78				
9	华均	男	94				
10	刘晓艺	女	68				
11	张勋	男	84				
12	章幻	男	79				
13	李娜娜	女	90				

图 7-13

	A	B	C	D
1	姓名	性别	分数	等级
2	梁梅	女	80	良好
3	李晓楠	女	76	一般
4	张辉	男	95	优秀
5	刘毅	男	90	优秀
6	李丽丽	女	56	不及格
7	江蕙	女	66	及格
8	王勤勤	男	78	一般
9	华均	男	94	优秀
10	刘晓艺	女	68	及格
11	张勋	男	84	良好
12	章幻	男	79	一般
13	李娜娜	女	90	优秀

图 7-14

【公式解析】

=IFS(C2<60,"不及格",C2<70,"及格",C2<80,"一般",C2<90,"良好",C2<100,"优秀")

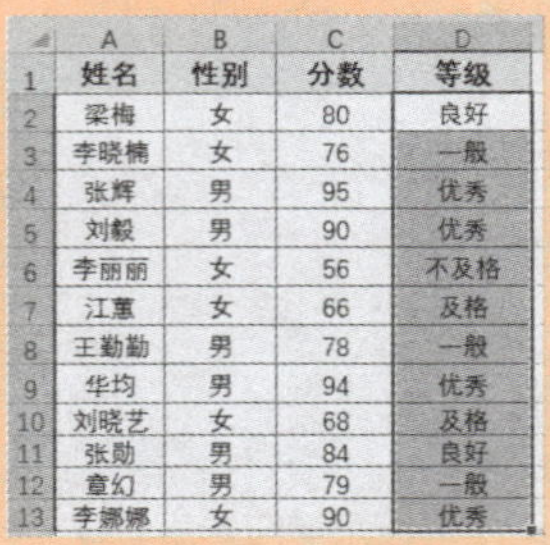

本例有五层分数区间嵌套，如果使用 IF 函数需要留意不同的逻辑区间和括号的添加，公式设置的极其复杂也很容易出错

第8章 数学计算函数

8.1 数据求和计算

　　求和运算是日常数据统计中最常用的运算之一，SUM 函数可以进行简单的基础求和，如果想要既可以按条件求和又可以计数计算，则可以应用 SUMPRODUCT 函数。

1. SUM（对给定的数据区域求和）

【函数功能】SUM 函数可以将指定为参数的所有数字相加。这些参数可以是区域、单元格引用、数组、常量、公式或另一个函数的结果。

【函数语法】SUM(number1,[number2],...)

- number1：必需。想要相加的第 1 个数值参数。
- number2,...：可选。想要相加的第 2~255 个数值参数。

【用法解析】

SUM 函数参数的写法有以下几种形式：

　　参数间用逗号分隔，参数个数最少是 1 个，最多只能设置 255 个。
　　当前公式的计算结果等同于 "=1+2+3"

=SUM（1,2,3)

　　共 3 个参数，因为单元格区域是不连续的，所以必须分别使用各自的单元格区域，中间用逗号间隔。公式计算结果等同于将这几个单元格区域中的所有值相加

=SUM(D2:D3,D9:D10,Sheet2!A1:A3)

也可引用其他工作表中的单元格区域

　　除了引用单元格和数值，SUM 函数的参数还可以是其他公式的计算结果。

第 1 个参数是常量　　第 2 个参数是公式

=SUM(4,MAX(B2:B20),A1)

第 3 个参数是单元格引用

🔊 **注意：**

　　将单元格引用设置为 SUM 函数的参数，如果单元格中包含非数值类型的数据，SUM 函数就会自动忽略它们，只计算其中的数值项。但 SUM 函数不会忽略错误值，参数中如果包含错误，公式将返回错误值。

例 1：用"自动求和"按钮快速求和

扫一扫，看视频

　　"自动求和"是程序内置的一个用于快速计算的按钮，它除了包含求和函数外，还包括平均值、最大值、最小值及计数等几个常用的快速计算的函数。该按钮将这几个常用的函数集成到此处，是为了更加方便用户使用。比如本例需要计算每位销售员在一季度中的总销售额，可以用"自动求和"一键实现。

❶ 选中 F2 单元格，在"公式"选项卡的"函数库"选项组中单击"自动求和"按钮，即可在 F2 单元格自动输入求和的公式（如图 8-1 所示）。

`=SUM(C2:E2)`

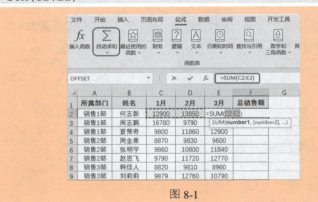

图 8-1

❷ 按 Enter 键即可根据 C2、D2、E2 中的数值求出一季度的总销售额，如图 8-2 所示。将 F2 单元格的公式向下填充，可一次性得到批量计算结果，如图 8-3 所示。

图 8-2　　　　　　　　　　　　　　　　　　图 8-3

在单击"自动求和"按钮时，程序会自动判断当前数据源的情况，填入默认参数，一般连续的数据区域都会被默认作为参数，如果并不是对默认的参数进行计算，可以在编辑栏中重新修改引用的参数区域。

例如，在图 8-4 所示的单元格中要计算销售 1 部 1 月的总销售额，使用自动求和功能计算时默认参与计算的单元格区域为 C2:C12。

图 8-4

此时只需要用鼠标拖动的方式重新选择 C2:C4 单元格区域即可改变函数的参数（如图 8-5 所示），然后按 Enter 键返回计算结果即可，如图 8-6 所示。

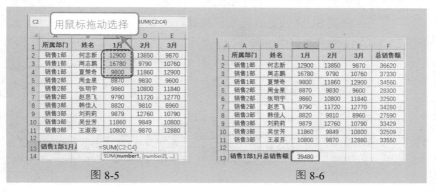

图 8-5　　　　　　　　　　　　　　　　　　图 8-6

205

📢 **注意：**

单击"自动求和"下拉按钮，在弹出的下拉列表中还可以看到"平均值""最大值""最小值""计数"等几个选项，当要进行这几种数据运算时，可以从这里快速选择。

例 2：对一个数据区域求和

扫一扫，看视频

在进行求和运算时，并不是只能对一列或一行数据求和，也可以实现对数据区域快速求和。例如在下面的表格中，要计算出第一季度的总销售额，即对 B2:D7 区域的所有数据求和。

❶ 选中 F2 单元格，在编辑栏中输入公式（如图 8-7 所示）：

`=SUM(B2:D7)`

❷ 按 Enter 键即可依据 B2:D7 单元格区域的数据进行求和计算，如图 8-8 所示。

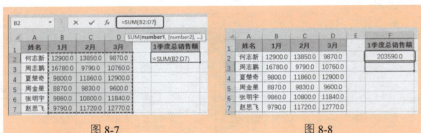

图 8-7　　　　　　　　　图 8-8

例 3：求排名前三的产量总和

扫一扫，看视频

如图 8-9 所示，表格中统计了每个车间每位员工一季度中每月的产值，现在需要根据数据表统计前三名的总产值。该处公式首先需要使用 LARGE 函数提取前三名的值，然后在外层嵌套 SUM 函数进行求和运算。

	A	B	C	D	E	F	G
1	姓名	性别	1月	2月	3月		前三名总产值
2	何志新	男	129	138	97		
3	周志鹏	男	167	97	106		
4	夏楚奇	男	96	113	129		
5	周金星	女	85	95	96		
6	张明宇	男	79	104	115		
7	赵思飞	男	97	117	123		
8	韩佳人	女	86	91	88		

图 8-9

❶ 选中 G2 单元格，在编辑栏中输入公式：

=SUM(LARGE(C2:E8,{1,2,3}))

❷ 按 Ctrl+Shift+Enter 组合键即可依据 C2:E8 单元格区域中的数值求出前三名的总产值，如图 8-10 所示。

	A	B	C	D	E	F	G
1	姓名	性别	1月	2月	3月		前三名总产值
2	何志新	男	129	138	97		434
3	周志鹏	男	167	97	106		
4	夏楚奇	男	96	113	129		
5	周金星	女	85	95	96		
6	张明宇	男	79	104	115		
7	赵思飞	男	97	117	123		
8	韩佳人	女	86	91	88		

图 8-10

【公式解析】

①从 C2:E8 区域的数据中返回排名前 1、2、3 位的 3 个数，返回值组成的是一个数组

=SUM(LARGE(C2:E8,{1,2,3}))

②对①步中的数组进行求和运算

LARGE 函数是返回某一数据集中的某个最大值。返回排名第几的那个值，需要用第 2 个参数指定，如 LARGE(C2:E8,1)，表示返回第 1 名的值；LARGE(C2:E8,3)，表示返回第 3 名的值。这里想一次性返回前 3 名的值，所以在公式中使用了一个 {1,2,3} 这样一个常量数组

2. SUMPRODUCT（将数组间对应的元素相乘，并返回乘积之和）

【函数功能】SUMPRODUCT 函数是指在给定的几组数组中，将数组间对应的元素相乘并返回乘积之和。

【函数语法】SUMPRODUCT(array1, [array2], [array3], ...)

● array1：必需。其相应元素需要进行相乘并求和的第一个数组参数。

● array2，array3,...：可选。第 2~255 个数组参数，其相应元素需要进行相乘并求和。

【用法解析】

SUMPRODUCT 函数是一个数学函数，其最基本的应用是将数组间对应的元素相乘，并返回乘积之和。

$$=SUMPRODUCT(A2*A4,B2:B4,C2:C4)$$

执行的运算是："A2*B2*C2+A3*B3*C3+ A4*B4*C4"，即将各个数组中的数据——对应相乘再相加

如图 8-11 所示计算结果，可以理解为应用了 SUMPRODUCT 函数执行"1*3+8*2"的数学运算步骤。

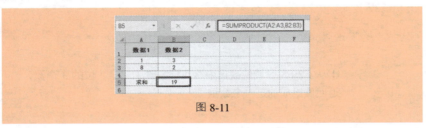

图 8-11

实际上 SUMPRODUCT 函数的作用非常强大，它可以代替 SUMIF 和 SUMIFS 函数进行条件求和，也可以代替 COUNTIF 和 COUNTIFS 函数进行计数运算。当需要判断一个条件或双条件时，用 SUMPRODUCT 进行求和、计数与使用 SUMIF、SUMIFS、COUNTIF、COUNTIFS 都可以达到同样的目的。

例如图 8-12 所示的公式，使用 SUMPRODUCT 函数来设计公式，可见二者得到了相同的计算结果（下面通过标注给出了此公式的计算原理）。

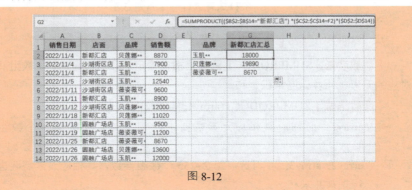

图 8-12

①第一个判断条件。满足条件的返回 TRUE，否则返回
FALSE，返回的是一个数组

=SUMPRODUCT(($B$2:$B$14="新都汇店")
*($C$2:$C$14=F2)*($D$2:$D$14))

②第二个判断条件。满足条件的返回 TRUE，否则返回 FALSE，返回的是一个数组

③将①数组与②数组相乘，同为 TRUE 的返回 1，否则返回 0 返回数组，再将此数组与 D2:D14 单元格区域依次相乘，之后再将乘积求和

使用 SUMPRODUCT 函数进行按条件求和的语法如下：

=SUMPRODUCT((❶条件 1 表达式)*((❷条件 2 表达式)
(❸条件 3 表达式)(❹条件 4 表达式)……)

虽然在有的情形下使用 SUMPRODUCT 与使用 SUMIFS 可以达到相同的统计目的，但是 SUMPRODUCT 却有着 SUMIFS 无可替代的作用：首先，在 Excel 2010 之前的老版本中是没有 SUMIFS 这个函数的，因此要想实现双条件判断，则必须使用 SUMPRODUCT 函数；其次，SUMIFS 函数求和时只能对单元格区域进行行求和或计数，即对应的参数只能设置为单元格区域，不能设置为返回结果、非单元格的公式，而 SUMPRODUCT 函数则没有该限制，即使用 SUMPRODUCT 函数对条件的判断会更加灵活。

下面通过一个例子来解释说明。

如果使用 SUMPRODUCT 函数设置公式，即可直接设置按指定月份统计出库量。

❶ 选中 G2 单元格，输入公式（如图 8-13 所示）：
=SUMPRODUCT((MONTH($A$2:$A$14)=F2)*$D$2:$D$14)

	A	B	C	D	E	F	G	H	I	J
1	日期	品牌	产品类别	出库		月份	出库量			
2	2022/4/4	玉肌	保湿	79		3	744			
3	2022/4/7	贝莲娜*	保湿	91		4				
4	2022/3/19	薇姿薇可*	保湿	112						
5	2022/4/26	贝莲娜*	保湿	136						
6	2022/3/4	贝莲娜*	防晒	88						
7	2022/3/5	玉肌	防晒	125						
8	2022/4/11	薇姿薇可*	防晒	112						
9	2022/4/18	贝莲娜*	紧致	110						
10	2022/3/18	玉肌*	紧致	95						
11	2022/4/25	薇姿薇可*	紧致	86						
12	2022/3/11	玉肌*	修复	99						
13	2022/3/12	贝莲娜*	修复	120						
14	2022/3/26	玉肌*	修复	105						

图 8-13

❷ 按 Enter 键统计出 3 月份的出库量，将 G2 单元格的公式复制到 G3 单元格，可得到 4 月份的出库量，如图 8-14 所示。

▲	A	B	C	D	E	F	G	H	I	J
1	日期	品牌	产品类别	出库		月份	出库量			
2	2022/4/4	玉肌。	保湿	79		3	744			
3	2022/4/7	贝莲娜。	保湿	91		4	598			
4	2022/3/19	蔾姿薇可。	保湿	112						
5	2022/4/26	贝莲娜。	保湿	136						
6	2022/3/4	贝莲娜。	防晒	88						
7	2022/3/5	玉肌。	防晒	125						
8	2022/4/11	蔾姿薇可。	防晒	96						
9	2022/4/18	贝莲娜。	紧致	110						
10	2022/3/18	玉肌。	紧致	95						
11	2022/4/25	蔾姿薇可。	紧致	86						
12	2022/3/11	玉肌。	修复	99						
13	2022/3/12	贝莲娜。	修复	120						
14	2022/3/26	玉肌。	修复	105						

G3 单元格公式：=SUMPRODUCT((MONTH($A$2:$A$14)=F3)*$D$2:$D$14)

图 8-14

【公式解析】

①使用 MONTH 函数将 A2:A14 单元格区域中各日期的月份数提取出来，返回的是一个数组，然后判断数组中各值是否等于 F2 中指定的"3"，如果等于返回 TRUE，不等于则返回 FALSE，得到的还是一个数组

=SUMPRODUCT((MONTH($A$2:$A$14)=F2)*$D$2:$D$14)

②将①数组与 D2:D14 单元格区域中的值依次相乘，TRUE 乘以数值返回数值本身，FALSE 乘以数值返回 0，对最终数组求和

例 1：计算商品的折后总金额

扫一扫，看视频

近期公司进行了产品促销酬宾活动，针对不同的产品给出了相应的折扣。表格统计了部分产品的名称、单价、本次的折扣和销量，现在需要计算出产品折后的总销售额。

❶ 选中 F2 单元格，在编辑栏中输入公式：

`=SUMPRODUCT(B2:B8,C2:C8,D2:D8)`

❷ 按 Enter 键即可依据 B2:B8、C2:C8 和 D2:D8 单元格区域的数值计算出本次促销活动中所有产品折后的总销售额，如图 8-15 所示。

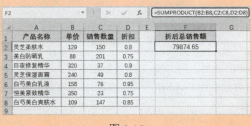

图 8-15

【公式解析】

=SUMPRODUCT(B2:B8,C2:C8,D2:D8)

公式依次将 B2:B8、C2:C8 和 D2:D8 区域上的值——对应相乘，即：依次计算 B2*C2*D2、B3*C3*D3、B4*C4*D4……，返回的结果依次为 15480、13266、10656……，形成一个数组，然后公式将返回的结果进行求和运算，得到的结果即为折后总销售额

例 2：满足多条件时求和运算

表格统计了 3 月份两个店铺各类别产品的利润额，需要计算出指定店铺指定类别产品的总利润额。使用 SUMPRODUCT 函数可以实现多条件求和计算，使用不同的公式设置规则得到和 SUMIFS 函数相同的计算结果。

扫一扫，看视频

❶ 选中 G2 单元格，在编辑栏中输入公式：

=SUMPRODUCT((C2:C13="紧致")*(D2:D13=2)*(E2:E13))

❷ 按 Enter 键即可依据 C2:C13、D2:D13 和 E2:E13 单元格区域的数值计算出两个店铺紧致类产品的总利润，如图 8-16 所示。

图 8-16

【公式解析】

=SUMPRODUCT((C2:C13="紧致")*(D2:D13=2)*(E2:E13))

两个条件，需要同时满足。同时满足时返回 TRUE，否则返回 FALSE，返回的是一个数组

前面数组与 E2:E13 单元格中数据依次相乘，TRUE 乘以数值等于原值，FALSE 乘以数值等于 0，然后对相乘的结果求和

例 3：统计周末的总营业额

扫一扫，看视频

表格中统计了商场 4 月份的销售记录，其中包括工作日和周末的销售业绩，现在需要统计周末的总营业额。

❶ 选中 D2 单元格，在编辑栏中输入公式：

=SUMPRODUCT((MOD(A2:A15,7)<2)*B2:B15)

❷ 按 Enter 键即可依据 B2:B15 的日期和 C2:C15 单元格区域数值计算出周末的总营业额，如图 8-17 所示。

图 8-17

【公式解析】

MOD 函数是求两个数值相除后的余数

=SUMPRODUCT((MOD(A2:A15,7)<2)*B2:B15)

①依次提取 A2:A15 单元格区域中的日期，然后依次求取与 7 相除的余数，并判断余数是否小于 2，如果是返回 TRUE，否则返回 FALSE

②将①数组与 B2:B15 单元格区域各值相乘，TRUE 乘以数值等于原值，FALSE 乘以数值等于 0，然后对相乘的结果求和

例4：汇总某两种产品的销售额

已知表格统计了某月每日各类产品的销售额，要求快速汇总出任意指定两种产品（如乳液和洁面膏）的总销售额。

扫一扫，看视频

❶ 选中 F2 单元格，在编辑栏中输入公式（如图 8-18 所示）：
=SUMPRODUCT(((C2:C12="乳液")+(C2:C12="洁面膏"))*D2:D12)

	A	B	C	D	E	F	G
1	销售日期	品牌	产品名称	销售额		指定两种产品总销售额	
2	2024/4/3	惠泽	乳液	13500		86250	
3	2024/4/3	礼遇	柔肤水	12900			
4	2024/4/5	铭蕊	乳液	13800			
5	2024/4/7	惠泽	日霜	14100			
6	2024/4/7	惠泽	洁面膏	14900			
7	2024/4/10	礼遇	柔肤水	13700			
8	2024/4/15	惠泽	乳液	13850			
9	2024/4/18	铭蕊	日霜	13250			
10	2024/4/18	礼遇	乳液	15420			
11	2024/4/20	惠泽	洁面膏	14780			
12	2024/4/21	礼遇	柔肤水	12040			

图 8-18

❷ 按 Enter 键即可对 C2:C12 单元格区域中的产品名称进行判断，并对满足条件的产品的"销售额"字段进行求和运算。

【公式解析】

=SUMPRODUCT((((C2:C12="乳液")+(C2:C12="洁面膏"))*D2:D12)

这一处的设置是公式的关键点，首先当 C2:C12 单元格区域中是"乳液"时返回 TRUE，否则返回 FALSE；接着依次判断 C2:C12 单元格区域中是否是"洁面膏"，如果是返回 TRUE，否则返回 FALSE。两个数组相加将会取所有 TRUE，即 TRUE 加 FALSE 也返回 TRUE。这样就找到了"乳液"与"洁面膏"。然后取 D2:D12 单元格区域上满足条件的值，再进行求和运算

📢 **注意：**

以此公式扩展，如果要统计更多个产品只要使用"+"号连接即可。同理如果要统计某几个地区、某几位销售员的销售额等都可以使用类似公式。

例5：统计大于 12 个月的账款

表格按时间统计了借款金额，要求分别统计出 12 个月以内及 12 个月以上的账款。

❶ 选中 F2 单元格，在编辑栏中输入公式（如图 8-19 所示）：
=SUMPRODUCT((DATEDIF(B2:B12,TODAY(),"M")<=12)* C2:C12)

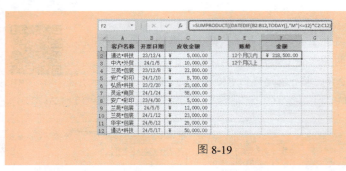

图 8-19

❷ 按 Enter 键即可对 B2:B12 单元格区域中的日期进行判断,并计算出 12 个月以内的账款合计值。

❸ 选中 F3 单元格,在编辑栏中输入公式(如图 8-20 所示):

=SUMPRODUCT((DATEDIF(B2:B12,TODAY(),"M")>12)*C2:C12)

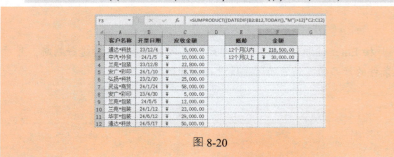

图 8-20

❹ 按 Enter 键即可对 B2:B12 单元格区域中的日期进行判断,并计算出 12 个月以上的账款合计值。

【公式解析】

DATEDIF 函数是日期函数,用于计算两个日期之间的年数、月数和天数(用不同的参数指定)

TODAY 函数是日期函数,用于返回特定日期的序列号

=SUMPRODUCT((DATEDIF(B2:B12,TODAY(),"M")>12)*C2:C12)

①依次返回 B2:B12 单元格区域日期与当前日期相差的月数。返回结果是一个数组

②依次判断①数组是否大于 12,如果是返回 TRUE,否则返回 FALSE。返回 TRUE 的就是满足条件的值

③将②步返回数组 C2:C12 单元格区域值依次相乘,即将满足条件的取值,然后进行求和运算

例6：统计指定部门工资大于指定数值的人数

已知表格统计了某月各部门员工的实发工资，要求统计出各个部门实发工资大于 5000 元的总人数。

❶ 选中 G2 单元格，在编辑栏中输入公式：

`=SUMPRODUCT((C$2:C$11=F2)*(D$2:D$11>5000))`

按 Enter 键即可依据 C2:C11 和 D2:D11 区域中的部门信息和工资计算出财务部中实发工资大于 5000 元的人数，如图 8-21 所示。

图 8-21

❷ 将 G2 单元格的公式向下填充得到工程部中实发工资大于 5000 元的人数，如图 8-22 所示。

图 8-22

【公式解析】

①依次判断 C2:C11 单元格区域中的值是否为 F2 单元格中的部门"财务部"，是返回 TRUE，否则返回 FALSE。形成一个数组

②依次判断 D2:D11 单元格区域中的数值是否大于 5000，是返回 TRUE，否则返回 FALSE。形成一个数组

`=SUMPRODUCT((C$2:C$11=F2)*(D$2:D$11>5000))`

③将①和②返回的结果先相乘再相加。在相乘时，逻辑值 TRUE 为 1，FALSE 为 0

📣 **注意：**

这是一个满足多条件计数的例子，此处使用 COUNTIFS 函数也可以完成公式的设计，这种情况下使用 SUMPRODUCT 与 COUNTIFS 函数可以获取相同的统计效果。与 SUMIFS 函数一样，SUMPRODUCT 函数的参数设置更加灵活，因此可以满足更多条件的求和与计数统计。

8.2 按条件求和

除了按单个条件求和，也可以按多重条件求和。比如使用 SUMIF 函数可以按指定单个条件求和，如统计各部门工资之和、对某一类数据求和等。而使用 SUMIFS 函数则可按多重条件求和，如统计指定店面中指定品牌的销售总额、按月汇总出库量、多条件对某一类数据求和等。

1. SUMIF（按照指定条件求和）

【函数功能】SUMIF 函数可以对区域中符合指定条件的值求和。

【函数语法】SUMIF(range, criteria, [sum_range])

- range：必需。用于条件判断单元格区域。
- criteria：必需。用于确定对哪些单元格求和的条件，其形式可以为数字、表达式、单元格引用、文本或函数。
- sum_range：可选。表示根据条件判断的结果要进行计算的单元格区域。

【用法解析】

第 1 参数是用于条件判断区域，必须是单元格引用　　　第 3 参数是用于求和区域。行、列数应与第 1 参数相同

= SUMIF($A$2:$A$5,E2,$C$2:$C$5)

第 2 参数是求和条件，可以是数字、文本、单元格引用或公式等。如果是文本，必须使用双引号

扫一扫，看视频

例 1：统计各销售员的销售业绩总和

本例表格按订单号统计了几位销售员的销售额，根据不同的订单编号，一名销售员可能存在多条销售记录，现在需要分

别统计出每位销售员在本月的总销售额。

❶ 选中 F2 单元格，在编辑栏中输入公式：

```
=SUMIF($B$2:$B$13,E2,$C$2:$C$13)
```

按 Enter 键即可依据 B2:B13 和 C2:C13 单元格区域的数值计算出第一位销售员的总销售额，如图 8-23 所示。

❷ 将 F2 单元格的公式向下填充，可一次性得到每位销售员的总销售额，如图 8-24 所示。

F2 =SUMIF($B$2:$B$13,E2,$C$2:$C$13)

	A	B	C	D	E	F
1	编号	销售员	销售额		销售员	总销售额
2	YWSP-030301	林雪儿	10900		林雪儿	40750
3	YWSP-030302	侯致远	1670		侯致远	
4	YWSP-030501	李洁	9800		李洁	
5	YWSP-030601	林雪儿	12850			
6	YWSP-030901	侯致远	11200			
7	YWSP-030902	李洁	9500			
8	YWSP-031301	林雪儿	7900			
9	YWSP-031401	侯致远	20200			
10	YWSP-031701	李洁	18840			
11	YWSP-032001	林雪儿	9100			
12	YWSP-032202	侯致远	9600			
13	YWSP-032501	李洁	7900			

图 8-23

	A	B	C	D	E	F
1	编号	销售员	销售额		销售员	总销售额
2	YWSP-030301	林雪儿	10900		林雪儿	40750
3	YWSP-030302	侯致远	1670		侯致远	42670
4	YWSP-030501	李洁	9800		李洁	46040
5	YWSP-030601	林雪儿	12850			
6	YWSP-030901	侯致远	11200			
7	YWSP-030902	李洁	9500			
8	YWSP-031301	林雪儿	7900			
9	YWSP-031401	侯致远	20200			
10	YWSP-031701	李洁	18840			
11	YWSP-032001	林雪儿	9100			
12	YWSP-032202	侯致远	9600			
13	YWSP-032501	李洁	7900			

图 8-24

注意：

在使用 SUMIF 函数时，其参数的设置必须要按以下顺序输入。第 1 参数和第 3 参数中的数据区域是一一对应关系，行数与列数必须保持相同。

如果用于条件判断的区域（第 1 参数）与用于求和的区域（第 3 参数）是同一单元格区域，则可以省略第 3 参数。

【公式解析】

①在条件区域 B2:B13 中找 E2 中指定销售员所在的单元格

如果只是对某一位销售员的总销售额计算，如“林雪儿”，可以将这个参数直接设置为“林雪儿”（注意要使用双引号）

=SUMIF($B$2:$B$13,E2,$C$2:$C$13)

②将①步中找到的满足条件的单元格对应在 C2:C13 单元格区域上的销售额进行求和运算

注意：

在本例公式中，条件判断区域“$B$2:$B$13”和求和区域“$C$2:$C$13”使用了数据源的绝对引用，因为在公式填充过程中，这两部分需要保持不变。

而判断条件区域"E2"则需要随着公式的填充做相应的变化（即分别引用指定销售员姓名），所以使用了数据源的相对引用。

如果只在单个单元格中应用公式，而不进行复制填充，数据源使用相对引用与绝对引用可返回相同的结果。

扫一扫，看视频

例2：统计指定时段的总销售额

已知表格记录了 3 月份各产品的销售额，现在需要统计出 3 月份上半月（即 3 月 15 日之前日期）的总销售额。

❶ 选中 E2 单元格，在编辑栏中输入公式：

`=SUMIF(A2:A13,"<=2024/3/15",C2:C13)`

❷ 按 Enter 键即可依据 A2:A13 和 C2:C13 单元格区域的数值计算出日期"<=2024/3/15"的总销售额，如图 8-25 所示。

	A	B	C	D	E	F
1	销售日期	产品系列	销售额		上半月总销售额	
2	2024/3/3	灵芝保湿	12900		56200	
3	2024/3/2	日夜修复	12000			
4	2024/3/10	日夜修复	7900			
5	2024/3/21	灵芝保湿	9100			
6	2024/3/19	美白防晒	8870			
7	2024/3/10	灵芝保湿	13600			
8	2024/3/23	恒美紧致	11020			
9	2024/3/28	恒美紧致	11370			
10	2024/3/11	灵芝保湿	9800			
11	2024/3/29	恒美紧致	9500			
12	2024/3/17	日夜修复	8900			
13	2024/3/27	灵芝保湿	7900			

图 8-25

【公式解析】

①用于条件判断的区域　　　　　　②用于求和的区域

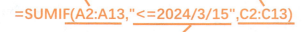
=SUMIF(A2:A13,"<=2024/3/15",C2:C13)

③条件区域是日期值，所以一定要使用双引号。如果是求下半月的合计值，则只要将此条件更改为">2024/3/15"即可

例3：用通配符对某一类数据求和

扫一扫，看视频

表格统计了某公司所有休闲食品的销售日期及销售额。已知薯片、饼干和奶糖这三种零食品类下又包含各种不同的口味，下面需要计算出奶糖类各种口味产品的总销售额。奶糖类产品

有一个特征就是全部以"奶糖"结尾，但前面的各口味不能确定，因此可以在设置判断条件时使用通配符（*代表任意字符）。

❶ 选中 E2 单元格，在编辑栏中输入公式：

`=SUMIF(B2:B15,"*奶糖",C2:C15)`

❷ 按 Enter 键即可依据 B2:B15 和 C2:C15 单元格区域的产品名称和销售额计算出奶糖类产品的总销售额，如图 8-26 所示。

E2		× ✓ fx	=SUMIF(B2:B15,"*奶糖",C2:C15)	
	A	B	C	D	E	F
1	销售日期	产品名称	销售额		"奶糖"类总销售额	
2	2024/3/3	香橙奶糖	1765		7426	
3	2024/3/3	奶油夹心饼干	867			
4	2024/3/5	芝士蛋糕	980			
5	2024/3/5	巧克力奶糖	887			
6	2024/3/6	草莓奶糖	1200			
7	2024/3/9	奶油夹心饼干	1120			
8	2024/3/13	草莓奶糖	1360			
9	2024/3/14	原味薯片	1020			
10	2024/3/17	黄瓜味薯片	890			
11	2024/3/20	原味薯片	910			
12	2024/3/22	哈密瓜奶糖	960			
13	2024/3/25	原味薯片	790			
14	2024/3/28	黄瓜味薯片	1137			
15	2024/3/30	巧克力奶糖	1254			

图 8-26

【公式解析】

=SUMIF(B2:B15,"*奶糖",C2:C15)

公式的关键点是对第 2 参数的设置，其中使用了"*"号通配符。"*"号可以代替任意字符，如"*奶糖"等同于表格中的"巧克力奶糖""草莓奶糖"等，以"奶糖"结尾的都为满足条件的记录。通配符除了"*"以外，还有"?"。它用于代替任意单个字符，如"吴?"即代表"吴三""吴四"和"吴有"等，但不能代替"吴有才"，因为"有才"是两个字符

例 4：用通配符求所有车间人员的工资总和

表格统计了工厂各部门员工的基本工资，其中既包括行政人员也包括"一车间"和"二车间"的工人，现在需要计算出车间工人的工资总和，可以在设置公式时应用"?"通配符（指某一类字符）。

扫一扫，看视频

❶ 选中 G2 单元格，在编辑栏中输入公式：

`=SUMIF(A2:A14,"?车间",E2:E14)`

❷ 按 Enter 键即可依据 A2:A14 和 E2:E14 单元格区域的部门名称和基本工资金额计算出车间工人的工资总和，如图 8-27 所示。

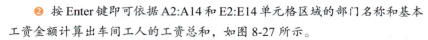

图 8-27

【公式解析】

=SUMIF(A2:A14,"?车间",E2:E14)

这个公式与例 3 公式相似，只是在"车间"前使用"?"通配符来代替文字，因为"车间"前只有一个字，所以使用代表单个字符的"?"通配符即可

2. SUMIFS（对满足多重条件的单元格求和）

【函数功能】SUMIFS 函数用于对某一区域（两个或多于两个单元格的区域，可以是相邻或不相邻的）满足多重条件的单元格求和。

【函数语法】SUMIFS(sum_range, criteria_range1,criteria1,[criteria_range2, criteria2], ...)

- sum_range：必需。对一个或多个单元格求和，包括数字或包含数字的名称、区域或单元格引用。空值和文本值将被忽略。只有当每一单元格满足为其指定的所有关联条件时，才对这些单元格进行求和。
- criteria_range1：必需。在其中计算关联条件的区域。至少有一个关联条件的区域，最多可有 127 个关联条件区域。
- criteria1：必需。条件的形式为数字、表达式、单元格或文本。至少有一个条件，最多可有 127 个条件。

- criteria_range2, criteria2 …：可选。附加的区域及其关联条件。最多可以输入 127 个区域/条件对。

📢 **注意：**

> 在条件中使用通配符问号（?）和星号（*）时，问号匹配任意单个字符，星号匹配任意多个字符序列。另外，SUMIFS 函数中 criteria_range 参数包含的行数和列数必须与 sum_range 参数相同。

【用法解析】

=SUMIFS（❶用于求和的区域，❷用于条件判断的区域，❸条件，❹用于条件判断的区域，❺条件……）

条件可以是数字、文本、单元格引用或公式等。如果是文本，必须使用双引号

例 1：统计指定店面中指定品牌的总销售额

表格统计了某公司 4 月份各品牌产品在各门店的销售额，为了对销售数据进行进一步分析，需要计算"新都汇店"中各个品牌产品的总销售额，即要同时满足店铺与品牌两个条件。

扫一扫，看视频

❶ 选中 G2 单元格，在编辑栏中输入公式（如图 8-28 所示）：

`=SUMIFS($D$2:$D$14,$B$2:$B$14,"新都汇店",$C$2:$C$14,F2)`

	A	B	C	D	E	F	G	H
1	销售日期	店面	品牌	销售额		品牌	新都汇店汇总	
2	2024/4/4	新都汇店	贝莲娜**	8870		玉肌**	18000	
3	2024/4/4	沙湖街区店	玉肌**	7900		贝莲娜**		
4	2024/4/4	新都汇店	玉肌**	9100		薇姿薇可**		
5	2024/4/5	沙湖街区店	玉肌**	12540				
6	2024/4/11	沙湖街区店	薇姿薇可**	9600				
7	2024/4/11	新都汇店	贝莲娜**	8900				
8	2024/4/12	沙湖街区店	贝莲娜**	12000				
9	2024/4/18	新都汇店	贝莲娜**	11020				
10	2024/4/18	圆融广场店	玉肌**	9500				
11	2024/4/19	圆融广场店	薇姿薇可**	11200				
12	2024/4/25	新都汇店	薇姿薇可*	8670				
13	2024/4/26	圆融广场店	贝莲娜**	13600				
14	2024/4/26	圆融广场店	玉肌**	12000				

图 8-28

按 Enter 键，即可同时满足店面要求与品牌要求，利用 D2:D14 单元格区域中的值求和。

❷ 将 G2 单元格的公式向下填充，可一次性得到"新都汇店"中各个品牌产品的总销售额，如图 8-29 所示。

图 8-29

【公式解析】

④将同时满足②和③的记录对应在①中的
销售额进行求和运算，返回的计算结果即
为新都汇店玉肌牌护肤品的总销售额

②用于条件判断的区
域和第一个条件

=SUMIFS($D$2:$D$14,$B$2:$B$14,"新都汇店",
$C$2:$C$14,F2)

①用于求和的区域

③用于条件判断的区域和第二个条件

例 2：按月汇总出库量

扫一扫，看视频

本例表格统计了 3 月、4 月公司各品牌各类别产品的出库
量，由于录入的数据较混乱，没有经过详细地整理，并且是按
产品类别顺序登记的，导致时间顺序较乱。现在需要使用函数
分别计算这两个月的产品总出库量。

❶ 选中 G2 单元格，在编辑栏中输入公式（如图 8-30 所示）：

`=SUMIFS(D2:D14,A2:A14,">=24-3-1",A2:A14,"<24-4-1")`

图 8-30

❷ 按 Enter 键即可依据 A2:A14 和 D2:D14 单元格区域的日期和数值计算出 3 月的总出库量。选中 G3 单元格，在编辑栏中输入公式（如图 8-31 所示）：

```
=SUMIFS(D2:D14,A2:A14,">=24-4-1",A2:A14,"<24-5-1")
```

按 Enter 键即可依据 A2:A14 的日期和 D2:D14 单元格区域的数值计算出 4 月的总出库量。

G3 =SUMIFS(D2:D14,A2:A14,">=24-4-1",A2:A14,"<24-5-1")

	A	B	C	D	E	F	G
1	日期	品牌	产品类别	出库		月份	出库量
2	2024/4/4	玉肌*	保湿	79		3	744
3	2024/4/7	贝莲娜*	保湿	91		4	598
4	2024/3/19	薇姿薇可*	保湿	112			
5	2024/4/26	贝莲娜*	保湿	136			
6	2024/3/4	贝莲娜*	防晒	88			
7	2024/3/5	玉肌*	防晒	125			
8	2024/4/11	薇姿薇可*	防晒	96			
9	2024/4/18	贝莲娜*	紧致	110			
10	2024/3/18	玉肌*	紧致	95			
11	2024/4/25	薇姿薇可*	紧致	86			
12	2024/3/11	玉肌*	修复	99			
13	2024/3/12	贝莲娜*	修复	120			
14	2024/3/26	玉肌*	修复	105			

图 8-31

【公式解析】

④将同时满足②和③的记录对应在①中的出库量进行求和运算，返回的计算结果即为两个日期区间的总出库量

=SUMIFS(D2:D14,A2:A14,">=24-3-1",A2:A14,"<24-4-1")

①用于求和的区域

②用于条件判断的区域和第一个条件

③用于条件判断的区域和第二个条件

8.3 数据舍入计算

数据的舍入是指对数据进行舍入处理，数据的舍入并不仅限于四舍五入，还可以向下舍入、向上舍入、截尾取整等。要实现不同的舍入结果，需要使用不同的函数。

1. INT（将数字向下舍入到最接近的整数）

【函数功能】INT 将数字向下舍入到最接近的整数。

【函数语法】INT(number)

number：必需。需要向下舍入到取整的实数。

【用法解析】

$$=INT(A2)$$

唯一参数，表示要进行舍入的目标数据。可以是常数、单元格引用或公式返回值

如图 8-32 所示，以 A 列中各值为参数，根据参数为正数或负数返回值有所不同。

当参数为正数时，无论后面有几位小数，全部截尾取整数

	A	B	C
1	数值	公式	公式结果
2	20.546	=INT(A2)	20
3	20.322	=INT(A3)	20
4	0.346	=INT(A5)	0
5	-20.546	=INT(A4)	-21

当参数为负数时，无论后面有几位小数，取值是向小值方向取整

图 8-32

例：对平均产量取整

扫一扫，看视频

如图 8-33 所示，计算平均销量时经常会出现多个小数位，如果在计算平均值的同时将数值保存为整数形式，可以在原公式的外层使用 INT 函数。

❶ 选中 E2 单元格，在编辑栏中输入公式（如图 8-33 所示）：

`=INT(AVERAGE(C2:C10))`

❷ 按 Enter 键即可根据 C2:C10 区域中的数值计算出平均销量并取整，如图 8-34 所示。

图 8-33   图 8-34

【公式解析】

=INT(AVERAGE(C2:C10))

将 AVERAGE 函数的返回值作为 INT 函数的参数，可见此参数可以是单元格的引用，也可以是其他函数的返回值

2. ROUND（对数据进行四舍五入）

【函数功能】ROUND 函数可将某个数字四舍五入为指定的位数。

【函数语法】ROUND(number,num_digits)

- number：必需。要四舍五入的数字。
- num_digits：必需。位数，按此位数对 number 参数进行四舍五入。

【用法解析】

必需参数，表示要进行舍入的目标数据。可以是常数、单元格引用或公式返回值

=ROUND(A2,2)

四舍五入后保留的小数位数

- 大于 0，则将数字四舍五入到指定的小数位；
- 等于 0，则将数字四舍五入到最接近的整数；
- 小于 0，则在小数点左侧进行四舍五入

如图 8-35 所示 A 列中各值为参数 1，当为参数 2 指定不同值时，可以返回不同的结果。

	A	B	C	
1	数值	公式	结果	除了第2参数
2	20.346	=ROUND(A2,0)	20	为负值，其他
3	20.346	=ROUND(A3,2)	20.35	都是四舍五
4	20.346	=ROUND(A4,-1)	20	入的结果
5	-20.346	=ROUND(A5,2)	-20.35	
6				

图 8-35

例：为超出完成量的计算奖金

如图 8-36 所示，表格中统计了每一位销售员的完成量（B1 单元格中的达标值为 80%）。要求通过设置公式实现根据完成量自动计算奖金，在本例中计算奖金和扣款的规则如下：

扫一扫，看视频

当完成量大于等于达标值 1 个百分点时给予 200 元奖励（向上累加），大于 1 个百分点按 2 个百分点算，大于 2 个百分点按 3 个百分点算，以此类推。

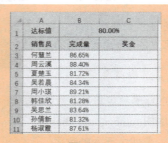

图 8-36

❶ 选中 C3 单元格，在编辑栏中输入公式：

=ROUND(B3-$B$1,2)*100*200

按 Enter 键即可根据 B3 单元格的完成量和 B1 单元格的达标值得出奖金金额，如图 8-37 所示。

❷ 将 C3 单元格的公式向下填充，可一次性得到批量结果，如图 8-38 所示。

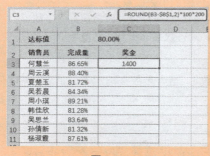

图 8-37   图 8-38

【公式解析】

=ROUND(B3-$B$1,2)*100*200

①计算 B3 单元格中值与 B1 单元格中值的差值，并保留两位小数

②将①返回值乘以 100 表示将小数值转换为整数值，表示超出的百分点。再乘以 200 表示计算奖金总额

3. ROUNDUP（远离零值向上舍入数值）

【函数功能】ROUNDUP 函数返回朝着远离 0（零）的方向将数字进行向上舍入。

【函数语法】ROUNDUP (number,num_digits)

- number：必需。需要向上舍入的任意实数。
- num_digits：必需。要将数字舍入到的位数。

【用法解析】

必需参数，表示要进行舍入的目标数据。可以是常数、单元格引用或公式返回值

=ROUNDUP（A2,2)

必需参数，表示要舍入到的位数
- 大于 0，则将数字向上舍入到指定的小数位；
- 等于 0，则将数字向上舍入到最接近的整数；
- 小于 0，则在小数点左侧向上进行舍入

如图 8-39 所示，以 A 列中各值为参数 1，参数 2 的设置不同时可返回不同的值。

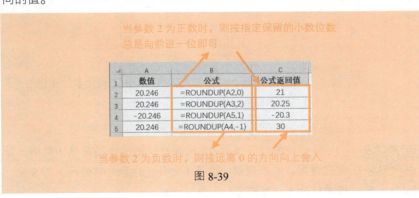

当参数 2 为正数时，则按指定保留的小数位数总是向前进一位即可

	A	B	C
1	数值	公式	公式返回值
2	20.246	=ROUNDUP(A2,0)	21
3	20.246	=ROUNDUP(A3,2)	20.25
4	-20.246	=ROUNDUP(A5,1)	-20.3
5	20.246	=ROUNDUP(A4,-1)	30

当参数 2 为负数时，则按远离 0 的方向向上舍入

图 8-39

例 1：计算材料长度（材料只能多不能少）

如图 8-40 所示表格中统计了花圃半径，现需要计算所需材料的长度，由于在计算周长时出现多位小数位，而所需材料只可多不能少，因此可以使用 ROUNDUP 函数向上舍入。

扫一扫，看视频

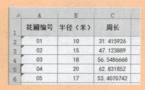

图 8-40

❶ 选中 D2 单元格，在编辑栏中输入公式：

```
=ROUNDUP(C2,1)
```

按 Enter 键即可根据 C2 单元格中的值计算所需材料的长度，如图 8-41 所示。

❷ 将 D2 单元格的公式向下填充，可一次性得到批量结果，如图 8-42 所示。

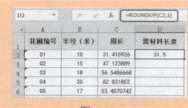

图 8-41

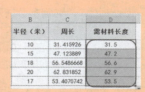

图 8-42

【公式解析】

=ROUNDUP(C2,1)

保留 1 位小数，向上舍入。即只保留 1 位小数，无论什么情况都向前进一位

例 2：计算物品的快递费用

扫一扫，看视频

表格中统计了 4 月 12 日所有快递的物品重量，需要计算快递费用。收费规则：首重 1 公斤（注意是每公斤）为 8 元；续重每斤（注意是每斤）为 2 元。

❶ 选中 C2 单元格，在编辑栏中输入公式：

```
=IF(B2<=1,8,8+ROUNDUP((B2-1)*2,0)*2)
```

按 Enter 键即可根据 B2 单元格中的重量计算出费用，如图 8-43 所示。

❷ 将 C2 单元格的公式向下填充，可一次得到批量结果，如图 8-44 所示。

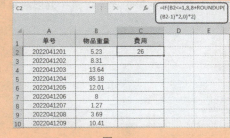

图 8-43   图 8-44

【公式解析】

①判断 B2 单元格的值是否小于等于 1，如果是，返回 8，否则进行后面的运算

$$=IF(B2<=1,8,8+ROUNDUP((B2-1)*2,0)*2)$$

②B2 中重量减去首重重量，乘以 2 表示将公斤转换为斤，将这个结果向上取整（即如果计算值为 1.34，向上取整结果为 2；计算值为 2.188，向上取整结果为 3……）

③将②步结果乘以 2 再加上首重费用 8 表示此物件的总物流费用金额

4. ROUNDDOWN（靠近零值向下舍入数值）

【函数功能】ROUNDDOWN 朝着 0 方向将数字进行向下舍入。

【函数语法】ROUNDDOWN (number,num_digits)

- number：必需。需要向下舍入的任意实数。
- num_digits：必需。要将数字舍入到的位数。

【用法解析】

必需参数，表示要进行舍入的目标数据。可以是常数、单元格引用或公式返回值

$$=ROUNDDOWN(A2,2)$$

必需参数，表示要舍入到的位数

- 大于 0，则将数字向下舍入到指定的小数位；
- 等于 0，则将数字向下舍入到最接近的整数；
- 小于 0，则在小数点左侧向下进行舍入

如图 8-45 所示，以 A 列中各值为参数 1，当参数 2 设置不同时可返回不同的结果。

当参数 2 为正数时，则按指定保留的小数位数直接截去后面部分

	A	B	C
1	数值	公式	公式返回值
2	20.256	=ROUNDDOWN(A2,0)	20
3	20.256	=ROUNDDOWN(A3,1)	20.2
4	-20.256	=ROUNDDOWN(A4,1)	-20.2
5	20.256	=ROUNDDOWN(A5,-1)	20
6			

当参数 2 为负数时，向下舍入到小数点左边的相应位数

图 8-45

扫一扫，看视频

例：折后金额舍尾取整

表格中在计算客户订单的金额时给出 0.88 折扣，计算折扣后出现小数，现在希望折后应收金额能舍去小数金额。

❶ 选中 D2 单元格，在编辑栏中输入公式：

```
=ROUNDDOWN(C2,0)
```

❷ 按 Enter 键即可根据 C2 单元格中的数值计算出折后应收金额。将 D2 单元格的公式向下填充，可一次得到批量结果，如图 8-46 所示。

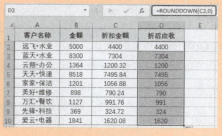

D2			fx	=ROUNDDOWN(C2,0)	
	A	B	C	D	E
1	客户名称	金额	折扣金额	折后应收	
2	远飞•水业	5000	4400	4400	
3	蓝天•水业	8300	7304	7304	
4	云翔•办公	1364	1200.32	1200	
5	天天•快递	8518	7495.84	7495	
6	家家•保洁	1201	1056.88	1056	
7	美好•维修	898	790.24	790	
8	万汇•餐饮	1127	991.76	991	
9	先锋•科技	369	324.72	324	
10	爱云•电器	1841	1620.08	1620	

图 8-46

8.4 实用的新增函数

自 Excel 2019、Excel 2021 版本开始，新增了实用的随机计算函数 RANDARRAY 和用于返回匹配值的 SWITCH 函数。

1. RANDARRAY（返回一组随机数字）

【函数功能】RANDARRAY 函数用于返回一组随机数字。可指定要填充的行数和列数，最小值和最大值，以及是否返回整数或小数值。

【函数语法】RANDARRAY([rows],[columns],[min],[max],[whole_number])

- rows：可选。要返回的行数。
- columns：可选。要返回的列数。
- min：可选。想返回的最小数值。
- max：可选。想返回的最大数值。
- whole_number：可选。返回整数或十进制值。TRUE 表示整数，FALSE 表示十进制数。

【用法解析】

=RANDARRAY(10,5,1,100,TRUE)

指定返回几行几列，最小值 1 最大值 100 的随机整数

返回随机数类型为整数

例：在指定行列返回随机数

RANDARRAY 是 Excel 2021 版本中新增的函数，下面需要使用该函数快速得到一组指定行列的随机数，并且该组随机数是在 100 到 1000 之间的任意整数。

扫一扫，看视频

选中 B3 单元格，在编辑栏中输入公式：

```
=RANDARRAY(4,6,100,1000,TRUE)
```

按 Enter 键得出一组 4 行 6 列，在 100 到 1000 之间的随机整数，如图 8-47、图 8-48 所示。

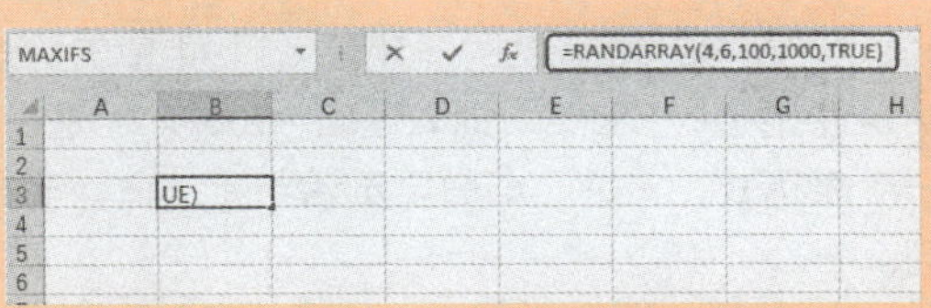

图 8-47

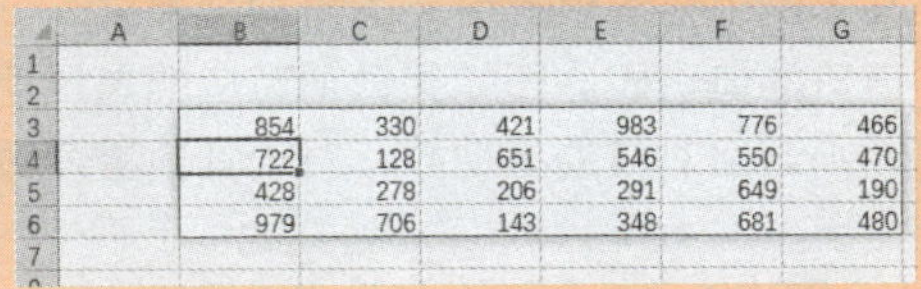

	A	B	C	D	E	F	G
1							
2							
3		854	330	421	983	776	466
4		722	128	651	546	550	470
5		428	278	206	291	649	190
6		979	706	143	348	681	480
7							

图 8-48

📢 注意：

> 如果省略所有参数，RANDARRAY 返回一个 0~1 之间的随机数。

2. SWITCH（根据表达式的返回值匹配结果）（2019 版本）

【函数功能】 SWITCH 函数根据值列表计算一个值（称为表达式），并返回与第一个匹配值对应的结果。如果不匹配，则可能返回可选默认值。

【函数语法】 =SWITCH(expression,value1, result1, [default or value2, result2],…[default or value3, result3])

- expression：必需。表达式的值将于 value1（值 1）至 value n（值 n）比较。
- value1：必需。value1（值 1）的值与表达式比较。
- result1：必需。result1（结果 1）是 value1（值 1）与表达式的结果匹配时返回的值。此参数必须为每一个 value1（值 1）设定。
- default：默认值。当表达式的值与所有提供的值都不匹配时，函数返回默认值。默认值没有与之对应的结果参数，并且默认值总是函数的最后一个参数。

使用 SWITCH 函数返回匹配值的语法如下：

=SWITCH(❶要计算的表达式，❷要匹配的值，❸如存在匹配项的返回值，❹如不存在匹配项的返回值)

实际上它的原理可以理解为：根据表达式计算一个值，并返回与这个值所匹配的结果。那试着解释一下下面这个最简单的公式。

=SWITCH(J4,"A 级","500","B 级","200","C 级","100")

当 J4 中的值是"A 级"时，返回"500"；当 J4 中的值是"B 级"时，返回"200"；当 J4 中的值是"C 级"时，返回"100"。但是在实际的应用中，第一个参数是一个表达式，它是一个需要灵活判断的值，下面会通过具体范例再次巩固学习。

例 1：只安排周一至周三值班

扫一扫，看视频

在本例中要求根据给定的日期来建立一个只在周一至周三安排值班的值班表。即如果日期对应的是星期一、星期二、星期三，则返回对应的星期数，对于其他星期数统一返回"无值班"文字。

❶ 选中 C2 单元格，在编辑栏中输入公式：

```
=SWITCH(WEEKDAY(B2),2,"星期一",3,"星期二",4,"星期三","无
值班")
```

按 Enter 键，判断 B2 单元格中日期值并返回结果，如图 8-49 所示。

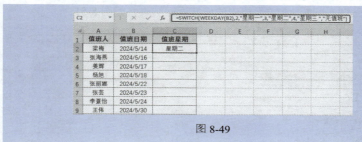

图 8-49

❷ 选中 C2 单元格，向下填充公式到 C9 单元格，可批量判断其他日期并返回对应的值班星期数及是否安排值班，如图 8-50 所示。

图 8-50

【公式解析】

①使用 WEEKDAY(B2)的值作为表达式，WEEKDAY
函数用于返回一个日期对应的星期数，返回的是数字
1、2、3、4、5、6、7，分别对应星期日、星期一、
星期二、星期三、星期四、星期五、星期六

②如果①步的返回值为 2，返回"星期一"

=SWITCH(WEEKDAY(B2),2,"星期一",3,"星期二",4,"星期三",
"无值班")

⑤除此之外都返回"无值班"

③如果①步的返回值为 3，返回"星期二"

④如果①步的返回值为 4，返回"星期三"

例 2：提取纸张大小的规格分类

在图 8-51 表格的 A 列中显示了产品名称，其中包含了产品的容量规格，即产品名称后的数字 1 表示 100 毫升，数字 2 表示 200 毫升，依次类推。现在需要快速地提取产品的规格容量。

扫一扫，看视频

❶ 选中 C2 单元格，在编辑栏中输入公式：

```
=SWITCH(MID(A2,FIND(":",A2)-1,1),"1","100 毫升","2",
"200 毫升","3","300 毫升","4","400 毫升","5","500 毫升")
```

按 Enter 键，判断 A2 单元格中的值并返回结果，如图 8-51 所示。

C2 =SWITCH(MID(A2,FIND(":",A2)-1,1),"1","100毫升","2","200毫升","3","300毫升","4","400毫升","5","500毫升")

	A	B	C
1	产品名称	定价	规格
2	隔离霜2:美肌*	320	200毫升
3	淡斑除皱精华水5:水之蓝*	128	
4	美白淡斑保湿水1:美肌*	215	
5	夜间修复面霜2:水之蓝*	420	
6	晨间滋润面霜2:水之蓝*	187	
7	保湿滋润护手霜1:水之蓝*	398	
8	除皱眼霜1:美肌*	195	

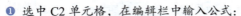

图 8-51

❷ 选中 C2 单元格，向下填充公式到 C11 单元格，可批量判断 A 列中的其他值并返回对应大小规格，如图 8-52 所示。

	A	B	C
1	产品名称	定价	规格
2	隔离霜2:美肌*	320	200毫升
3	淡斑除皱精华水5:水之蓝*	128	500毫升
4	美白淡斑保湿水1:美肌*	215	100毫升
5	夜间修复面霜2:水之蓝*	420	200毫升
6	晨间滋润面霜2:水之蓝*	187	200毫升
7	保湿滋润护手霜1:水之蓝*	398	100毫升
8	除皱眼霜1:美肌*	195	100毫升
9	夜间修护精华素3:水之蓝*	358	300毫升
10	红宝石滋润霜4:美肌*	440	400毫升
11	美白精华水5:水之蓝*	228	500毫升

图 8-52

【公式解析】

①使用 MID 函数和 FIND 函数提取数据，这里的提取规则为：先使用 FIND 函数找到“:”符号的位置，找到后从这个位置的减 1 处开始提取，共提取一位，即提取的就是冒号后的那一位数字

②如果①步的返回值为 1，返回“100 毫升”

=SWITCH(MID(A2,FIND(":",A2)-1,1),"1","100 毫升","2","200 毫升","3","300 毫升","4","400 毫升","5","500 毫升")

③ 如果①步的返回值为 2，返回“200 毫升”

④如果①步的返回值为 3，返回“300 毫升”，依次类推

第9章 统计函数

9.1 计算平均值

除了求和运算，求平均值运算也是数据统计分析中一项常用的运算。简单的求平均值运算包括对一组数据求平均值，如求某一时段的日平均销售额，根据员工考核成绩求平均分等。除了最基础的 AVERAGE 函数，本节会具体介绍 GEOMEAN、HARMEAN 和 TRIMMEAN 函数的用法。

1. GEOMEAN（返回几何平均值）

【函数功能】GEOMEAN 函数用于返回正数数组或数据区域的几何平均值。

【函数语法】GEOMEAN(number1, [number2], ...)

number1,number2,...：number1 是必需的，后续数字是可选的。表示为需要计算其平均值的 1~30 个参数。也可以不使用这种用逗号分隔参数的形式，而用单个数组或数组引用的形式。

【用法解析】

参数必须是数字且不能为 0。其他类型值都将被该函数忽略不计

= GEOMEAN(A1:A5)

平均数可分为算术平均数和几何平均数两种类型。算术平均数即使用 AVERAGE 函数得到的计算结果，它的计算原理是 "(a+b+c+d+……)/n" 这种方式。这种计算方式下每个数据之间不具有相互影响关系，是独立存在的的。

那么，什么是几何平均数呢？几何平均数是指 n 个观察值连续乘积的 n 次方根。它的计算原理是 "$\sqrt[n]{x_1 \times x_2 \times x_3 \cdots x_n}$"。计算几何平均数要求各观察值之间存在连乘积关系，它的主要用途是对比率、指数等进行平均，比如计算平均发展速度等。

例：判断两组数据的稳定性

已知表格统计了两个店铺在近几年的营业额数据。利用求几何平均值的方法可以判断出哪一家店铺的营业额比较

扫一扫，看视频

稳定。

❶ 选中 E2 单元格，在编辑栏中输入公式：

`= GEOMEAN(B2:B7)`

按 Enter 键即可得到"鼓楼店"的年营业额几何平均值，如图 9-1 所示。

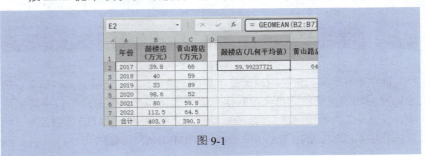

图 9-1

❷ 选中 F2 单元格，在编辑栏中输入公式：

`= GEOMEAN(C2:C7)`

按 Enter 键即可得到"黄山路店"的年营业额几何平均值，如图 9-2 所示。

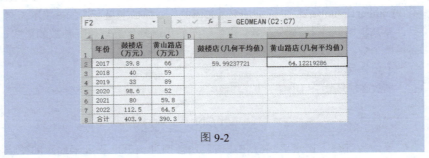

图 9-2

【公式解析】

从统计结果可以看到鼓楼店的近六年合计营业额大于黄山路店近六年的合计营业额，但鼓楼店的营业额几何平均值却小于黄山路店的营业额几何平均值。由于几何平均值越大表示其值更加稳定，因此可以判断出近六年中黄山路店的营业额更加稳定。

2. HARMEAN（返回数据集的调和平均值）

【函数功能】HARMEAN 函数返回数据集合的调和平均值（调和平均值与倒数的算术平均值互为倒数）。

【函数语法】HARMEAN(number1, [number2], ...)

number1,number2,...：number1 是必需的，后续数字是可选的。表示需要计算其平均值的 1~30 个参数。

【用法解析】

参数必须是数字。其他类型值都将被该函数忽略不计。参数包含有小于 0 的数字时，HARMEAN 函数将会返回#NUM!错误值

=HARMEAN(A1:A5)

计算原理是：n/(1/a+1/b+1/c+……)，a、b、c 都必须大于 0。
调和平均数具有以下几个主要特点。

- 调和平均数易受极端值的影响，且受极小值的影响比受极大值的影响更大。
- 只要有一个标志值为 0，就不能计算调和平均数。

例：计算固定时间内几位学生平均解题数

在实际应用中，往往由于缺乏总体单位数的资料而不能直接计算算术平均数，这时需要用调和平均法来求得平均数。例如 5 名学生分别在一个小时内解题数分别为 4、4、5、7、6，要求计算出平均解题速度。可以使用公式 "=5/(1/4+1/4+1/5+1/7+1/6)" 计算出结果 4.95。但如果数据众多，使用这种公式显然是不方便的，因此可以使用 HARMEAN 函数快速求解。

扫一扫，看视频

❶ 选中 D2 单元格，在编辑栏中输入公式：

=HARMEAN(B2:B6)

❷ 按 Enter 键即可计算出平均解题数，如图 9-3 所示。

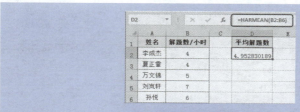

图 9-3

3. TRIMMEAN（截头尾返回数据集的平均值）

【函数功能】TRIMMEAN 函数用于返回数据集的内部平均值。先从数据集的头部和尾部除去一定百分比的数据点后，再求该数据集的平均值。当

希望在分析中剔除一部分数据的计算时，可以使用此函数。

【函数语法】TRIMMEAN(array,percent)

- array：必需。为需要进行整理并求平均值的数组或数据区域。
- percent：必需。表示为计算时所要除去的数据点的比例。当 percent=0.2 时，在 10 个数据中去除 2 个数据点（10*0.2=2）。

【用法解析】

目标数据区域　　要去除的数据点比例

$$=TRIMMEAN(A1:A30,0.1)$$

将除去的数据点数目向下舍入为最接近 2 的倍数。例如当前参数中 A1:A30 有 30 个数，30 个数据点的 10%等于 3 个数据点。函数 TRIMMEAN 将对称地在数据集的头部和尾部各除去一个数据

例：通过 10 位评委打分计算选手的最后得分

扫一扫，看视频

在进行某技能比赛中，10 位评委分别为进入决赛的 3 名选手进行打分，通过 10 位评委的打分结果计算出 3 名选手的最后得分。要求去掉最高分与最低分再求平均分，因此可以使用 TRIMMEAN 函数来求解。

❶选中 B13 单元格，在编辑栏中输入公式：

```
= TRIMMEAN ( B2:B11,0.2 )
```

❷按 Enter 键即可去除 B2:B11 单元格区域中的最大值与最小值求出平均值，如图 9-4 所示。

❸将 B13 单元格的公式向右填充，可得到其他选手的平均分，如图 9-5 所示。

	A	B	C	D	E
B13		=TRIMMEAN(B2:B11,0.2)			
1		刘琳	王华成	郭心怡	
2	评委1	9.67	8.99	9.35	
3	评委2	9.22	8.78	9.25	
4	评委3	10	8.35	9.47	
5	评委4	8.35	8.95	9.54	
6	评委5	8.95	10	9.29	
7	评委6	8.78	9.35	8.85	
8	评委7	9.25	9.65	8.75	
9	评委8	9.45	8.93	8.95	
10	评委9	9.23	8.15	9.05	
11	评委10	9.25	8.35	9.15	
12					
13	最后得分	9.23			

图 9-4

	A	B	C	D
1		刘琳	王华成	郭心怡
2	评委1	9.67	8.99	9.35
3	评委2	9.22	8.78	9.25
4	评委3	10	8.35	9.47
5	评委4	8.35	8.95	9.54
6	评委5	8.95	10	9.29
7	评委6	8.78	9.35	8.85
8	评委7	9.25	9.65	8.75
9	评委8	9.45	8.93	8.95
10	评委9	9.23	8.15	9.05
11	评委10	9.25	8.35	9.15
12				
13	最后得分	9.23	8.92	9.17

图 9-5

【公式解析】

从 10 个数中提取 20%，即提取两个数，因此是去除首
尾两个数再求平均值

=TRIMMEAN(B2:B11,0.2)

9.2 计算最大值和最小值

本节会具体介绍如何使用 MAX、MIN、LARGE、SMALL 等函数求最
大值和最小值。在人事管理领域，它可以用于统计考核最高分和最低分，方
便分析员工的业务水平；在财务领域，它可以用于计算最高与最低利润额，
从而掌握公司产品的市场价值。

1．MAX/MIN（返回数据集的最大/最小值）

【函数功能】MAX/MIN 函数用于返回数据集中的最大/最小值。

【函数语法】MAX(number1, [number2], ...)

number1,number2,...：number1 是必需的，后续数字是可选的。表示要找
出最大数值的 1~30 个数值。

【用法解析】

返回这个数据区域中的最大值

=MAX(A2:B10)

【函数语法】MIN(number1, [number2], ...)

number1,number2,...：number1 是必需的，后续数字是可选的。表示要找
出最小数值的 1~30 个数值。

【用法解析】

返回这个数据区域中的最小值

=MIN(A2:B10)

基本用法与 MAX 一样，只是 MAX 是返回最大值，MIN 是返回最小值。

2．LARGE（返回表格或区域中的值或值的引用）

【函数功能】LARGE 函数返回某一数据集中的某个最大值。

【函数语法】LARGE(array,k)

- array：必需。表示为需要从中查询第 k 个最大值的数组或数据区域。
- k：必需。表示为返回值在数组或数据单元格区域里的位置，即名次。

【用法解析】

可以为数组或单元格的引用　　指定返回第几名的值（从大到小）

=LARGE(A2:B10,1)

📢 **注意：**

> 如果 LARGE 函数中的 array 参数为空，或参数 k 小于等于 0 或大于数组或区域中数据点的个数，则该函数会返回#NUM!错误值。

例 1：返回排名前三的销售额

扫一扫，看视频

表格中统计了 1~6 月份两个店铺的销售金额，现在需要查看排名前 3 位的销售金额。

❶选中 F2 单元格，在编辑栏中输入公式：

`=LARGE($B$2:$C$7,E2)`

按 Enter 键即可统计出 B2:C7 单元格区域中的最大值，如图 9-6 所示。

❷将 F2 单元格的公式向下复制到 F5 单元格，可一次性返回第 2 名和第 3 名的金额，如图 9-7 所示。

月份	店铺1	店铺2		前3名	金额
1月	21061	31180		1	51849
2月	21169	41176		2	
3月	31080	51849		3	
4月	21299	31280			
5月	31388	11560			
6月	51180	8000			

F2 `=LARGE($B$2:$C$7,E2)`

图 9-6

月份	店铺1	店铺2		前3名	金额
1月	21061	31180		1	51849
2月	21169	41176		2	51180
3月	31080	51849		3	41176
4月	21299	31280			
5月	31388	11560			
6月	51180	8000			

图 9-7

【公式解析】

指定返回第几位的参数使用的是单元格引用，当公式向下复制时，会依次变为 E3、E4，即依次返回第 2 名、第 3 名的金额

=LARGE($B$2:$C$7,E2)

例2：分班级统计各班级的前三名成绩

已知表格按班级统计了学生此次模拟考的成绩，要求使用公式同时返回各个班级中前 3 名的成绩，就需要用到数组的部分操作。需要一次性选中要返回结果的三个单元格，然后配合 IF 函数对班级进行判断，最后再统计第 1~3 名的成绩，具体公式设置如下。

扫一扫，看视频

❶ 选中 F2:F4 单元格区域，在编辑栏中输入公式：

`=LARGE(IF($A$2:$A$12=F1,$C$2:$C$12),{1;2;3})`

按 Ctrl+Shift+Enter 组合键即可对班级进行判断并返回对应班级前 3 名的成绩，如图 9-8 所示。

	A	B	C	D	E	F	G	H
1	班级	姓名	成绩			1班	2班	
2	1班	赵小玉	94		第一名	95		
3	2班	卓廷廷	93		第二名	94		
4	1班	袁梦莉	95		第三名	92		
5	2班	董清波	82					
6	1班	王莹莹	85					
7	1班	吴靓红	92					
8	2班	孙梦强	92					
9	2班	胡婷婷	77					
10	1班	梁梦	87					
11	2班	汪潮	97					
12	1班	韩昊权	91					

F2 　 fx {=LARGE(IF($A$2:$A$12=F1,$C$2:$C$12),{1;2;3})}

图 9-8

❷ 选中 G2:G4 单元格区域，在编辑栏中输入公式：

`=LARGE(IF($A$2:$A$12=G1,$C$2:$C$12),{1;2;3})`

按 Ctrl+Shift+Enter 组合键即可对班级进行判断并返回对应班级前 3 名的成绩，如图 9-9 所示。

	A	B	C	D	E	F	G	H
1	班级	姓名	成绩			1班	2班	
2	1班	赵小玉	94		第一名	95	97	
3	2班	卓廷廷	93		第二名	94	93	
4	1班	袁梦莉	95		第三名	92	92	
5	2班	董清波	82					
6	1班	王莹莹	85					
7	1班	吴靓红	92					
8	2班	孙梦强	92					
9	2班	胡婷婷	77					
10	1班	梁梦	87					
11	2班	汪潮	97					
12	1班	韩昊权	91					

G2 　 fx {=LARGE(IF($A$2:$A$12=G1,$C$2:$C$12),{1;2;3})}

图 9-9

【用法解析】

①因为是数组公式,所以用 IF 函数依次判断 A2:A12 单元格区域中的各个值是否等于 F1 单元格的值,如果等于返回 TRUE,否则返回 FALSE。返回的是一个数组

要想一次性返回连续几名的数据,则需要将此参数写成这种数组形式

=LARGE(IF($A$2:$A$12=F1,$C$2:$C$12),{1;2;3})

③一次性从②返回数组中提取前三名的值

②将①返回数组依次对应 C2:C12 单元格区域取值,①返回数组中为 TRUE 的返回其对应的值,①返回数组为 FALSE 的返回 FALSE。结果还是一个数组

3. SMALL(返回某一数据集中的某个最小值)

【函数功能】SMALL 函数返回某一数据集中的某个最小值。

【函数语法】SMALL (array,k)

- array:必需。表示为需要从中查询第 k 个最小值的数组或数据区域。
- k:必需。表示为返回值在数组或数据单元格区域里的位置,即名次。

【用法解析】

可以为数组或单元格的引用   指定返回第几名的值(从小到大)

= SMALL(A2:B10,1)

例:返回倒数第一名的成绩与对应姓名

扫一扫,看视频

　　　　SMALL 函数可以返回数据区域中的第几个最小值,因此可以从成绩表返回任意指定的第几个最小值,并且通过搭配其他函数使用还可以返回这个指定最小值对应的姓名。下面是具体的公式设计与分析。

❶ 选中 D2 单元格,在编辑栏中输入公式:

`=SMALL(B2:B12,1)`

按 Enter 键即可得出 B2:B12 单元格的最低分,如图 9-10 所示。

❷ 选中 E2 单元格,在编辑栏中输入公式:

`=INDEX(A2:A12,MATCH(SMALL(B2:B12,1),B2:B12,))`

按 Enter 键即可得出最低分对应的姓名,如图 9-11 所示。

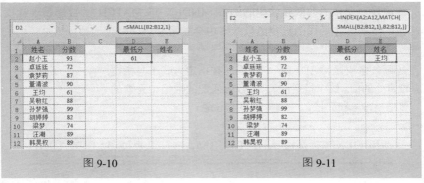

图 9-10   图 9-11

【用法解析】

如果只是返回最低分对应的姓名，则 MIN 函数也能代替 SMALL 函数使用。在公式编辑栏中输入公式（如图 9-12 所示）：

`=INDEX(A2:A12,MATCH(MIN(B2:B12),B2:B12,))`

图 9-12

但如果返回的不是最低分，而是要求返回倒数第 2 名、第 3 名等则必须要使用 SMALL 函数，公式的修改也很简单，只需要将公式中 SMALL 函数的第 2 个参数重新指定一下即可，如图 9-13 所示。

图 9-13

这是一个多函数嵌套使用的例子，INDEX 与 MATCH 函数都属于查找函数的范畴。在后面的查找函数章节中会着重介绍这两个函数。

【公式解析】

返回表格或区域中指定位置处的值。这个指定位置是指行号和列号

返回在指定方式下与指定数值匹配的数组中元素的相应位置

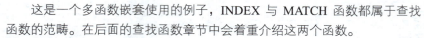

=INDEX(A2:A12,MATCH(SMALL(B2:B12,1),B2:B12,))

③返回 A2:A12 单元格区域中②返回结果所指定行处的值

①返回 B2:B12 单元格区域的最小值

②返回①返回值在 B2:B12 单元格区域中的位置，如在第 5 行，就返回数字 5

9.3 计算排位

排位统计可以对数据进行次序排列，以及返回一组数据的四分位数、返回一组数据的第 k 个百分点值、返回一组数据的百分比排位等。

1. MEDIAN（返回中位数）

【函数功能】MEDIAN 函数返回给定数值的中值，中值是在一组数值中居于中间的数值。如果参数集合中包含偶数个数字，函数 MEDIAN 将返回位于中间的两个数的平均值。

【函数语法】MEDIAN(number1, [number2], ...)

number1,number2,...：number1 是必需的，后续数字是可选的。表示要找出中位数的 1~30 个数字参数。

【用法解析】

= MEDIAN（A2:B10)

- 参数可以是数字或者是包含数字的名称、数组或引用；
- 如果数组或引用参数包含文本、逻辑值或空白单元格，则这些值将被忽略；但包含零值的单元格将计算在内；
- 如果参数为错误值或为不能转换为数字的文本，将会导致错误。

MEDIAN 函数用于计算趋中性，趋中性是统计分布中一组数中间的位置。3 种最常见的趋中性计算方法如下：

（1）平均值。平均值是算术平均数，由一组数相加然后除以这些数的个数计算得出。例如，2、3、3、5、7 和 10 的平均数是 30 除以 6，结果是 5。

（2）中值。中值是一组数中间位置的数，即一半数的值比中值大，另一半数的值比中值小。例如，2、3、3、5、7 和 10 的中值是 4。

（3）众数。众数是一组数中最常出现的数。例如，2、3、3、5、7 和 10 的众数是 3。

对于对称分布的一组数来说这三种趋中性计算方法是相同的。对于偏态分布的一组数来说这 3 种趋中性计算方法可能不同。

例：返回一个数据序列的中间值

表格中给出了一组学生的身高，可求出这一组数据的中位数。

❶ 选中 D2 单元格，在编辑栏中输入公式（如图 9-14 所示）：
`=MEDIAN(B2:B12)`

扫一扫，看视频

	A	B	C	D	E
1	姓名	身高		中位数	
2	卢梦雨	1.45		1.53	
3	徐丽	1.6			
4	韦玲芳	1.54			
5	谭谢生	1.44			
6	樺丽晨	1.48			
7	谭谢生	1.52			
8	邹瑞宣	1.53			
9	刘璐璐	1.55			
10	黄永明	1.58			
11	简佳丽	1.45			
12	肖菲	1.61			

图 9-14

❷ 按 Enter 键即可求出中位数。

2. RANK.EQ（返回数组的最高排位）

【函数功能】RANK.EQ 函数表示返回一个数字在数字列表中的排位，其大小相对于列表中的其他值。如果多个值具有相同的排位，则返回该组值的最高排位。

【函数语法】RANK.EQ(number,ref,[order])

● number：必需。表示要查找其排位的数字。

● ref：必需。表示数字列表数组或对数字列表的引用。ref 中的非数值型值将被忽略。

● order：可选。一个指定数字的排位方式的数字。

【用法解析】

=RANK.EQ(A2,A2:A12,0)

当此参数为 0 时表示按降序排名，即最大的数值排名值为 1；当此参数为非 1 时表示按升序排名，即最小的数值排名为值 1。此参数可省略，省略时默认为 0

例 1：对销售业绩进行排名

扫一扫，看视频

表格中给出了某月销售部员工的销售额统计数据，现在要求对销售额数据排名次，以直观查看每位员工的销售排名情况，如图 9-15 所示。

	A	B	C
	姓名	销售额	名次
2	林晨洁	43000	4
3	刘美汐	15472	10
4	苏竞	25487	6
5	何阳	39806	5
6	杜云美	54600	1
7	李丽芳	45309	3
8	徐萍丽	45388	2
9	唐晓霞	19800	9
10	张鸣	21820	8
11	简佳	21890	7

图 9-15

❶ 选中 C2 单元格，在编辑栏中输入公式：

=RANK.EQ(B2,$B$2:$B$11,0)

按 Enter 键即可返回 B2 单元格中数值在 B2:B11 单元格区域中的排位名次，如图 9-16 所示。

❷ 将 C2 单元格的公式向下填充，可分别统计出每位销售员的销售业绩在全体销售员中的排位情况，如图 9-17 所示。

图 9-16   图 9-17

【公式解析】

①用于判断其排位的目标值

$$=RANK.EQ(B2,\$B\$2:\$B\$11,0)$$

②目标列表区域，即在这个区域中判断参数 1 指定值的排位。此单元格区域使用绝对引用是因为公式是需要向下复制的，当复制公式时只有参数 1 发生变化，而用于判断的这个区域是始终不能发生改变的

例 2：对不连续的数据进行排名

表格中按月份统计了销售量，其中包括季度合计。要求通过公式返回指定季度的销售量在 4 个季度中的名次。

扫一扫，看视频

❶ 选中 E2 单元格，在编辑栏中输入公式（如图 9-18 所示）：
`=RANK.EQ(B9,(B5,B9,B13,B17))`

	A	B	C	D	E	F
1	月份	销售量		季度	排名	
2	1月	510		2季度	1	
3	2月	490				
4	3月	480				
5	1季度合计	1480				
6	4月	625				
7	5月	507				
8	6月	587				
9	2季度合计	1719				
10	7月	490				
11	8月	552				
12	9月	480				
13	3季度合计	1522				
14	10月	481				
15	11月	680				
16	12月	490				
17	4季度合计	1651				

图 9-18

❷ 按 Enter 键即可在 B5、B9、B13、B17 这几个值中判断 B9 的名次。

【公式解析】

$$=RANK.EQ(B9,(B5,B9,B13,B17))$$

参数 2 可以是一个数据区域，也可以写成这种形式，注意要使用括号，并使用逗号间隔

3. RANK.AVG（返回数字列表中的排位）

【函数功能】RANK.AVG 函数表示返回一个数字在数字列表中的排位，

其大小相对于列表中的其他值。如果多个值具有相同的排位，则将返回平均排位。

【函数语法】RANK.AVG(number,ref,[order])

- number：必需。表示要查找其排位的数字。
- ref：必需。表示数字列表数组或对数字列表的引用。ref 中的非数值型值将被忽略。
- order：可选。一个指定数字的排位方式的数字。

【用法解析】

$$=RANK.AVG(A2,A2:A12,0)$$

当此参数为 0 时表示按降序排名，即最大的数值排名值为 1；当此参数为非 1 时表示按升序排名，即最小的数值排名值为 1。此参数可省略，省略时默认为 0

📢 **注意：**

RANK.AVG 函数是 Excel 2010 版本中的新增函数，属于 RANK 函数的分支函数。原 RANK 函数在 2010 版本中更新为 RANK.EQ，作用与用法都与 RANK 函数相同。RANK.AVG 函数的不同之处在于，对于数值相等的情况，返回该数值的平均排名，而作为对比，原 RANK 函数对于相等的数值返回其最高排名。如 A 列中有两个最大值数值同为 37，原有的 RANK 函数返回他们的最高排名同时为 1，而 RANK.AVG 函数则返回他们平均的排名，即(1+2)/2=1.5。

例：对员工考核成绩排名次

扫一扫，看视频

表格中给出了员工某次考核的成绩表，现在要求对考核成绩排名。注意名次出现 4.5 表示 94 分是第 4 名且有两个 94 分，因此取平均排位，如图 9-19 所示。

❶ 选中 C2 单元格，在编辑栏中输入公式：

=RANK.AVG(B2,$B$2:$B$11,0)

按 Enter 键即可返回 B2 单元格中数值在 B2:B11 单元格区域中的排位名次，如图 9-20 所示。

❷ 将 C2 单元格的公式向下填充，可分别统计出每位员工的考核成绩在全体员工成绩中的排位情况。

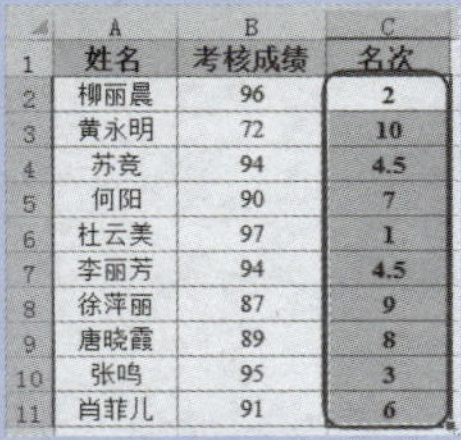

	A	B	C
1	姓名	考核成绩	名次
2	柳丽晨	96	2
3	黄永明	72	10
4	苏竟	94	4.5
5	何阳	90	7
6	杜云美	97	1
7	李丽芳	94	4.5
8	徐萍丽	87	9
9	唐晓霞	89	8
10	张鸣	95	3
11	肖菲儿	91	6

图 9-19

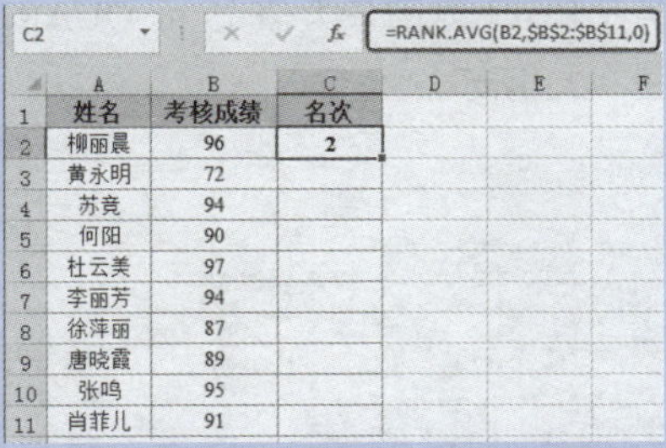

C2 =RANK.AVG(B2,$B$2:$B$11,0)

	A	B	C	D	E	F
1	姓名	考核成绩	名次			
2	柳丽晨	96	2			
3	黄永明	72				
4	苏竟	94				
5	何阳	90				
6	杜云美	97				
7	李丽芳	94				
8	徐萍丽	87				
9	唐晓霞	89				
10	张鸣	95				
11	肖菲儿	91				

图 9-20

【公式解析】

①用于判断其排位的目标值

=RANK.AVG(B2,$B$2:$B$11,0)

②目标列表区域，即在这个区域中判断参数 1 指定值的排位

4. QUARTILE.INC（返回四分位数）

【函数功能】根据 0~1 之间的百分点值（包含 0 和 1）返回数据集的四分位数。

【函数语法】QUARTILE.INC(array,quart)

- array：必需。表示为需要求得四分位数值的数组或数字引用区域。
- quart：必需。表示决定返回哪一个四分位值。

【用法解析】

=QUARTILE.INC(A2:A12,1)

决定返回哪一个四分位值。有 5 个值可选，“0”表示最小值，“1”表示第 1 个四分位数（25%处），“2”表示第 2 个四分位数（50%处），“3”表示第 3 个四分位数（75%处），“4”表示最大值

QUARTILE 函数在 Excel 2010 版本中分出了.INC(include)和.EXC(exclude)，上面讲了 QUARTILE.INC 函数的作用，而 QUARTILE.EXC 与 QUARTILE.INC 的区别在于，前者无法返回边值，即无法返回最大值与最小值。

如图 9-21 所示，使用 QUARTILE.INC 函数可以设置 quart 为 0（返回最

小值）和 4（返回最大值），而 QUARTILE.EXC 函数无法使用这两个参数，如图 9-22 所示。

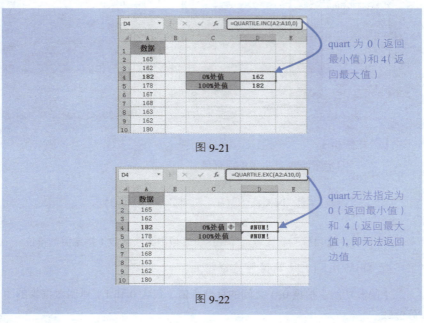

图 9-21

quart 为 0（返回最小值）和 4（返回最大值）

图 9-22

quart 无法指定为 0（返回最小值）和 4（返回最大值），即无法返回边值

例：四分位数偏度系数

扫一扫，看视频

处于数据中间位置的观测值被称为中位数（Q2），而处于 25% 和 75% 位置的观测值分别被称为低四分位数（Q1）和高四分位数（Q3）。在统计分析中，通过计算出的中位数、低四分位数、高四分位数可以计算出四分位数偏度系数，四分位偏度系数也是度量偏度的一种方法。

❶ 选中 F6 单元格，在编辑栏中输入公式：

```
=QUARTILE.INC(C3:C14,1)
```

按 Enter 键即可统计出 C3:C14 单元格区域中 25% 处的值，如图 9-23 所示。

❷ 选中 F7 单元格，在编辑栏中输入公式：

```
=QUARTILE.INC(C3:C14,2)
```

按 Enter 键即可统计出 C3:C14 单元格区域中 50% 处的值[等同于公式 "=MEDIAN (C3:C14)" 的返回值]，如图 9-24 所示。

图 9-23   图 9-24

❸ 选中 F8 单元格，在编辑栏中输入公式：

=QUARTILE.INC(C3:C14,3)

按 Enter 键即可统计出 C3:C14 单元格区域中 75%处的值，如图 9-25 所示。

图 9-25

❹ 选中 C16 单元格，在编辑栏中输入公式：

=(F8-(2*F7)+F6)/(F8-F6)

按 Enter 键即可计算出四分位数的偏度系数，如图 9-26 所示。

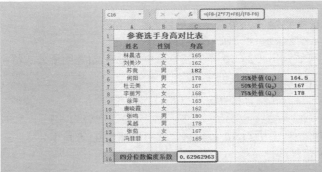

图 9-26

251

注意:

> 四分位数的偏度系数的计算公式为:
>
> $$\frac{Q_3 - 2Q_2 + Q_1}{Q_3 - Q_1}$$

5. PERCENTILE.INC（返回第 k 个百分点值）

【函数功能】返回区域中数值的第 k 个百分点的值，k 为 0~1 之间的百分点值，包含 0 和 1。

【函数语法】PERCENTILE.INC(array,k)

- array：必需。表示用于定义相对位置的数组或数据区域。
- k：必需。表示 0~1 之间的百分点值，包含 0 和 1。

【用法解析】

=PERCENTILE.INC(A2:A12,0.5)

指定返回哪个百分点处的值，值为 0~1，参数为 0 时表示最小值，参数为 1 时表示最大值

注意:

> PERCENTILE 函数在 Excel 2010 版本中分出了 .INC(include) 和 .EXC(exclude)。PERCENTILE.INC 与 PERCENTILE.EXC 二者间的区别同 QUARTILE.INC 函数"用法解析"小节中的介绍。

例：返回一组数据 k 百分点处的值

要求根据表格中给出的身高数据返回指定的 k 百分点处的值。

扫一扫，看视频

❶ 选中 F1 单元格，在编辑栏中输入公式:

```
=PERCENTILE.INC(C2:C10,0)
```

按 Enter 键即可统计出 C2:C10 单元格区域中最低身高[等同于公式"=MIN(C2:C10)"的返回值]，如图 9-27 所示。

❷ 选中 F2 单元格，在编辑栏中输入公式:

```
=PERCENTILE.INC(C2:C10,1)
```

按 Enter 键即可统计出 C2:C10 单元格区域中最高身高[等同于公式"=MAX (C2:C10)"的返回值]，如图 9-28 所示。

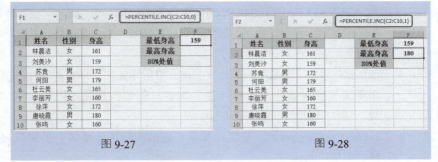

图 9-27   图 9-28

❸ 选中 F3 单元格，在编辑栏中输入公式：

`=PERCENTILE.INC(C2:C10,0.8)`

按 Enter 键即可统计出 C2:C10 单元格区域中身高值的 80%处的值，如图 9-29 所示。

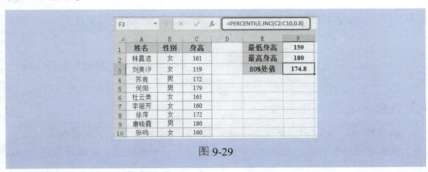

图 9-29

9.4 按条件计算平均值

简单的求平均值运算包括对一组数据求平均值，如求某一时段的日平均销售额；根据员工考核成绩求平均分等。除此之外，还可以实现只对满足单个或多个条件的数据求平均值，即使用 AVERAGEIF 函数与 AVERAGEIFS 函数，它们在数据统计中都发挥着极为重要的作用。

1. AVERAGEIF（返回满足条件的平均值）

【函数功能】AVERAGEIF 函数返回某个区域内满足给定条件的所有单元格的平均值（算术平均值）。

【函数语法】AVERAGEIF(range, criteria, [average_range])

- range：必需。是要计算平均值的一个或多个单元格，其中包括数字或包含数字的名称、数组或引用。
- criteria：必需。是数字、表达式、单元格引用或文本形式的条件，用于定义要对哪些单元格计算平均值。例如：条件可以表示为 32、"32"、">32"、"apples"或 b4。
- average_range：可选。是要计算平均值的实际单元格集。如果忽略，则使用 range。

【用法解析】

第 1 个参数是用于条件判断区域，必须是单元格引用

第 3 个参数是用于求和区域。行数、列数应与第 1 参数相同

= AVERAGEIF ($A$2:$A$5,E2,$C$2:$C$5)

第 2 个参数是求和条件，可以是数字、文本、单元格引用或公式等。如果是文本，必须使用双引号

🔊 **注意：**

在使用 AVERAGEIF 函数时，其参数的设置必须要按以下规则输入。第 1 个参数和第 3 个参数中的数据是一一对应关系，行数与列数必须保持相同。

如果用于条件判断的区域（第 1 个参数）与用于求和的区域（第 3 个参数）是同一单元格区域，则可以省略第 3 个参数。

例 1：按班级统计平均分数

扫一扫，看视频

已知表格中统计了学校某次竞赛的成绩统计表，其中包含三个班级，现在需要按班级统计平均分。

❶ 选中 G2 单元格，在编辑栏中输入公式：

`=AVERAGEIF($C$2:$C$16,F2,$D$2:$D$16)`

❷ 按 Enter 键即可依据 C2:C16 和 D2:D16 单元格区域的数值计算出 F2 单元格中指定班级"二(1)班"的平均成绩，如图 9-30 所示。

❸ 将 G2 单元格的公式向下填充，可一次得到每个班级的平均分，如图 9-31 所示。

| G2 | | | | =AVERAGEIF($C$2:$C$16,F2,$D$2:$D$16) | |

	A	B	C	D	E	F	G	H	I	J
1	姓名	性别	班级	成绩		班级	平均分			
2	刘丽丽	男	二(1)班	95		二(1)班	84.6			
3	张欣	男	二(2)班	76		二(2)班				
4	李丽荣	男	二(3)班	82		二(3)班				
5	姜辉	女	二(1)班	90						
6	杨霞	男	二(2)班	87						
7	李楠	男	二(3)班	79						
8	张伟	男	二(1)班	85						
9	王云云	男	二(2)班	80						
10	刘长城	男	二(3)班	88						
11	张新安	男	二(1)班	75						
12	窦寰	女	二(2)班	98						
13	李长兴	男	二(3)班	88						
14	张立国	女	二(1)班	78						
15	李江	女	二(2)班	87						
16	梁旭	女	二(3)班	92						

图 9-30

	A	B	C	D	E	F	G
1	姓名	性别	班级	成绩		班级	平均分
2	刘丽丽	男	二(1)班	95		二(1)班	84.6
3	张欣	男	二(2)班	76		二(2)班	85.6
4	李丽荣	男	二(3)班	82		二(3)班	85.8
5	姜辉	女	二(1)班	90			
6	杨霞	男	二(2)班	87			
7	李楠	男	二(3)班	79			
8	张伟	男	二(1)班	85			
9	王云云	男	二(2)班	80			
10	刘长城	男	二(3)班	88			
11	张新安	男	二(1)班	75			
12	窦寰	女	二(2)班	98			
13	李长兴	男	二(3)班	88			
14	张立国	女	二(1)班	78			
15	李江	女	二(2)班	87			
16	梁旭	女	二(3)班	92			

图 9-31

【公式解析】

①在条件区域 C2:C16 中找 F2 中指定班级所在的单元格

如果只是对某一个班级计算平均分，可以把此参数直接指定为文本，如 "二(1)班"

=AVERAGEIF($C$2:$C$16,F2,$D$2:$D$16)

②将①中找到的满足条件的对应在 D2:D16 单元格区域上的成绩进行求平均值运算

注意：

在本例公式中，条件判断区域 "$C$2:$C$16" 和求和区域 "$D$2:$D$16" 使用了数据源的绝对引用，因为在公式填充过程中，这两部分需要保持不变；而判断条件区域 "F2" 则需要随着公式的填充做相应的变化，所以使用了数据源的相对引用。

如果只在单个单元格中应用公式，而不进行复制填充，数据源使用相对引用与绝对引用可返回相同的结果。

例 2：计算平均值时排除 0 值

已知面试成绩表中记录了包含 0 值在内的分数，下面需要排除 0 值统计面试平均分。

扫一扫，看视频

❶ 选中 G2 单元格，在编辑栏中输入公式：

`=AVERAGEIF(D2:D11,"<>0")`

❷ 按 Enter 键即可排除 D2:D11 单元格区域的 0 值计算出平均值，如图 9-32 所示。

图 9-32

【公式解析】

①用于条件判断的区域

此公式省略了第 3 个参数，因为此处用于条件判断的区域与用于求和的区域是同一区域，这种情况下可以省略第 3 个参数

=AVERAGEIF(D2:D11,"<>0")

②判断条件使用双引号

例3：使用通配符对某一类数据求平均值

扫一扫，看视频

表格统计了某月店铺各电器商品的销量数据，现在只想统计出电视商品的平均销量。要找出电视商品，其规则是只要商品名称中包含有"电视"文字就为符合条件，因此可以在设置判断条件时使用通配符"*"（代表任意字符），具体方法如下。

❶ 选中 D2 单元格，在编辑栏中输入公式：
=AVERAGEIF(A2:A11,"*电视*",B2:B11)

❷ 按 Enter 键即可依据 A2:A11 和 B2:B11 单元格区域的商品名称和销量计算出电视商品的平均销量，如图 9-33 所示。

图 9-33

【公式解析】

$$=AVERAGEIF(A2:A11,"*电视*",B2:B11)$$

公式的关键点是对第 2 个参数的设置，其中使用了"*"号通配符。"*"号可以代替任意字符，如"*电视*"等同于"海帝*电视机 57 寸""长虹*电视机"等，都为满足条件的记录。除了"*"号是通配符，"?"号也是通配符，它用于代替任意单个字符，如"张?"即代表"张三""张四"和"张有"等，但不能代替"张有才"，因为"有才"是两个字符

📢 注意：

> 在本例中如果将 AVERAGEIF 更改为 SUMIF 函数则可以实现求出任意某类商品的总销售量，这也是日常工作中很实用的一项操作。

例 4：排除部分数据计算平均值

表格统计了全年 12 个月的营业利润（有些月份中由于机器维护原因导致利润较少）。现在需要排除机器维护月份的利润计算全年每月的平均利润，可以使用"*"通配符并配合"<>"表达式。

扫一扫，看视频

❶ 选中 D2 单元格，在编辑栏中输入公式（如图 9-34 所示）：
=AVERAGEIF(A2:A13,"<>*(维护)",B2:B13)

❷ 按 Enter 键即可排除机器维护的月份后计算出月平均利润，如图 9-35 所示。

图 9-34   图 9-35

【公式解析】

$$=AVERAGEIF(A2:A13,"<>*(维护)",B2:B13)$$

"*(维护)"表示只要以"(维护)"结尾的记录，前面加上"<>"表示要满足的条件是所有不以"(维护)"结尾的记录，即把所有找到的满足这个条件的对应在 B2:B13 单元格取值，然后计算利润平均值（排除维护月份）

2. AVERAGEIFS（返回满足多重条件的平均值）

【函数功能】AVERAGEIFS 函数返回满足多重条件的所有单元格的平均值（算术平均值）。

【函数语法】AVERAGEIFS(average_range, criteria_range1, criteria1, [criteria_range2, criteria2], ...)

- average_range：必需。表示是要计算平均值的一个或多个单元格，其中包括数字或包含数字的名称、数组或引用。
- criteria_range1：必需。表示用于进行条件判断的区域。
- criteria1：必需。表示判断条件，即用于指定有哪些单元格参与求平均值计算。
- criteria_range2, criteria2, …：可选。其他用于条件判断的区域或条件。

【用法解析】

=AVERAGEIFS（❶用于求平均值的区域，❷用于条件判断的区域，❸条件，❹用于条件判断的区域，❺条件……）

条件可以是数字、文本、单元格引用或公式等，如果是文本，必须使用双引号。其用于定义要对哪些单元格求平均值。例如：条件可以表示为 32、"32"、">32"、"电视"或 B4。当条件是文本时一定要使用双引号

例：计算指定班级指定性别的平均分钟数

已知表格按班级和性别统计了学生的比赛用时（分钟），下面要求根据指定班级统计男、女的平均用时（分钟）。

扫一扫，看视频

❶ 选中 G2 单元格，在编辑栏中输入公式（如图 9-36 所示）：
=AVERAGEIFS($D$2:$D$17,$C$2:$C$17,F2,$B$2:$B$17,"男")

图 9-36

258

Excel 应用技巧速查宝典（第2版）

❷ 选中 H2 单元格，在编辑栏中输入公式（如图 9-37 所示）：

```
=AVERAGEIFS($D$2:$D$17,$C$2:$C$17,F2,$B$2:$B$17,"女")
```

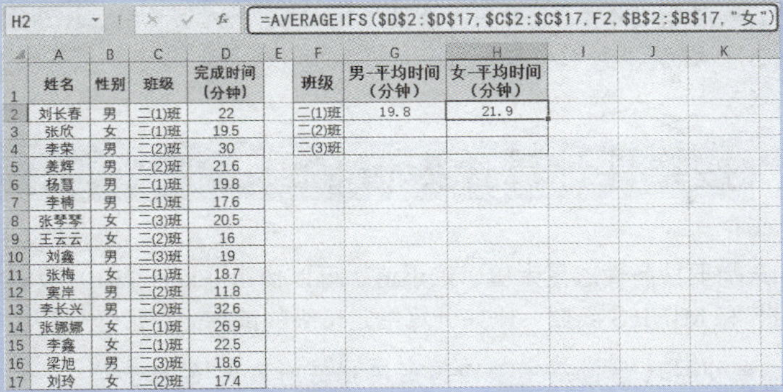

H2 =AVERAGEIFS($D$2:$D$17,$C$2:$C$17,F2,$B$2:$B$17,"女")

	A	B	C	D	E	F	G	H
1	姓名	性别	班级	完成时间（分钟）		班级	男-平均时间（分钟）	女-平均时间（分钟）
2	刘长春	男	二(1)班	22		二(1)班	19.8	21.9
3	张欣	女	二(1)班	19.5		二(2)班		
4	李荣	男	二(2)班	30		二(3)班		
5	姜辉	男	二(2)班	21.6				
6	杨慧	男	二(1)班	19.8				
7	李楠	男	二(1)班	17.6				
8	张琴琴	女	二(3)班	20.5				
9	王云云	女	二(2)班	16				
10	刘鑫	男	二(3)班	19				
11	张梅	女	二(1)班	18.7				
12	寞岸	男	二(2)班	11.8				
13	李长兴	男	二(2)班	32.6				
14	张娜娜	女	二(1)班	26.9				
15	李鑫	女	二(1)班	22.5				
16	梁旭	男	二(3)班	18.6				
17	刘玲	女	二(2)班	17.4				

图 9-37

❸ 按 Enter 键即依次得到平均用时，再依次向下复制公式，得到其他班级男、女的平均用时（分钟），如图 9-38 所示。

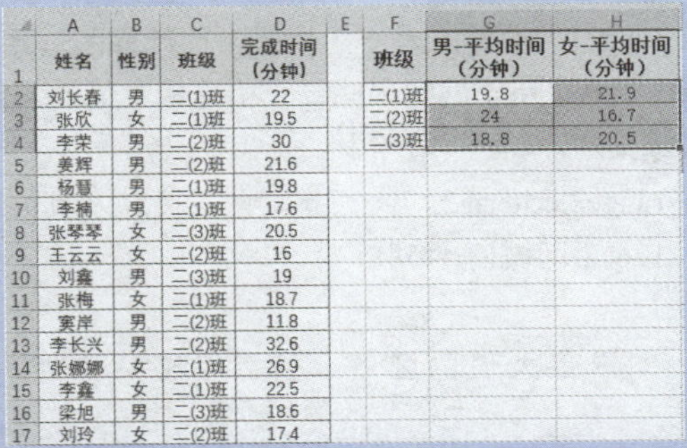

	A	B	C	D	E	F	G	H
1	姓名	性别	班级	完成时间（分钟）		班级	男-平均时间（分钟）	女-平均时间（分钟）
2	刘长春	男	二(1)班	22		二(1)班	19.8	21.9
3	张欣	女	二(1)班	19.5		二(2)班	24	16.7
4	李荣	男	二(2)班	30		二(3)班	18.8	20.5
5	姜辉	男	二(2)班	21.6				
6	杨慧	男	二(1)班	19.8				
7	李楠	男	二(1)班	17.6				
8	张琴琴	女	二(3)班	20.5				
9	王云云	女	二(2)班	16				
10	刘鑫	男	二(3)班	19				
11	张梅	女	二(1)班	18.7				
12	寞岸	男	二(2)班	11.8				
13	李长兴	男	二(2)班	32.6				
14	张娜娜	女	二(1)班	26.9				
15	李鑫	女	二(1)班	22.5				
16	梁旭	男	二(3)班	18.6				
17	刘玲	女	二(2)班	17.4				

图 9-38

【公式解析】

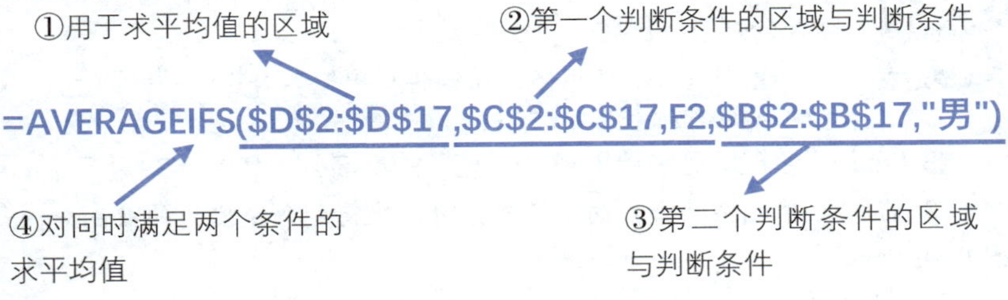
①用于求平均值的区域
②第一个判断条件的区域与判断条件
=AVERAGEIFS($D$2:$D$17,$C$2:$C$17,F2,$B$2:$B$17,"男")
④对同时满足两个条件的求平均值
③第二个判断条件的区域与判断条件

注意：

> 由于对条件的判断都是采用引用单元格的方式，并且建立后的公式需要向下复制，所以公式中对条件的引用采用相对方式，而对其他用于计算的区域与条件判断区域则采用绝对引用方式。

9.5 按条件计算最大值和最小值

如果需要按条件求最大值、最小值，可以使用 Excel 2019 版本新增的 MAXIFS 和 MINIFS 函数。比如计算指定班级的最高分、最低分等。

1. MAXIFS（返回给定条件指定单元格的最大/最小值）

【函数功能】MAXIFS 函数用于返回一组给定条件指定单元格的最大值。

【函数语法】MAXIFS(max_range, criteria_range1, criteria1, [criteria_range2, criteria2], ...)

- max_range：必需。确定最大值的实际单元格区域。
- criteria_range1：必需。是一组用于条件计算的单元格。
- criteria1：必需。用于确定哪些单元格是最大值的条件，格式为数字、表达式或文本。
- criteria_range2,criteria2, ...：可选。附加区域及其关联条件。最多可以输入 126 个区域/条件对。

【用法解析】

求最大值的区　　条件区域　　条件区域对应的值

=MAXIFS(D2:D16,C2:C16,F2)

例：求指定班级的最高分

扫一扫，看视频

表格是某次竞赛的成绩统计表，其中包含有三个班级，现在需要分别统计出各个班级的最高分。

❶ 选中 G2 单元格，在编辑栏中输入公式：

`=MAXIFS($D$2:$D$16,$C$2:$C$16,F2)`

按 Enter 组合键即可统计出"二(1)班"的最高分，如图 9-39 所示。

❷ 将 G2 单元格的公式向下填充，可一次得到每个班级的最高分，如图 9-40 所示。

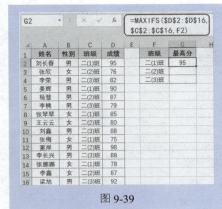

图 9-39   图 9-40

【公式解析】

①确定最大值所在的区域及 D 列的成绩

=MAXIFS($D$2:$D$16,$C$2:$C$16,F2)

②用于计算的条件区域,即 C 列　　③用于确定最小值的条件,即指
中的班级名称　　　　　　　　　定班级名称为"二(1)班"

2. MINIFS(返回给定条件指定单元格的最小值)

【函数功能】MINIFS 函数用于返回一组给定条件指定单元格的最小值。

【函数语法】MINIFS(min_range, criteria_range1, criteria1, [criteria_range2, criteria2], ...)

- min_range:必需。确定最小值的实际单元格区域。
- criteria_range1:必需。是一组用于条件计算的单元格。
- criteria1:必需。用于确定哪些单元格是最小值的条件,格式为数字、表达式或文本。
- criteria_range2,criteria2, ...:可选。附加区域及其关联条件。最多可以输入 126 个区域/条件对。

例:忽略 0 值求出最低分数

在求最小值时,如果数据区域中包括 0 值,那么 0 值将会是最小值,那么有没有办法实现忽略 0 值返回最小值呢?

扫一扫,看视频

❶ 选中 E2 单元格,在编辑栏中输入公式:

```
=MINIFS(C2:C12,C2:C12,"<>0")
```

❷ 按 Enter 组合键即可忽略 0 值求出最小值，如图 9-41 所示。

图 9-41

【公式解析】

①确定最小值所在的区域，即分数列

②用于计算的条件区
域，即分数列

③用于确定最小值的
条件，即忽略 0 值

9.6 按条件计数统计

在 Excel 中对数据处理的方式除了求和、求平均值，计数统计也是很常用的一项运算，即统计条目数或满足单个及多个条件的条目数。例如，在进行员工学历分析时可以统计各学历的人数；通过统计即将退休的人数制订人才编制计划；通过统计男女职工人数分析公司员工性别分布状况等，都可以使用相关函数进行计数运算。

1. COUNT（统计含有数字的单元格个数）

【函数功能】COUNT 函数用于返回数字参数的个数，即统计数组或单元格区域中含有数字的单元格个数。

【函数语法】COUNT(value1, [value2], ...)

- value1：必需。要计算其中数字的个数的第一项、单元格引用或区域。
- value2,...：可选。要计算其中数字的个数的其他项、单元格引用或区域，最多可包含 255 个。

【用法解析】

统计该区域中数字的个数，非数字不统计。时间、日期也属于数字

=COUNT(A2:A10)

例 1：统计会议的出席人数

下面是某项会议的签到表，有签到时间的表示参与会议，没有签到时间表示没有参与会议。在这张表格中可以通过对“签到时间”列中数字个数的统计来变向统计出席会议的人数。

扫一扫，看视频

❶ 选中 E2 单元格，在编辑栏中输入公式：

```
=COUNT(B2:B14)
```

❷ 按 Enter 键即可统计出 B2:B14 单元格区域中数字的个数，如图 9-42 所示。

E2 =COUNT(B2:B14)

	A	B	C	D	E
1	姓名	签到时间	部门		出席人数
2	张佳佳		财务部		9
3	周传明	8:58:01	企划部		
4	陈秀月		财务部		
5	杨世奇	8:34:14	后勤部		
6	袁晓宇	8:50:26	企划部		
7	夏甜甜	8:47:21	后勤部		
8	吴晶晶		财务部		
9	蔡天放	8:29:58	财务部		
10	朱小琴	8:41:31	后勤部		
11	袁庆元	8:52:36	企划部		
12	周亚楠	8:43:20	人事部		
13	韩佳琪		企划部		
14	肖明远	8:47:49	人事部		

图 9-42

例 2：统计一月份获取交通补助的总人数

图 9-43 所示为“销售部”交通补贴统计表，图 9-44 所示为“企划部”交通补贴统计表（相同格式的还有“售后部”），要求统计出获取交通补贴的总人数，具体操作方法如下。

扫一扫，看视频

	A	B	C	D
1	姓名	性别	交通补助	
2	刘菲	女	无	
3	李艳池	女	300	
4	王斌	男	600	
5	李慧慧	女	900	
6	张德海	男	无	
7	徐一鸣	男	无	
8	赵魁	男	100	
9	刘晨	男	200	
10				

销售部 | 企划部 | 售后部 | 统计表

图 9-43

	A	B	C	D
1	姓名	性别	交通补助	
2	张媛	女	700	
3	胡菲菲	女	无	
4	李欣	男	无	
5	刘强	女	400	
6	王婷	男	无	
7	周围	男	无	
8	柳柳	男	100	
9	梁惠娟	男	无	
10				

销售部 | 企划部 | 售后部 | 统计表

图 9-44

❶ 在"统计表"中选中要输入公式的单元格，首先输入前半部分公式"=COUNT("，如图 9-45 所示。

❷ 在第一个统计表标签上（即"销售部"）单击鼠标，然后按住 Shift 键，在最后一个统计表标签上（即"售后部"）单击鼠标，即选中所有要参加计算的工作表组"销售部:售后部"（3 张统计表）。

❸ 再用鼠标选中参与计算的单元格或单元格区域，此例为 C2:C9，接着输入右括号完成公式的输入，按 Enter 键得到统计结果，如图 9-46 所示。

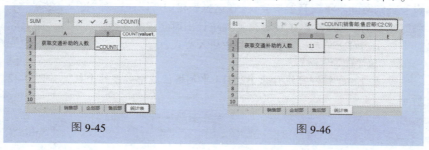

图 9-45　　　　　　　　　　　　图 9-46

【公式解析】

建立工作组，即这些工作表中的 C2:C9 单元格区域都是被统计的对象

$$\underline{\text{=COUNT(销售部:售后部!C2:C9)}}$$

例 3：统计出某一科目成绩为满分的人数

扫一扫，看视频

表格中统计了几位学生语文和数学科目的成绩，要求统计出某一科目成绩为满分的总人数，即只要有一科为 100 分就被作为统计对象。

❶ 选中 E2 单元格，在编辑栏中输入公式：

=COUNT(0/((B2:B9=100)+(C2:C9=100)))

❷ 按 Shift+Ctrl+Enter 组合键即可统计出 B2:C9 单元格区域中数值为 100 的个数，如图 9-47 所示。

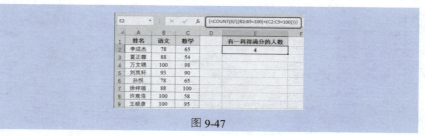

图 9-47

【公式解析】

①判断 B2:B9 单元格区域有哪些是等于 100 的，并返回一个数组。等于 100 的显示 TRUE，其余的显示 FALSE

②判断 C2:C9 单元格区域有哪些是等于 100 的，并返回一个数组。等于 100 的显示 TRUE，其余的显示 FALSE

$$=COUNT(0/((B2:B9=100)+(C2:C9=100)))$$

④0 起到辅助的作用（也可以用 1 等其他数字），当③的返回值为 1 时，除法得出一个数字；当③的返回值为 0 时，除法返回#DIV/0!错误值（因为 0 作为被除数时都会返回错误值）

③将①返回数组与②返回数组相加，有一个为 TRUE 时，返回结果为 1，其他的返回结果为 0

最后使用 COUNT 统计④返回数组中数字的个数。这个公式实际是一个 COUNT 函数灵活运用的例子

2. COUNTIF（统计满足给定条件的单元格的个数）

【函数功能】 COUNTIF 函数计算区域中满足给定条件的单元格的个数。

【函数语法】 COUNTIF(range,criteria)

- range：必需。表示为需要计算其中满足条件的单元格数目的单元格区域。
- criteria：必需。表示为确定哪些单元格将被计算在内的条件，其形式可以为数字、表达式或文本。

【用法解析】

形式可以为数字、表达式或文本，文本必须使用双引号，也可以使用通配符

$$=COUNTIF（❶计数区域，❷计数条件）$$

与 COUNT 函数的区别为：COUNT 无法进行条件判断，COUNTIF 可以进行条件判断，不满足条件的不被统计

例 1：统计指定学历的人数

表格统计了公司员工的姓名、性别、部门、年龄及学历信息，需要统计指定学历为本科的总人数。

❶ 选中 G2 单元格，在编辑栏中输入公式：

扫一扫，看视频

```
=COUNTIF(E2:E14,"本科")
```

❷ 按 Enter 键即可统计出 E2:E14 单元格区域中显示"本科"的人数，如图 9-48 所示。

图 9-48

【公式解析】

用于数据判断的区域　　　　判断条件，文本使用双引号

=COUNTIF(E2:E14,"本科")

例 2：统计成绩表中成绩大于 90 分的人数

已知表格按班级统计了每位学生的考试成绩，要求统计出大于 90 分的共有多少人。

❶ 选中 F2 单元格，在编辑栏中输入公式：

`=COUNTIF(D2:D16,">90")`

❷ 按 Enter 键即可统计出 D2:D16 单元格区域中成绩大于 90 分的条目数，如图 9-49 所示。

图 9-49

【公式解析】

用于数据判断的区域　　判断条件，是一个判断表达式

=COUNTIF(D2:D16,">90")

3. COUNTIFS（统计同时满足多个条件的单元格的个数）

【函数功能】COUNTIFS 函数计算某个区域中满足多重条件的单元格数目。

【函数语法】COUNTIFS(criteria_range1,criteria1,[criteria_range2,criteria2],…)

- criteria_range1：必需。在其中计算关联条件的第一个区域。
- criteria1：必需。条件的形式为数字、表达式、单元格引用或文本，它定义了要计数的单元格范围。
- criteria_range2, criteria2, ...：可选。附加的区域及其关联条件。最多允许 127 个区域/条件对。

【用法解析】

参数的设置与 COUNTIF 函数的要求一样，只是 COUNTIFS 可以进行多层条件判断，依次按“条件 1 区域，条件 1，条件 2 区域，条件 2”的顺序写入参数即可

=COUNTIFS(❶条件 1 区域,条件 1,❷条件 2 区域,条件 2……)

例 1：统计指定部门销量达标人数

表格中分部门对每位销售人员的季度销量进行了统计，现在需要统计出指定部门销量达标的人数。例如统计出“一部”季销量大于 300 件（约定大于 300 件为达标）的人数。

扫一扫，看视频

❶ 选中 E2 单元格，在编辑栏中输入公式：

```
=COUNTIFS(B2:B11,"一部",C2:C11,">300")
```

❷ 按 Enter 键即可统计出既满足“一部”条件又满足“>300”条件的记录条数，如图 9-50 所示。

E2　=COUNTIFS(B2:B11,"一部",C2:C11,">300")

	A	B	C	D	E	F
1	员工姓名	部门	季销量		一部销量达标的人数	
2	卢忍	一部	234		4	
3	许燕	一部	352			
4	代言泽	二部	226			
5	戴李园	一部	367			
6	纵岩	二部	527			
7	乔华彬	二部	109			
8	薛慧娟	一部	446			
9	葛俊媛	一部	305			
10	章玉红	二部	537			
11	王丽萍	一部	190			

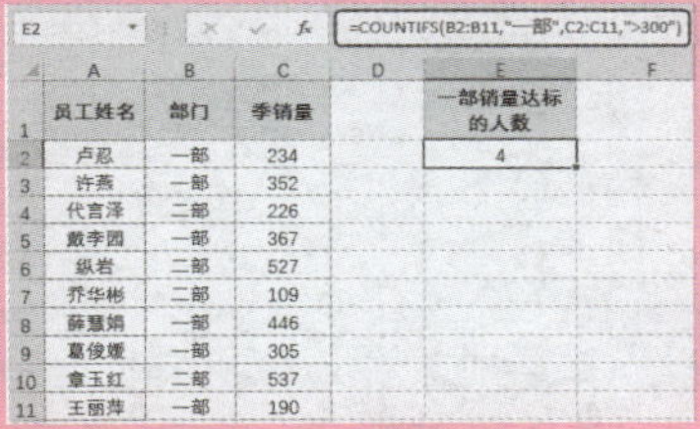

图 9-50

【公式解析】

第一个条件判断区域与判断条件　　　第二个条件判断区域与判断条件

=COUNTIFS(B2:B11,"一部",C2:C11,">300")

例2：统计指定职位男、女应聘人数

扫一扫，看视频

表格中统计了公司最近一段时间的职位应聘初试数据，要求按不同的性别统计各个职位的应聘总人数。

❶ 选中 I2 单元格，在编辑栏中输入公式：

=COUNTIFS($D$2:$D$17,H2,$B$2:$B$17,"男")

按 Enter 键即可统计出"仓管"的男性应聘总人数，如图 9-51 所示。

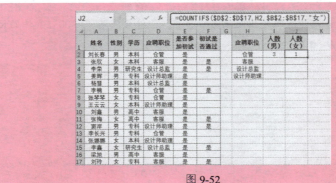

图 9-51

❷ 选中 J2 单元格，在编辑栏中输入公式：

=COUNTIFS($D$2:$D$17,H2,$B$2:$B$17,"女")

按 Enter 键即可统计出"仓管"的女性应聘总人数，如图 9-52 所示。

图 9-52

❸ 将 I2、J2 单元格的公式向下复制即可得到各应聘职位的男性和女性总人数，如图 9-53 所示。

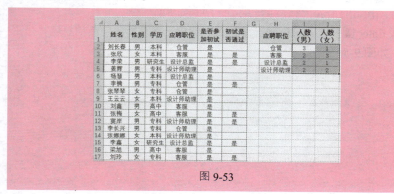

图 9-53

【公式解析】

第一个条件判断区域与判断条件　　第二个条件判断区域与判断条件

=COUNTIFS($D$2:$D$17,H2,$B$2:$B$17,"男")

4. COUNTBLANK（计算空白单元格的数目）

【函数功能】COUNTBLANK 函数计算某个单元格区域中空白单元格的数目。

【函数语法】COUNTBLANK(range)

range：必需。表示为需要计算其中空白单元格数目的区域。

【用法解析】

即使单元格中含有公式返回的空值（使用公式 "=" " " 就会返回空值），该单元格也会计算在内，但包含零值的单元格不计算在内

=COUNTBLANK(A2:A10)

COUNTBLANK 与 COUNTA 的区别是，COUNTA 统计除空值外的所有值的个数，而 COUNTBLANK 是统计空单元格的个数

例：检查应聘者填写信息是否完善

在制作应聘人员信息汇总表的过程中，由于统计时出现缺漏，有些数据未能完整填写，此时需要对各条信息进行检测，

扫一扫，看视频

如果有缺漏就显示“未完善”。

❶ 选中 I2 单元格，在编辑栏中输入公式：

```
=IF(COUNTBLANK(A2:H2)=0,"","未完善")
```

按 Enter 键根据 A2:H2 单元格是否有空单元格来变向判断信息填写是否完善，如图 9-54 所示。

I2 =IF(COUNTBLANK(A2:H2)=0,"","未完善")

	A	B	C	D	E	F	G	H	I
1	员工姓名	性别	年龄	学历	招聘渠道	招聘编号	应聘岗位	初试时间	是否完善
2	陈波	女	21	专科	招聘网站		销售专员	2023/12/13	未完善
3	刘文水	男	26	本科	现场招聘	R0050	销售专员	2023/12/13	
4	郝志文	男	27	高中	现场招聘	R0050	销售专员	2023/12/14	
5	徐瑶瑶	女	33	本科		R0050	销售专员	2023/12/14	
6	个梦玲	女	33	本科	校园招聘	R0001	客服	2024/1/5	
7	崔大志	男	32		校园招聘	R0001	客服	2024/1/5	

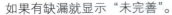

图 9-54

❷ 向下复制 I2 单元格的公式可得出批量判断结果，如图 9-55 所示。

	A	B	C	D	E	F	G	H	I
1	员工姓名	性别	年龄	学历	招聘渠道	招聘编号	应聘岗位	初试时间	是否完善
2	陈波	女	21	专科	招聘网站		销售专员	2023/12/13	未完善
3	刘文水	男	26	本科	现场招聘	R0050	销售专员	2023/12/13	
4	郝志文	男	27	高中	现场招聘	R0050	销售专员	2023/12/14	
5	徐瑶瑶	女	33	本科		R0050	销售专员	2023/12/14	未完善
6	个梦玲	女	33	本科	校园招聘	R0001	客服	2024/1/5	
7	崔大志	男	32		校园招聘	R0001	客服	2024/1/5	未完善
8	方刚名	男	27	专科	校园招聘	R0001	客服	2024/1/5	
9	刘楠楠	女	21	本科	招聘网站	R0002	助理	2024/2/15	
10	张宇		28	本科	招聘网站	R0002		2024/2/15	未完善
11	李想	男	31	硕士	猎头招聘	R0003	研究员	2024/3/8	
12	林成洁	女	29	本科	猎头招聘	R0003	研究员	2024/3/9	

图 9-55

【公式解析】

①统计 A2:H2 单元格区域中空值的数量

=IF(COUNTBLANK(A2:H2)=0,"","未完善")

②如果①的结果等于 0 表示没有空单元格，返回空值；如果①的结果不等于 0 表示有空单元格，返回“未完善”

第10章 文本函数

10.1 字符查找与提取

查找字符在字符串中的位置一般用于辅助数据提取，需要先准确判断字符的具体位置，再实现准确提取。而此类函数通常需要搭配文本提取函数。

提取文本是指从文本字符串中提取部分文本。例如，可以用 LEFT 函数从左侧提取；使用 RIGHT 函数从右侧提取，使用 MID 函数从任意指定位置提取等。无论哪种方式的提取，如果要实现批量提取，都要找寻字符串中的相关规律，从而精确地提取有用数据。

1. FIND（查找指定字符在字符串中的位置）

【函数功能】函数 FIND 用于查找指定字符串在另一个字符串中第一次出现的位置。函数总是从指定位置开始，返回找到的第一个匹配字符串的位置，而不管其后是否还有相匹配的字符串。

【函数语法】FIND(find_text, within_text, [start_num])

- find_text：必需。要查找的文本。
- within_text：必需。包含要查找文本的文本。
- start_num：可选。指定要从哪个位置开始搜索。

【用法解析】

$$=FIND("打印机",A1,5)$$

在 A1 单元格中查找"打印机"，并返回其在 A1 单元格中的起始位置。如果在文本中找不到结果，返回#VALUE!错误值

可以用这个参数指定从哪个位置开始查找。一般会省略，省略时表示从头开始查找

例1：找出指定文本所在位置

FIND 函数用于返回一个字符串在另一个字符串中的起始位置，下面需要提取":"的字符位置。

❶ 选中 C2 单元格，在编辑栏中输入公式：

扫一扫，看视频

```
=FIND(":",A2)
```

按 Enter 键即可返回 A2 单元格中 ":" 的起始位置，如图 10-1 所示。

❷ 将 C2 单元格的公式向下填充，即可依次返回 A 列各单元格字符串中 ":" 的起始位置，如图 10-2 所示。

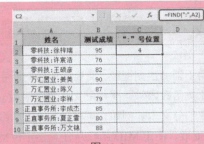

图 10-1   图 10-2

例 2：提取指定位置的字符（配合文本提取函数）

扫一扫，看视频

FIND 函数用于返回一个字符串在另一个字符串中的起始位置，但只返回位置并不能辅助对文本进行整理或格式修正，因此更多的时候查找位置是为了辅助文本提取。例如，要从例 1 "姓名" 列中提取姓名，由于姓名的字符个数不确定，所以无法直接使用 LEFT 函数从左侧开始提取，可以同时使用 LEFT 与 FIND 函数结合提取。

❶ 选中 C2 单元格，在编辑栏中输入公式：

```
=LEFT(A2,FIND(":",A2)-1)
```

按 Enter 键即可从 A2 单元格中提取姓名，如图 10-3 所示。

❷ 将 C2 单元格的公式向下填充，即可一次性从 A 列提取其他姓名，如图 10-4 所示。

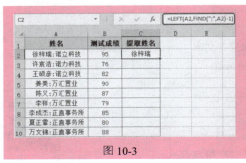

图 10-3   图 10-4

【公式解析】

LEFT 函数用于返回从文本左侧	①返回 ":" 号在 A2 单元格
开始指定个数的字符	中的位置

$$=LEFT(A2,FIND(":",A2)-1)$$

②从 A2 单元格中字符串的最左侧开始提取,提取的字符数是①返回结果减 1。因为①返回结果是 ":" 号的位置,而要提取的数目是 ":" 号前的字符,所以进行减 1 处理

例 3:查找位置是为了辅助提取(从产品名称中提取规格)

图 10-5 所示的表格中,"产品名称"列中包含规格信息,要求从产品名称中提取规格数据。产品的规格虽然都位于右侧,但其字符数并不一样,如"200g"是 4 个字符、"3p"是两个字符,因此也无法直接使用 RIGHT 函数从右侧开始提取字符。

扫一扫,看视频

	A	B
1	产品编码	产品名称
2	VOa001	VOV*绿茶面膜-200g
3	VOa002	VOV*樱花面膜-200g
4	BO11213	碧欧泉*矿泉爽肤水-100ml
5	BO11214	碧欧泉*美白防晒霜-30g
6	BO11215	碧欧泉*美白面膜-3p
7	HO201312	水之印*美白乳液-100g
8	HO201313	水之印*美白隔离霜-20g
9	HO201314	水之印*绝配无瑕粉底-15g

图 10-5

❶ 选中 C2 单元格,在编辑栏中输入公式:

`=RIGHT(B2,LEN(B2)-FIND("-",B2))`

按 Enter 键即可从 B2 单元格中提取规格,如图 10-6 所示。

❷ 将 C2 单元格的公式向下填充,即可一次性从 B 列中提取规格,如图 10-7 所示。

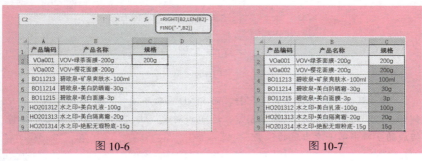

图 10-6   图 10-7

【公式解析】

RIGHT 函数用于返回从文本右侧开始指定个数的字符　①统计 B2 单元格中字符串的长度

$$=RIGHT(B2,LEN(B2)-FIND("-",B2))$$

③从 B2 单元格的右侧开始提取,提取字符数为①减去②的值　②在 B2 单元格中返回"-"的位置。①减去②的值作为 RIGHT 函数的第 2 个参数

2. SEARCH(查找字符串的起始位置)

【函数功能】SEARCH 函数返回指定的字符串在原始字符串中首次出现的位置,从左到右查找,忽略英文字母的大小写。

【函数语法】SEARCH(find_text,within_text,[start_num])

- find_text:必需。要查找的文本。
- within_text:必需。要在其中搜索 find_text 参数的值的文本。
- start_num:可选。指定在 within_text 参数中从哪个位置开始搜索。

【用法解析】

$$=SEARCH("VO",A1)$$

在 A1 单元格中查找"VO",并返回其在 A1 单元格中的起始位置。如果在文本中找不到结果,返回#VALUE!错误值

🔊 注意:

SEARCH 和 FIND 函数的区别主要有以下两点。

(1)FIND 函数区分大小写,而 SEARCH 函数则不区分(如图 10-8 所示)。

	A	B	C
1	文本	使用公式	返回值
2	JINAN:徐梓瑞	=SEARCH("n",A2)	3
3		=FIND("n",A2)	#VALUE!

查找的是小写的"n",SEARCH 函数不区分,FIND 函数区分,所以找不到

图 10-8

(2)SEARCH 函数支持通配符,而 FIND 函数不支持(如图 10-9 所示)。例如公式"=SEARCH("VO?",A2)",返回的则是以由"VO"开头的三个字符组成的字符串第一次出现的位置。

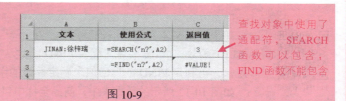

图 10-9

3. LEFT（按指定字符数从最左侧提取字符串）

【函数功能】LEFT 函数用于从字符串左侧开始提取指定个数的字符。

【函数语法】LEFT(text, [num_chars])

- text：必需。包含要提取字符的文本字符串。
- num_chars：可选。指定要提取字符的数量。

【用法解析】

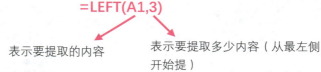

=LEFT(A1,3)

表示要提取的内容　　　表示要提取多少内容（从最左侧开始提）

例 1：提取分部名称

如果要提取的字符串在左侧，并且要提取的字符宽度一致，可以直接使用 LEFT 函数提取。例如图 10-10 表格中要从 B 列中提取分部名称。

扫一扫，看视频

❶ 选中 D2 单元格，在编辑栏中输入公式：

```
=LEFT(B2,5)
```

按 Enter 键，可提取 B2 单元格中字符串的前 5 个字符，如图 10-10 所示。

❷ 将 D2 单元格的公式向下复制，可以实现批量提取，如图 10-11 所示。

图 10-10

图 10-11

例 2：从商品全称中提取产地

扫一扫，看视频

如果要从文本左侧提取的字符串长度不一，则无法直接使用 LEFT 函数提取，需要首先配合 FIND 函数从字符串中找到统一规律，再利用 FIND 的返回值来确定提取的字符串长度。

如图 10-12 所示的数据表中，商品全称中包含有产地信息，但产地名称有 2 个字也有 3 个字，可首先利用 FIND 函数找到"产"字的字符位置，然后将此值作为 LEFT 函数的第 2 个参数，从左侧提取完整的产地名称。

❶ 选中 D2 单元格，在编辑栏中输入公式：

```
= LEFT(B2,FIND("产",B2)-1)
```

按 Enter 键，可提取 B2 单元格中字符串中"产"字前的字符，如图 10-13 所示。

❷ 将 D2 单元格的公式向下复制，可以实现批量提取。

商品编码	商品全称	库存数量
TM0241	印度产紫檀	15
HHL0475	海南产黄花梨	25
HHT02453	东非产黑黄檀	10
HHT02476	巴西产黑黄檀	17
HT02491	南美洲产黄檀	15
YDM0342	非洲产崖豆木	26
WM0014	菲律宾产乌木	24

图 10-12

D2 ▸ fx =LEFT(B2,FIND("产",B2)-1)

商品编码	商品全称	库存数量	产地
TM0241	印度产紫檀	15	印度
HHL0475	海南产黄花梨	25	
HHT02453	东非产黑黄檀	10	
HHT02476	巴西产黑黄檀	17	
HT02491	南美洲产黄檀	15	
YDM0342	非洲产崖豆木	26	
WM0014	菲律宾产乌木	24	

图 10-13

【公式解析】

①返回"产"字在 B2 单元格中的位置，然后进行减 1 处理。因为要提取的字符串是"产"字之前的所有字符串，因此要进行减 1 处理

=LEFT(B2,FIND("产",B2)-1)

②从 B2 单元格中字符串的最左侧开始提取，提取的字符数是①返回结果

例 3：根据商品的名称进行一次性调价

扫一扫，看视频

表格中统计了某公司各种产品的价格，需要将打印机的价格都上调 200 元，其他产品统一上调 100 元。

❶ 选中 D2 单元格，在编辑栏中输入公式：

```
=IF(LEFT(A2,3)="打印机",C2+200,C2+100)
```

按 Enter 键，即可判断 A1 单元格中的产品名称是否为打印机，然后按指定规则进行调价，如图 10-14 所示。

❷ 将 D2 单元格的公式向下复制，可以实现批量判断并进行调价，如图 10-15 所示。

图 10-14　　　　　　　　　　图 10-15

【公式解析】

①从 A2 单元格的左侧提取，共提取 3 个字符

=IF(LEFT(A2,3)="打印机",C2+200,C2+100)

②如果①返回结果是 TRUE，返回"C2+200"；否则返回"C2+100"

4．RIGHT（按指定字符数从最右侧提取字符串）

【函数功能】RIGHT 函数用于从字符串右侧开始提取指定个数的字符。

【函数语法】RIGHT(text,[num_chars])

● 　text：必需。包含要提取字符的文本字符串。

● 　num_chars：可选。指定要提取字符的数量。

【用法解析】

=RIGHT(A1,3)

表示要提取的内容　　　表示要提取多少内容（从右侧开始）

例：从文字与金额合并显示的字符串中提取金额数据

图 10-16 中要提取的字符串虽然是从最右侧开始，但长度不一，则无法直接使用 RIGHT 函数提取，此时需要配合其他的函数来确定要提取的字符长度。

❶ 选中 D2 单元格，在编辑栏中输入公式：

`=B2+RIGHT(C2,LEN(C2)-5)`

按 Enter 键，可提取 C2 单元格中金额数据（金额的字符长度不同），并加上配送费计算出总费用，如图 10-16 所示。

❷ 然后将 D2 单元格的公式向下复制，可以实现批量计算，如图 10-17 所示。

图 10-16 图 10-17

【公式解析】

①求取 C2 单元格中字符串的总长度，减 5 处理是因为"燃油附加费"共 5 个字符，减去后的值为去除"燃油附加费"文字后剩下的字符数

$$=B2+RIGHT(C2,\underline{LEN(C2)-5})$$

②从 C2 单元格中字符串的最右侧开始提取，提取的字符数是①返回结果

5. MID（从任意位置提取指定字符数的字符）

【函数功能】MID 函数用于从一个字符串中按指定位置开始，提取指定字符数的字符串。

【函数语法】MID(text, start_num, num_chars)

- text：必需。包含要提取字符的文本字符串。
- start_num：必需。文本中要提取的第一个字符的位置。文本中第一个字符的 start_num 为 1，以此类推。
- num_chars：必需。指定希望返回字符的个数。

【用法解析】

=MID(❶在哪里提取,❷指定提取位置,❸提取的字符数量)

MID 函数的应用范围比 LEFT 和 RIGHT 函数要大，它可从任意位置开始提取，并且通常也会嵌套 LEN、FIND 函数辅助提取

例 1：从产品名称中提取货号

如果要提取的字符串在原字符串中起始位置相同，且想提取的长度也相同，可以直接使用 MID 函数进行提取。如图 10-18 所示的数据表，"产品名称"列中从第 2 位开始的共 10 位数字表示货号，想将货号提取出来，操作如下。

▲	A	B	C
1	产品名称	品牌	库存数量
2	W2022030119-JT	伊·堂	305
3	D2022030702-TY	美·宜	158
4	Q2022031003-UR	兰·馨	298
5	Y2022031456-GF	伊·堂	105
6	R2022031894-BP	兰·馨	164
7	X2022032135-JA	伊·堂	209
8	N2022032617-VD	美·宜	233

图 10-18

❶ 选中 A2 单元格，在编辑栏中输入公式：

`=MID(B2,2,10)`

按 Enter 键，可从 B2 单元格字符串的第 2 位开始提取，共提取 10 个字符，如图 10-19 所示。

❷ 然后将 A2 单元格的公式向下复制，可以实现批量提取，如图 10-20 所示。

A2		× ✓ fx	=MID(B2,2,10)	
▲	A	B	C	D
1	货号	产品名称	品牌	库存数量
2	2022030119	W2022030119-JT	伊·堂	305
3		D2022030702-TY	美·宜	158
4		Q2022031003-UR	兰·馨	298
5		Y2022031456-GF	伊·堂	105
6		R2022031894-BP	兰·馨	164
7		X2022032135-JA	伊·堂	209
8		N2022032617-VD	美·宜	233

图 10-19

▲	A	B	C
1	货号	产品名称	品牌
2	2022030119	W2022030119-JT	伊·堂
3	2022030702	D2022030702-TY	美·宜
4	2022031003	Q2022031003-UR	兰·馨
5	2022031456	Y2022031456-GF	伊·堂
6	2022031894	R2022031894-BP	伊·堂
7	2022032135	X2022032135-JA	伊·堂
8	2022032617	N2022032617-VD	美·宜

图 10-20

例 2：提取括号内的字符串

如果要提取的字符串在原字符串中起始位置不固定，则无法直接使用 MID 函数直接提取。如图 10-21 所示的数据表中，要提取公司名称中括号内的文本（括号位置不固定），可以利用 FIND 函数先查找"（"的字符位置，然后将此值作为 MID 函数的第 2 个参数。

图 10-21

❶ 选中 C2 单元格，在编辑栏中输入公式：

`=MID(A2,FIND(" ( ",A2)+1,2)`

按 Enter 键，可提取 A2 单元格字符串中括号内的字符，如图 10-22 所示。

❷ 然后将 C2 单元格的公式向下复制，可以实现批量提取，如图 10-23 所示。

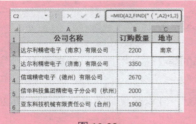

图 10-22　　　　　　　　　　图 10-23

【公式解析】

①返回"("在 A2 单元格中的位置，然后进行加 1 处理。因为要提取的字符串起始位置在"("之后，因此要进行加 1 处理

$$=MID(A2,FIND("(",A2)+1,2)$$

②从 A2 单元格中字符串的①返回值为起始，共提取两个字符

10.2　字符替换与格式转换

替换指定文本是指使用新文本替换旧文本，使用这类函数的目的是可以实现数据的批量更改。但要真正实现找寻数据规律实现批量更改，很多时候都需要配合多个函数来确定替换位置。下面通过 REPLACE 和 SUBSTITUTE

函数介绍文本的替换设置技巧。

文本格式转换函数用于更改文本字符串的显示方式，如显示$格式、英文字符大小写转换、全半角转换等。最常用的是 TEXT 函数，它可以通过设置数字格式改变其显示外观，还有 VALUE、UPPER 等转换格式的函数。

1. REPLACE（用指定的字符和字符数替换文本字符串中的部分文本）

【函数功能】REPLACE 函数使用其他文本字符串并根据所指定的字符数替换某文本字符串中的部分文本。

【函数语法】REPLACE(old_text, start_num, num_chars, new_text)

- old_text：必需。要替换其部分字符的文本。
- start_num：必需。要用 new_text 替换的 old_text 中字符的位置。
- num_chars：必需。希望使用 new_text 替换 old_text 中字符的个数。
- new_text：必需。将用于替换 old_text 中字符的文本。

【用法解析】

=REPLACE（❶要替换的字符串，❷开始位置，❸替换个数，❹新文本）

> 如果是文本，要加上引号。此参数可以只保留前面的逗号，后面保持空白不设置，其意义是用空白来替换旧文本

例：对产品名称批量更改

扫一扫，看视频

本例中需要将"产品名称"中的"水*印"文本都替换为"水*映"，可以使用 REPLACE 函数一次性替换。

❶ 选中 C2 单元格，在编辑栏中输入公式：

`=REPLACE(B2,1,3,"水*映")`

按 Enter 键，可提取 B2 单元格中指定位置处的字符替换为指定的新字符，如图 10-24 所示。

❷ 然后将 C2 单元格的公式向下复制，可以实现批量替换，如图 10-25 所示。

C2		fx	=REPLACE(B2,1,3,"水*映")	
	A	B	C	
1	产品编码	产品名称	更名	
2	HO201312	水*印矿泉爽肤水 100ml	水*映矿泉爽肤水 100ml	
3	HO201313	水*印美白防晒霜 30g		
4	HO201314	水*印美白面膜 3p		
5	HO201315	水*印美白乳液 100g		
6	HO201316	水*印美白隔离霜 20g		
7	HO201317	水*印无瑕粉底 15g		

图 10-24

	A	B	C
1	产品编码	产品名称	更名
2	HO201312	水*印矿泉爽肤水 100ml	水*映矿泉爽肤水 100ml
3	HO201313	水*印美白防晒霜 30g	水*映美白防晒霜 30g
4	HO201314	水*印美白面膜 3p	水*映美白面膜 3p
5	HO201315	水*印美白乳液 100g	水*映美白乳液 100g
6	HO201316	水*印美白隔离霜 20g	水*映美白隔离霜 20g
7	HO201317	水*印无瑕粉底 15g	水*映无瑕粉底 15g

图 10-25

【公式解析】

=REPLACE(B2,1,3,"水*映")

使用新文本"水*映"替换 B2 单元格中第 1 个字符开始的 3 个字符

2. SUBSTITUTE（替换旧文本）

【函数功能】SUBSTITUTE 函数用于在文本字符串中用指定的新文本替代旧文本。

【函数语法】SUBSTITUTE(text, old_text,new_text,[instance_num])

- text：必需。表示需要替换其中字符的文本，或对含有文本的单元格的引用。
- old_text：必需。表示需要替换的旧文本。
- new_text：必需。用于替换 old_text 的新文本。
- instance_num：可选。用来指定要以 new_text 替换第几次出现的old_text。

【用法解析】

=SUBSTITUTE（❶要替换的文本，❷旧文本，❸新文本，❹第 N 个旧文本）

可选。如果省略，会将 text 中出现的每一处 old_text 都更改为 new_text。如果指定了，则只有指定的第几次出现的 old_text 才被替换

例 1：快速批量删除文本中的多余空格

如果由于数据输入不规范或是从其他地方复制过来的文本而导致出现多余空格，可以通过 SUBSTITUTE 函数一次性删除空格。

扫一扫，看视频

❶ 选中 B2 单元格，在编辑栏中输入公式：

```
=SUBSTITUTE(A2," ","")
```

按 Enter 键，即可得到删除 A2 单元格中空格后的数据，如图 10-26 所示。

❷ 然后将 B2 单元格的公式向下复制，可以实现批量删除空单元格，如图 10-27 所示。

图 10-26 图 10-27

【公式解析】

=SUBSTITUTE(A2," ","")

第 1 个双引号中有一个空格，第 2 个双引号中无空格，即用无空格替换空格，以达到删除空格的目的

📢 注意：

如果需要在某一文本字符串中替换指定位置处的任意文本，使用 REPLACE 函数。如果需要在某一文本字符串中替换指定的文本，使用 UBSTITUTE 函数。因此是按位置还是按指定字符替换，这是 REPLACE 函数与 SUBSTITUTE 函数的区别。

例 2：根据报名学员统计人数

已知表格中统计了各个课程报名的学员姓名，下面需要在这种统计方式下将每项课程的实际报名总人数统计出来。

扫一扫，看视频

❶ 选中 D2 单元格，在编辑栏中输入公式：

`=LEN(C2)-LEN(SUBSTITUTE(C2,",",""))+1`

按 Enter 键，即可统计出 C2 单元格中学员人数，如图 10-28 所示。

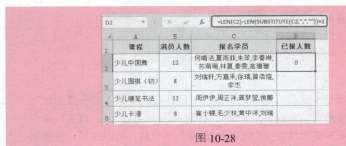

图 10-28

❷ 然后将 D2 单元格的公式向下复制，可以实现对其他课程人数的统计，如图 10-29 所示。

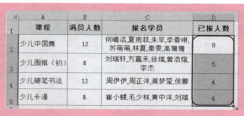

图 10-29

【公式解析】

①统计 C2 单元格中字符串的长度　　②将 C2 单元格中的逗号替换为空

$$=LEN(C2)-LEN(SUBSTITUTE(C2,",",""))+1$$

③统计取消了逗号后 C2 单元格中字符串的长度

④将①总字符串的长度减去③的统计结果，得到的就是逗号数量，逗号数量加 1 为姓名的数量

3. TEXT（设置数字格式并将其转换为文本）

【函数功能】 TEXT 函数是将数值转换为按指定数字格式表示的文本。

【函数语法】 TEXT(value,format_text)

- value：必需。表示数值、计算结果为数字值的公式或对包含数值的单元格的引用。
- format_text：必需。是作为用引号括起的文本字符串的数字格式。format_text 不能包含星号（＊）。

【用法解析】

=TEXT（❶数据，❷想更改为的文本格式）

第 2 个参数是格式代码，用来指示 TEXT 函数应该将第 1 个参数的数据更改成哪种形式。多数自定义格式的代码都可以直接用在 TEXT 函数中。如果不知道怎样给 TEXT 函数设置格式代码，可以打开"设置单元格格式"对话框，在"分类"列表框中选择"自定义"，在"类型"列表框中参考 Excel 2021 已经准备好的各种常用自定义数字格式代码，如图 10-30 所示。

图 10-30

如图 10-31 所示，使用公式 "=TEXT(A2,"0 年 00 月 00 日")" 可以将 A2 单元格的数据转换为 C3 单元格的样式。

	A	B	C
1	数据	公式	转换后数据
2	20221110	=TEXT(A2,"0年00月00日")	2022年11月10日

图 10-31

如图 10-32 所示，使用公式 "=TEXT(A2,"上午/下午 h 时 mm 分")" 可以将 A 列中单元格的数据转换为 C 列中对应的样式。

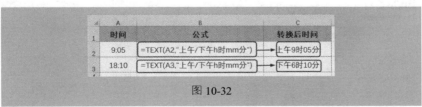

	A	B	C
1	时间	公式	转换后时间
2	9:05	=TEXT(A2,"上午/下午h时mm分")	→ 上午9时05分
3	18:10	=TEXT(A3,"上午/下午h时mm分")	→ 下午6时10分

图 10-32

例 1：返回值班日期对应的星期数

本例表格为员工值班表，显示了每位员工的值班日期，下面需要根据日期显示出其对应的星期数，方便了解是工作日还是周末值班。

扫一扫，看视频

❶ 选中 B2 单元格，在编辑栏中输入公式：

```
=TEXT(A2,"AAAA")
```

按 Enter 键即可返回 A2 单元格中日期对应的星期数，如图 10-33 所示。

❷ 将 B2 单元格的公式向下复制，可以实现一次性返回各值班日期对应的星期数，如图 10-34 所示。

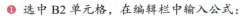

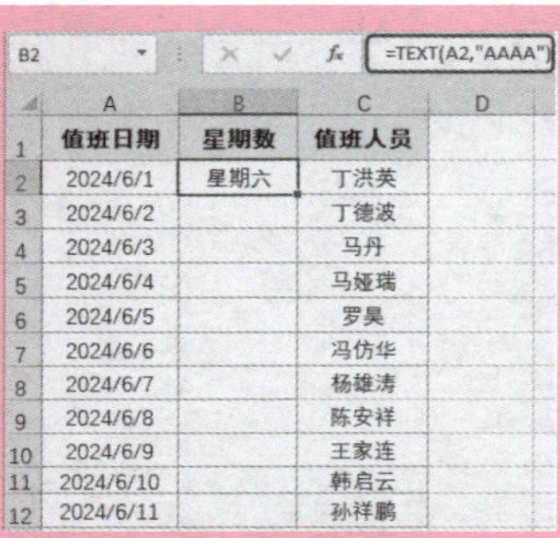

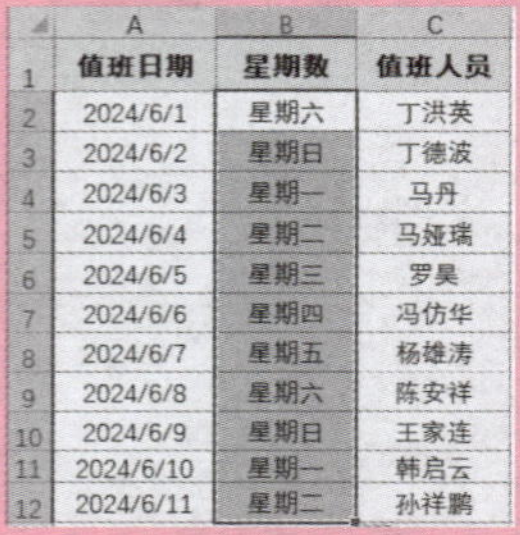

	A	B	C	D
1	值班日期	星期数	值班人员	
2	2024/6/1	星期六	丁洪英	
3	2024/6/2		丁德波	
4	2024/6/3		马丹	
5	2024/6/4		马娅瑞	
6	2024/6/5		罗昊	
7	2024/6/6		冯仿华	
8	2024/6/7		杨雄涛	
9	2024/6/8		陈安祥	
10	2024/6/9		王家连	
11	2024/6/10		韩启云	
12	2024/6/11		孙祥鹏	

图 10-33

	A	B	C
1	值班日期	星期数	值班人员
2	2024/6/1	星期六	丁洪英
3	2024/6/2	星期日	丁德波
4	2024/6/3	星期一	马丹
5	2024/6/4	星期二	马娅瑞
6	2024/6/5	星期三	罗昊
7	2024/6/6	星期四	冯仿华
8	2024/6/7	星期五	杨雄涛
9	2024/6/8	星期六	陈安祥
10	2024/6/9	星期日	王家连
11	2024/6/10	星期一	韩启云
12	2024/6/11	星期二	孙祥鹏

图 10-34

【公式解析】

=TEXT(A2,"AAAA")

中文星期对应的格式编码

例 2：计算加班时长并显示为“*时*分”形式

扫一扫，看视频

在计算时间差值时，默认会得到如图 10-35 所示的效果。如果想让计算结果显示为“*小时*分”的形式，则可以使用 TEXT 函数来设置公式，具体操作步骤如下。

	A	B	C	D	E
1	姓名	部门	签到时间	签退时间	加班时长
2	张佳佳	财务部	18:58:01	20:35:19	1:37:18
3	周传明	企划部	18:15:03	20:15:00	
4	陈秀月	财务部	19:23:17	21:27:19	
5	杨世奇	后勤部	18:34:14	21:34:12	

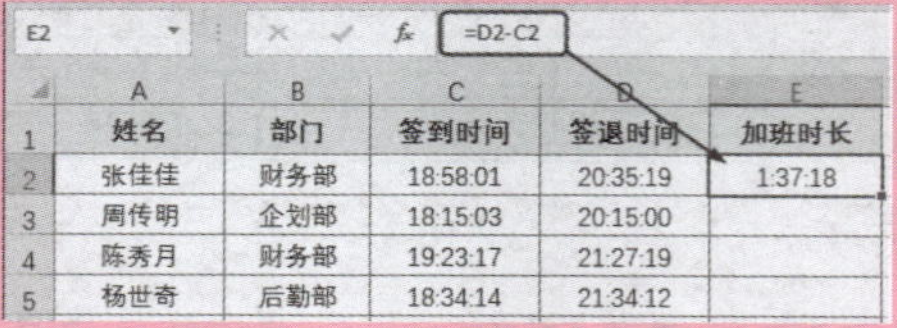

图 10-35

❶ 选中 E2 单元格，在编辑栏中输入公式：

```
=TEXT(D2-C2,"h小时m分")
```

按 Enter 键即可将 "D2-C2" 的值转换为 "*小时*分" 的形式，如图 10-36 所示。

	A	B	C	D	E
	姓名	部门	签到时间	签退时间	加班时长
2	张佳佳	财务部	18:58:01	20:35:19	1小时37分
3	周传明	企划部	18:15:03	20:15:00	
4	陈秀月	财务部	19:23:17	21:27:19	
5	杨世奇	后勤部	18:34:14	21:34:12	
6	袁晓宇	企划部	18:50:26	20:21:18	

E2 单元格 fx =TEXT(D2-C2,"h小时m分")

图 10-36

❷ 将 E2 单元格的公式向下复制，可以实现其他时间数据的计算并转换为 "*小时*分" 的形式，如图 10-37 所示。

	A	B	C	D	E
	姓名	部门	签到时间	签退时间	加班时长
2	张佳佳	财务部	18:58:01	20:35:19	1小时37分
3	周传明	企划部	18:15:03	20:15:00	1小时59分
4	陈秀月	财务部	19:23:17	21:27:19	2小时4分
5	杨世奇	后勤部	18:34:14	21:34:12	2小时59分
6	袁晓宇	企划部	18:50:26	20:21:18	1小时30分
7	夏甜甜	后勤部	18:47:21	21:27:09	2小时39分
8	吴晶晶	财务部	19:18:29	22:31:28	3小时12分
9	蔡天放	财务部	18:29:58	19:23:20	0小时53分
10	朱小琴	后勤部	18:41:31	20:14:06	1小时32分
11	袁庆元	企划部	18:52:36	21:29:10	2小时36分

图 10-37

【公式解析】

=TEXT(D2-C2,"h 小时 m 分")

计算时间差值 ← → 指定要显示的时间格式

例 3：解决日期计算返回日期序列号问题

在进行日期数据的计算时，默认会显示为日期对应的序列号值，如图 10-38 所示。常规的处理办法，需要重新设置单元格的格式为日期格式才能正确显示出标准日期。

扫一扫，看视频

	A	B	C	D	E
	产品编码	产品名称	生产日期	保质期（月）	到期日期
2	WQQI98-JT	保湿水	2022/1/18	30	45491
3	DHIA02-TY	保湿面霜	2024/1/24	18	
4	QWP03-UR	美白面膜	2023/2/9	12	

E2 单元格 fx =EDATE(C2,D2)

图 10-38

除此之外可以使用 TEXT 函数将计算结果一次性转换为标准日期，即得到如图 10-39 所示 E 列中的数据。

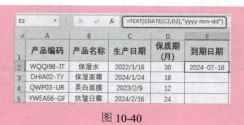

	A	B	C	D	E
1	产品编码	产品名称	生产日期	保质期(月)	到期日期
2	WQQI98-JT	保湿水	2022/1/18	30	2024-07-18
3	DHIA02-TY	保湿面霜	2024/1/24	18	2025-07-24
4	QWP03-UR	美白面膜	2023/2/9	12	2024-02-09
5	YWEA56-GF	抗皱日霜	2024/2/16	24	2026-02-16
6	RYIW94-BP	抗皱晚霜	2024/2/23	6	2024-08-23
7	XCHD35-JA	保湿洁面乳	2024/3/4	18	2025-09-04
8	NCIS17-VD	美白乳液	2022/12/10	36	2025-12-10

图 10-39

❶ 选中 E2 单元格，在编辑栏中输入公式：

`=TEXT(EDATE(C2,D2),"yyyy-mm-dd")`

按 Enter 键，即可进行日期计算并将计算结果转换为标准日期格式，如图 10-40 所示。

E2		× ✓ fx	=TEXT(EDATE(C2,D2),"yyyy-mm-dd")		
	A	B	C	D	E
1	产品编码	产品名称	生产日期	保质期(月)	到期日期
2	WQQI98-JT	保湿水	2022/1/18	30	2024-07-18
3	DHIA02-TY	保湿面霜	2024/1/24	18	
4	QWP03-UR	美白面膜	2023/2/9	12	
5	YWEA56-GF	抗皱日霜	2024/2/16	24	

图 10-40

❷ 将 E2 单元格的公式向下复制，即可实现批量转换。

【公式解析】

=TEXT(EDATE(C2,D2),"yyyy-mm-dd")

①EDATE 函数用于计算出所指定月数之前或之后的日期。此步求出的是根据产品的生产日期与保质期（月数）计算出到期日期，但返回结果是日期序列号

②将①返回的日期序列号结果转换为标准的日期格式

扫一扫，看视频

例 4：从身份证号码中提取性别

身份证号码中包含了员工出生日期和性别信息，根据第 17 位数字的奇偶性可以判断性别，如果其是奇数（单数）则为男

性，偶数（双数）则为女性。可以通过 MID、MOD、TEXT 几个函数相配合，实现从身份证号码中提取性别信息。

❶ 选中 C2 单元格，在编辑栏中输入公式：

=TEXT(MOD(MID(B2,17,1),2),"[=1]男;[=0]女")

按 Enter 键，即可对 B2 单元格的身份证号码进行判断，并返回其对应的性别，如图 10-41 所示。

❷ 将 C2 单元格的公式向下复制即可返回批量结果，如图 10-42 所示。

	A	B	C	D
C2			fx	=TEXT(MOD(MID(B2,17,1),2),"[=1]男;[=0]女")
1	姓名	身份证号码	性别	
2	张佳佳	340123XXXXXXXX0123	女	
3	韩心怡	341123XXXXXXXX5644		
4	王淑芬	341131XXXXXXXX7091		
5	徐明明	325120XXXXXXXX7114		
6	周志清	342621XXXXXXXX7242		
7	吴恩思	317141XXXXXXXX0121		
8	夏铭博	328120XXXXXXXX0253		
9	陈新明	341231XXXXXXXX0451		

图 10-41

	A	B	C
1	姓名	身份证号码	性别
2	张佳佳	340123XXXXXXXX0123	女
3	韩心怡	341123XXXXXXXX5644	女
4	王淑芬	341131XXXXXXXX7091	男
5	徐明明	325120XXXXXXXX7114	男
6	周志清	342621XXXXXXXX7242	女
7	吴恩思	317141XXXXXXXX0121	男
8	夏铭博	328120XXXXXXXX0253	男
9	陈新明	341231XXXXXXXX0451	男

图 10-42

【公式解析】

①从 B2 单元格的第 17 位开始提取，共提取 1 位数

=TEXT(MOD(MID(B2,17,1),2),"[=1]男;[=0]女")

②判断①提取的数字是否能被 2 整除，如果能整除返回 0，不能整除的返回 1

③将②返回 1 的显示为"男"，②返回 0 的显示为"女"

4. VALUE（将文本数字转换成数值）

【函数功能】VALUE 函数是将代表数字的文本字符串转换成数字。

【函数语法】VALUE(text)

text：必需。带引号的文本或对包含要转换文本的单元格的引用。

例：将文本型数字转换为可计算的数值

在表格中计算总金额时，由于单元格的格式被设置成文本格式，从而导致总金额无法计算，如图 10-43 所示。

扫一扫，看视频

289

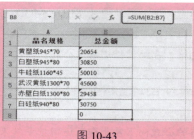

图 10-43

❶ 选中 C2 单元格，在编辑栏中输入公式：

=VALUE(B2)

按 Enter 键，然后向下复制 C2 单元格的公式即可实现将 B 列中的文本数字转换为数值数据并填入 C 列中对应的位置，如图 10-44 所示。

❷ 转换后可以看到，在 C8 单元格中使用公式进行求和运算时即可得到正确结果，如图 10-45 所示。

图 10-44   图 10-45

10.3 其他文本函数

在文本函数类型中还有几个较为常用的函数。用于统计字符串长度的 LEN 函数（常配合其他函数使用）、用于合并两个或多个文本字符串的 CONCAT 函数（旧版本中为 CONCATENATE 函数）、字符串比较函数 EXACT 函数。

1. CONCAT（合并两个或多个文本字符串）

【函数功能】自 Excel 2019 版本开始，将 CONCATENATE 函数替换为

CONCAT 函数，为了与早期版本的 Excel 兼容，CONCATENATE 函数仍然是可用的。最多可将 255 个文本字符串连接成一个文本字符串。

【函数语法】CONCAT (text1, [text2], ...)

- text1：必需。要联接的文本项。字符串或字符串数组，如单元格区域。
- text2…：可选。要联接的其他文本项。文本项最多可以有 253 个文本参数。每个参数可以是一个字符串或字符串数组，如单元格区域。

【用法解析】

=CONCAT("销售","-",B1)

连接项可以是文本、数字、单元格引用或这些项的组合。文本、符号等要使用双引号

例 1：将分散两列的数据合并为一列

表格在填写班级时没有带上“年级”信息，现在想将所有学生的班级前都补充“二”（年级）。

扫一扫，看视频

❶ 选中 E2 单元格，在编辑栏中输入公式：

```
=CONCAT("二",C2)
```

按 Enter 键即可合并得到新数据，如图 10-46 所示。

❷ 将 E2 单元格的公式向下填充，可一次性得到合并后的数据，如图 10-47 所示。

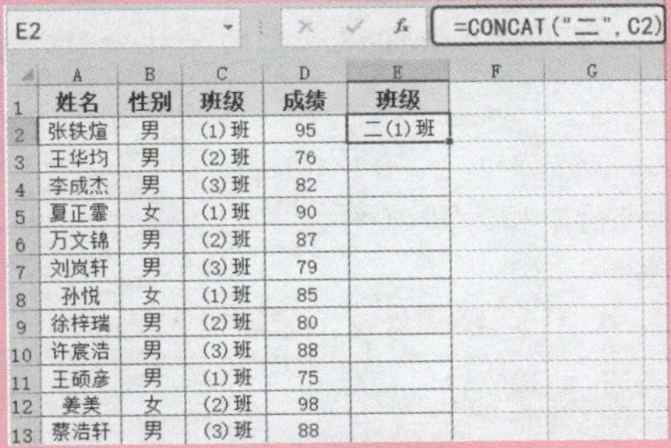

E2 =CONCAT("二",C2)

	A	B	C	D	E	F	G
1	姓名	性别	班级	成绩	班级		
2	张铁煊	男	(1)班	95	二(1)班		
3	王华均	男	(2)班	76			
4	李成杰	男	(3)班	82			
5	夏正霏	女	(1)班	90			
6	万文锦	男	(2)班	87			
7	刘岚轩	男	(3)班	79			
8	孙悦	女	(1)班	85			
9	徐梓瑞	男	(2)班	80			
10	许宸浩	男	(3)班	88			
11	王硕彦	男	(1)班	75			
12	姜美	女	(2)班	98			
13	蔡浩轩	男	(3)班	88			

图 10-46

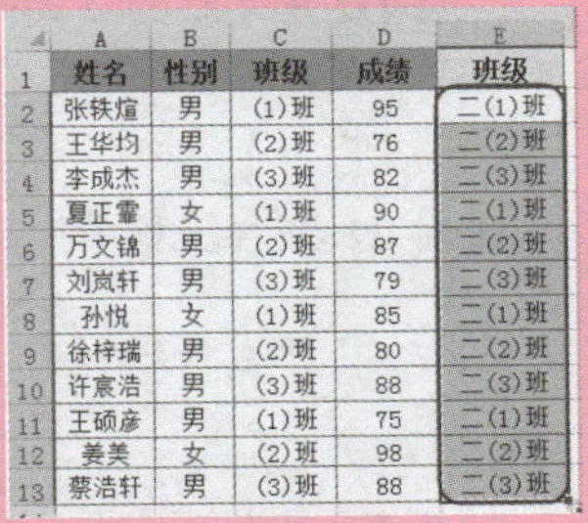

	A	B	C	D	E
1	姓名	性别	班级	成绩	班级
2	张铁煊	男	(1)班	95	二(1)班
3	王华均	男	(2)班	76	二(2)班
4	李成杰	男	(3)班	82	二(3)班
5	夏正霏	女	(1)班	90	二(1)班
6	万文锦	男	(2)班	87	二(2)班
7	刘岚轩	男	(3)班	79	二(3)班
8	孙悦	女	(1)班	85	二(1)班
9	徐梓瑞	男	(2)班	80	二(2)班
10	许宸浩	男	(3)班	88	二(3)班
11	王硕彦	男	(1)班	75	二(1)班
12	姜美	女	(2)班	98	二(2)班
13	蔡浩轩	男	(3)班	88	二(3)班

图 10-47

例 2：合并面试人员的总分数与录取情况

CONCAT 函数不仅能合并单元格引用的数据、文字等，还可以将函数的返回结果也进行连接。在图 10-48 所示的表格中，

扫一扫，看视频

可以对成绩进行判断（这里规定面试成绩和笔试成绩总和在 120 分及以上的人员即可录取），并将总分数与录取情况合并。

	A	B	C
1	姓名	面试成绩	笔试成绩
2	徐梓瑞	60	60
3	许宸浩	50	60
4	王硕彦	69	78
5	姜美	55	66
6	陈义	32	60
7	李祥	80	50

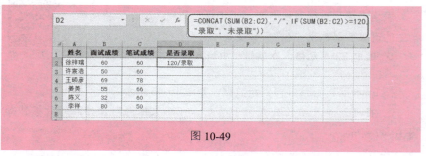

图 10-48

❶ 选中 D2 单元格，在编辑栏中输入公式：

```
=CONCAT(SUM(B2:C2),"/",IF(SUM(B2:C2)>=120,"录取"," 未录取"))
```

按 Enter 键即可得出第一位面试人员总成绩与录取结果的合并项，如图 10-49 所示。

D2 =CONCAT(SUM(B2:C2),"/",IF(SUM(B2:C2)>=120,"录取","未录取"))

	A	B	C	D
1	姓名	面试成绩	笔试成绩	是否录取
2	徐梓瑞	60	60	120/录取
3	许宸浩	50	60	
4	王硕彦	69	78	
5	姜美	55	66	
6	陈义	32	60	
7	李祥	80	50	
8				

图 10-49

❷ 将 D2 单元格的公式向下填充，即可将其他面试人员的合计分数与录取情况进行合并。

【公式解析】

①对 B2:C2 单元格中的各项成绩进行求和运算

=CONCAT(SUM(B2:C2),"/",IF(SUM(B2:C2)>=120,"录取","未录取"))

③将①返回值与②返回值在 D 列单元格中以“/”连接符相连接

②判断①的总分，如果总分>=120 则返回“录取”，否则返回“未录取”

2. LEN（返回文本字符串的字符数量）

【函数功能】LEN 返回文本字符串中的字符数。

【函数语法】LEN(text)

text：必需。要查找其长度的文本。空格将作为字符进行计数。

【用法解析】

$$=LEN(B1)$$

参数为任何有效的字符串表达式

例：检测员工编号位数是否正确

已知表格统计了每位员工的员工编号。要求检验员工编号位数是否正确，如果位数正确则返回空格，否则返回"工号错误"文字。

扫一扫，看视频

❶ 选中 D2 单元格，在编辑栏中输入公式：

=IF(LEN(A2)=6,"","工号错误")

按 Enter 键即可检验出第一位员工编号是否正确，如图 10-50 所示。

❷ 将 D2 单元格的公式向下填充，即可批量判断其他员工编号是否正确，如图 10-51 所示。

	A	B	C	D	E
	员工编号	姓名	部门	检验工号	
2	NL0001	王海义	财务部		
3	NL0002	张勋	财务部		
4	NL056	刘琦	设计部		
5	NL0004	李丽丽	工程部		
6	NL448963	王婷婷	财务部		
7	NL0006	韦雯	设计部		
8	NL0007	杨喜红	工程部		

图 10-50

	A	B	C	D
	员工编号	姓名	部门	检验工号
2	NL0001	王海义	财务部	
3	NL0002	张勋	财务部	
4	NL056	刘琦	设计部	工号错误
5	NL0004	李丽丽	工程部	
6	NL448963	王婷婷	财务部	工号错误
7	NL0006	韦雯	设计部	
8	NL0007	杨喜红	工程部	

图 10-51

【公式解析】

①统计 A2 单元格中数据的字符长度是否等于 6

$$=IF(LEN(A2)=6,"","工号错误")$$

②如果①结果为真，就返回空白，否则返回"工号错误"文字

注意：

LEN 函数常用于配合其他函数使用，在介绍 MID 函数、FIND 函数、LEFT 函数时已经介绍了此函数嵌套在其他函数中使用的例子。

3. EXACT（比较两个文本字符串是否完全相同）

【函数功能】EXACT 函数用于比较两个字符串。如果它们完全相同，

则返回 TRUE；否则，返回 FALSE。

【函数语法】EXACT(text1, text2)

- text1：必需。第 1 个文本字符串。
- text2：必需。第 2 个文本字符串。

【用法解析】

$$=EXACT(text1,text2)$$

EXACT 要求必须是两个字符串完全一样，内容中有空格，大小写也有所区分，即必须完全一致才判断为 TRUE，否则就是 FALSE。但注意格式上的差异会被忽略

例：比较两次测试数据是否完全一致

扫一扫，看视频

表格中统计了两次抗压测试的结果数据，想快速判断两次抗压测试的结果是否一样，可以使用 EXACT 函数快速判断。

❶ 选中 D2 单元格，在编辑栏中输入公式：

`=EXACT(B2,C2)`

按 Enter 键即可得出第 1 条测试的对比结果，如图 10-52 所示。

❷ 将 D2 单元格的公式向下填充，即可一次性得到其他测试结果的对比，如图 10-53 所示。

图 10-52　　　　　　　　　　图 10-53

【公式解析】

$$=EXACT(B2,C2)$$

二者相等时返回 TRUE，不等时返回 FALSE。如果在公式外层嵌套一个 IF 函数则可以返回更为直观的文字结果，如"相同""不同"。使用 IF 函数可将公式优化为"=IF(EXACT(B2,C2),"相同","不同")"

10.4 实用的新增函数

Excel 2021 版本新增的 LET 函数可以用来定义名称，进而帮助简化公式中的表达式；TEXTJOIN 函数则可将多个区域和/或字符串的文本组合起来。

1. LET（可以定义名称）

【函数功能】LET 函数将计算结果分配给名称，可以通过定义的名称来计算结果。LET 函数的参数就是对一段内容来做名称管理，可以是函数，也可以是常数，最后做一个计算式，这些名称仅可在 LET 函数范围内使用，LET 最多支持 126 个变量对。

【函数语法】=LET(name1, name_value1, calculation_or_name2, [name_value2, calculation_or_name3...])

- name1：必需。要分配的第一个名称，必须以字母开头，不能是公式的输出，也不能与范围语法冲突。
- name_value1：必需。分配给 name1 的值。
- calculation_or_name2：必需。下列任一项：

① 使用 LET 函数中的所有名称的计算，必须是 LET 函数中的最后一个参数。

② 分配给第二个 name_value 的第二个名称。如果指定了名称，则 name_value2 和 calculation_or_name3 是必需的。

- name_value2：可选。分配给 calculation_or_name2 的值。
- calculation_or_name3：可选。下列任一项：

① 使用 LET 函数中的所有名称的计算。LET 函数中的最后一个参数必须是一个计算。

② 分配给第三个 name_value 的第三个名称。如果指定了名称，则 name_value3 和 calculation_or_name4 是必需的。

【用法解析】

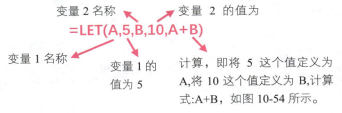

变量 2 名称　　　　变量 2 的值为

=LET(A,5,B,10,A+B)

变量 1 名称　　　变量 1 的值为 5　　　计算，即将 5 这个值定义为 A，将 10 这个值定义为 B，计算式:A+B，如图 10-54 所示。

图 10-54

例：为表达式定义名称为"X"

如图 10-55 所示表格中，根据不同的差值范围对应的等级评定结果，使用了 IF 函数多层嵌套。公式中的每一步嵌套中都需要重复输入表达式"C2-B2"。如果使用 LET 函数，则可以先将"C2-B2"定义名称为"X"，在后续嵌套公式中就可以使用"X"代替"C2-B2"，起到简化公式的作用。

图 10-55

❶ 选中 D2 单元格，在编辑栏中输入公式（如图 10-56 所示）：
=LET(X,C2-B2,IF(X<=10,"A",IF(X<=30,"B",IF(X<=50,"C",IF(X<=80,"D","E")))))

❷ 按 Enter 键，然后将 D2 单元格的公式向下复制，即可批量得到相同的结果。

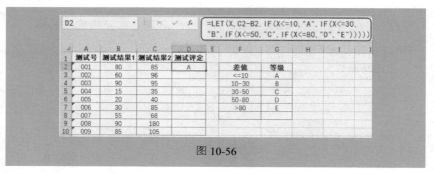

图 10-56

【公式解析】

①定义的名称

=LET(X,C2-B2,IF(X<=10,"A",IF(X<=30,"B",IF(X<=50,"C",
    IF(X<=80,"D","E")))))

②名称对应的表达式

③IF 函数判断名称表达式的值（即 C2-B2 的差值）是否<=10，如果是则返回"A"

2. TEXTJOIN（将多个区域中的文本组合起来）

【函数功能】TEXTJOIN 函数将多个区域和/或字符串的文本组合起来，并包括在要组合的各文本值之间指定的分隔符。如果分隔符是空的文本字符串，则此函数将有效连接这些区域。

【函数语法】TEXTJOIN(delimiter, ignore_empty, text1, [text2],…)

- delimiter：必需。文本字符串，或为空，或用双引号引起来的一个或多个字符，或对有效文本字符串的引用。如果提供一个数字，则将被视为文本。

- ignore_empty：必需。如果为 TRUE，则忽略空白单元格。

- text1：必需。要联接的文本项。文本字符串或字符串数组，如单元格区域。

- text2：可选。要联接的其他文本项。文本项最多可以包含 252 个文本参数 text1。每个参数可以是一个文本字符串或字符串数组，如单元格区域。

【用法解析】

=TEXTJOIN(❶分隔符,❷忽略空白单元格,❸文本项 1,❹文本项 2)

分隔符是以某种符号分隔开汇总到一起的值，可以是逗号、顿号等

忽略匹配不到值的单元格

例1：获取离职人员的全部名单

本例表格统计了某公司在某月的人员流失情况，下面需要统计出当月所有离职人员名单。

扫一扫，看视频

❶ 选中 E2 单元格，在编辑栏中输入公式（如图 10-57 所示）：

```
=TEXTJOIN("、",TRUE,IF(C2:C9="离职",A2:A9,""))
```

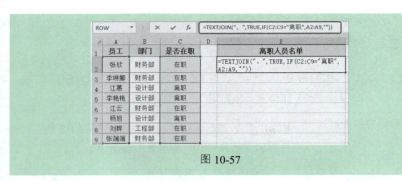

图 10-57

❷ 按 Ctrl+Shift+Enter 组合键，可以看到返回的是所有离职的名单，并用"、"号间隔，如图 10-58 所示。

图 10-58

【公式解析】

①数组公式，使用 IF 函数逐一判断 C2:C9 单元格区域中的各个值是否是"离职"，如果是返回 TRUE，不是返回 FALSE。然后将 TRUE 值对应在 A2:A9 单元格区域上的值取出，将 FALSE 值对应在 A2:A9 单元格区域上的值取空值

=TEXTJOIN("、",TRUE,IF(C2:C9="离职",A2:A9,""))

②将①步中取出的值用"、"连接起来，并忽略取出的空值

例2：获取各职位的录取人员名单

扫一扫，看视频

本例表格统计了通过复试的各职位应聘人员信息，下面需要快速获取各个职位的录取人员名单。

❶ 选中 H2 单元格，在编辑栏中输入公式（如图 10-59 所示）：

`=TEXTJOIN("、",TRUE,IF($D$2:$D$17=G2,$A$2:$A$17,""))`

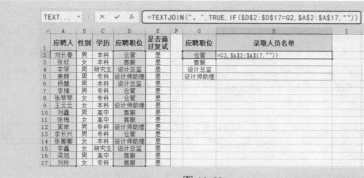

图 10-59

按 Ctrl+Shift+Enter 组合键，可以看到返回的是所有"仓管"职位的人员名单，并用"、"号间隔，如图 10-60 所示。

图 10-60

❷ 选中 H2 单元格，向下填充公式，可批量获取其他应聘职位被录取的人员名单，如图 10-61 所示。

图 10-61

【公式解析】

①数组公式，使用 IF 函数逐一判断 D2:D17 单元格区域中的各个值是否等于 G2 中的值，如果是返回 TRUE，不是返回 FALSE。然后将 TRUE 值对应在 A2:A17 单元格区域中的值取出，将 FALSE 值对应在 A2:A17 单元格区域中的值取空值

=TEXTJOIN("、",TRUE,IF($D$2:$D$17=G2,$A$2:$A$17,""))

②将①步中取出的值用"、"连接起来，并忽略取出的空值

第 11 章　日期时间函数

11.1　时间计算函数

时间函数是用于时间提取、计算等的函数，主要有 HOUR、MINUTE、SECOND 几个函数。

1. HOUR（返回时间值的小时数）

【函数功能】HOUR 函数表示返回时间值的小时数。

【函数语法】HOUR(serial_number)

serial_number：必需。表示一个时间值，其中包含要查找的小时。

【用法解析】

$$=HOUR(A2)$$

可以是单元格的引用或使用 TIME 函数构建的标准时间序列号。

如公式"=HOUR(8:10:00)"不能返回正确值，需要使用公式"=HOUR(TIME(8,10,0))"

如果使用单元格的引用作为参数，可参见图 11-1，其中也显示了 MINUTE 函数（用于返回时间中的分钟数）与 SECOND 函数（用于返回时间中的秒数）的返回值。

图 11-1

例：判断商场活动的整点时间区间

表格记录了某商场各个专柜的周年优惠活动开始时间，可以通过函数界定此活动时间的整点区间。

❶ 选中 C2 单元格，在编辑栏中输入公式：

`=HOUR(B2)&":00-"&HOUR(B2)+1&":00"`

按 Enter 键得出对 B2 单元格时间界定的整点区间，如图 11-2 所示。

❷ 向下复制 C2 单元格的公式可以依次对 B 列中的时间界定整点范围，如图 11-3 所示。

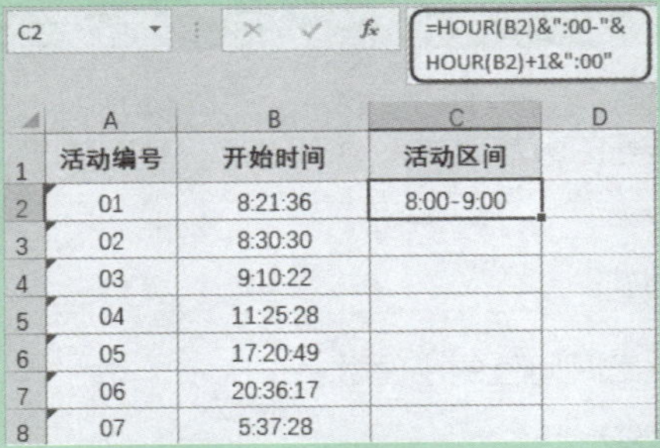

图 11-2

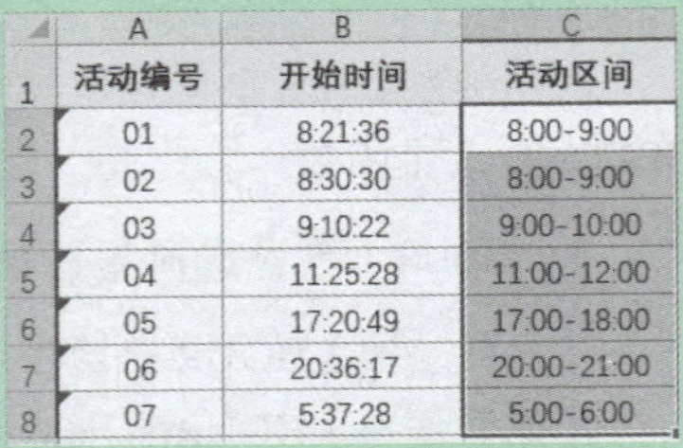

图 11-3

【公式解析】

①提取 B2 单元格时间的小时数

②提取 B2 单元格时间的小时数并进行加 1 处理

$$=HOUR(B2)\&":00-"\&HOUR(B2)+1\&":00"$$

多处使用&符号将①结果与②结果用字符"-"相连接

2. MINUTE（返回时间值的分钟数）

【函数功能】MINUTE 函数表示返回时间值的分钟数。

【函数语法】MINUTE(serial_number)

serial_number：必需。表示一个时间值，其中包含要查找的分钟。

【用法解析】

$$=MINUTE(A2)$$

可以是单元格的引用或使用 TIME 函数构建的标准时间序列号。如公式"=MINUTE (8:10:00)"不能返回正确值，需要使用公式"=MINUTE (TIME(8,10,0))"

例：统计比赛分钟数

表格中统计了某次跑步比赛中各选手的开始与结束时间，现在需要统计出每位选手完成全程所用的分钟数。

扫一扫，看视频

❶ 选中 D2 单元格，在编辑栏中输入公式（如图 11-4 所示）：

`=(HOUR(C2)*60+MINUTE(C2)-HOUR(B2)*60-MINUTE(B2))`

	A	B	C	D	E	F	G
	参赛选手	开始时间	结束时间	完成全程所用分钟数			
2	张志宇	10:12:35	11:22:14	70			
3	周奇奇	10:12:35	11:20:37				
4	韩家墅	10:12:35	11:10:26				
5	夏子博	10:12:35	11:27:58				
6	吴智敏	10:12:35	11:14:15				

图 11-4

❷ 按 Enter 键计算出的是第一位选手完成全程所用分钟数。然后向下复制 D2 单元格的公式可以依次返回每位选手完成全程所用分钟数，如图 11-5 所示。

	A	B	C	D
1	参赛选手	开始时间	结束时间	完成全程所用分钟数
2	张志宇	10:12:35	11:22:14	70
3	周奇奇	10:12:35	11:20:37	68
4	韩家墅	10:12:35	11:10:26	58
5	夏子博	10:12:35	11:27:58	75
6	吴智敏	10:12:35	11:14:15	62
7	杨元夕	10:12:35	11:05:41	53

图 11-5

【公式解析】

①提取 C2 单元格时间的小时数乘 60 表示转换为分钟数，再与提取的分钟数相加

②提取 B2 单元格时间的小时数乘 60 表示转换为分钟数，再与提取的分钟数相减

`=(HOUR(C2)*60+MINUTE(C2)-HOUR(B2)*60-MINUTE(B2))`

①结果减②结果为用时分钟数

3. SECOND（返回时间值的秒数）

【函数功能】SECOND 函数表示返回时间值的秒数。

【函数语法】SECOND(serial_number)

serial_number：必需。表示一个时间值，其中包含要查找的秒数。

【用法解析】

$$=SECOND(A2)$$

可以是单元格的引用或使用 TIME 函数构建的标准时间序列号。
如公式"=SECOND (8:10:00)"不能返回正确值，需要使用公式
"=SECOND (TIME(8,10,0))"

扫一扫，看视频

例：统计比赛历时秒数

表格中统计了某次跑步比赛中各选手的开始与结束时间，
现在需要统计出每位选手完成全程所用的秒数。

❶ 选中 D2 单元格，在编辑栏中输入公式：

`=HOUR(C2-B2)*60*60+MINUTE(C2-B2)*60+SECOND(C2-B2)`

按 Enter 键计算出的值是时间值，如图 11-6 所示。

图 11-6

❷ 选中 D2 单元格，在"开始"选项卡的"数字"组中重新设置单元格
的格式为"常规"（如图 11-7 所示），然后向下复制 D2 单元格的公式可批量
得出各参赛人的比赛用时（秒数），如图 11-8 所示。

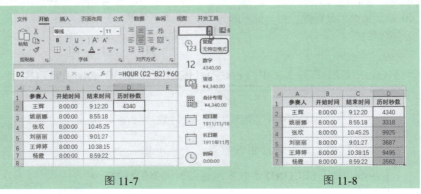

图 11-7   图 11-8

【公式解析】

①计算"C2-B2"中的小时数,两次乘以60表示转换为秒

②计算"C2-B2"中的分钟数,乘以60表示转化为秒数

=HOUR(C2-B2)*60*60+MINUTE(C2-B2)*60+SECOND(C2-B2)

④三者相加为总秒数

③计算"C2-B2"中的秒数

11.2 返回系统日期及年月日

NOW 函数与 TODAY 函数是用于返回当前系统时间和日期的两个常用函数。NOW 函数返回的结果由日期和时间两部分组成,而 TODAY 函数只返回不包含时间的当前系统日期,它们可以单独使用也经常会和其他函数配合使用。

另外,提取日期的函数有 YEAR、MONTH、DAY 等,用于从给定的日期数据中提取年、月、日等信息,并且提取后的数据还可以进行数据计算。

1. NOW(返回当前日期与时间)

【函数功能】NOW 函数返回计算机设置的当前日期和时间的序列号。

【函数语法】NOW()

NOW 函数语法没有参数。

【用法解析】

=NOW()

无参数。NOW 函数的返回值与当前计算机设置的日期和时间一致,所以只有当前计算机的日期和时间设置正确,NOW 函数才返回正确的日期和时间

例:计算活动剩余时间

本例需要使用 NOW 函数对某商场的商品促销活动展示倒计时。

❶ 选中 B2 单元格,在编辑栏中输入公式:

```
=TEXT(B1-NOW(),"h:mm:ss")
```

扫一扫,看视频

305

❷ 按 Enter 键即可计算出 B1 单元格时间与当前时间的差值，并使用 TEXT 函数将时间转换为正确的格式，如图 11-9 所示。

图 11-9

🔊 注意：

由于当前时间是即时更新的，因此通过按 F9 键即可实现倒计时的重新更新。

【公式解析】

=TEXT(B1-NOW(),"h:mm:ss")

如果只是使用 B1 单元格中的值与 NOW 函数的差值，返回的结果是时间差值对应的小数值。也可以通过重新设置单元格格式显示出正确的时间值，此处是用 TEXT 函数将时间小数值转换为更便于查看的正规时间显示格式

2. TODAY（返回当前的日期）

【函数功能】TODAY 返回当前日期的序列号。

【函数语法】TODAY()

TODAY 函数语法没有参数。

【用法解析】

=TODAY()

无参数。TODAY 函数返回与系统日期一致的当前日期。也可以作为参数嵌套在其他函数中使用

例：判断会员是否升级

扫一扫，看视频

表格中显示了某公司会员的办卡日期，按公司规定，会员办卡时间达到一年（365 天）即可升级为银卡用户。现在需要根据系统当前日期判断出哪些客户可以升级。

❶ 选中 C2 单元格，在编辑栏中输入公式：

```
=IF(TODAY()-B2>365,"升级","不升级")
```

按 Enter 键即可根据 B2 单元格的日期判断是否满足升级的条件，如图 11-10 所示。

❷ 向下复制 C2 单元格的公式可批量判断各会员是否可以升级，如图 11-11 所示。

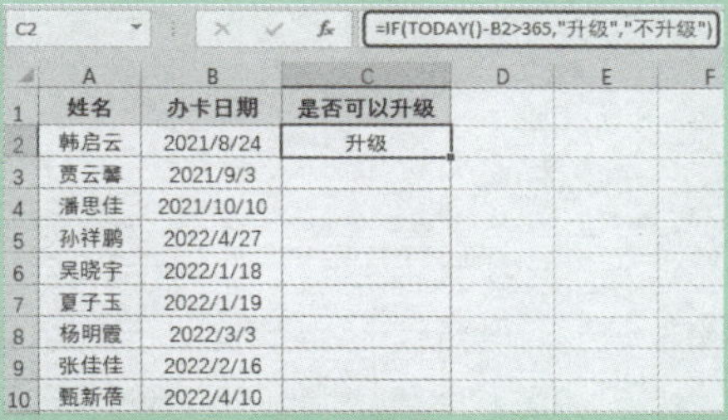

C2 =IF(TODAY()-B2>365,"升级","不升级")

	A	B	C	D	E	F
1	姓名	办卡日期	是否可以升级			
2	韩启云	2021/8/24	升级			
3	贾云馨	2021/9/3				
4	潘思佳	2021/10/10				
5	孙祥鹏	2022/4/27				
6	吴晓宇	2022/1/18				
7	夏子玉	2022/1/19				
8	杨明霞	2022/3/3				
9	张佳佳	2022/2/16				
10	甄新蓓	2022/4/10				

图 11-10

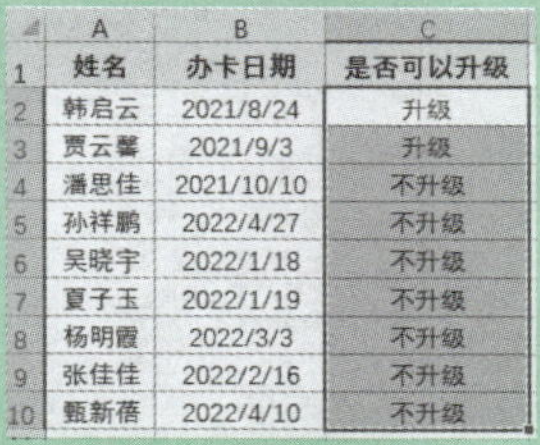

	A	B	C
1	姓名	办卡日期	是否可以升级
2	韩启云	2021/8/24	升级
3	贾云馨	2021/9/3	升级
4	潘思佳	2021/10/10	不升级
5	孙祥鹏	2022/4/27	不升级
6	吴晓宇	2022/1/18	不升级
7	夏子玉	2022/1/19	不升级
8	杨明霞	2022/3/3	不升级
9	张佳佳	2022/2/16	不升级
10	甄新蓓	2022/4/10	不升级

图 11-11

【公式解析】

=IF(TODAY()-B2>365,"升级","不升级")

①判断当前日期与 B2 单元格日期的差值是否大于 365，如果是返回 TRUE，不是返回 FALSE

②如果①结果为 TRUE，返回“升级”，否则返回“不升级”

3. YEAR（返回某日对应的年份）

【函数功能】YEAR 函数返回某日期对应的年份，返回值为 1900~9999 之间的整数。

【函数语法】YEAR(serial_number)

serial_number：必需。表示要提取其中年份的一个日期。

【用法解析】

=YEAR(A1)

应使用标准格式的日期或使用 DATE 函数来构建标准日期。如果日期以文本形式输入，则无法提取

例：计算出员工的工龄

表格中显示了员工入职日期，现在要求计算出每一位员工的工龄。

❶ 选中 D2 单元格，在编辑栏中输入公式：

`=YEAR(TODAY())-YEAR(C2)`

按 Enter 键后可以看到显示的是一个日期值，如图 11-12 所示。

❷ 选中 D2 单元格，向下复制公式，返回值如图 11-13 所示。

图 11-12　　　　　　　　　　　　图 11-13

❸ 选中 D 列中返回的日期值，在"开始"选项卡的"数字"组中重新设置单元格的格式为"常规"即可正确显示工龄，如图 11-14 所示。

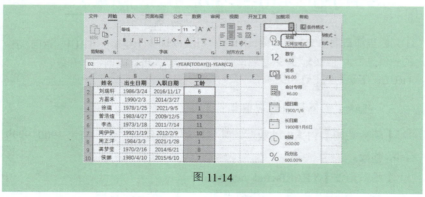

图 11-14

【公式解析】

$$=YEAR(TODAY())-YEAR(C2)$$

①返回当前日期。然后再使用 YEAR 函数返回其年份

②返回 C2 单元格中入职日期中的年份

③二者差值即为工龄

注意:

在进行日期计算时很多时间都会默认返回日期,当想查看序列号值时,只要重新设置单元格的格式为"常规"即可。在后面的实例中再次遇到此类情况时则不再赘述。

4. MONTH(返回日期中的月份)

【函数功能】MONTH 函数表示返回以序列号表示的日期中的月份。月份是介于 1(一月)到 12(十二月)之间的整数。

【函数语法】MONTH(serial_number)

serial_number:必需。表示要提取其中月份的一个日期。

【用法解析】

$$=MONTH(A1)$$

应使用标准格式的日期或使用 DATE 函数来构建标准日期。如果日期以文本形式输入,则无法提取

例1:判断是否是本月的应收账款

表格对各公司往来账款的应收账款进行了统计,现在需要快速找到属于本月的账款,并标记出"本月"。

扫一扫,看视频

❶ 选中 D2 单元格,在编辑栏中输入公式:

`=IF(MONTH(C2)=MONTH(TODAY()),"本月","")`

按 Enter 键,返回结果为"本月"表示 C2 单元格中的日期是本月的,如图 11-15 所示。

❷ 向下复制 D2 单元格的公式可以得到批量的判断结果,如图 11-16所示。

	A	B	C	D
1	客户名称	金额	借款日期	是否是本月账款
2	蓝·天水业	¥ 22,000.00	2024/6/24	本月
3	领·轩科技	¥ 25,000.00	2024/1/3	
4	人人·家超市	¥ 39,000.00	2024/6/25	
5	凯·特事务所	¥ 85,700.00	2024/2/27	
6	花·印绿植	¥ 62,000.00	2024/6/8	
7	万·汇科技	¥ 124,000.00	2024/3/19	
8	立·联传媒	¥ 58,600.00	2024/3/12	
9	正·旭酒业	¥ 8,900.00	2024/6/20	
10	蓝·宝置业	¥ 78,900.00	2024/2/15	

图 11-15

	A	B	C	D
1	客户名称	金额	借款日期	是否是本月账款
2	蓝·天水业	¥ 22,000.00	2024/6/24	本月
3	领·轩科技	¥ 25,000.00	2024/1/3	
4	人人·家超市	¥ 39,000.00	2024/6/25	本月
5	凯·特事务所	¥ 85,700.00	2024/2/27	
6	花·印绿植	¥ 62,000.00	2024/6/8	本月
7	万·汇科技	¥ 124,000.00	2024/3/19	
8	立·联传媒	¥ 58,600.00	2024/3/12	
9	正·旭酒业	¥ 8,900.00	2024/6/20	本月
10	蓝·宝置业	¥ 78,900.00	2024/2/15	

图 11-16

【公式解析】

①提取 C2 单元格中日期的月份数　　　②提取当前日期的月份数

$$=IF(MONTH(C2)=MONTH(TODAY()),"本月","")$$

③当①与②结果相等时返回"本月"文字，否则返回空值

例 2：统计指定月份的库存量

扫一扫，看视频

库存报表按日期记录了 5 月份与 6 月份的库存量，如果想要快速按指定月份统计库存总量，可以使用 MONTH 函数自动对日期进行判断。

❶ 选中 E2 单元格，在编辑栏中输入公式：

`=SUM(IF(MONTH(A2:A15)=6,C2:C15))`

❷ 按 Ctrl+Shift+Enter 组合键，即可返回 6 月份总库存量，如图 11-17 所示。

	A	B	C	D	E
	销售日期	仓管员	库存		6月份总库存量
2	2024/5/7	方嘉禾	169		947
3	2024/5/12	龚梦莹	137		
4	2024/5/15	方嘉禾	138		
5	2024/5/18	周伊伊	154		
6	2024/5/20	方嘉禾	137		
7	2024/6/11	方嘉禾	185		
8	2024/6/5	周伊伊	159		
9	2024/5/7	周伊伊	138		
10	2024/6/10	龚梦莹	149		
11	2024/6/15	方嘉禾	132		
12	2024/6/18	龚梦莹	147		
13	2024/6/20	龚梦莹	90		
14	2024/6/21	周伊伊	5		
15	2024/6/17	方嘉禾	80		

图 11-17

【公式解析】

①依次提取 A2:A15 单元格区域中各日期的月份数，并依次判断是否等于 6，如果是返回 TRUE，否则返回 FALSE。返回的是一个数组

$$=SUM(IF(MONTH(A2:A15)=6,C2:C15))$$

③对②返回数组进行求和运算　　　②将①返回数组中是 TRUE 值的，对应在 C2:C15 单元格区域上取值。返回的是一个数组

5. DAY（返回日期中的天数）

【函数功能】DAY 函数返回以序列号表示的某日期的天数，用整数 1~31 表示。

【函数语法】DAY(serial_number)

serial_number：必需。表示要提取其中天数的一个日期。

【用法解析】

$$=DAY(A1)$$

应使用标准格式的日期或使用 DATE 函数来构建标准日期。如果日期以文本形式输入，则无法提取

例1：计算6月上旬的总销量

表格中按日期统计了6月各商品的销量数据，现在要求统计出上旬的总销量（即 2024/6/10 之前的销量之和）。可以使用 DAY 函数配合 SUM 计算。

扫一扫，看视频

❶ 选中 E2 单元格，在编辑栏中输入公式：

```
=SUM(C2:C16*(DAY(A2:A16)<=10))
```

❷ 按 Ctrl+Shift+Enter 组合键，即可统计出6月上旬的总销量，如图 11-18 所示。

	A	B	C	D	E
1	销售日期	经办人	销量		本月上旬总销量
2	2024/6/3	方嘉禾	115		662
3	2024/6/5	龚梦莹	109		
4	2024/6/7	方嘉禾	148		
5	2024/6/7	龚梦莹	141		
6	2024/6/10	曾帆	149		
7	2024/6/12	方嘉禾	137		
8	2024/6/15	龚梦莹	145		
9	2024/6/15	曾帆	125		
10	2024/6/18	龚梦莹	154		
11	2024/6/18	曾帆	147		
12	2024/6/21	龚梦莹	124		
13	2024/6/21	方嘉禾	120		
14	2024/6/21	曾帆	110		
15	2024/6/27	方嘉禾	150		
16	2024/6/29	曾帆	151		

图 11-18

【公式解析】

①依次提取 A2:A16 单元格区域中各日期的日数，并依次判断是否小于等于10，如果是返回 TRUE，否则返回 FALSE。返回的是一个数组

$$=SUM(C2:C16*(DAY(A2:A16)<=10))$$

③对②返回数组进行求和运算

②将①返回数组中是 TRUE 值的，对应在 C2:C16 单元格区域中取值。返回的是一个数组

例 2：按本月缺勤天数计算缺勤扣款

扫一扫，看视频

表格统计了 5 月客服人员缺勤天数，要求计算每位人员应扣款金额。要计算出应扣款金额需要根据当月天数求出单日工资（假设月工资为 3000），再乘以总缺勤天数。

❶ 选中 C2 单元格，在编辑栏中输入公式：

`=B2*(3000/(DAY(DATE(2024,6,0))))`

按 Enter 键，即可求出第一位人员的扣款金额，如图 11-19 所示。

❷ 向下复制 C2 单元格的公式可得到批量计算结果，如图 11-20 所示。

C2	▼	× ✓ fx	=B2*(3000/(DAY(DATE(2024,6,0))))		
	A	B	C	D	E
1	姓名	缺勤天数	扣款金额		
2	刘瑞轩	3	290.32		
3	方嘉禾	1			
4	徐瑞	5			
5	曾浩煊	8			
6	李杰	2			
7	周伊伊	7			
8	周正洋	4			
9	龚梦莹	6			
10	侯娜	3			
11					

图 11-19

	A	B	C
1	姓名	缺勤天数	扣款金额
2	刘瑞轩	3	290.32
3	方嘉禾	1	96.77
4	徐瑞	5	483.87
5	曾浩煊	8	774.19
6	李杰	2	193.55
7	周伊伊	7	677.42
8	周正洋	4	387.10
9	龚梦莹	6	580.65
10	侯娜	3	290.32

图 11-20

【公式解析】

①构建"2024-6-0"这个日期，注意当指定日期为 0 时，实际获取的日期就是上月的最后一天。因为不能确定上月的最后一天是 30 天还是 31 天，使用此方法指定，就可以让程序自动获取最大日期

③获取单日工资后，用缺勤天数相乘即可得到扣款金额

②提取①日期中的天数，即 5 月的最后一天。用 3000 除以天数获取单日工资

11.3 工作日计算函数

本节会介绍如何通过相关函数，统计各种日期之间的工作日日期、工作日天数等数据。

1. WORKDAY（获取间隔若干工作日后的日期）

【函数功能】WORKDAY 函数表示返回在某日期（起始日期）之前或之后，与该日期相隔指定工作日的某一日期的日期值。工作日不包括周末和专门指定的假日。

【函数语法】WORKDAY(start_date, days, [holidays])

- start_date：必需。表示开始日期。
- days：必需。表示 start_date 之前或之后不含周末及节假日的天数。
- holidays：可选。一个可选列表，其中包含需要从工作日历中排除的一个或多个日期。

【用法解析】

正值表示未来日期；负值表示过去日期；零值表示开始日期

=WORKDAY(❶起始日期,❷往后计算的工作日数,❸节假日)

可选的。除去周末之外，另外指定的不计算在内的日期。应是一个包含相关日期的单元格区域，或者是一个由表示这些日期的序列值构成的数组常量。holidays 中的日期或序列值的顺序可以是任意的

例：根据项目开始日期计算项目结束日期

已知表格统计了某公司现有几个项目的开始日期和预计完成天数，可以使用 WORKDAY 函数快速计算各项目的结束日期。

扫一扫，看视频

❶ 选中 D2 单元格，在编辑栏中输入公式（如图 11-21 所示）：

```
=WORKDAY(B2,C2)
```

按 Enter 键即可计算出第一个项目的结束日期。

❷ 向下复制 D2 单元格的公式可以批量返回各项目的结束日期，如图 11-22 所示。

图 11-21　　　　　　　　　　　　　图 11-22

【公式解析】

$$=WORKDAY(B2,C2)$$

以 B2 单元格日期为起始，返回 C2 工作日后的日期

2. WORKDAY.INTL 函数

【函数功能】WORKDAY.INTL 函数返回指定的若干个工作日之前或之后的日期的序列号（使用自定义周末参数）。周末参数指明周末有几天和是哪几天。工作日不包括周末和专门指定的假日。

【函数语法】WORKDAY.INTL(start_date, days, [weekend], [holidays])

- start_date：必需。表示开始日期（将被截尾取整）。
- days：必需。表示 start_date 之前或之后的工作日的天数。
- weekend：可选。一个可选列表，其指示一周中属于周末的日子和不作为工作日的日子。
- holidays：可选。包含需要从工作日历中排除的一个或多个日期。

【用法解析】

正值表示未来日期；负值表示过去日期；零值表示开始日期

=WORKDAY.INTL (❶起始日期,❷往后计算的工作日数, ❸指定周末日的参数, ❹节假日)

与 WORKDAY 所不同的在于此参数可以自定义周末日，详见表 11-1

WORKDAY.INTL 函数的 WEEKEND 参数与返回值见表 11-1。

表 11-1

WEEKEND 参数	WORKDAY.INTL 函数返回值
1 或省略	星期六、星期日
2	星期日、星期一
3	星期一、星期二
4	星期二、星期三
5	星期三、星期四
6	星期四、星期五
7	星期五、星期六
11	仅星期日
12	仅星期一
13	仅星期二
14	仅星期三
15	仅星期四
16	仅星期五
17	仅星期六
自定义参数 0000011	周末日为：星期六、星期日（周末字符串值的长度为 7 个字符，从周一开始，分别表示 1 周的 1 天。1 表示非工作日，0 表示工作日）

例：根据项目各流程所需要工作日计算项目结束日期

一个项目的完成在各个流程上需要一定的工作日，假设某企业约定每周只有周日是非工作日，周六算正常工作日（当然也可以根据实际情况确定每周的休息日）。要求根据整个流程计算项目的大概结束时间。

扫一扫，看视频

❶ 选中 C3 单元格，在编辑栏中输入公式（如图 11-23 所示）：

```
=WORKDAY.INTL(C2,B3,11,$E$2:$E$6)
```

❷ 按 Enter 键计算出的执行日期为"2024/4/27"，即间隔工作日为 2 日后的日期，如果此日期含有周末日期，则只把周日当周末日。然后向下复制 C3 单元格的公式可以依次返回间隔指定工作日后的日期，如图 11-24 所示。

图 11-23　　　　　　　　　　　　　图 11-24

❸ 查看 C4 单元格的公式，可以看到当公式向下复制到 C4 单元格时，起始日期变成了 C3 中的日期，而指定的节假日数据区域是不变的（因为使用了绝对引用方式），如图 11-25 所示。

	C4		× ✓ fx	=WORKDAY.INTL(C3,B4,11,$E$2:$E$6)	
	A	B	C	D	E
1	流程	所需工作日	执行日期		劳动节
2	设计		2024/4/25		2024/5/1
3	确认设计	2	2024/4/27		2024/5/2
4	材料采购	3	2024/5/6		2024/5/3
5	水电改造	4	2024/5/10		2024/5/4
6	防水工程	18	2024/5/31		2024/5/5

图 11-25

【公式解析】

=WORKDAY.INTL(C3,B4,11,$E$2:$E$6)

用此参数指定仅周日为周末日　　除周末日之外要排除的日期

3. NETWORKDAYS（计算两个日期间的工作日）

【函数功能】NETWORKDAYS 函数表示返回参数 start_date 和 end_date 之间完整的工作日数值。工作日不包括周末和专门指定的假期。

【函数语法】NETWORKDAYS(start_date, end_date, [holidays])

- start_date：必需。表示一个代表开始日期的日期。
- end_date：必需。表示一个代表终止日期的日期。
- holidays：可选。在工作日中排除的特定日期。

【用法解析】

=NETWORKDAYS (❶起始日期,❷终止日期,❸节假日)

可选的。除去周末之外，另外指定的不计算在内的日期。应是一个包含相关日期的单元格区域，或者是一个由表示这些日期的序列值构成的数组常量。holidays 中的日期或序列值的顺序可以是任意的

例：计算临时工的实际工作天数

假设企业在某一段时间使用了一批临时工，根据开始日期与结束日期可以计算每位人员的实际工作日天数，以便结算临时工的工资。

扫一扫，看视频

❶ 选中 D2 单元格，在编辑栏中输入公式（如图 11-26 所示）：

=NETWORKDAYS(B2,C2,$F$2)

	A	B	C	D	E	F
1	姓名	开始日期	结束日期	工作日数		法定假日
2	刘瑛	2023/12/1	2024/1/10	28		2024/1/1
3	赵晓	2023/12/5	2024/1/10			
4	左亮亮	2023/12/12	2024/1/10			
5	郑大伟	2023/12/18	2024/1/10			
6	汪满盈	2023/12/20	2024/1/10			
7	吴佳娜	2023/12/20	2024/1/10			

图 11-26

❷ 按 Enter 键，即可计算出开始日期为"2023/12/1"，结束日期为"2024/1/10"之间的工作日数。然后向下复制 D2 单元格的公式，可以一次性返回各人员的工作日数（排除了法定假日 2024/1/1），如图 11-27 所示。

	A	B	C	D	E	F
1	姓名	开始日期	结束日期	工作日数		法定假日
2	刘瑛	2023/12/1	2024/1/10	28		2024/1/1
3	赵晓	2023/12/5	2024/1/10	26		
4	左亮亮	2023/12/12	2024/1/10	21		
5	郑大伟	2023/12/18	2024/1/10	17		
6	汪满盈	2023/12/20	2024/1/10	15		
7	吴佳娜	2023/12/20	2024/1/10	15		

图 11-27

【公式解析】

=NETWORKDAYS (B2,C2,$F$2)

指定的法定假日在公式复制过程中始终不变，所以使用绝对引用

4. NETWORKDAYS.INTL 函数

【函数功能】NETWORKDAYS.INTL 函数表示返回两个日期之间的所有工作日数，使用参数指示哪些天是周末，以及有多少天是周末。工作日不包括周末和专门指定的假日。

【函数语法】NETWORKDAYS.INTL(start_date, end_date, [weekend], [holidays])

- start_date 和 end_date：必需。表示要计算其差值的日期。start_date 可以早于或晚于 end_date，也可以与它相同。
- weekend：可选。表示介于 start_date 和 end_date 之间但又不包括在所有工作日数中的周末日。
- holidays：可选。表示要从工作日日历中排除的一个或多个日期。holidays 应是一个包含相关日期的单元格区域，或是一个由表示这些日期的序列值构成的数组常量。holidays 中的日期或序列值的顺序可以是任意的。

【用法解析】

=NETWORKDAYS.INTL (❶起始日期,❷结束日期, ❸指定周末日的参数,❹节假日)

与 NETWORKDAYS 所不同的是在于此参数，此参数可以自定义周末日，详见表 11-2

NETWORKDAYS.INTL 函数的 WEEKEND 参数与返回值参见表 11-2。

表 11-2

WEEKEND 参数	NETWORKDAYS.INTL 函数返回值
1 或省略	星期六、星期日
2	星期日、星期一
3	星期一、星期二
4	星期二、星期三
5	星期三、星期四
6	星期四、星期五
7	星期五、星期六
11	仅星期日
12	仅星期一
13	仅星期二
14	仅星期三

WEEKEND 参数	NETWORKDAYS.INTL 函数返回值
15	仅星期四
16	仅星期五
17	仅星期六
自定义参数 0000011	周末日为：星期六、星期日（周末字符串值的长度为 7 个字符，从周一开始，分别表示 1 周的 1 天。1 表示非工作日，0 表示工作日）

例：计算临时工的实际工作天数（指定只有周一为休息日）

某企业在某一段时间使用了一批临时工，要求根据临时工的开始工作日期与结束日期计算工作日数，但要求指定每周只有周一为周末日，此时可以使用 NETWORKDAYS.INTL 函数来建立公式。

扫一扫，看视频

❶ 选中 D2 单元格，在编辑栏中输入公式（如图 11-28 所示）：
=NETWORKDAYS.INTL(B2,C2,12,$F$2)

	A	B	C	D	E	F
	姓名	开始日期	结束日期	工作日数		法定假日
2	刘琰	2023/12/1	2024/1/10	35		2024/1/1
3	赵晓	2023/12/5	2024/1/10			
4	左亮亮	2023/12/12	2024/1/10			
5	郑大伟	2023/12/18	2024/1/10			

图 11-28

❷ 按 Enter 键，计算出的是开始日期为"2023/12/1"，结束日期为"2024/1/10"之间的工作日数（这期间只有周一为周末日）。然后向下复制 D2 单元格的公式可以一次性返回满足指定条件的工作日数，如图 11-29 所示。

	A	B	C	D	E	F
1	姓名	开始日期	结束日期	工作日数		法定假日
2	刘琰	2023/12/1	2024/1/10	35		2024/1/1
3	赵晓	2023/12/5	2024/1/10	32		
4	左亮亮	2023/12/12	2024/1/10	26		
5	郑大伟	2023/12/18	2024/1/10	20		
6	汪满盈	2023/12/20	2024/1/10	19		
7	吴佳娜	2023/12/20	2024/1/10	19		

图 11-29

【公式解析】

=NETWORKDAYS.INTL(B2,C2,12,$F$2)

指定仅周一为周末日

除周末日之外要排除的日期

11.4 日期计算函数

构建日期是指将年份、月份、日数组合在一起形成标准的日期数据，构建日期的函数是 DATE 函数。

如果要计算两个日期间隔的年数、月数、天数等，可以使用 DATEDIF 、DAYS360 和 EDATE 函数实现。

1. DATE（构建标准日期）

【函数功能】DATE 函数返回表示特定日期的序列号。

【函数语法】DATE(year,month,day)

- year：必需。表示指定的年份数值。
- month：必需。一个正整数或负整数，表示一年中从 1 月至 12 月的各个月。
- day：必需。一个正整数或负整数，表示一月中从 1 日到 31 日的各天。

【用法解析】

用 4 位数指定年份

=DATE (❶年份,❷月份,❸日期)

第 2 个参数是月份。可以是正整数或负整数，如果参数大于 12，则从指定年份的 1 月开始累加该月份数。如果参数值小于 1，则从指定年份的 1 月份开始递减该月份数，然后再加上 1，就是要返回的日期的月数

第 3 个参数是日数。可以是正整数或负整数，如果参数值大于指定月份的天数，则从指定月份的第 1 天开始累加该天数。如果参数值小于 1，则从指定月份的第 1 天开始递减该天数，然后再加上 1，就是要返回的日期的日数

如图 11-30 所示，参数显示在 A、B、C 三列中，通过 D 列中显示的公式，可得到 E 列的结果。

	A	B	C	D	E
1	参数1	参数2	参数3	公式	返回日期
2	2024	6	5	=DATE(A2,B2,C2)	2024/6/5
3	2024	13	5	=DATE(A3,B3,C3)	2025/1/5
4	2024	5	40	=DATE(A4,B4,C4)	2024/6/9
5	2024	5	-5	=DATE(A5,B5,C5)	2024/4/25

图 11-30

例：将不规范日期转换为标准日期

数据表中的日期输入不规范，可能会导致后期公式无法正常计算。按以下操作方法可以将所有日期一次性转换为标准日期格式。

扫一扫，看视频

❶ 选中 D2 单元格，在编辑栏中输入公式：

`=DATE(MID(B2,1,4),MID(B2,5,2),MID(B2,7,2))`

按 Enter 键，即可将 B2 单元格中数据转换为标准日期，如图 11-31 所示。

❷ 将 D2 单元格的公式向下复制，可以实现对 B 列中日期的一次性转换，如图 11-32 所示。

	A	B	C	D
D2			fx	=DATE(MID(B2,1,4),MID(B2,5,2),MID(B2,7,2))
1	值班人员	加班日期	加班时长	标准日期
2	刘长城	20240603	2.5	2024/6/3
3	李岩	20240603	1.5	
4	高雨馨	20240605	1	
5	卢明宇	20240605	2	
6	郑淑娟	20240608	1.5	
7	左卫	20240611	3	
8	庄美尔	20240611	2.5	
9	周彤	20240612	2.5	
10	杨飞云	20240612	2	
11	夏晓辉	20240613	2	

图 11-31

	A	B	C	D
1	值班人员	加班日期	加班时长	标准日期
2	刘长城	20240603	2.5	2024/6/3
3	李岩	20240603	1.5	2024/6/3
4	高雨馨	20240605	1	2024/6/5
5	卢明宇	20240605	2	2024/6/5
6	郑淑娟	20240608	1.5	2024/6/8
7	左卫	20240611	3	2024/6/11
8	庄美尔	20240611	2.5	2024/6/11
9	周彤	20240612	2.5	2024/6/12
10	杨飞云	20240612	2	2024/6/12
11	夏晓辉	20240613	2	2024/6/13

图 11-32

【公式解析】

①从第 1 位开始提取，共提取 4 位　　②从第 5 位开始提取，共提取 2 位　　③从第 7 位开始提取，共提取 2 位

=DATE(MID(B2,1,4),MID(B2,5,2),MID(B2,7,2))

④将①、②、③的返回结果构建为一个标准日期

2. WEEKDAY（返回指定日期对应的星期数）

【函数功能】WEEKDAY 函数表示返回某日期为星期几。默认情况下，其值为 1（星期天）~7（星期六）之间的整数。

【函数语法】WEEKDAY(serial_number,[return_type])

- serial_number：必需。表示要返回星期数的日期。
- return_type：可选。为确定返回值类型的数字。

【用法解析】

=WEEKDAY(A1,2)

有多种输入方式:带引号的文本串(如 "2001/02/26"）、序列号（如 44623 表示 2022 年 3 月 3 日）、其他公式或函数的结果 [如 DATEVALUE ("2022/10/30")]

数字 1 或省略时，则 1~7 代表星期天到星期六；当指定为数字 2 时，则 1~7 代表星期一到星期天；当指定为数字 3 时，则 0~6 代表星期一到星期天

例 1：快速返回加班日期对应星期数

扫一扫，看视频

在建立加班表时，通常只会填写加班日期，如果想快速查看加班人是工作日还是双休日加班，可以使用 WEEKDAY 函数将日期转换为星期数显示。

❶ 选中 C2 单元格，在编辑栏中输入公式：

```
="星期"&WEEKDAY(A2,2)
```

按 Enter 键即可返回 A2 单元格中日期对应的星期数，如图 11-33 所示。

❷ 向下复制 C2 单元格的公式可以批量返回 A 列中各加班日期对应的星期数，如图 11-34 所示。

	A	B	C
1	加班日期	加班人	星期数
2	2024/6/10	甄新蓓	星期1
3	2024/6/12	吴晓宇	
4	2024/6/12	夏子玉	
5	2024/6/14	周志毅	
6	2024/6/16	甄新蓓	
7	2024/6/17	周志毅	
8	2024/6/18	夏子玉	
9	2024/6/20	吴晓宇	
10	2024/6/22	甄新蓓	
11	2024/6/23	周志毅	

图 11-33

	A	B	C
1	加班日期	加班人	星期数
2	2024/6/10	甄新蓓	星期1
3	2024/6/12	吴晓宇	星期3
4	2024/6/12	夏子玉	星期3
5	2024/6/14	周志毅	星期5
6	2024/6/16	甄新蓓	星期7
7	2024/6/17	周志毅	星期1
8	2024/6/18	夏子玉	星期2
9	2024/6/20	吴晓宇	星期4
10	2024/6/22	甄新蓓	星期6
11	2024/6/23	周志毅	星期7

图 11-34

【公式解析】

="星期"&WEEKDAY(A2,2)

指定此参数表示用 1~7 代表星期一到星期天，这种显示方式更加符合人们的查看习惯

例 2：判断加班日期是工作日还是双休日

表格中统计了员工的加班日期与加班时数，因为平时加班与双休日加班的加班费有所不同，因此要根据加班日期判断各条加班记录是平时加班还是双休日加班。

扫一扫，看视频

❶ 选中 D2 单元格，在编辑栏中输入公式：

```
=IF(OR(WEEKDAY(A2,2)=6,WEEKDAY(A2,2)=7),"双休日加班","平时加班")
```

按 Enter 键即可根据 A2 单元格的日期判断加班类型，如图 11-35 所示。

❷ 向下复制 D2 单元格的公式可以批量返回加班类型，如图 11-36 所示。

加班日期	员工姓名	加班时数	加班类型
2024/6/3	徐梓瑞	5	平时加班
2024/6/5	林澈	8	
2024/6/7	夏夏	3	
2024/6/10	何萧阳	6	
2024/6/12	徐梓瑞	4	
2024/6/15	何萧阳	7	
2024/6/18	夏夏	5	
2024/6/21	林澈	1	
2024/6/27	徐梓瑞	8	
2024/6/29	何萧阳	6	

图 11-35

加班日期	员工姓名	加班时数	加班类型
2024/6/3	徐梓瑞	5	平时加班
2024/6/5	林澈	8	平时加班
2024/6/7	夏夏	3	平时加班
2024/6/10	何萧阳	6	平时加班
2024/6/12	徐梓瑞	4	平时加班
2024/6/15	何萧阳	7	双休日加班
2024/6/18	夏夏	5	平时加班
2024/6/21	林澈	1	平时加班
2024/6/27	徐梓瑞	8	平时加班
2024/6/29	何萧阳	6	双休日加班

图 11-36

【公式解析】

①判断 A2 单元格的星期数是否为 6   ②判断 A2 单元格的星期数是否为 7

=IF(OR(WEEKDAY(A2,2)=6,WEEKDAY(A2,2)=7),"双休日加班","平时加班")

③当①与②结果有一个为真时，就返回"双休日加班"，否则返回"平时加班"

例3：汇总周日总销售额

扫一扫，看视频

已知销售统计表中按销售日期记录了销售额，现在需要汇总周日的总销售额。要进行此项统计需要先对日期进行判断，并只提取各个周日的销售额再进行求和计算。

❶ 选中 E2 单元格，在编辑栏中输入公式：

=SUM((WEEKDAY(A2:A14,2)=7)*C2:C14)

❷ 按 Ctrl+Shift+Enter 组合键，即可得到周日的总销售额，如图 11-37 所示。

图 11-37

【公式解析】

①依次提取 A2:A14 单元格区域中各日期的星期数，并依次判断是否等于 7，如果是返回 TRUE，否则返回 FALSE。返回的是一个数组

=SUM((WEEKDAY(A2:A14,2)=7)*C2:C14)

③对②返回数组进行求和运算

②将①返回数组中是 TRUE 值的，对应在 C2:C14 单元格区域中取值。返回的是一个数组

3. WEEKNUM（返回日期对应 1 年中的第几周）

【函数功能】WEEKNUM 函数返回 1 个数字，该数字代表 1 年中的第几周。

【函数语法】WEEKNUM(serial_number,[return_type])

● serial_number：必需。表示一周中的日期。

- return_type：可选。确定星期从哪一天开始。

【用法解析】

$$=WEEKNUM(A1,2)$$

WEEKNUM 函数将 1 月 1 日所在的星期定义为 1 年中的第 1 个星期

数字 1 或省略时，表示从星期日开始，星期内的天数为 1（星期日）~7（星期六）；如果指定为数字 2 表示从星期一开始，星期内的天数为 1（星期一）~7（星期日）

例：计算培训课程的历时周数

表格给出了某公司组织的几种职务培训课程开始与结束日期，使用 WEEKNUM 函数可计算出每种培训课程的历时周数。

扫一扫，看视频

❶ 选中 D2 单元格，在编辑栏中输入公式：

```
=WEEKNUM(C2,2)-WEEKNUM(B2,2)+1
```

按 Enter 键即可计算出 B2 单元格日期到 C2 单元格日期中间共经历了几周，如图 11-38 所示。

❷ 向下复制 D2 单元格的公式可以批量返回各活动共经历了几周，如图 11-39 所示。

	A	B	C	D
1	培训课程	开始日期	结束日期	共几周
2	企业礼仪	2024/1/10	2024/2/15	6
3	工程造价	2024/3/10	2024/3/31	
4	活动策划	2024/5/10	2024/6/10	
5	新媒体运营	2024/7/10	2024/8/5	
6	kol选择	2024/9/10	2024/10/1	
7	市场调研	2024/11/10	2024/12/31	

图 11-38

	A	B	C	D
1	培训课程	开始日期	结束日期	共几周
2	企业礼仪	2024/1/10	2024/2/15	6
3	工程造价	2024/3/10	2024/3/31	4
4	活动策划	2024/5/10	2024/6/10	6
5	新媒体运营	2024/7/10	2024/8/5	5
6	kol选择	2024/9/10	2024/10/1	4
7	市场调研	2024/11/10	2024/12/31	9

图 11-39

【公式解析】

$$=WEEKNUM(C2,2)-WEEKNUM(B2,2)+1$$

①计算结束日期在一年中的第几周

②计算开始日期在一年中的第几周

③二者差值再加 1 即为总周数。因为无论第一周是周几都会占 1 周，所以进行加 1 处理

4. EOMONTH[返回指定月份前(后)几个月最后一天的序列号]

【函数功能】EOMONTH 函数用于返回某个月份最后一天的序列号，该月份与 start_date 相隔（之前或之后）指定月份数。可以计算正好在特定月份中最后一天到期的到期日。

【函数语法】EOMONTH(start_date, months)

- start_date：必需。表示开始的日期。
- months：必需。表示 start_date 之前或之后的月份数。

【用法解析】

=EOMONTH(❶起始日期,❷指定之前或之后的月份)

使用标准格式的日期或使用 DATE 函数来构建标准日期。如果是非有效日期，将返回错误值

此参数为正值将生成未来日期；为负值将生成过去日期。如果 month 不是整数，将截尾取整

如图 11-40 所示，参数显示在 A、B 两列中，通过 C 列中显示的公式可得到 D 列的结果。

	A	B	C	D
1	日期	间隔月份数	公式	返回日期
2	2024/6/5	5	=EOMONTH(A2,B2)	2024/11/30
3	2024/10/10	-2	=EOMONTH(A3,B3)	2024/8/31
4	2024/5/12	15	=EOMONTH(A4,B4)	2025/8/31

图 11-40

例1：根据促销开始时间计算促销天数

已知表格给出了各项产品开始促销的具体日期，并计划全部活动到月底结束，现在需要根据开始日期计算各商品的总促销天数。

❶ 选中C2单元格，在编辑栏中输入公式（如图11-41所示）：

`=EOMONTH(B2,0)-B2`

按 Enter 键返回一个日期值，注意将单元格的格式更改为"常规"格式即可正确显示促销天数。

❷ 向下复制C2单元格的公式可以批量返回各促销产品的促销天数，如图 11-42 所示。

扫一扫，看视频

Excel 应用技巧速查宝典（第2版）

C2			=EOMONTH(B2,0)-B2	
	A	B	C	D
1	促销产品	开始日期	促销天数	
2	灵芝生机水	2024/3/3	28	
3	白芍美白精华	2024/3/5		
4	雪耳保湿柔肤水	2024/3/10		
5	雪耳保湿面霜	2024/3/15		
6	虫草美白眼霜	2024/3/20		
7	虫草紧致晚霜	2024/3/22		

图 11-41

	A	B	C
1	促销产品	开始日期	促销天数
2	灵芝生机水	2024/3/3	28
3	白芍美白精华	2024/3/5	26
4	雪耳保湿柔肤水	2024/3/10	21
5	雪耳保湿面霜	2024/3/15	16
6	虫草美白眼霜	2024/3/20	11
7	虫草紧致晚霜	2024/3/22	9

图 11-42

【公式解析】

=EOMONTH(B2,0)-B2

①返回的是 B2 单元格日期所在月份的最后一天日期

②最后一天日期减去开始日期即为促销天数

例 2：计算食品的有效保质日期

已知表格统计的是几种冷冻食品的生产日期和保质期（月），要求计算出每种食品的有效保质期截止到具体哪一天。

扫一扫，看视频

❶ 选中 D2 单元格，在编辑栏中输入公式（如图 11-43 所示）：

`=EOMONTH(B2,C2)`

❷ 按 Enter 键返回截止日期。然后向下复制 D2 单元格的公式可以批量返回各食品的有效保质截止日期，如图 11-44 所示。

D2				=EOMONTH(B2,C2)
	A	B	C	D
1	食品	生产日期	保质期（月）	截止日期
2	牧场·鲜牛奶	2024/5/1	6	2024/11/30
3	冰雪·香草冰激凌	2024/5/1	3	
4	零蔗糖乳酸菌	2024/9/20	1	
5	水果味棒棒冰	2024/5/21	8	
6	芝士干酪	2024/9/22	3	

图 11-43

	A	B	C	D
1	食品	生产日期	保质期（月）	截止日期
2	牧场·鲜牛奶	2024/5/1	6	2024/11/30
3	冰雪·香草冰激凌	2024/5/1	3	2024/8/31
4	零蔗糖乳酸菌	2024/9/20	1	2024/10/31
5	水果味棒棒冰	2024/5/21	8	2025/1/31
6	芝士干酪	2024/9/22	3	2024/12/31

图 11-44

【公式解析】

=EOMONTH(B2,C2)

返回的是 B2 单元格日期间隔 C2 中指定月份后那一月最后一天的日期

5. DATEDIF（用指定的单位计算起始日和结束日之间的天数）

【函数功能】DATEDIF 函数用于计算两个日期之间的年数、月数和天数。

【函数语法】DATEDIF(date1,date2,code)

- date1：必需。表示起始日期。
- date2：必需。表示结束日期。
- code：必需。表示指定要返回两个日期之间数值的参数代码。

DATEDIF 函数的 code 参数与返回值见表 11-3。

表 11-3

code 参数	DATEDIF 函数返回值
y	返回两个日期之间的年数
m	返回两个日期之间的月数
d	返回两个日期之间的天数
ym	返回参数 1 和参数 2 的月数之差，忽略年和日
yd	返回参数 1 和参数 2 的天数之差，忽略年。按照月、日计算天数
md	返回参数 1 和参数 2 的天数之差，忽略年和月。

【用法解析】

注意第 2 个参数的日期值不能小于第 1 个参数的日期值

=DATEDIF(A2,B2,"d")

第 3 个参数为"d"，DATEDIF 函数将求两个日期值间隔的天数，等同于公式=B2-A2。但还有多种形式可以指定

如果为函数设置适合的第 3 个参数，还可以让 DATEDIF 函数在计算间隔天数时忽略两个日期值中的年或月信息，如图 11-45 所示。

将第 3 个参数设置为 md，DATEDIF 函数将忽略两个日期值中的年和月，直接求 15 日和 17 日之间间隔的天数，所以公式返回 "2"

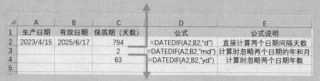

	A	B	C	D	E
1	生产日期	有效日期	保质期（天数）	公式	公式说明
2	2023/4/15	2025/6/17	794	=DATEDIF(A2,B2,"d")	直接计算两个日期间隔天数
3			2	=DATEDIF(A2,B2,"md")	计算时忽略两个日期的年和月
4			63	=DATEDIF(A2,B2,"yd")	计算时忽略两个日期年数
5					

将第 3 个参数设置为 yd，函数将忽略两个日期值中的年，直接求 4 月 15 日与 6 月 17 日之间间隔的天数，所以公式返回 "63"

图 11-45

如果计算两个日期值间隔的月数，就将 DATEDIF 函数的第 3 个参数设置为 "m"，如图 11-46 所示。

两个日期值间隔 26 个月多 2 天，2 天不足 1 月，所以公式返回 "26"

C2			f_x	=DATEDIF(A2, B2, "m")	
	A	B	C	D	E
1	生产日期	有效日期	间隔月数	公式	
2	2023/4/15	2025/6/17	26	=DATEDIF(A2,B2,"m")	

图 11-46

将 DATEDIF 函数的第 3 个参数设置为 "y"，函数将返回两个日期值间隔的年数，如图 11-47 所示。

两个日期值间隔 2 年 2 个月 2 天，其中 2 个月 2 天不足 1 年，所以公式返回 "2"

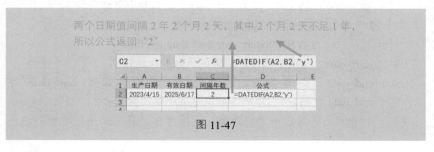

C2			f_x	=DATEDIF(A2, B2, "y")	
	A	B	C	D	E
1	生产日期	有效日期	间隔年数	公式	
2	2023/4/15	2025/6/17	2	=DATEDIF(A2,B2,"y")	
3					

图 11-47

例：计算账款逾期月份

表格中显示了部分账款的借款金额和还款日期，下面需要计算每笔借款的已逾期还款月份数。

❶ 选中 D2 单元格，在编辑栏中输入公式：

```
=DATEDIF(C2,TODAY(),"m")
```

扫一扫，看视频

按 Enter 键，即可根据 C2 单元格中的还款日期统计出已逾期月数，如图 11-48 所示。

❷ 将 D2 单元格的公式向下复制，可以实现批量计算各账款的已逾期月数，如图 11-49 所示。

图 11-48　　　　　　　　　　　图 11-49

【公式解析】

①返回当前日期

$$=DATEDIF(C2,TODAY(),"m")$$

②返回 C2 单元格日期与当前日期相差的月份数

6. DAYS360（按照一年 360 天的算法计算两个日期间相差的天数）

【函数功能】DAYS360 按照 1 年 360 天的算法（每个月以 30 天计，一年共计 12 个月），返回两个日期间相差的天数。

【函数语法】DAYS360(start_date,end_date,[method])

- start_date：必需。表示计算期间天数的起始日期。
- end_date：必需。表示计算的终止日期。如果 start_date 在 end_date 之后，则 DAYS360 将返回一个负数。
- method：可选。一个逻辑值，它指定在计算中是采用欧洲方法还是美国方法。

【用法解析】

DAYS360 无论当月是 31 天还是 28 天，全部都以 30 天计算

$$=DAYS360(A2,B2)$$

使用标准格式的日期或 DATE 函数来构建标准日期，否则函数将返回错误值。

📢 **注意：**

计算两个日期之间相差的天数，要"算尾不算头"，即起始日当天不算作1天，终止日当天要算作1天。

例：计算应付账款的还款倒计时天数

表格统计了各项账款的借款日期与账期，通过这些数据可以快速计算各项账款的还款剩余天数，结果为负数表示已过期的天数。

扫一扫，看视频

❶ 选中 E2 单元格，在编辑栏中输入公式：

`=DAYS360(TODAY(),C2+D2)`

按 Enter 键即可判断第一项借款的还款剩余天数，如图 11-50 所示。

❷ 向下复制 E2 单元格的公式可以批量返回计算结果，如图 11-51 所示。

E2			fx	=DAYS360(TODAY(),C2+D2)	
	A	B	C	D	E
1	发票号码	借款金额	借款日期	账期	还款剩余天数
2	12023	20850.00	2024/1/30	60	-71
3	12584	5000.00	2024/5/30	15	
4	20596	15600.00	2024/4/10	10	
5	23562	120000.00	2024/5/25	25	
6	63001	15000.00	2024/6/20	20	
7	125821	20000.00	2024/6/1	60	

图 11-50

	A	B	C	D	E
1	发票号码	借款金额	借款日期	账期	还款剩余天数
2	12023	20850.00	2024/1/30	60	-71
3	12584	5000.00	2024/5/30	15	3
4	20596	15600.00	2024/4/10	10	-51
5	23562	120000.00	2024/5/25	25	8
6	63001	15000.00	2024/6/20	20	29
7	125821	20000.00	2024/6/1	60	50

图 11-51

【公式解析】

①二者相加为借款的到期日期

=DAYS360(TODAY(),C2+D2)

②按照一年 360 天的算法计算当前日期与①返回结果间的差值

7. EDATE（计算间隔指定月份数后的日期）

【函数功能】EDATE 函数返回表示某个日期的序列号，该日期与指定日期（start_date）相隔（之前或之后）指示的月份数。

【函数语法】EDATE(start_date, months)

- start_date：必需。表示一个代表开始日期的日期。应使用 date 函数输入日期，或者将日期作为其他公式或函数的结果输入。
- months：必需。表示 start_date 之前或之后的月份数。months 为正值将生成未来日期，为负值将生成过去日期。

【用法解析】

使用标准格式的日期或 DATE 函数来构建标准日期，否则函数将返回错误值

=EDATE(A2,3)

如果指定为正值，将生成起始日之后的日期；如果指定为负值，将生成起始日之前的日期

例 1：计算应收账款的到期日期

扫一扫，看视频

表格统计了各项账款的账款日期与账龄，账龄是按月记录的，现在需要返回每项账款的到期日期。

❶ 选中 E2 单元格，在编辑栏中输入公式：

`=EDATE(C2,D2)`

按 Enter 键即可判断第 1 项借款的到期日期，如图 11-52 所示。

❷ 向下复制 E2 单元格的公式可以批量返回各条借款的到期日期，如图 11-53 所示。

E2				fx	=EDATE(C2,D2)
	A	B	C	D	E
1	发票号码	借款金额	账款日期	账龄(月)	到期日期
2	12023	20850.00	2024/1/30	8	2024/9/30
3	12584	5000.00	2024/2/25	10	
4	20596	15600.00	2024/3/10	3	
5	23562	120000.00	2024/4/25	4	
6	63001	15000.00	2024/5/20	5	
7	125821	20000.00	2024/6/1	6	
8	125001	9000.00	2024/6/8	3	

图 11-52

	A	B	C	D	E
1	发票号码	借款金额	账款日期	账龄(月)	到期日期
2	12023	20850.00	2024/1/30	8	2024/9/30
3	12584	5000.00	2024/2/25	10	2024/12/25
4	20596	15600.00	2024/3/10	3	2024/6/10
5	23562	120000.00	2024/4/25	4	2024/8/25
6	63001	15000.00	2024/5/20	5	2024/10/20
7	125821	20000.00	2024/6/1	6	2024/12/1
8	125001	9000.00	2024/6/8	3	2024/9/8

图 11-53

例 2：根据出生日期与性别计算退休日期

扫一扫，看视频

某公司人力资源部门通过建立表格统计老员工的退休日期，可以设置公式根据老员工的出生日期与性别计算退休日期。本例假设男性退休年龄为 55 周岁，女性退休年龄为 50 周岁（具

体可以根据实际政策重新设置退休年龄）。

❶ 选中 E2 单元格，在编辑栏中输入公式：

=EDATE(D2,12*((C2="男")*5+50))+1

按 Enter 键即可计算出第 1 位员工的退体日期，如图 11-54 所示。

❷ 向下复制 E2 单元格的公式可以批量返回各位员工的退休日期，如图 11-55 所示。

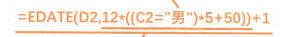

图 11-54　　　　　　　　　　图 11-55

【公式解析】

①如果 C2 单元格显示为男性，"C2="男""返回 1，然后退休年龄为"1*5+50"；如果 C2 单元格显示为女性，返回 0，然后退休年龄为"1*0+50"；乘以 12 的处理是将前面返回的年龄转换为月份数

=EDATE(D2,12*((C2="男")*5+50))+1

②使用 EDATE 函数返回与出生日期相隔①返回的月份数的日期值

第 12 章　查找引用函数

12.1　LOOK 类查找函数

本书将 LOOKUP、VLOOKUP、HLOOKUP、XLOOKUP（Excel 2021 新增函数）几个函数归纳为 LOOK 类函数。这几个函数是非常重要的查找函数，对于各种不同情况下的数据匹配起到了极为重要的作用，这些函数除了可以单独使用之外，还经常和 ROW、COLUMN 函数嵌套使用（二者是一组对应的函数），帮助人们实现更复杂的数据查找。

ROW 函数用于返回引用的行号，还有 ROWS 函数，用于返回引用中的行数。

【函数功能】ROW 函数用于返回引用的行号。

【函数语法】ROW([reference])

reference：可选。要得到其行号的单元格或单元格区域。

【用法解析】

=ROW()

如果省略参数，则返回的是函数 ROW 所在单元格的行号。如图 12-1 所示，在 B2 单元格中使用公式 "=ROW()"，返回值就是 B2 的行号，所以返回 "2"

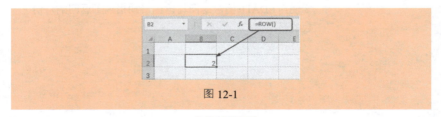

图 12-1

=ROW(C5)

如果参数是单个单元格，则返回的是给定引用的行号。如图 12-2 所示，使用公式 "=ROW(C5)"，返回值就是 "5"。而至于选择哪个单元格来显示返回值，可以任意设置

图 12-2

=ROW(D2:D6)

如果参数是一个单元格区域，并且函数 ROW 作为垂直数组输入（因为水平数组无论有多少列，其行号只有一个），则函数 ROW 将 reference 的行号以垂直数组的形式返回，但注意要使用数组公式。如图 12-3 所示，使用公式 "=ROW(D2:D6)"，按 Ctrl+Shift+Enter 组合键结束，可返回 D2:D6 单元格区域的一组行号。

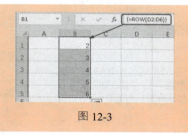

图 12-3

📢 **注意：**

ROW 函数在进行运算时是一个构建数组的过程，数组中的元素可能只有一个数值，也可能有多个数值。当 ROW 函数没有参数或参数只包含一行单元格时，函数返回包含一个数值的数组；当 ROW 函数的参数包含多行单元格时，函数返回包含多个数值的单列数组。

COLUMN 函数用于返回引用的列号，还有 COLUMNS 函数，用于返回引用的列数，二者是一组对应的函数。

【函数功能】COLUMN 函数用于返回引用的列号。

【函数语法】COLUMN([reference])

reference：可选。要返回其列号的单元格或单元格区域。如果省略参数 reference 或该参数为一个单元格区域，并且 COLUMN 函数是以水平数组的形式输入的，则 COLUMN 函数将以水平数组的形式返回参数 reference 的列号。

【用法解析】

COLUMN 函数与 ROW 函数用法类似。COLUMN 函数返回列号组成的数组，而 ROW 函数则返回行号组成的数组。从函数返回的数组来看，ROW 函数返回的是由各行行号组成的单列数组，写入单元格时应写入同列的单元格中，而 COLUMN 函数返回的是由各列列号组成的单行数组，写入单元格时应写入同行的单元格中。

如果要返回公式所在单元格的列号，可以用公式：

=COLUMN()

如果要返回 F 列的列号，可以用公式：

=COLUMN(F:F)

如果要返回 A:F 中各列的列号，可以用公式：

=COLUMN(A:F)

效果如图 12-4 所示。

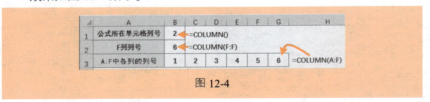

图 12-4

1. VLOOKUP（在数组第 1 列中查找并返回指定列中同一位置的值）

【函数功能】VLOOKUP 函数用于在表格或数值数组的首列中查找指定的数值，然后返回表格或数组中该数值所在行中指定列处的数值。

【函数语法】VLOOKUP(lookup_value,table_array,col_index_num,[range_lookup])

- lookup_value：必需。表示要在表格或区域的第 1 列中搜索的值。该参数可以是值或引用。
- table_array：必需。表示包含数据的单元格区域。可以使用区域或区域名称的引用。
- col_index_num：必需。表示参数 table_array 中待返回的匹配值的列号。
- range_lookup：可选。一个逻辑值，指明 VLOOKUP 查找时是精确匹配还是近似匹配。

【用法解析】

可以从一个单元格区域中查找，也可以从一个常量数组或内存数组中查找。设置此区域时注意查找目标一定要在该区域的第1列，并且该区域中一定要包含待返回值所在的列

指定从哪一列中返回值

=VLOOKUP（❶查找值，❷查找范围，❸返回值所在列号，❹精确或模糊查找）

最后一个参数是决定函数精确或模糊查找的关键。精确即完全一样，模糊即包含的意思。指定值为 0 或 FALSE 则表示精确查找，而值为 1 或 TRUE 时则表示模糊查找

注意：

如果缺少第 4 个参数就无法精确查找到结果了，但可以进行模糊匹配。模糊匹配时，需要省略此参数，或将此参数设置为 TRUE。

针对图 12-5 所示的查找，对公式分析如下。

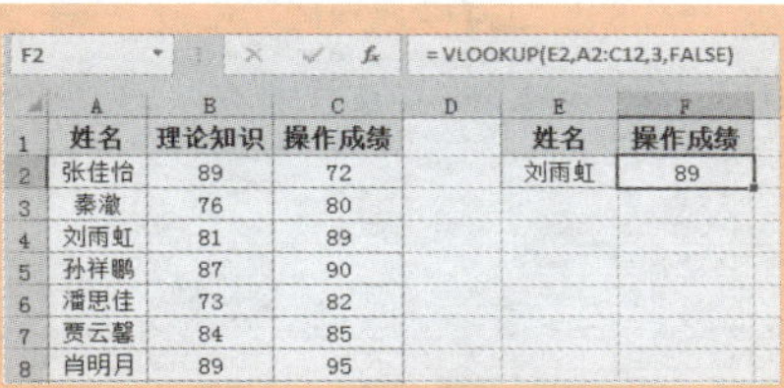
F2 =VLOOKUP(E2,A2:C12,3,FALSE)

	A	B	C	D	E	F
1	姓名	理论知识	操作成绩		姓名	操作成绩
2	张佳怡	89	72		刘雨虹	89
3	秦澈	76	80			
4	刘雨虹	81	89			
5	孙祥鹏	87	90			
6	潘思佳	73	82			
7	贾云馨	84	85			
8	肖明月	89	95			

图 12-5

第 2 个参数告诉 VLOOKUP 函数应该在哪里查找第 1 个参数的数据。第 2 个参数必须包含查找值和返回值，且第 1 列必须是查找值，如本例中“姓名”列是查找对象

指定要查询的数据

=VLOOKUP(E2,A2:C12,3,FALSE)

第 3 个参数用来指定返回值所在的位置。当在第 2 个参数的首列找到查找值后，返回第 2 个参数中对应列的数据。本例要在 A2:C12 的第 3 列中返回值，所以公式中将该参数设置为 3

也可以设置为 0，与 FALSE 一样表示精确查找

当查找的对象不存在时，会返回错误值，如图 12-6 所示。

因为找不到"刘雨红"，所以返回错误值

图 12-6

例 1：按编号查询员工的工资明细

扫一扫，看视频

在建立了员工薪资表后，如果想实现对任意员工的工资明细数据进行查询，可以建立一个查询表，只要输入想查询的员工编号即可显示其他明细数据。

❶ 首先在表格空白位置建立查询标识（也可以建到其他工作表中），选中 I2 单元格，在编辑栏中输入公式：

=VLOOKUP($H2,$A:$F,COLUMN(B1),FALSE)

按 Enter 键，查找到 H2 单元格中指定编号对应的姓名，如图 12-7 所示。

图 12-7

❷ 将 I2 单元格的公式向右复制到 M2 单元格，即可查询到 H2 单元格中指定编号对应的所有明细数据，如图 12-8 所示。

图 12-8

❸ 当在 H2 单元格中任意更换其他员工编号时，可以实现对应的查询，如图 12-9 所示。

	A	B	C	D	E	F	G	H	I	J	K	L	M
1	员工编号	姓名	基本工资	业绩奖金	工龄工资	实发工资		员工编号	姓名	基本工资	业绩奖金	工龄工资	实发工资
2	NL-003	王明阳	3500	10000	200	13700		NL-021	龙明江	3500	6000	200	9700
3	NL-005	黄胜先	3500	5000	500	9000							
4	NL-011	夏红蕊	3500	2500	200	6200							
5	NL-013	贾云馨	3500	1000	200	4700							
6	NL-015	陈世发	3500	3500	500	7500							
7	NL-017	马蓓蕊	3500	9000	200	12700							
8	NL-018	李沐天	3500	8500	1000	13000							
9	NL-019	朱明健	3500	3000	1000	7500							
10	NL-021	龙明江	3500	6000	200	9700							
11	NL-022	刘碧	3500	1500	1000	6000							
12	NL-026	宁华功	3500	8500	1000	13000							

图 12-9

【公式解析】

①因为查找对象与用于查找的区域不能随着公式的复制而变动，所以使用绝对引用

=VLOOKUP($H2,$A:$F,COLUMN(B1),FALSE)

②这个参数用于指定返回哪一列中的值，因为本例的目的是要随着公式向右复制，从而依次返回"姓名""基本工资""业绩奖金"等几项明细数据，所以这个参数是要随之变动的，如"姓名"在第 2 列、"基本工资"在第 3 列、"业绩奖金"在第 4 列等。COLUMN(B1)返回值为 2，向右复制公式时会依次变为 COLUMN(C1)（返回值是 3）、COLUMN(D1)（返回值是 4），这正好达到了批量复制公式而又不必逐一更改此参数的目的

🔊 **注意：**

这个公式是 VLOOKUP 函数套用 COLUMN 函数的典型例子。如果只需返回单个值，手动输入要返回值的那一列的列号即可，公式中也不必使用绝对引用。但因为要通过复制公式得到批量结果，所以才会使用此种设计。这种处理方式在后面的例子中可能还会用到，之后不再赘述。后面会具体介绍 Excel 2021 新增的 XLOOKUP 函数应用，可以简化 VLOOKUP 函数公式。

例 2：代替 IF 函数的多层嵌套（模糊匹配）

在如图 12-10 所示的应用环境下，要根据不同的分数区间对员工按实际考核成绩进行等级评定。要实现这一目的，可以

扫一扫，看视频

使用 IF 函数,但有几个判断区间就需要有几层 IF 嵌套(公式设置比较烦琐),而使用 VLOOKUP 函数的模糊匹配方法则可以更加简捷地解决此问题。

图 12-10

❶ 首先建立分段区间,即 A3:B7 单元格区域 (这个区域在公式中要被引用)。

❷ 选中 G3 单元格,在编辑栏中输入公式:

`=VLOOKUP(F3,$A$3:$B$7,2)`

按 Enter 键,即可根据 F3 单元格的成绩对其进行等级评定,如图 12-11 所示。

❸ 将 G3 单元格的公式向下复制,可返回批量评定结果,如图 12-12 所示。

图 12-11   图 12-12

【公式解析】

要实现这种模糊查找,关键之处在于要省略第 4 个参数,或将该参数设置为 TRUE

`=VLOOKUP(F3,$A$3:$B$7,2)`

 注意:

可以直接将数组写到参数中。例如,本例中如果未建立 A3:B7 的等级分布

340

区域，则可以直接将公式写为"=VLOOKUP(F3，{0,"E";60,"D";70,"C";80,"B";90,"A"},2)"。数组中，逗号间隔的为列，因此分数为第 1 列，等级为第 2 列，在第 1 列中判断分数区间，然后返回第 2 列中对应的值。

例 3：应用通配符查找数据

当数据库中包含了各种类别的固定资产名称时，可能会导致无法精确的记住全称。如果只记得是开头或结尾是包含的关键词，则可以在查找值参数中使用通配符"*"（可代表任意字符）。

如图 12-13 所示，某项固定资产以"轿车"结尾，在 B13 单元格中输入"轿车"，选中 C13 单元格，在编辑栏中输入公式：

```
=VLOOKUP("*"&B13,B1:I10,8,0)
```

按 Enter 键，可以看到查询到的月折旧额是正确的。

C13		▼	× ✓ fx	=VLOOKUP("*"&B13,B1:I10,8,0)					
▲	A	B	C	D	E	F	G	H	I
1	编号	固定资产名称	开始使用日期	预计使用年限	原值	净残值率	净残值	已计提月数	月折旧额
2	Ktws-1	轻型载货汽车	13.01.01	10	84000	5%	4200	58	665
3	Ktws-2	尼桑轿车	13.10.01	10	228000	5%	11400	49	1805
4	Ktws-3	电脑	13.01.01	5	2980	5%	149	58	47
5	Ktws-4	电脑	15.01.01	5	3205	5%	160	34	51
6	Ktws-5	打印机	16.02.03	5	2350	5%	118	21	37
7	Ktws-6	空调	13.11.07	5	2980	5%	149	47	47
8	Ktws-7	空调	14.06.05	5	5800	5%	290	40	92
9	Ktws-8	冷暖空调机	14.06.22	4	2200	5%	110	40	44
10	Ktws-9	uv喷绘机	14.05.01	10	98000	10%	9800	42	735
11									
12		固定资产名称	月折旧额						
13		轿车	1805						
14									

图 12-13

【公式解析】

记住这种连接方式。如果知道以某字符开头，则把通配符放在右侧即可

=VLOOKUP("*"&B13,B1:I10,8,0)

例 4：VLOOKUP 应对多条件匹配

在实际工作中，经常需要进行多条件查找，而 VLOOKUP 函数一般情况下只能实现单条件查找，此时可以通过对 VLOOKUP 进行改善设计，即可实现多条件的匹配查找。

比如本例需要同时满足指定的分部名称与指定的月份两个条件实现查询。

❶ 选中 G2 单元格，在编辑栏中输入公式：

`=VLOOKUP(E2&F2,IF({1,0},A2:A11&B2:B11,C2:C11),2,)`

❷ 按 Ctrl+Shift+Enter 组合键返回查询结果，如图 12-14 所示。

	A	B	C	D	E	F	G	H	I	J	K	L
1	分部	月份	销售额		分部	月份	销售额					
2	合肥分部	1月	¥ 24,689.00		合肥分部	2月	25640					
3	南京分部	1月	¥ 27,976.00									
4	济南分部	1月	¥ 19,464.00									
5	绍兴分部	1月	¥ 21,447.00									
6	常州分部	1月	¥ 18,069.00									
7	合肥分部	2月	¥ 25,640.00									
8	南京分部	2月	¥ 21,434.00									
9	济南分部	2月	¥ 18,564.00									
10	绍兴分部	2月	¥ 23,461.00									
11	常州分部	2月	¥ 20,410.00									
12												

图 12-14

【公式解析】

①查找值。因为是双条件，所以使用&合并条件

③满足条件时返回②数组中第 2 列上的值

=VLOOKUP(E2&F2,IF({1,0},A2:A11&B2:B11,C2:C11),2,)

②返回一个数组，形成 {"合肥分部 1 月",24689;"南京分部 1 月",27976;"济南分部 1 月",19464;"绍兴分部 1 月",21447;"常州分部 1 月",18069;"合肥分部 2 月",25640;"南京分部 2 月",21434;"济南分部 2 月",18564;"绍兴分部 2 月",23461;"常州分部 2 月",20410}的数组

2. LOOKUP（查找并返回同一位置的值）

LOOKUP 函数具有两种语法形式：数组型语法形式和向量型语法形式。

（1）数组型语法形式。

【函数功能】LOOKUP 的数组形式在数组的第 1 行或第 1 列中查找指定的值，并返回数组最后一行或最后一列中同一位置的值。

【函数语法】LOOKUP(lookup_value, array)

● lookup_value：必需。表示要搜索的值。此参数可以是数字、文本、逻辑值、名称或对值的引用。

- array：必需。表示包含要与 lookup_value 进行比较的文本、数字或逻辑值的单元格区域。

第 12 章 查找引用函数

【用法解析】

可以设置为任意行列的常量数组或区域数组，在首列（行）中查找，返回值位于末列（行）

=LOOKUP（❶查找值，❷数组）

如图 12-15 所示，查找值为"合肥"，在 A2:B8 单元格区域的 A 列中查找，返回 B 列中同一位置的值。

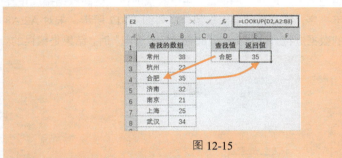

图 12-15

（2）向量型语法形式。

【函数功能】LOOKUP 的向量形式在单行区域或单列区域（称为"向量"）中查找指定的值，然后返回第 2 个单行区域或单列区域中相同位置的值。

【函数语法】LOOKUP(lookup_value, lookup_vector, [result_vector])

- lookup_value：必需。表示要搜索的值。此参数可以是数字、文本、逻辑值、名称或对值的引用。
- lookup_vector：必需。用于条件判断的只包含一行或一列的区域。
- result_vector：可选。用于返回值的只包含一行或一列的区域。

【用法解析】

用于条件判断的单行（列）　　　　　　用于返回值的单行（列）

=LOOKUP（❶查找值，❷单行(列)区域，❸单行(列)区域）

如图 12-16 所示，查找值为"合肥"，在 A2:A8 单元格区域中查找，返回 C2:C8 中同一位置的值。

343

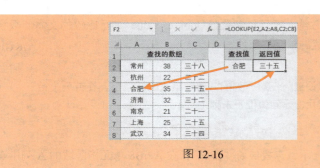

图 12-16

无论是数组型语法还是向量型语法，用于查找的行或列的数据都应按升序排列。如果不排序，在查找时会出现错误。如图 12-17 所示，未对 A2:A8 单元格区域中的数据进行升序排列，因此在查询"济南"时，结果是错误的。

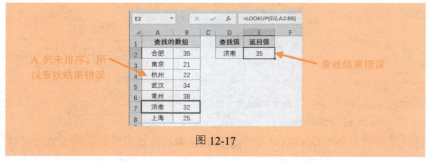

图 12-17

针对 LOOKUP 模糊查找的特性，两项重要的总结如下。

- 如果 lookup_value 小于 lookup_vector 中的最小值，函数 LOOKUP 返回错误值 #N/A。
- 如果函数 LOOKUP 找不到 lookup_value，则查找 lookup_vector 中小于或等于 lookup_value 的最大数值。利用这一特性，我们可以用

`=LOOKUP(1,0/(条件),引用区域)`

这样一个通用公式来查找引用（关于这个通用公式，在后面的实例中会多次用到。因为这个公式很重要，在理解了其用法后，建议读者牢记）。

例 1：LOOKUP 模糊查找

扫一扫，看视频

在 VLOOKUP 函数中，通过设置第 4 个参数为 TRUE，可以实现模糊查找，而 LOOKUP 函数本身就具有模糊查找的属性。即如果 LOOKUP 找不到所设定的目标值，则会寻找小于

或等于目标值的最大数值。利用这个特性可以实现模糊匹配。

因此，针对 VLOOKUP 函数的例 2 中介绍的例子，也可以使用 LOOKUP 函数来实现。

❶ 选中 G3 单元格，在编辑栏中输入公式：

`=LOOKUP(F3,$A$3:$B$7)`

❷ 按 Enter 键，然后向下复制 G3 单元格的公式，可以看到得出的结果与 VLOOKUP 函数的例 3 中的结果一样，如图 12-18 所示。

G3	▼	× ✓ fx	=LOOKUP(F3,$A$3:$B$7)			
▲	A	B	C	D	E	F	G
1	等级分布			成绩统计表			
2	分数	等级		姓名	部门	成绩	等级评定
3	0	E		刘浩宇	销售部	92	A
4	60	D		曹扬	客服部	85	B
5	70	C		陈子涵	客服部	65	D
6	80	B		刘启瑞	销售部	94	A
7	90	A		吴晨	客服部	91	A
8				谭谢生	销售部	44	E
9				苏瑞宣	销售部	88	B
10				刘雨菲	客服部	75	C
11				何力	客服部	71	C

图 12-18

【公式解析】

=LOOKUP(F3,$A$3:$B$7)

其判断原理为：例如"92"在 A3:A7 单元格区域中找不到，找到的是小于"92"的最大数"90"，其对应在 B 列上的数据是"A"。再如，"85"在 A3:A7 单元格区域中找不到，找到的是小于"85"的最大数"80"，其对应在 B 列上的数据是"B"

例 2：利用 LOOKUP 模糊查找动态返回最后一条数据

利用 LOOKUP 函数模糊查找特性——当找不到目标值时就寻找小于或等于目标值的最大数值，只要将查找值设置为一个足够大的数值，那么总能动态地返回最后一条数据。下面通过具体实例讲解。

扫一扫，看视频

❶ 选中 F2 单元格，在编辑栏中输入公式：

`=LOOKUP(1,0/(B:B<>""),B:B)`

按 Enter 键，返回的是 B 列中的最后一个数据，如图 12-19 所示。

❷ 当 B 列中有新数据添加时，F2 单元格中的返回值自动更新，如

图 12-20 所示。

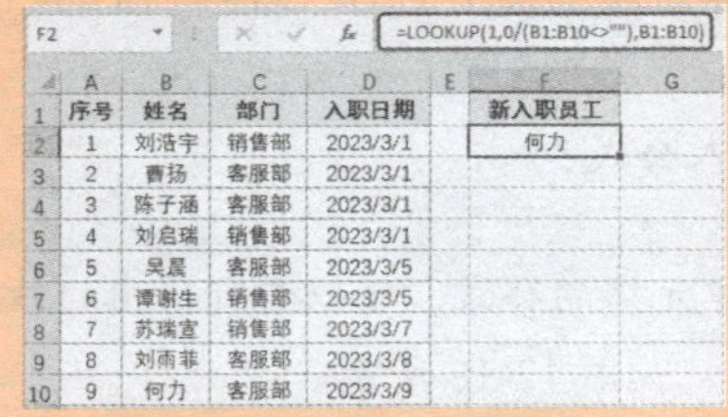

F2 =LOOKUP(1,0/(B1:B10<>""),B1:B10)

	A	B	C	D	E	F	G
1	序号	姓名	部门	入职日期		新入职员工	
2	1	刘浩宇	销售部	2023/3/1		何力	
3	2	曹扬	客服部	2023/3/1			
4	3	陈子涵	客服部	2023/3/1			
5	4	刘启瑞	销售部	2023/3/1			
6	5	吴晨	客服部	2023/3/5			
7	6	谭谢生	销售部	2023/3/5			
8	7	苏瑞宣	销售部	2023/3/7			
9	8	刘雨菲	客服部	2023/3/8			
10	9	何力	客服部	2023/3/9			

图 12-19

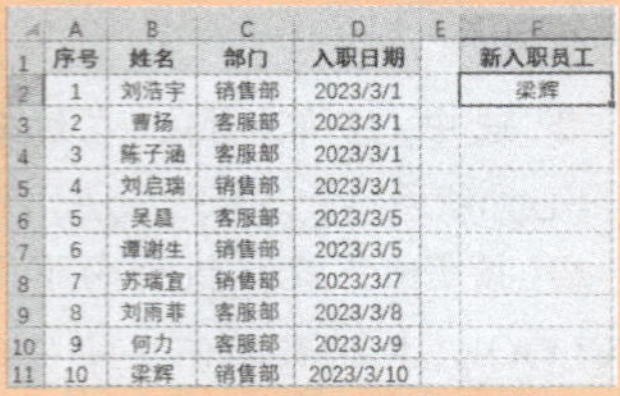

	A	B	C	D	E	F
1	序号	姓名	部门	入职日期		新入职员工
2	1	刘浩宇	销售部	2023/3/1		梁辉
3	2	曹扬	客服部	2023/3/1		
4	3	陈子涵	客服部	2023/3/1		
5	4	刘启瑞	销售部	2023/3/1		
6	5	吴晨	客服部	2023/3/5		
7	6	谭谢生	销售部	2023/3/5		
8	7	苏瑞宣	销售部	2023/3/7		
9	8	刘雨菲	客服部	2023/3/8		
10	9	何力	客服部	2023/3/9		
11	10	梁辉	销售部	2023/3/10		

图 12-20

【公式解析】

①判断 B 列中各单元格是否不等于空，如果不等于空返回 TRUE，如果是空返回 FALSE。返回的是一个数组

=LOOKUP(1,0/(B:B<>""),B:B)

③LOOKUP 在②数组中查找 1，在②数组中最大的就是 0，因此与 0 匹配，并且是返回最后一个数据。用大于 0 的数来查找 0，肯定能查到最后一个满足条件的。本例查找列与返回值列都指定为 B 列，如果要返回对应在其他列上的值，则用 LOOKUP 函数的第 3 个参数指定即

②0/TRUE，返回 0，表示能找到数据；0/FALSE 返回错误值#DIV!0。表示没有找到数据。构成一个由 0 或者#DIV!0 错误值组成的数组

注意：

如果 B 列的数据只是文本，可以使用更简易的公式“=LOOKUP("左",B:B)”来返回 B 列中的最后一个数据。设置查找对象为“左”，也属于 LOOKUP 的模糊匹配功能。因为就文本数据而言，排序是以首字母的顺序进行的，因此“Z”是最大的一个字母。当要找一个最大的字母时，很显然可能精确找到，也可能返回比自己小的。所以，这里只要设置查找值为“Z”字母开始的汉字即可。

扫一扫，看视频

例 3：通过简称或关键字模糊匹配

本例知识点分为以下两个方面。

（1）在图 12-21 所示的表中，A、B 两列给出的是针对不

同地区所给出的补贴标准，而在实际查询匹配时使用的地址是全称，要求根据全称能自动从 A、B 两列中匹配相应的补贴标准，得到 F 列的数据。

	A	B	C	D	E	F
1	地区	补贴标准		地址	租赁面积(m^2)	补贴标准
2	高新区	25%		珠江市包河区陈村路61号	169	0.19
3	经开区	24%		珠江市临桥区海岸御景15A	218	0.18
4	新站区	22%				
5	临桥区	18%				
6	包河区	19%				
7	蜀山区	23%				

图 12-21

❶ 选中 F2 单元格，在编辑栏中输入公式：

```
=LOOKUP(9^9,FIND($A$2:$A$7,D2),$B$2:$B$7)
```

按 Enter 键，返回数据如图 12-22 所示。

F2　=LOOKUP(9^9,FIND($A$2:$A$7,D2),$B$2:$B$7)

	A	B	C	D	E	F
1	地区	补贴标准		地址	租赁面积(m^2)	补贴标准
2	高新区	25%		珠江市包河区陈村路61号	169	0.19
3	经开区	24%		珠江市临桥区海岸御景15A	218	
4	新站区	22%				
5	临桥区	18%				
6	包河区	19%				
7	蜀山区	23%				

图 12-22

❷ 如果要实现批量匹配，则向下复制 F2 单元格的公式。

【公式解析】

①一个足够大的数字

=LOOKUP(9^9,FIND($A$2:$A$7,D2),$B$2:$B$7)

②用 FIND 查找当前地址中是否包括$A$2:$A$7 区域中的地区。查找成功返回位置数字；查找不到返回错误值#VALUE!

③忽略②中的错误值，查找比 9^9 小且最接近的数字，即②找到的那个数字，并返回对应在 B 列上的数据

（2）在图 12-23 所示的表中，A 列中给出的是公司全称，而在实际查询时使用的查询对象却是简称，要求根据简称能自动从 A 列中匹配公司名称并返回订购数量。

图 12-23

❶ 选中 E2 单元格,在编辑栏中输入公式:

`=LOOKUP(9^9,FIND(D2,$A$2:$A$7),$B$2:$B$7)`

按 Enter 键,返回数据如图 12-24 所示。

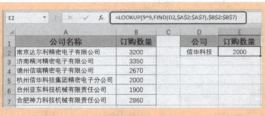

图 12-24

❷ 如果要实现批量匹配,则向下复制 E2 单元格的公式。

【公式解析】

=LOOKUP(9^9,<u>FIND(D2,$A$2:$A$7)</u>,$B$2:$B$7)

此公式与(1)中公式的设置区别仅在于此,即设置 FIND 函数的参数时,把全称作为查找区域,把简称作为查找对象

📢 注意:

在例(2)中,也可以使用 VLOOKUP 函数配合通配符来设置公式。设置公式为"=VLOOKUP("*"&D2&"*",A2:B7,2,0)",即在 D2 单元格中文本的前面与后面都添加通配符,所达到的查找效果也是相同的。日常工作中如果遇到这种用简称匹配全称的情况,都可以使用类似的公式来实现。

例4:LOOKUP 满足多条件查找

扫一扫,看视频

在前面学习 VLOOKUP 函数时,曾介绍了关于满足多条件的查找,而 LOOKUP 使用通用公式"=LOOKUP(1,0/(条件),引用区域)"也可以实现同时满足多条件的查找,并且很容易理解。

想要根据指定分部名查询指定月份的销售额，可以在 G2 单元格中使用公式"=LOOKUP(1,0/((E2=A2:A11)*(F2=B2:B11)),C2:C11)"，也可以获取正确的查询结果，如图 12-25 所示。

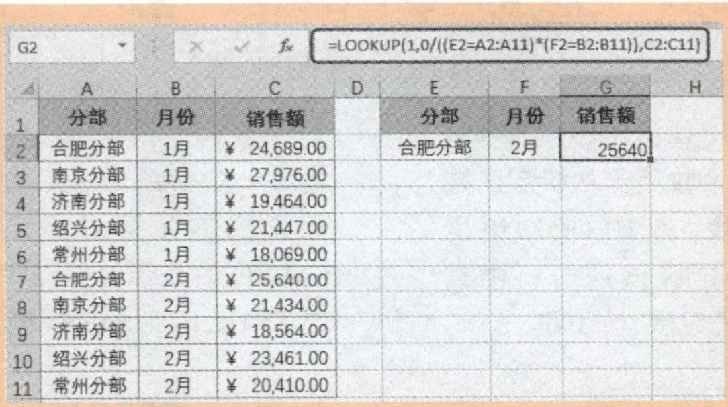

	A	B	C	D	E	F	G	H
1	分部	月份	销售额		分部	月份	销售额	
2	合肥分部	1月	¥ 24,689.00		合肥分部	2月	25640	
3	南京分部	1月	¥ 27,976.00					
4	济南分部	1月	¥ 19,464.00					
5	绍兴分部	1月	¥ 21,447.00					
6	常州分部	1月	¥ 18,069.00					
7	合肥分部	2月	¥ 25,640.00					
8	南京分部	2月	¥ 21,434.00					
9	济南分部	2月	¥ 18,564.00					
10	绍兴分部	2月	¥ 23,461.00					
11	常州分部	2月	¥ 20,410.00					

G2 单元格公式：=LOOKUP(1,0/((E2=A2:A11)*(F2=B2:B11)),C2:C11)

图 12-25

【公式解析】

=LOOKUP(1,0/((E2=A2:A11)*(F2=B2:B11)),C2:C11)

通过多处使用 LOOKUP 的通用公式可以看到，满足不同要求的查找时，这一部分的条件会随着查找需求而不同。此处要同时满足两个条件，中间用"*"连接即可。如果还有第 3 个条件，可再按相同方法连接第 3 个条件

3. HLOOKUP（查找数组的首行，并返回指定单元格的值）

【函数功能】HLOOKUP 函数用于在表格或数值数组的首行中查找指定的数值，然后返回表格或数组中该数组所在列中指定行处的数值。

【函数语法】HLOOKUP(lookup_value,table_array,row_index_num,[range_lookup])

- lookup_value：必需。表示要在表格或区域的第 1 行中查找的数值。
- table_array：必需。表示要在其中查找数据的单元格区域。可以使用对区域或区域名称的引用。
- row_index_num：必需。表示参数 table_array 中待返回的匹配值的行号。
- range_lookup：可选。一个逻辑值，指明函数 HLOOKUP 查找时是精确匹配还是近似匹配。

【用法解析】

查找目标一定要在该区域的第1行   指定从哪一行中返回值

=HLOOKUP(❶查找值,❷查找范围,❸返回值所在行号,
❹精确或模糊查找)

与 VLOOKUP 函数的区别在于，VLOOKUP 函数用于从给定区域的首列中查找，而 HLOOKUP 函数用于从给定区域的首行中查找，其应用方法完全相同

最后一个参数是决定函数精确或模糊查找的关键。指定值为 0 或 FALSE 时表示精确查找，而值为 1 或 TRUE 时则表示模糊查找

🔊 **注意：**

在记录数据时通常都是采用纵向记录方式，因此在实际工作中用于纵向查找的 VLOOKUP 函数比用于横向查找的 HLOOKUP 函数要更实用。

如图 12-26 所示，要查询某产品对应的销量，则需要纵向查找。

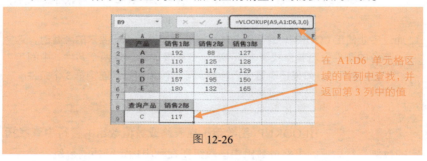

在 A1:D6 单元格区域的首列中查找，并返回第 3 列中的值

图 12-26

如图 12-27 所示，要查询某部门对应的销量，则需要横向查找。

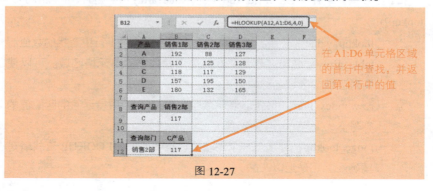

在 A1:D6 单元格区域的首行中查找，并返回第 4 行中的值

图 12-27

例：根据不同的返利率计算各笔订单的返利金额

在图 12-28 所示表格中，对总销售金额在不同区间的返利率进行了约定（其建表方式为横向），销售总金额在 0~1000 元之间时返利率为 2%，在 1000~5000 元之间时返利率为 5%，在 5000~10000 元之间时返利率为 8%，超过 10000 元时返利率为 12%。现在要根据销售总金额自动计算返利金额。

扫一扫，看视频

	A	B	C	D	E
1	总金额	0	1000	5000	10000
2	返利率	2.0%	5.0%	8.0%	12%
3					
4	编号	单价	数量	总金额	返利金额
5	ML_001	355	18	¥ 6,390.00	
6	ML_002	108	22	¥ 2,376.00	
7	ML_003	169	15	¥ 2,535.00	
8	ML_004	129	12	¥ 1,548.00	
9	ML_005	398	50	¥ 19,900.00	
10	ML_006	309	32	¥ 10,888.00	
11	ML_007	99	60	¥ 5,940.00	
12	ML_008	178	23	¥ 4,094.00	

图 12-28

❶ 选中 E5 单元格，在编辑栏中输入公式：

`=D5*HLOOKUP(D5,$A$1:$E$2,2)`

按 Enter 键，可根据 D5 单元格中的总金额计算出返利金额，如图 12-29 所示。

❷ 将 E5 单元格的公式向下复制，即可实现快速批量计算返利金额，如图 12-30 所示。

E5 =D5*HLOOKUP(D5,$A$1:$E$2,2)

	A	B	C	D	E	F
1	总金额	0	1000	5000	10000	
2	返利率	2.0%	5.0%	8.0%	12%	
3						
4	编号	单价	数量	总金额	返利金额	
5	ML_001	355	18	¥ 6,390.00	511.20	
6	ML_002	108	22	¥ 2,376.00		
7	ML_003	169	15	¥ 2,535.00		
8	ML_004	129	12	¥ 1,548.00		
9	ML_005	398	50	¥ 19,900.00		
10	ML_006	309	32	¥ 10,888.00		

图 12-29

	A	B	C	D	E
1	总金额	0	1000	5000	10000
2	返利率	2.0%	5.0%	8.0%	12%
3					
4	编号	单价	数量	总金额	返利金额
5	ML_001	355	18	¥ 6,390.00	511.20
6	ML_002	108	22	¥ 2,376.00	118.80
7	ML_003	169	15	¥ 2,535.00	126.75
8	ML_004	129	12	¥ 1,548.00	77.40
9	ML_005	398	50	¥ 19,900.00	2388.00
10	ML_006	309	32	¥ 10,888.00	1306.56
11	ML_007	99	60	¥ 5,940.00	475.20
12	ML_008	178	23	¥ 4,094.00	204.70

图 12-30

【公式解析】

此例使用了 HLOOKUP 函数的模糊匹配功能，因此省略最后一个参数（也可设置为 TRUE）

=D5*HLOOKUP(D5,$A$1:$E$2,2)

总金额乘以返利率即为返利金额

在$A$1:$E$2 单元格区域的首行寻找 D5 中指定的值，因为找不到完全相等的值，则返回的是小于 D5 值的最大值，即 5000，然后返回对应在第 2 行中的值，即返回 8%

4. XLOOKUP（查找区域或数组返回对应项）

【函数功能】XLOOKUP 函数用于搜索区域或数组，然后返回与它找到的第一个匹配项对应的项。如果不存在匹配项，则 XLOOKUP 可以返回最接近的匹配项。使用 XLOOKUP，可以在一列中查找搜索词，并从另一列中的同一行返回结果，而不管返回列位于哪一边。

【函数语法】XLOOKUP(lookup_value, lookup_array, return_array, [if_not_found], [match_mode], [search_mode])

- lookup_value：必需。要搜索的值，如果省略，XLOOKUP 将返回在 lookup_array 中找到的空白单元格。
- lookup_array：必需。要搜索的数组或区域。
- return_array：必需。要返回的数组或区域。
- if_not_found：可选。如果找不到有效的匹配项，请返回提供的 [if_not_found]文本；如果找不到有效的匹配项，并且[if_not_found]缺失，则返回#N/A。
- match_mode：可选。指定匹配类型。

  0 - 完全匹配。如果未找到，则返回#N/A。这是默认选项。

  -1 - 完全匹配。如果没有找到，则返回下一个较小的项。

  1 - 完全匹配。如果没有找到，则返回下一个较大的项。

  2 - 通配符匹配。其中*, ?和~有特殊含义。
- search_mode：可选。指定要使用的搜索模式。

  1 - 从第一项开始执行搜索。这是默认选项。

  -1 - 从最后一项开始执行反向搜索。

2 - 执行依赖于 lookup_array 按升序排序的二进制搜索。如果未排序，将返回无效结果。

2 - 执行依赖于 lookup_array 按降序排序的二进制搜索。如果未排序，将返回无效结果。

【用法解析】

该参数可以指定查找不到数据时返回的匹配项

指定从哪一区域返回值

=XLOOKUP(❶查找值,❷查找数组,❸返回的数组或区域,❹未找到时的匹配项,❺匹配类型,❻搜索模式)

与 VLOOKUP 函数的区别在于，VLOOKUP 函数用于从左侧至右侧查找，而 XLOOKUP 函数可用于从右侧至左侧（即反向查找）或实现横向查找，如图 12-31 所示

指定值为 0 或 1 时表示完全匹配，也可以应用通配符匹配数据

I2 =XLOOKUP(H2, B2:B12, A2:A12)

	A	B	C	D	E	F	G	H	I
1	员工编号	姓名	基本工资	业绩奖金	工龄工资	实发工资		姓名	员工编号
2	NL-003	王明阳	3500	10000	200	13700		夏红蕊	NL-011
3	NL-005	黄照先	3500	5000	500	9000			
4	NL-011	夏红蕊	3500	2500	200	6200			
5	NL-013	贾云馨	3500	1000	200	4700			
6	NL-015	陈世发	3500	3500	500	7500			
7	NL-017	马雪蕊	3500	9000	200	12700			
8	NL-018	李沐天	3500	8500	1000	13000			
9	NL-019	朱明健	3500	3000	1000	7500			
10	NL-021	龙明江	3500	6000	200	9700			
11	NL-022	刘碧	3500	1500	1000	6000			
12	NL-026	宁华功	3500	8500	1000	13000			

图 12-31

针对图 12-31 所示的查找，对公式分析如下。

指定要查询的数据

第 2 个参数告诉 XLOOKUP 函数应该在哪里查找第 1 个参数的数据，即“姓名”列区域数据

=XLOOKUP(H2,B2:B12,A2:A12)

第 3 个参数用来指定返回值所在的数组或区域。即要查找的指定员工姓名对应的员工编号

当要根据姓名查找对应的基本工资数据时，修改的公式如图12-32所示。

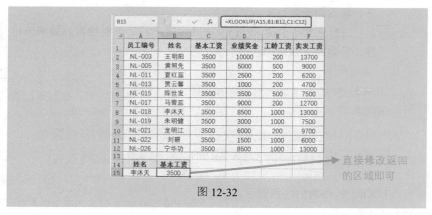

图 12-32

例 1：XLOOKUP 实现多行多列查找

扫一扫，看视频

使用 XLOOKUP 函数可以简化 VLOOKUP 函数的查找应用，比如根据员工的工资数据查找区域，由指定列给出的员工姓名（员工姓名并非按照原始表格的顺序显示）快速查找对应的数组或区域中的各项工资明细数据。

❶ 首先在表格空白位置建立查询标识（也可以建到其他工作表中），选中 B15:E15 单元格区域，在编辑栏中输入公式（如图12-33所示）：

`=XLOOKUP(A15,$B$2:$B$12,$C$2:$F$12)`

按 Ctrl+Shift+Enter 键，查找到 A15 单元格中指定员工姓名对应的各项工资明细数据，如图12-34所示。

图 12-33

图 12-34

❷ 将 B15:E15 单元格区域的公式向下复制，即可得到 A 列给定其他员工对应的各项工资明细数据，如图 12-35 所示。

图 12-35

【公式解析】

①因为查找对象与用于查找的区域不能随着公式的复制而变动，所以使用绝对引用

=XLOOKUP(A15,$B$2:$B$12,$C$2:$F$12)

②查找的员工姓名　　③查找值对应的列　　④返回值对应的单元格区域

扫一扫，看视频

例 2：指定错误值返回空白

在数据表中应用 VLOOKUP 进行查找时，如果查找不到该值就会返回错误值，需要嵌套 IFERROR 函数才能够指定错误值返回空白，如图 12-36 所示。

而 XLOOKUP 函数的第四个参数值就是用来指定查找不到时返回的内容（本例中指定查找不到内容时返回空白），因此不需要再嵌套其他函数。

I2			fx	=IFERROR(VLOOKUP(H2,B2:F12,5,FALSE),"")					
	A	B	C	D	E	F	G	H	I	J
1	员工编号	姓名	基本工资	业绩奖金	工龄工资	实发工资		姓名	实发工资
2	NL-003	王明阳	3500	10000	200	13700		夏红芮	
3	NL-005	黄照先	3500	5000	500	9000			
4	NL-011	夏红蓝	3500	2500	200	6200			
5	NL-013	贾云馨	3500	1000	200	4700			
6	NL-015	陈世发	3500	3500	500	7500			
7	NL-017	马雪蓝	3500	9000	200	12700			
8	NL-018	李沐天	3500	8500	1000	13000			
9	NL-019	朱明健	3500	3000	1000	7500			
10	NL-021	龙明江	3500	6000	200	9700			
11	NL-022	刘碧	3500	1500	1000	6000			
12	NL-026	宁华功	3500	8500	1000	13000			

图 12-36

选中 I2 单元格，在编辑栏中输入公式：

`=XLOOKUP(H2,B2:B12,F2:F12,"")`

按 Enter 键，即可根据 H2 单元格的姓名返回实发工资（由于查无此姓名所以返回空白），如图 12-37 所示。

I2			fx	=XLOOKUP(H2,B2:B12,F2:F12,"")					
	A	B	C	D	E	F	G	H	I
1	员工编号	姓名	基本工资	业绩奖金	工龄工资	实发工资		姓名	实发工资
2	NL-003	王明阳	3500	10000	200	13700		夏红芮	
3	NL-005	黄照先	3500	5000	500	9000			
4	NL-011	夏红蓝	3500	2500	200	6200			
5	NL-013	贾云馨	3500	1000	200	4700			
6	NL-015	陈世发	3500	3500	500	7500			
7	NL-017	马雪蓝	3500	9000	200	12700			
8	NL-018	李沐天	3500	8500	1000	13000			
9	NL-019	朱明健	3500	3000	1000	7500			
10	NL-021	龙明江	3500	6000	200	9700			
11	NL-022	刘碧	3500	1500	1000	6000			
12	NL-026	宁华功	3500	8500	1000	13000			

图 12-37

【公式解析】

第四个参数值设置为空，可以指定查找不到数据时返回的匹配项，也可以将其设置为"姓名错误""查找错误"等内容

=XLOOKUP(H2,B2:B12,F2:F12,"")

例 3：XLOOKUP 应对多条件匹配

VLOOKUP 函数中的例 4 应用了多条件匹配查找，公式设置极其复杂，下面介绍如何应用 XLOOKUP 简化公式实现多条件查找。

扫一扫，看视频

本例需要同时满足指定的分部名称与指定的月份两个条件实现查询。

❶ 选中 G2 单元格，在编辑栏中输入公式：

`=XLOOKUP(E2&F2,A2:A11&B2:B11,C2:C11)`

❷ 按 Ctrl+Shift+Enter 组合键返回查询结果，如图 12-38 所示。

G2				fx	=XLOOKUP(E2&F2, A2:A11&B2:B11, C2:C11)			
	A	B	C	D	E	F	G	H	I
1	分部	月份	销售额		分部	月份	销售额		
2	合肥分部	1月	¥ 24,689.00		合肥分部	2月	25640		
3	南京分部	1月	¥ 27,976.00						
4	济南分部	1月	¥ 19,464.00						
5	绍兴分部	1月	¥ 21,447.00						
6	常州分部	1月	¥ 18,069.00						
7	合肥分部	2月	¥ 25,640.00						
8	南京分部	2月	¥ 21,434.00						
9	济南分部	2月	¥ 18,564.00						
10	绍兴分部	2月	¥ 23,461.00						
11	常州分部	2月	¥ 20,410.00						

图 12-38

【公式解析】

①查找值。因为是双条件，所以使用&合并条件　　③满足条件时返回的匹配数据列

=XLOOKUP(E2&F2,A2:A11&B2:B11,C2:C11)

②查找数组。因为是双条件，所以使用&合并条件

12.2　INDEX+MATCH 组合应用

MATCH 和 INDEX 函数都属于查找与引用函数，MATCH 函数的作用是查找指定数据在指定数组中的位置，INDEX 函数的作用主要是返回指定行列号交叉处的值。这两个函数经常搭配使用，即用 MATCH 函数判断位置

（因为如果最终只返回位置，对日常数据的处理意义不大），再用 INDEX 函数返回该位置的值。除此之外，Excel 2021 版本中还添加了 XMATCH 函数，它相当于 MATCH 函数的升级，可以实现指定顺序的数据查找。

1. MATCH（查找并返回指定值所在位置）

【函数功能】MATCH 函数用于查找指定数值在指定数组中的位置。

【函数语法】MATCH(lookup_value,lookup_array,match_type)

- lookup_value：必需。要在数据表中查找的数值。
- lookup_array：必需。可能包含所要查找数值的连续单元格区域。
- match_type：必需。值为–1、0 或 1，指明如何在 lookup_array 中查找 lookup_value。

【用法解析】

=MATCH(❶查找值，❷查找值区域，❸指明查找方式)

可指定为–1、0、1。指定为 1 时，函数查找小于或等于指定查找值的最大值，且查找区域必须按升序排列；如果指定为 0，函数查找等于指定查找值的第一个数值，查找区域无须排序（一般使用的都是这种方式）；如果指定为–1，函数查找大于或等于指定查找值的最小值，且查找区域必须按降序排列

如图 12-39 所示，查看标注可理解公式返回值。

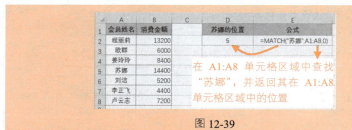

图 12-39

例：用 MATCH 函数判断某数据是否包含在另一组数据中

假设公司想要安排后勤部员工的假期值班，要求在可选人员名单中判断安排的人员是否符合要求。

❶ 选中 C2 单元格，在编辑栏中输入公式：

```
=IF(ISNA(MATCH(B2,$E$2:$E$12,0)),"否","是")
```

扫一扫，看视频

按 Enter 键，可判断出 B2 单元格中的姓名在$E$2:$E$12 区域中，返回“是”，如图 12-40 所示。

C2　=IF(ISNA(MATCH(B2,$E$2:$E$12,0)),"否","是")

	A	B	C	D	E	F
1	值班日期	值班人员	是否在可选名单中		后勤部	
2	2024/9/30	欧群	是		程丽莉	
3	2024/10/1	刘洁			欧群	
4	2024/10/2	李正飞			姜玲玲	
5	2024/10/3	陈锐			苏娜	
6	2024/10/4	苏娜			刘洁	
7	2024/10/5	姜玲玲			李正飞	
8	2024/10/6	卢云志			卢云志	
9	2024/10/7	周志芳			杨明霞	
10	2024/10/8	杨明霞			韩启云	
11					孙祥鹏	
12					贾云馨	

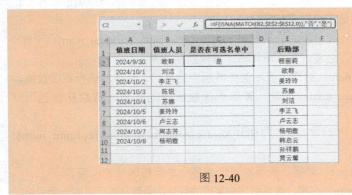

图 12-40

❷ 将 C2 单元格的公式向下复制，即可实现快速批量返回判断结果，如图 12-41 所示。

	A	B	C	D	E	F
1	值班日期	值班人员	是否在可选名单中		后勤部	
2	2024/9/30	欧群	是		程丽莉	
3	2024/10/1	刘洁	是		欧群	
4	2024/10/2	李正飞	是		姜玲玲	
5	2024/10/3	陈锐	否		苏娜	
6	2024/10/4	苏娜	是		刘洁	
7	2024/10/5	姜玲玲	是		李正飞	
8	2024/10/6	卢云志	是		卢云志	
9	2024/10/7	周志芳	否		杨明霞	
10	2024/10/8	杨明霞	是		韩启云	
11					孙祥鹏	
12					贾云馨	

图 12-41

【公式解析】

一个信息函数，用于判断给定值是否是#N/A 错误值，如果是返回 TRUE，如果不是返回 FALSE

=IF(ISNA(MATCH(B2,$E$2:$E$12,0)),"否","是")

②判断①是否为错误值#N/A，如果是返回“否”，否则返回“是”

①查找 B2 单元格在$E$2:$E$12 单元格区域中的精确位置，如果找不到则返回#N/A 错误值

2. INDEX（从引用或数组中返回指定位置的值）

【函数功能】INDEX 函数用于返回表格或区域中的值或值的引用，返回哪个位置的值用参数来指定。

【函数语法 1：数组型】INDEX(array, row_num, [column_num])

- array：必需。表示单元格区域或数组常量。
- row_num：必需。表示选择数组中的某行，函数从该行返回数值。
- column_num：可选。表示选择数组中的某列，函数从该列返回数值。

【函数语法 2：引用型】INDEX(reference, row_num, [column_num], [area_num])

- reference：必需。表示对一个或多个单元格区域的引用。
- row_num：必需。表示引用中某行的行号，函数从该行返回一个引用。
- column_num：可选。引用中某列的列标，函数从该列返回一个引用。
- area_num：可选。选择引用中的一个区域，以从中返回 row_num 和 column_num 的交叉区域。选中或输入的第一个区域序号为 1，第二个为 2，以此类推。如果省略 area_num，则函数 INDEX 使用区域 1。

【用法解析】

=INDEX(❶要查找的区域或数组，❷指定数据区域的第几行，❸指定数据区域的第几列)

数据公式的语法。最终结果是❷与❸指定的行列交叉处的值

可以使用其他函数返回值

如图 12-42 所示，查看其中标注可理解公式返回值。

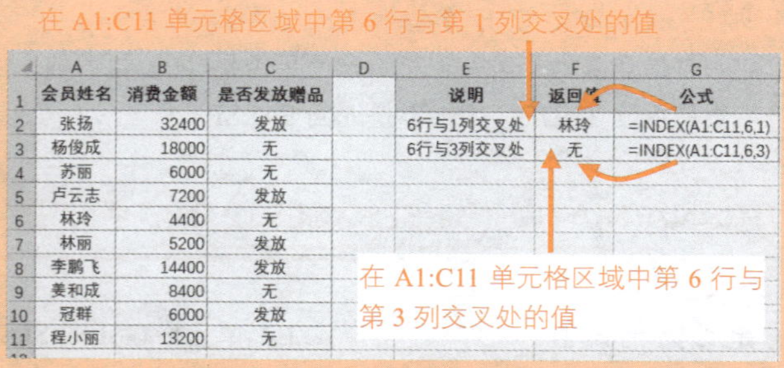

	A	B	C	D	E	F	G
1	会员姓名	消费金额	是否发放赠品		说明	返回值	公式
2	张扬	32400	发放		6行与1列交叉处	林玲	=INDEX(A1:C11,6,1)
3	杨俊成	18000	无		6行与3列交叉处	无	=INDEX(A1:C11,6,3)
4	苏丽	6000	无				
5	卢云志	7200	发放				
6	林玲	4400	无				
7	林丽	5200	发放				
8	李鹏飞	14400	发放				
9	姜和成	8400	无				
10	冠群	6000	发放				
11	程小丽	13200	无				

图 12-42

当函数 INDEX 的第 1 个参数为数组常量时，使用数组形式。这两种形式没有本质区别，唯一区别就是参数设置的差异。多数情况下，使用的都是它的数组形式。当使用引用形式时，INDEX 函数的第 1 个参数可以由多个单元格区域组成，且函数可以设置 4 个参数，第 4 个参数用来指定需要返回第几区域中的单元格，如图 12-43 所示。

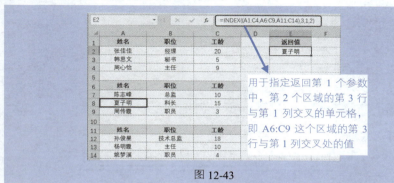

图 12-43

例 1：MATCH+INDEX 的搭配使用

MATCH 函数可以返回指定内容所在的位置，而 INDEX 又可以根据指定位置查询到该位置所对应的数据。根据各自的特性，就可以将 MATCH 函数嵌套在 INDEX 函数里面，用 INDEX 函数返回 MATCH 函数找到的那个位置处的值，从而实现灵活

扫一扫，看视频

查找。下面先看实例（要求查询任意会员是否已发放赠品），再从"公式解析"中去理解公式。

❶ 选中 G2 单元格，在编辑栏中输入公式：

`=INDEX(A1:D11,MATCH(F2,A1:A11),4)`

按 Enter 键，即可查询到"卢云志"已发放赠品，如图 12-44 所示。

图 12-44

361

❷ 当更改查询对象时，可实现自动查询，如图 12-45 所示。

图 12-45

【公式解析】

=INDEX(A1:D11,MATCH(F2,A1:A11),4)

②返回 A1:D11 单元格区域中①返回值作为行与第 4 列（因为判断是否发放赠品在第 4 列中）交叉处的值

①查询 F2 中的值在 A1:A11 单元格区域中的位置

例 2：查询总金额最高的销售员（逆向查找）

表格中统计了各位销售员的销售金额，现在想查询总金额最高的销售员，可以使用 INDEX +MATCH 函数来建立公式。

❶ 选中 C11 单元格，在编辑栏中输入公式：

`=INDEX(A2:A9,MATCH(MAX(D2:D9),D2:D9,0))`

❷ 按 Enter 键，返回最高总金额对应的销售员，如图 12-46 所示。

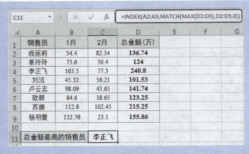

图 12-46

【公式解析】

①在 D2:D9 单元格区域中返回最大值

=INDEX(A2:A9,MATCH(MAX(D2:D9),D2:D9,0))

③返回 A2:A9 单元格区域中 ②返回值指定行处的值

②查找①找到的值在 D2:D9 单元格区域中的位置

例 3：查找报销次数最多的员工

表格中以列表的形式记录了某段时间内的员工报销记录（有些员工可能存在多次报销），要求返回报销次数最多的员工姓名。

❶ 选中 D2 单元格，在编辑栏中输入公式：

`=INDEX(B2:B12,MODE(MATCH(B2:B12,B2:B12,0)))`

❷ 按 Enter 键，返回 B 列中出现次数最多的数据（即报销次数最多的员工姓名），如图 12-47 所示。

图 12-47

【公式解析】

统计函数。返回在某一数组或数据区域中出现频率最多的数值

①返回 B2:B12 单元格区域中 B2~B12 每个单元格的位置（出现多次的返回首个位置），返回的是一个数组

=INDEX(B2:B12,MODE(MATCH(B2:B12,B2:B12,0)))

③返回 B2:B12 单元格区域中 ②结果指定行处的值

②返回①结果中出现频率最多的数值

3. XMATCH（查找并返回值所在位置）

【函数功能】XMATCH 函数在数组或单元格区域搜索指定项，然后返回该项的相对位置。相对于 MATCH 函数来说，它可以实现任意横向或竖向的数据查找，并返回精确匹配项。

【函数语法】XMATCH(lookup_value, lookup_range, [match_mode], [search_mode])

- lookup_value：必需。要查找的值。
- lookup_range：必需。要搜索的范围。此范围必须为单行或单列。
- match_mode：可选。默认值为 0。查找 search_key 匹配值的方式。

  0 表示完全匹配。

  1 表示完全匹配，或查找大于 search_key 的下一个值。

  -1 表示完全匹配，或查找小于 search_key 的下一个值。

  2 表示通配符匹配。
- search_mode：可选。默认值为 1]。搜索查询范围的方式。

  1 表示从第一个条目搜索到最后一个条目。

  -1 表示从最后一个条目搜索到第一个条目。

  2 表示使用二进制搜索对范围进行搜索，并且需要先将范围按升序排序。

  -2 表示使用二进制搜索对范围进行搜索，并且需先将范围按降序排序。

【用法解析】

XMATCH（❶查找值,❷查找数组,❸匹配模式,❹搜索模式）

与 VLOOKUP 等函数作用类似，都是根据给定条件进行查的。区别是 VLOOKUP 函数可以返回需要的值，而 MATCH 函数则返回匹配值的索引号

如图 12-48 所示，查看标注可理解公式返回值。

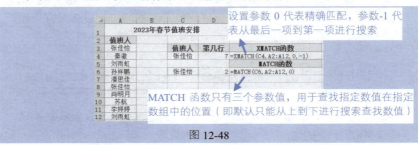

图 12-48

例：XMATCH 搭配 INDEX

本例表格中统计了某公司最近的报销记录，使用 XMATCH 函数可以实现从下到上或从上到下查询指定员工的报销额。

扫一扫，看视频

❶ 选中 G3 单元格，在编辑栏中输入公式：

`=INDEX(D2:D12,XMATCH(F3,C2:C12,,1))`

按 Enter 键，即可查询到"苏航"第一次报销记录中的金额，如图 12-49 所示。

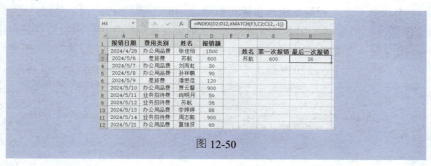

图 12-49

❷ 选中 H3 单元格，在编辑栏中输入公式：

`=INDEX(D2:D12,XMATCH(F3,C2:C12,,-1))`

按 Enter 键，即可查询到"苏航"最后一次报销记录中的金额，如图 12-50 所示。

图 12-50

【公式解析】

=INDEX(D2:D12,XMATCH(F3,C2:C12,,1))

②返回 D2:D12 单元格区域中值作为行与第 4 列（因为判断报销额在第 4 列中）交叉处的值

①返回值作为行与第 4 列（因为判断报销额在第 4 列中）交叉处的值

①查询 F3 中的值在 C2:C12 单元格区域中的位置，参数 1 代表从上至下查找姓名；-1 代表从下至上查找姓名

12.3 实用的新增查找函数

新增函数 SORT 和 SORTBY 可以实现数据动态排序，FILTER 函数可以实现数据动态筛选，而 UNIQUE 函数返回列表或范围中的一系列唯一值。

1. SORT（对区域或数组排序）

【函数功能】SORT 函数可对某个区域或数组的内容进行排序。

【函数语法】SORT (array, [sort_index], [sort_order], [by_col])

- array：必需。参与排序的数据库区域范围。
- sort_index：可选。在数据库中参与排序的列索引值。
- sort_order：可选。排序顺序的指示符，1-代表降序；1 代表升序。
- by_col：可选。逻辑值，指示数组是否按列排序。

【用法解析】

=SORT(❶参与排序的数组,❷排序的列,❸按升序还是降序,❹逻辑值)

1-代表降序；1 代表升序

例：数据动态排序

扫一扫，看视频

对数据执行排序可以通过功能按钮"升序"和"降序"实现（如图 12-51 所示），但是如果在执行排序后，原始数据表中的数据发生了变化，就需要重新对指定列数据执行排序。而使用 Excel 2019 版本中新增的 SORT 函数就可以实现动态排序。

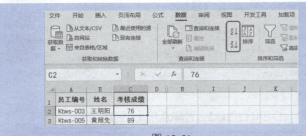

图 12-51

❶ 选中 E2:G12 单元格区域，在编辑栏中输入公式：

```
=SORT(A2:C12,3,-1)
```

按 Enter 键，即可将“考核成绩”列数据按从高到低降序排序，如图 12-52 所示。

E2# =SORT(A2:C12,3,-1)

员工编号	姓名	考核成绩		员工编号	姓名	考核成绩
Ktws-003	王明阳	76		Ktws-015	陈世发	90
Ktws-005	黄照先	89		Ktws-005	黄照先	89
Ktws-011	夏红蕊	89		Ktws-011	夏红蕊	89
Ktws-013	贾云馨	84		Ktws-022	刘碧	87
Ktws-015	陈世发	90		Ktws-013	贾云馨	84
Ktws-017	马雪蕊	82		Ktws-017	马雪蕊	82
Ktws-018	李沐天	82		Ktws-018	李沐天	82
Ktws-019	朱明健	75		Ktws-021	龙明江	81
Ktws-021	龙明江	81		Ktws-003	王明阳	76
Ktws-022	刘碧	87		Ktws-019	朱明健	75
Ktws-026	宁华功	73		Ktws-026	宁华功	73

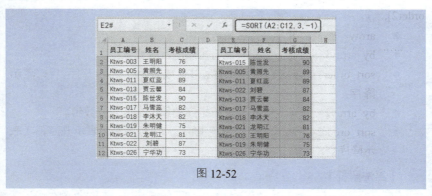

图 12-52

❷ 当原始数据表中的员工成绩发生变化时，右侧的排序结果会根据公式自动重新排序，如图 12-53 所示。

员工编号	姓名	考核成绩		员工编号	姓名	考核成绩
Ktws-003	王明阳	76		Ktws-018	李沐天	95
Ktws-005	黄照先	89		Ktws-015	陈世发	90
Ktws-011	夏红蕊	89		Ktws-005	黄照先	89
Ktws-013	贾云馨	84		Ktws-011	夏红蕊	89
Ktws-015	陈世发	90		Ktws-022	刘碧	87
Ktws-017	马雪蕊	82		Ktws-013	贾云馨	84
Ktws-018	李沐天	95		Ktws-017	马雪蕊	82
Ktws-019	朱明健	75		Ktws-021	龙明江	81
Ktws-021	龙明江	81		Ktws-003	王明阳	76
Ktws-022	刘碧	87		Ktws-019	朱明健	75
Ktws-026	宁华功	73		Ktws-026	宁华功	73

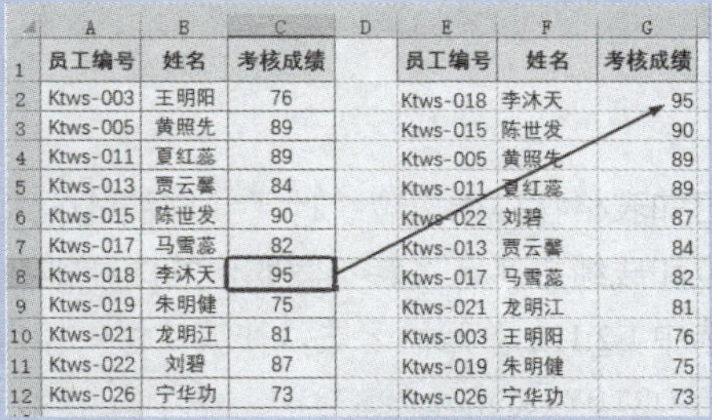

图 12-53

【公式解析】

数据表区域(注意不要选中包含单元格列标识在内的区域)

=SORT(A2:C12,3,-1)

参与排序的列数据，即“考核成绩”

-1 代表降序；1 代表升序

2. SORTBY（多条件排序）

【函数功能】SORTBY 函数基于相应范围或数组中的值对范围或数组

的内容进行排序。

【函数语法】SORTBY(array, by_array1, [sort_order1], [by_array2, sort_order2],…)

- array：必需。要排序的区域或数组。
- by_array1：必需。要对其进行排序的区域或数组。
- sort_order1：可选。排序顺序。1（或省略）表示升序，-1 表示降序。
- by_array2：可选。要对其进行排序的第二个区域或数组。
- sort_order2：可选。第二个排序顺序。1（或省略）表示升序，-1 表示降序。

【用法解析】

=SORTBY(❶排序的数组,❷第一个排序条件,❸按升序还是降序,❹第二个排序条件,❺按升序还是降序)

1-代表降序；1 代表升序

例：多条件排序

扫一扫，看视频

已知表格按应聘职位统计了参与初试的人员成绩,下面需要按职位和成绩排序，了解不同职位的成绩排名情况。

选中 E2:I12 单元格区域，在编辑栏中输入公式：

`=SORTBY(A2:D12,B2:B12,1,D2:D12,-1)`

按 Enter 键，即可将"应聘职位"列数据按升序排列，将"初试成绩"降序排列，如图 12-54 所示。

F2				fx	=SORTBY(A2:D12,B2:B12,1,D2:D12,-1)			
	A	B	C	D	E	F	G	H	I
1	应聘人	应聘职位	学历	初试成绩		应聘人	应聘职位	学历	初试成绩
2	张佳怡	资料员	本科	72		贾云馨	建筑设计师	本科	85
3	秦澈	建筑设计师	硕士	80		潘思佳	建筑设计师	本科	82
4	刘雨虹	结构工程师	硕士	89		秦澈	建筑设计师	硕士	80
5	孙祥鹏	资料员	本科	90		肖明月	结构工程师	硕士	95
6	潘思佳	建筑设计师	本科	82		刘雨虹	结构工程师	硕士	89
7	贾云馨	建筑设计师	本科	85		周志聚	结构工程师	本科	87
8	肖明月	结构工程师	硕士	95		苏航	结构工程师	博士	74
9	苏航	结构工程师	博士	74		孙祥鹏	资料员	本科	90
10	李婷婷	资料员	本科	83		夏绣贤	资料员	本科	86
11	周志聚	结构工程师	本科	87		李婷婷	资料员	本科	83
12	夏绣贤	资料员	本科	86		张佳怡	资料员	本科	72

图 12-54

【公式解析】

数据表区域（注意不要选中包含单元格列标识在内的区域）

=SORTBY(A2:D12,B2:B12,1,D2:D12,-1)

第一个排序条件区域　　第二个排序条件区域

3. UNIQUE（提取唯一值）

【函数功能】UNIQUE 函数返回列表或范围中的一系列唯一值。

【函数语法】UNIQUE (array，[by_col]，[exactly_once])

- array：必需。用于返回唯一行或列的范围或数组。
- by_col：可选。逻辑值，指示如何比较。TRUE 将相互比较并返回唯一列；FALSE 将行彼此比较并返回唯一行。
- exactly_once：可选。逻辑值，返回在区域或数组中恰好出现一次的行或列。TRUE 将返回范围或数组中恰好出现一次的所有不同行或列；FALSE（或省略）将返回区域或数组中所有不同的行或列。

【用法解析】

=UNIQUE(❶单元格区域数组,❷比较方式,❸返回范围)

例：按单列去重复值

已知表格记录了 4 月份一段时间内商场会员购买情况（有些会员在当月购买多次），下面需要统计出不重复的会员姓名。

扫一扫，看视频

❶ 选中 E2 单元格区域，在编辑栏中输入公式：

=UNIQUE(B2:B12)

按 Enter 键，即可统计出不重复的姓名，如图 12-55 所示。

	A	B	C	D	E
1	购买日期	会员	数量		仅购买一次的会员
2	2024/4/1	王明阳	76		王明阳
3	2024/4/2	黄照先	89		黄照先
4	2024/4/3	夏红蕊	89		夏红蕊
5	2024/4/4	贾云馨	84		贾云馨
6	2024/4/5	王明阳	90		马雪蕊
7	2024/4/6	马雪蕊	82		李沐天
8	2024/4/7	李沐天	95		刘碧
9	2024/4/8	王明阳	75		
10	2024/4/9	王明阳	81		
11	2024/4/10	刘碧	87		
12	2024/4/11	夏红蕊	73		

E2　　　fx　=UNIQUE(B2:B12)

图 12-55

4. FILTER（按条件筛选数据）

【函数功能】FILTER 函数可以基于定义的条件筛选一系列数据。

【函数语法】FILTER(array,include,[if_empty])

- array：必需。要筛选的区域或数组。
- include：必需。布尔值数组，其高度或宽度与 array 相同。
- if_empty：可选。include 参数的数组中所有值都为空（筛选器不返回任何内容）时返回的值。

【用法解析】

$$=FILTER(❶数组,❷筛选条件,❸可选)$$

可以是一行值、一列值，也可以是几行值和几列值的组合

例 1：单条件查询

扫一扫，看视频

已知表格统计了某公司 10 月份的应聘人基本信息，下面需要筛选出指定应聘职位的所有记录。

❶ 选中 F4 单元格，在编辑栏中输入公式：

`=FILTER(A:D,B:B=G1)`

按 Enter 键，即可筛选出指定职位的所有记录，如图 12-56 所示。

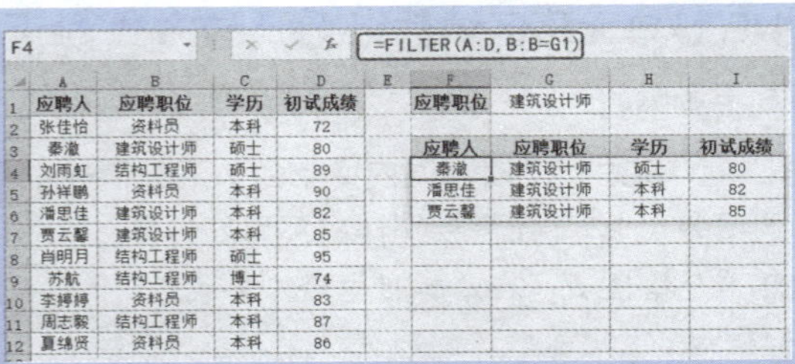

图 12-56

❷ 更改要查询的应聘职位，即可更新筛选结果，如图 12-57 所示。

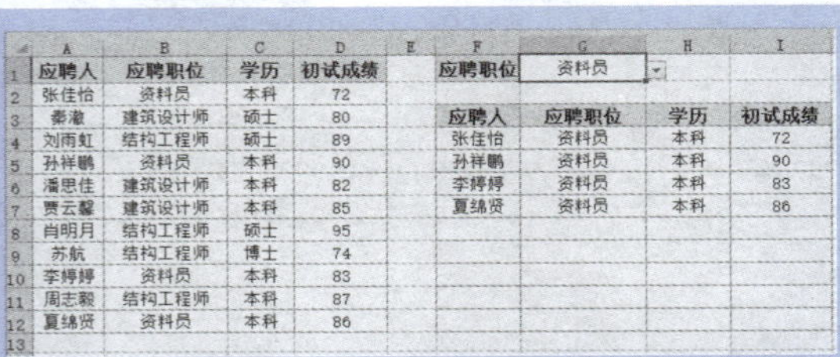

图 12-57

例 2：多条件查询

已知表格统计了某公司 10 月份的应聘人基本信息，下面需
要筛选出指定应聘职位初试成绩大于等于 85 分的所有记录。

扫一扫，看视频

❶ 选中 F5 单元格，在编辑栏中输入公式：

`=FILTER(A:D,(B:B=G1)*(D:D>=G2))`

按 Enter 键，即可统计出指定职位大于指定成绩的所有记录，如图 12-58
所示。

	F5			▼	× ✓ fx	=FILTER(A:D,(B:B=G1)*(D:D>=G2))		
	A	B	C	D	E	F	G	H	I
1	应聘人	应聘职位	学历	初试成绩		应聘职位	资料员		
2	张佳怡	资料员	本科	72		初试成绩	85		
3	秦澈	建筑设计师	硕士	80					
4	刘雨虹	结构工程师	硕士	89		应聘人	应聘职位	学历	初试成绩
5	孙祥鹏	资料员	本科	90		孙祥鹏	资料员	本科	90
6	潘思佳	建筑设计师	本科	82		夏绿贤	资料员	本科	86
7	贾云馨	建筑设计师	本科	85					
8	肖明月	结构工程师	本科	95					
9	苏航	结构工程师	博士	74					
10	李婷婷	资料员	本科	83					
11	周志黎	结构工程师	本科	87					
12	夏绿贤	资料员	本科	86					
13									
14									

图 12-58

❷ 当在左侧数据表中添加新记录时，即可根据公式自动更新满足条件
的筛选结果，如图 12-59 所示。

	A	B	C	D	E	F	G	H	I
1	应聘人	应聘职位	学历	初试成绩		应聘职位	资料员		
2	张佳怡	资料员	本科	72		初试成绩	85		
3	秦澈	建筑设计师	硕士	80					
4	刘雨虹	结构工程师	硕士	89		应聘人	应聘职位	学历	初试成绩
5	孙祥鹏	资料员	本科	90		孙祥鹏	资料员	本科	90
6	潘思佳	建筑设计师	本科	82		夏绿贤	资料员	本科	86
7	贾云馨	建筑设计师	本科	85		梁辉	资料员	本科	95
8	肖明月	结构工程师	硕士	95					
9	苏航	结构工程师	博士	74					
10	李婷婷	资料员	本科	83					
11	周志黎	结构工程师	本科	87					
12	夏绿贤	资料员	本科	86					
13	梁辉	资料员	本科	95					
14									

图 12-59

第13章 财务函数

13.1 投资计算函数

日常工作中处理贷款、投资业务时，经常需要计算贷款金额、本金、利息等。在 Excel 2021 中，常用的本金和利息计算函数有 PMT 函数、PPMT 函数、IPMT 函数和 ISPMT 函数。

投资计算函数可分为与未来值 FV 有关的函数和与现值 PV 有关的函数。在日常工作与生活中，我们经常会遇到要计算某笔投资的未来值的情况。此时利用 Excel 函数 FV 进行计算后，可以帮助我们进行一些有计划、有目的、有效益的投资。PV 函数用来计算一笔投资的现值。年金现值就是未来各期年金现在价值的总和。如果投资回收的当前价值大于投资的价值，则这笔投资是有收益的。

1. PMT（返回贷款的每期还款额）

【函数功能】PMT 函数基于固定利率及等额分期付款方式，返回贷款的每期还款额。

【函数语法】PMT(rate, nper, pv, [fv], [type])

- rate：必需。贷款利率。
- nper：必需。该笔贷款的总还款期数。
- pv：必需。现值，即本金。
- fv：可选。未来值，即最后一次还款后的现金余额。
- type：可选。指定各期的还款时间是在期初还是期末。若为 0，表示在期末；若为 1，则表示在期初。

例 1：计算贷款的每年偿还额

扫一扫，看视频

假设银行的商业贷款年利率为 6.55%，某人在银行贷款 100 万元，分 28 年还清，利用 PMT 函数可以计算每年的偿还金额。

❶ 选中 D2 单元格，在编辑栏中输入公式：

`=PMT(B1,B2,B3)`

❷ 按 Enter 键，即可返回每年偿还金额，如图 13-1 所示。

图 13-1

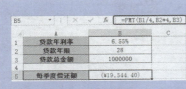

例2：按季（月）还款时计算每期应偿还额

已知表格给出了某笔贷款的年利率、贷款年限、贷款总金额，以及规定按季度或月还款，现在要计算出每期应偿还额。如果是按季度，则贷款利率应为"年利率/4"，还款期数应为"贷款年限*4"；如果是按月还款，则贷款利率应为"年利率/12"，还款期数应为"贷款年限*12"。其中，数值"4"表示一年有4个季度，数值"12"表示一年有12个月。

❶ 选中 B5 单元格，在编辑栏中输入公式：

=PMT(B1/4,B2*4,B3)

按 Enter 键，即可计算出该笔贷款的每季度偿还额，如图 13-2 所示。

❷ 选中 B6 单元格，输入公式：

=PMT(B1/12,B2*12,B3)

按 Enter 键，即可计算出该笔贷款的每月偿还金额，如图 13-3 所示。

图 13-2   图 13-3

2. PPMT（返回给定期间内的本金偿还额）

【函数功能】PPMT 函数基于固定利率及等额分期付款方式，返回贷款在某一给定期间内的本金偿还金额。

【函数语法】PPMT(rate, per, nper, pv, [fv], [type])

- rate：必需。各期利率。
- per：必需。要计算利息的期数，在 1~nper 之间。
- nper：必需。总还款期数。
- pv：必需。现值，即本金。

扫一扫，看视频

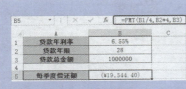

- **fv**：可选。未来值，即最后一次还款后的现金余额。如果省略 fv，则假设其值为 0。
- **type**：可选。指定各期的还款时间是在期初还是期末。若为 0，表示在期末；若为 1，则表示在期初。

例 1：计算指定期间的本金偿还额

扫一扫，看视频

使用 PPMT 函数可以计算出每期偿还金额中包含的本金金额。例如，已知某笔贷款的总金额、贷款年利率、贷款年限，还款方式为期末还款，现在要计算出第 1 年与第 2 年的偿还额中包含的本金金额。

❶ 选中 B5 单元格，在编辑栏中输入公式：

```
=PPMT($B$1,1,$B$2,$B$3)
```

按 Enter 键，即可返回第 1 年的本金金额，如图 13-4 所示。

❷ 选中 B6 单元格，在编辑栏中输入公式：

```
=PPMT($B$1,2,$B$2,$B$3)
```

按 Enter 键，即可返回第 2 年的本金金额，如图 13-5 所示。

图 13-4　　　　　　　　　　　　　　　　图 13-5

例 2：计算第 1 个月与最后一个月的本金偿还额

扫一扫，看视频

已知表格中统计了一笔贷款的贷款年利率、贷款年限及贷款总金额，要求计算出第 1 个月和最后一个月应偿还的本金金额。

❶ 选中 B5 单元格，在编辑栏中输入公式：

```
=PPMT(B1/12,1,B2*12,B3)
```

按 Enter 键，即可返回第 1 个月应付的本金金额，如图 13-6 所示。

❷ 选中 B6 单元格，在编辑栏中输入公式：

```
=PPMT(B1/12,336,B2*12,B3)
```

按 Enter 键，即可返回最后一个月应付的本金金额，如图 13-7 所示。

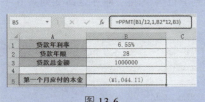

图 13-6

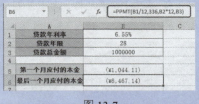

图 13-7

3. IPMT（返回给定期间内的利息偿还额）

【函数功能】IPMT 函数基于固定利率和等额本息还款方式，返回贷款在某一给定期间内的利息偿还金额。

【函数语法】IPMT(rate, per, nper, pv, [fv], [type])

- rate：必需。各期利率。
- per：必需。要计算利息的期数，在 1~nper 之间。
- nper：必需。总还款期数。
- pv：必需。现值，即本金。
- fv：可选。未来值，即最后一次付款后的现金余额。如果省略 fv，则假设其值为零。
- type：可选。指定各期的还款时间是在期初还是期末。若为 0，表示在期末；若为 1，表示在期初。

例 1：计算每年偿还额中的利息金额

已知表格显示了某笔贷款的总金额、贷款年利率、贷款年限，还款方式为期末还款，要求计算每年偿还金额中的利息。

扫一扫，看视频

❶ 选中 B6 单元格，在编辑栏中输入公式：

`=IPMT($B$1,A6,$B$2,$B$3)`

按 Enter 键，即可返回第 1 年的利息金额，如图 13-8 所示。

图 13-8

❷ 选中 B6 单元格，向下复制公式到 B11 单元格，即可返回直到第 6 年各年的利息金额，如图 13-9 所示。

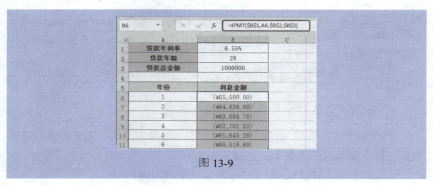

图 13-9

例 2：计算每月偿还额中的利息金额

扫一扫，看视频

如果要计算每月偿还额中的利息金额，其公式设置技巧和例 1 相同，只是第 1 个参数，即利率需要做些改动，将年利率除以 12 得到每个月的利率。

❶ 选中 B6 单元格，在编辑栏中输入公式：

=IPMT($B$1/12,A6,$B$2,$B$3)

按 Enter 键，即可返回 1 月份的利息金额。

❷ 选中 B6 单元格，向下复制公式，可以依次计算出第 2、3、4……各月的利息额，如图 13-10 所示。

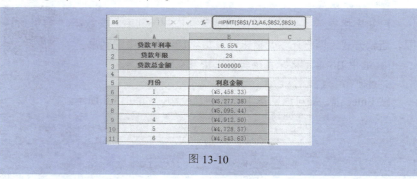

图 13-10

4. ISPMT（等额本金还款方式下的利息计算）

【函数功能】ISPMT 函数基于等额本金还款方式，计算特定还款期间内要偿还的利息金额。

【函数语法】ISPMT(rate,per,nper,pv)

- rate：必需。贷款利率。
- per：必需。要计算利息的期数，在 1~nper 之间。
- nper：必需。总还款期数。
- pv：必需。贷款金额。

例：计算投资期内需支付的利息额

当前表格显示了某笔贷款的年利率、贷款年限、贷款总金额，可以采用等额本金还款方式，计算出各年利息金额。

扫一扫，看视频

❶ 选中 B6 单元格，在编辑栏中输入公式：

```
=ISPMT($B$1,A6,$B$2,$B$3)
```

按 Enter 键，即可返回此笔贷款第 1 年的利息金额，如图 13-11 所示。

❷ 选中 B6 单元格，然后向下复制公式，可以依次计算出第 2、3、4……各年的利息金额，如图 13-12 所示。

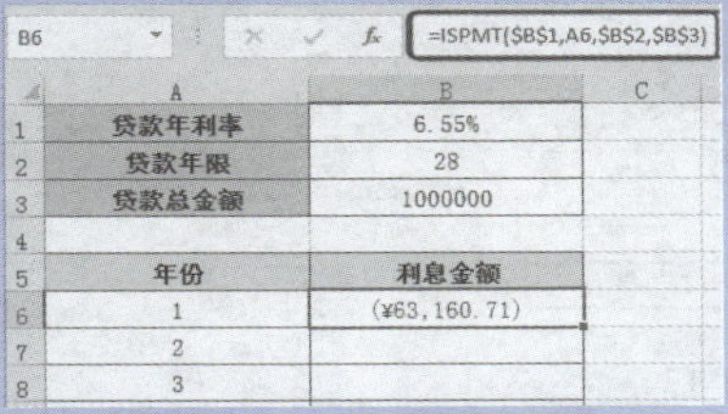

B6 =ISPMT($B$1,A6,$B$2,$B$3)

	A	B	C
1	贷款年利率	6.55%	
2	贷款年限	28	
3	贷款总金额	1000000	
4			
5	年份	利息金额	
6	1	(¥63,160.71)	
7	2		
8	3		

图 13-11

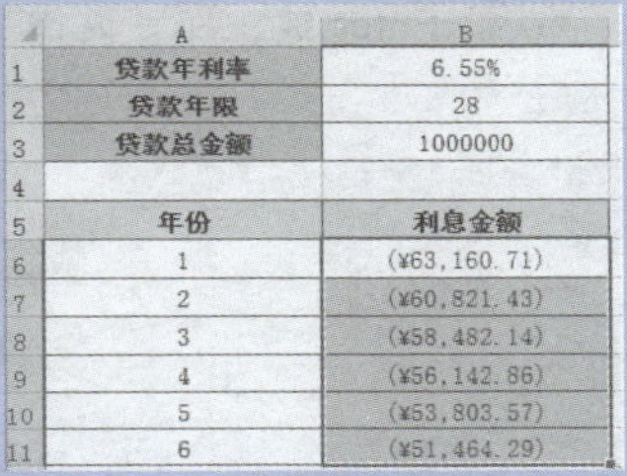

	A	B
1	贷款年利率	6.55%
2	贷款年限	28
3	贷款总金额	1000000
4		
5	年份	利息金额
6	1	(¥63,160.71)
7	2	(¥60,821.43)
8	3	(¥58,482.14)
9	4	(¥56,142.86)
10	5	(¥53,803.57)
11	6	(¥51,464.29)

图 13-12

注意：

IPMT 函数与 ISPMT 函数都是计算利息，它们的区别如下。

这两个函数的还款方式不同。IPMT 基于固定利率和等额本息还款方式，返回一笔贷款在指定期间内的利息偿还额。

在等额本息还款方式下，贷款偿还过程中每期还款总金额保持相同，其中本金逐期递增、利息逐期递减。

ISPMT 基于等额本金还款方式，返回某一指定还款期间内所需偿还的利息金额。在等额本金还款方式下，贷款偿还过程中每期偿还的本金数额保持相同，利息逐期递减。

5. FV（返回某项投资的未来值）

【函数功能】FV 函数基于固定利率及等额分期付款方式，返回某项投资的未来值。

【函数语法】FV(rate,nper,pmt,[pv],[type])

- rate：必需。各期利率。
- nper：必需。总投资期，即该笔投资的付款期总数。
- pmt：必需。各期所应支付的金额。
- pv：可选。现值，即从该笔投资开始计算时已经入账的款项，或一系列未来付款的当前值的累积和，也称为本金。
- type：可选。数字 0 或 1（0 为期末，1 为期初）。

例 1：计算投资的未来值

假设购买某种理财产品，需要每月向银行存入 2000 元，年利率为 4.54%，那么 3 年后该账户的存款额为多少？

❶ 选中 B4 单元格，在编辑栏中输入公式：
=FV(B1/12,3*12,B2,0,1)

❷ 按 Enter 键，即可返回 3 年后的金额，如图 13-13 所示。

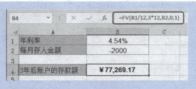

图 13-13

【公式解析】

①年利率除以 12 得到月利率　　②年限乘以 12 转换为月数

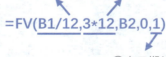

=FV(B1/12,3*12,B2,0,1)

③表示期初支付

例 2：计算某种保险的未来值

假设购买某种保险需要分 30 年付款，每年支付 8950 元，即总计需要支付 268500 元，年利率为 4.8%，支付方式为期初支付，需要计算在这种付款方式下该保险的未来值。

❶ 选中 B5 单元格，在编辑栏中输入公式：
=FV(B1,B2,B3,1)

❷ 按 Enter 键，即可得出购买该保险的未来值，如图 13-14 所示。

图 13-14

例 3：计算住房公积金的未来值

假设某企业每月从某位员工工资中扣除 200 元作为住房公积金，然后按年利率22%返还给该员工。要求计算 5 年（60个月）后该员工住房公积金金额。

扫一扫，看视频

❶ 选中 B5 单元格，在编辑栏中输入公式：

`=FV(B1/12,B2,B3)`

❷ 按 Enter 键，即可计算出 5 年后该员工所得的住房公积金金额，如图 13-15 所示。

图 13-15

【公式解析】

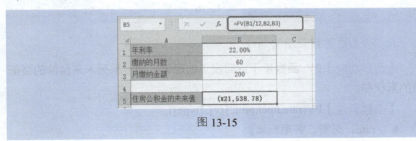

①年利率除以 12 得到月利率

②B2 中显示的总期数为月数，所以不必进行乘 12 处理

=FV(B1/12,B2,B3)

6. FVSCHEDULE（计算投资在变动或可调利率下的未来值）

【函数功能】FVSCHEDULE 函数基于一系列复利返回本金的未来值，用于计算某笔投资在变动或可调利率下的未来值。

【函数语法】FVSCHEDULE(principal,schedule)

- principal：必需。现值。
- schedule：必需。利率数组。

例：计算投资在可变利率下的未来值

扫一扫，看视频

假设有一笔 100000 元的借款，借款期限为 5 年，并且 5 年中每年年利率不同，现在要计算出 5 年后该笔借款的回收金额。

❶ 选中 B8 单元格，在编辑栏中输入公式：

`=FVSCHEDULE(100000,A2:A6)`

❷ 按 Enter 键，即可计算出 5 年后这笔借款的回收金额，如图 13-16 所示。

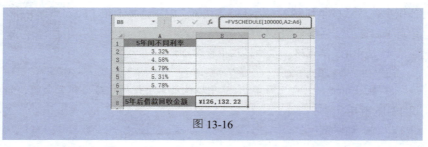

图 13-16

7. PV（返回投资的现值）

【函数功能】PV 函数用于返回投资的现值，即一系列未来付款的当前值的累积和。

【函数语法】PV(rate,nper,pmt, [fv], [type])

- rate：必需。各期利率。
- nper：必需。总投资（或贷款）期数。
- pmt：必需。各期所应支付的金额。
- fv：可选。未来值。
- type：可选。指定各期的付款时间是在期初，还是期末。若为 0，表示在期末；若为 1，表示在期初。

例：判断购买某种保险是否划算

扫一扫，看视频

假设要购买一种保险，其投资回报率为 4.52%，可以在之后 30 年内于每月末得到回报 900 元。此保险的购买成本为 100000 元，要求计算出该保险的现值，从而判断该笔投资是否划算。

❶ 选中 B5 单元格，在编辑栏中输入公式：

`=PV(B1/12,B2*12,B3)`

❷ 按 Enter 键，即可计算出该保险的现值，如图 13-17 所示。由于计算出的现值高于实际投资金额，所以这是一笔划算的投资。

图 13-17

【公式解析】

①年利率除以 12 得到月利率　　②年限乘以 12 转换为月数

$$=PV(B1/12,B2*12,B3)$$

8. NPV（返回一笔投资的净现值）

【函数功能】NPV 函数基于一系列现金流和固定的各期贴现率，计算一笔投资的净现值。投资的净现值是指未来各期支出（负值）和收入（正值）的当前值的总和。

【函数语法】NPV(rate,value1,[value2],...)

- rate：必需。某一期间的贴现率。
- value1,value2,...：Value1 是必需的，后续值是可选的。这些是代表支出及收入的 1 到 254 个参数。

📢 **注意：**

NPV 按次序使用 value1,value2 来注释现金流的次序，所以一定要保证支出和收入的数额按正确的顺序输入。如果参数是数值、空白单元格、逻辑值或表示数值的文字，则都会计算在内；如果参数是错误值或不能转化为数值的文字，则被忽略；如果参数是一个数组或引用，只有其中的数值部分计算在内，忽略数组或引用中的空白单元格、逻辑值、文字及错误值。

例：计算一笔投资的净现值

如果开一家店铺需要投资 100000 元，希望未来 4 年各年的收益分别为 10000 元、20000 元、50000 元、80000 元。假定每年的贴现率是 7.5%（相当于通货膨胀率或竞争投资的利率），

扫一扫，看视频

要求计算以下数据。

- 该投资的净现值。
- 期初投资的付款发生在期末时，该投资的净现值。
- 当第 5 年再投资 10000 元，5 年后该投资的净现值。

❶ 选中 B9 单元格，在编辑栏中输入公式：

`=NPV(B1,B3:B6)+B2`

按 Enter 键，即可计算出该笔投资的净现值，如图 13-18 所示。

图 13-18

❷ 选中 B10 单元格，在编辑栏中输入公式：

`=NPV(B1,B2:B6)`

按 Enter 键，即可计算出期初投资的付款发生在期末时，该投资的净现值，如图 13-19 所示。

❸ 选中 B11 单元格，在编辑栏中输入公式：

`=NPV(B1,B3:B6,B7)+B2`

按 Enter 键，即可计算出 5 年后的投资净现值，如图 13-20 所示。

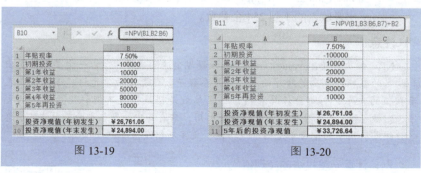

图 13-19   图 13-20

9. XNPV（返回一组不定期现金流的净现值）

【函数功能】XNPV 函数用于返回一组不定期现金流的净现值。

【函数语法】XNPV(rate,values,dates)

- rate：必需。现金流的贴现率。
- values：必需。与 dates 中的支付时间相对应的一系列现金流转。
- dates：必需。与现金流支付相对应的支付日期表。

例：计算出一组不定期盈利额的净现值

假设某笔投资的期初投资额为 20000 元，未来几个月的收益日期不定，收益金额也不定（表格中给出），每年的贴现率是 7.5%（相当于通货膨胀率或竞争投资的利率），要求计算该笔投资的净现值。

扫一扫，看视频

❶ 选中 C8 单元格，在编辑栏中输入公式：
=XNPV(C1,C2:C6,B2:B6)

❷ 按 Enter 键，即可计算出该笔投资的净现值，如图 13-21 所示。

	A	B	C	D	E
1	年贴现率		7.50%		
2	投资额	2024/5/1	-20000		
3	预计收益	2024/6/28	5000		
4		2024/7/25	10000		
5		2024/8/18	15000		
6		2024/10/1	20000		
7					
8	投资净现值		￥28,858.17		

图 13-21

10. NPER（返回某笔投资的总期数）

【函数功能】NPER 函数基于固定利率及等额分期付款方式，返回某笔投资（或贷款）的总期数。

【函数语法】NPER(rate,pmt,pv, [fv], [type])

- rate：必需。各期利率。
- pmt：必需。各期所应支付的金额。
- pv：必需。现值，即本金。
- fv：可选。未来值，即最后一次付款后希望得到的现金余额。
- type：可选。指定各期的付款时间是在期初，还是期末。若为 0，表示在期末；若为 1，则表示在期初。

例 1：计算某笔贷款的清还年数

已知表格给出了某笔贷款的总额、年利率，以及每年向贷款方支付的金额，现在要计算还清该笔贷款需要的年数。

扫一扫，看视频

❶ 选中 B5 单元格，在编辑栏中输入公式：
```
=ABS(NPER(B1,B2,B3))
```
❷ 按 Enter 键，即可计算出此笔贷款的清还年数（约为 9 年），如图 13-22 所示。

图 13-22

例2：计算一笔投资的期数

扫一扫，看视频

假设某笔投资的回报率为 6.38%，每月需要投资的金额为 1000 元，如果想最终获取 100000 元的收益，需要投资几年？

❶ 选中 B5 单元格，在编辑栏中输入公式：
```
=ABS(NPER(B1/12,B2,B3))/12
```
❷ 按 Enter 键，即可计算出要取得预计的收益金额约需要投资 7 年，如图 13-23 所示。

图 13-23

11. EFFECT 函数（计算实际年利率）

【函数功能】EFFECT 函数利用给定的名义年利率和一年中的复利期数计算实际年利率。

【函数语法】EFFECT(nominal_rate,npery)

- nominal_rate：必需。名义利率。
- npery：必需。每年的复利期数。

📢 注意：

在经济分析中，复利计算通常以年为计息周期,但在实际经济活动中，计息周期有半年、季、月、周、日等多种。当利率的时间单位与计息周期不一致时，就出现了名义利率和实际利率的概念。实际利率为计算利息时实际采用的有效利率，名义利率为计息周期的利率乘以每年计息周期数。例如，按月计算利息，多期月利率为 1%，通常也称为年利率为 12%，每月计息 1 次，则 1% 是月实际利率，1%*12=12% 则为年名义利率。通常所说的利率都是指名义利率，如果不对计息周期加以说明，则表示 1 年计息 1 次。

例 1：计算投资的实际利率与本利和

假设有一笔 100000 元的投资，投资时间为 5 年，年利率为 6%，每季度复利 1 次（即每年的复利次数为 4 次），要求计算该笔投资的实际利率与 5 年后的本利和。

扫一扫，看视频

❶ 选中 B4 单元格，在编辑栏中输入公式：

=EFFECT(B1,B2)

按 Enter 键，即可计算出实际年利率，如图 13-24 所示。

❷ 选中 B5 单元格，在编辑栏中输入公式：

=B4*100000*20

按 Enter 键，即可计算出 5 年后的本利和，如图 13-25 所示。

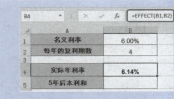

图 13-24

图 13-25

【公式解析】

$$=B4*100000*20$$

公式中 100000 为本金，20 是指 5 年复利总次数（年数*每年复利次数）

例 2：计算信用卡的实际年利率

假设一张信用卡收费的月利率是 3%，要求计算这张信用卡的实际年利率。

扫一扫，看视频

❶ 由于月利率是 3%，所以可用公式 "=3%*12" 计算出名义年利率，如图 13-26 所示。

❷ 此处的年复利期数为 12，选中 B4 单元格，在编辑栏中输入公式：

```
=EFFECT(B1,B2)
```
按 Enter 键，即可计算出实际年利率，如图 13-27 所示。

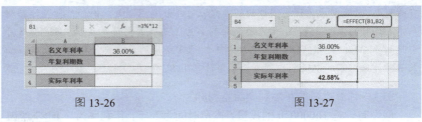

图 13-26　　　　　　　　　　　　　　图 13-27

12．NOMINAL 函数（计算名义年利率）

【函数功能】NOMINAL 函数基于给定的实际利率和年复利期数，计算名义年利率。

【函数语法】NOMINAL(effect_rate,npery)

- effect_rate：必需。实际利率。
- npery：必需。每年的复利期数。

例：根据实际年利率计算名义年利率

扫一扫，看视频

NOMINAL 函数可以根据给定的实际利率和年复利期数回推，计算名义年利率。其功能与 EFFECT 函数是相反的。

❶ 选中 B4 单元格，在编辑栏中输入公式：

```
=NOMINAL(B1,B2)
```

❷ 按 Enter 键，即可计算出实际年利率为 6.14%、每年的复利期数为 4 次时的名义年利率，如图 13-28 所示。

图 13-28

13.2　偿还率计算

偿还率函数是专门用来计算利率的函数，也可用于计算内部收益率，包括 IRR、MIRR、RATE 和 XIRR 等几个函数。

1. IRR（计算内部收益率）

【函数功能】IRR 函数返回由数值代表的一组现金流的内部收益率。这些现金流不必为均衡的，但作为年金，它们必须按固定的间隔产生，如按月或按年。内部收益率为投资的回收利率，其中包含定期支付（负值）和定期收入（正值）。

【函数语法】IRR(values,guess)

- values：必需。进行计算的数组，即用来计算返回的内部收益率的数字。
- guess：必需。对函数 IRR 计算结果的估计值。

例：计算一笔投资的内部收益率

假设开设一家店铺需要投资 100000 元，希望未来 5 年各年的收入分别为 10000 元、20000 元、50000 元、80000 元、120000 元，要求计算出第 3 年后的内部收益率与第 5 年后的内部收益率。

❶ 选中 B8 单元格，在编辑栏中输入公式：

=IRR(B1:B4)

按 Enter 键，即可计算出 3 年后的内部收益率，如图 13-29 所示。

❷ 选中 B9 单元格，在编辑栏中输入公式：

=IRR(B1:B6)

按 Enter 键，即可计算出 5 年后的内部收益率，如图 13-30 所示。

图 13-29   图 13-30

2. MIRR（计算修正内部收益率）

【函数功能】MIRR 函数返回某一连续期间内现金流的修正内部收益率，它同时考虑了投资的成本和现金再投资的收益率。

【函数语法】MIRR(values,finance_rate,reinvest_rate)

- values：必需。进行计算的数组，即用来计算返回的内部收益率的数字。
- finance_rate：必需。现金流中使用的资金支付的利率。
- reinvest_rate：必需。将现金流再投资的收益率。

例：计算不同利率下的修正内部收益率

扫一扫，看视频

假设一家店铺需要投资 100000 元，预计今后 5 年中各年的收入分别为 10000 元、20000 元、50000 元、80000 元、120000元。期初投资的 100000 元是从银行贷款所得，该笔贷款利率为6.9%，并且将收益又投入店铺中，再投资收益的年利率为 12%。要求计算出 5 年后的修正内部收益率与 3 年后的修正内部收益率。

❶ 选中 B10 单元格，在编辑栏中输入公式：

`=MIRR(B3:B8,B1,B2)`

按 Enter 键，即可计算出 5 年后的修正内部收益率，如图 13-31 所示。

❷ 选中 B11 单元格，在编辑栏中输入公式：

`=MIRR(B3:B6,B1,B2)`

按 Enter 键，即可计算出 3 年后的修正内部收益率，如图 13-32 所示。

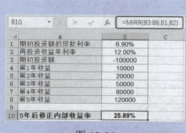

图 13-31　　　　　　　　　　图 13-32

3. XIRR（计算不定期现金流的内部收益率）

【函数功能】XIRR 函数返回一组不定期现金流的内部收益率。

【函数语法】XIRR(values, dates, [guess])

- values：必需。与 dates 中的支付时间相对应的一系列现金流。
- dates：必需。与现金流支付相对应的支付日期表。
- guess：可选。对函数 XIRR 计算结果的估计值。

例：计算一组不定期现金流的内部收益率

假设某笔投资的期初投资为 20000 元，未来几个月的收益日期不定，收益金额也不定（表格中给出），要求计算出该笔投资的内部收益率。

扫一扫，看视频

❶ 选中 C8 单元格，在编辑栏中输入公式：

`=XIRR(C1:C6,B1:B6)`

❷ 按 Enter 键，即可计算出该笔投资的内部收益率，如图 13-33 所示。

图 13-33

4. RATE（返回年金的各期利率）

【函数功能】RATE 函数返回年金的各期利率。

【函数语法】RATE(nper, pmt, pv, [fv], [type], [guess])

- nper：必需。总投资期，即该项投资的付款期总数。
- pmt：必需。各期付款额。
- pv：必需。现值，即本金。
- fv：可选。未来值。
- type：可选。指定各期的付款时间是在期初还是期末。若为 0，表示在期末；若为 1，则表示在期初。
- guess：可选。预期利率。如果省略预期利率，则假设该值为 10%。

例：计算一笔投资的收益率

假设有一笔 100000 元的投资，该笔投资的年回报金额为 28000 元，回报期为 5 年。现在要计算该笔投资的收益率，从而判断该笔投资是否值得。

扫一扫，看视频

❶ 选中 B5 单元格，在编辑栏中输入公式：

`=RATE(B1,B2,B3)`

❷ 按 Enter 键，即可计算出该笔投资的收益率，如图 13-34 所示。

图 13-34

13.3 资产折旧计算

折旧计算函数主要包括 DB、DDB、SLN、SYD、VDB。根据不同的计算方法和要求可以选择不同的折旧计算函数。

1. SLN（直线法计提折旧）

【函数功能】SLN 函数用于返回某项资产在一个期间内的线性折旧值。

【函数语法】SLN(cost,salvage,life)

- cost：必需。资产原值。
- salvage：必需。资产在折旧期末的价值，即资产残值。
- life：必需。折旧期限，即资产的使用寿命。

【用法解析】

默认为年限。如果要计算月折旧额，则需要把使用寿命中的年数乘以 12，转换为可使用的月份数

=SLN(❶资产原值,❷资产残值,❸资产的使用寿命)

📢 注意：

直线法（Straight Line Method）又称平均年限法，是指将固定资产按预计使用年限计算平均折旧额均衡地分摊到各期的一种方法，采用这种方法计算的每期（年、月）折旧额都是相等的。

例 1：用直线法计算固定资产的每年折旧额

扫一扫，看视频

❶ 录入各项固定资产的原值、预计使用年限、预计残值等数据到工作表中，如图 13-35 所示。

❷ 选中 E2 单元格，在编辑栏中输入公式：
=SLN(B2,C2,D2)

按 Enter 键，即可计算出第 1 项固定资产的年折旧额。

❸ 选中 E2 单元格，向下复制公式，即可快速得出其他固定资产的年折旧额，如图 13-36 所示。

	A	B	C	D	E
1	资产名称	原值	预计残值	预计使用年限	年折旧额
2	空调	3980	180	6	
3	冷暖空调机	2200	110	4	
4	uv喷绘机	98000	9800	10	
5	印刷机	3500	154	5	
6	覆膜机	3200	500	5	
7	平板彩印机	42704	3416	10	
8	亚克力喷绘机	13920	1113	10	

图 13-35

E2 　 fx =SLN(B2,D2)

	A	B	C	D	E
1	资产名称	原值	预计残值	预计使用年限	年折旧额
2	空调	3980	180	6	633.33
3	冷暖空调机	2200	110	4	522.50
4	uv喷绘机	98000	9800	10	8820.00
5	印刷机	3500	154	5	669.20
6	覆膜机	3200	500	5	540.00
7	平板彩印机	42704	3416	10	3928.80
8	亚克力喷绘机	13920	1113	10	1280.70

图 13-36

例2：用直线法计算固定资产的每月折旧额

如果要计算每月的折旧额，则只需要将第 3 个参数资产使用寿命更改为月份数即可。

扫一扫，看视频

❶ 录入各项固定资产的原值、预计使用年限、预计残值等数据到工作表中。

❷ 选中 E2 单元格，在编辑栏中输入公式：

`=SLN(B2,C2,D2*12)`

按 Enter 键，即可计算出第 1 项固定资产月折旧额。

❸ 选中 E2 单元格，向下复制公式，即可计算出其他各项固定资产的月折旧额，如图 13-37 所示。

E2 　 fx =SLN(B2,C2,D2*12)

	A	B	C	D	E
1	资产名称	原值	预计残值	预计使用年限	月折旧额
2	空调	3980	180	6	52.78
3	冷暖空调机	2200	110	4	43.54
4	uv喷绘机	98000	9800	10	735.00
5	印刷机	3500	154	5	55.77
6	覆膜机	3200	500	5	45.00
7	平板彩印机	42704	3416	10	327.40
8	亚克力喷绘机	13920	1113	10	106.73

图 13-37

【公式解析】

$$=SLN(B2,C2,\underline{D2*12})$$

计算月折旧额时，需要将资产使用寿命中的年数乘以 12，转换为可使用的月份数

2. SYD（年数总和法计提折旧）

【函数功能】SYD 函数返回某项资产按年限总和折旧法计算的指定期间的折旧值。

【函数语法】SYD(cost,salvage,life,per)

- cost：必需。资产原值。
- salvage：必需。资产在折旧期末的价值，即资产残值。
- life：必需。折旧期限，即资产的使用寿命。
- per：必需。期数，单位与 life 要相同。

【用法解析】

$$=SYD(❶资产原值,❷资产残值,❸资产的使用寿命,$$
$$❹指定要计算的期数)$$

指定要计算折旧额的期数（年或月），单位要与参数❸相同，即如果要计算指定月份的折旧额，则要把参数❸资产的使用寿命更改为月份数

📢 注意：

> 年数总和法又称合计年限法，是指将固定资产的原值减去净残值后的净额乘以一个逐年递减的分数计算每年的折旧额，这个分数的分子代表固定资产尚可使用的年数，分母代表使用年限的逐年数字总和。年数总和法计提的折旧额是逐年递减的。

例：年数总和法计算固定资产的年折旧额

扫一扫，看视频

❶ 录入固定资产的原值、年限、残值等数据到工作表中。如果想一次求出每一年的折旧额，可以事先根据固定资产的预计使用年限建立一个数据序列（如图 13-38 所示的 D 列），从而方便公式的引用。

	A	B	C	D	E
1	固定资产名称	uv喷绘机		年限	折旧额
2	原值	98000		1	
3	残值	9800		2	
4	预计使用年限	10		3	
5				4	
6				5	
7				6	
8				7	
9				8	
10				9	
11				10	

图 13-38

❷ 选中 E2 单元格，在编辑栏中输入公式：

`=SYD($B$2,$B$3,$B$4,D2)`

按 Enter 键，即可计算出该项固定资产第 1 年的折旧额，如图 13-39 所示。

❸ 选中 E2 单元格，拖动右下角的填充柄向下复制公式，即可计算出该项固定资产各个年份的折旧额，如图 13-40 所示。

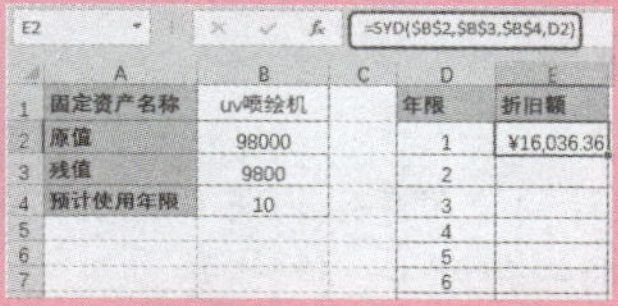

图 13-39

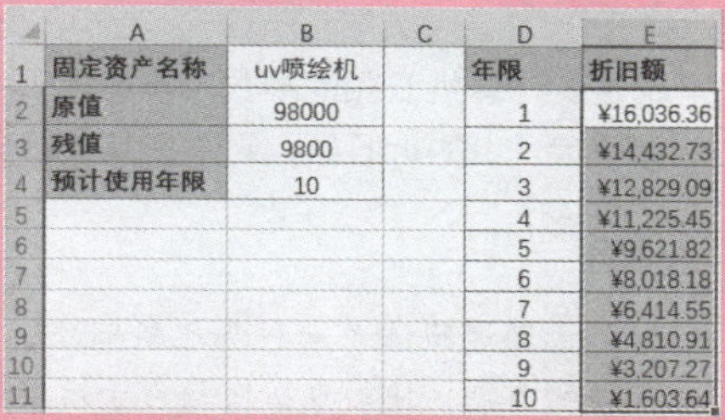

图 13-40

【公式解析】

$$=SYD(\$B\$2,\$B\$3,\$B\$4,\underline{D2})$$

求解期数是年份，想求解哪一年就指定此参数为几。本例为了查看整个 10 年的折旧额，在 D 列中输入了年份值，以方便公式引用

🔊 **注意：**

由于年限总和法求出的折旧值各期是不等的，因此如果使用此法求解，则必须单项求解，而不能像直线折旧法那样一次性求解多项固定资产的折旧额。

如果要求解指定月份（用 n 表示）的折旧额，则使用公式"=SYD（资产原值,资产残值,可使用年数*12,n）"。

3. DB（固定余额递减法计算折旧值）

【函数功能】DB 函数使用固定余额递减法计算某项资产在给定期间内的折旧值。

【函数语法】DB(cost, salvage, life, period, [month])

● cost：必需。资产原值。

● salvage：必需。资产在折旧期末的价值，也称为资产残值。

● life：必需。折旧期限，也称为资产的使用寿命。

- **period**：必需。需要计算折旧值的期数。period 必须使用与 life 相同的单位。
- **month**：可选。第 1 年的月份数，省略时假设为 12。

【用法解析】

=DB（❶资产原值，❷资产残值，❸资产的使用寿命，❹指定要计算的期数）

指定要计算折旧额的期数（年或月），单位要与参数❸相同，即如果要计算指定月份的折旧额，则要把参数❸资产的使用寿命转换为月份数

📢 **注意**：

固定余额递减法是一种加速折旧法，即在预计的使用年限内将后期折旧的一部分移到前期，使前期折旧额大于后期折旧额的一种方法。

例：固定余额递减法计算固定资产的每年折旧额

扫一扫，看视频

❶ 录入固定资产的原值、预计使用年限、预计残值等数据到工作表中。如果想查看每年的折旧额，可以事先根据固定资产的使用年限建立一个数据序列（如图 13-41 所示的 D 列），从而方便公式的引用。

❷ 选中 E2 单元格，在编辑栏中输入公式：

`=DB($B$2,$B$3,$B$4,D2)`

按 Enter 键，即可计算出该项固定资产第 1 年的折旧额，如图 13-41 所示。

❸ 选中 E2 单元格，拖动右下角的填充柄向下复制公式，即可计算出各个年份的折旧额，如图 13-42 所示。

图 13-41　　　　　　　图 13-42

📢 **注意：**

> 如果要求解指定月份（用 n 表示）的折旧额，则使用公式"=DB（资产原值，资产残值，可使用年数*12,n）"。

4. DDB（双倍余额递减法计算折旧值）

【函数功能】 DDB 函数使用双倍余额递减法计算某项资产在给定期间内的折旧值。

【函数语法】 DDB(cost, salvage, life, period, [factor])

- cost：必需。资产原值。
- salvage：必需。资产在折旧期末的价值，也称为资产残值。
- life：必需。折旧期限，也称作资产的使用寿命。
- period：必需。需要计算折旧值的期数。period 必须使用与 life 相同的单位。
- factor：可选。余额递减速率。若省略，则假设为 2。

【用法解析】

=DDB(❶资产原值,❷资产残值,❸资产的使用寿命,❹指定要计算的期数)

指定要计算折旧额的期数（年或月），单位要与参数❸相同，即如果要计算指定月份的折旧额，则要把参数❸资产的使用寿命转换为月份数

📢 **注意：**

> 双倍余额递减法是在不考虑固定资产净残值的情况下，根据每期期初固定资产账面余额和双倍的直线法折旧率计算固定资产折旧的一种方法。

例：双倍余额递减法计算固定资产的每年折旧额

❶ 录入固定资产的原值、预计使用年限、预计残值等数据到工作表中。如果想一次求出每一年的折旧额，可以事先根据固定资产的预计使用年限建立一个数据序列（如图 13-43 所示的 D 列），从而方便公式的引用。

扫一扫，看视频

❷ 选中 E2 单元格，在编辑栏中输入公式：

```
=DDB($B$2,$B$3,$B$4,D2)
```

按 Enter 键，即可计算出该项固定资产第 1 年的折旧额，如图 13-43 所示。

❸ 选中 E2 单元格，拖动右下角的填充柄向下复制公式，即可计算出各个年份的折旧额，如图 13-44 所示。

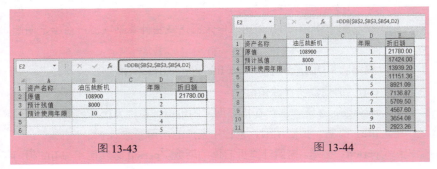

图 13-43　　　　　　　　　　　　　　图 13-44

📢 注意:

如果要求解指定月份（用 n 表示）的折旧额，则使用公式"=DDB（资产原值,资产残值,可使用年数*12,n）"。

5. VDB（返回指定期间的折旧值）

【函数功能】VDB 函数使用双倍余额递减法或其他指定的方法，返回指定的任何期间内（包括部分期间）的资产折旧值。

【函数语法】VDB(cost, salvage, life, start_period, end_period, [factor], [no_switch])

● cost：必需。资产原值。

● salvage：必需。资产在折旧期末的价值，即资产残值。

● life：必需。折旧期限，即资产的使用寿命。

● start_period：必需。进行折旧计算的起始期间。

● end_period：必需。进行折旧计算的截止期间。

● factor：可选。余额递减速率。若省略，则假设为 2。

● no_switch：可选。一个逻辑值，指定当折旧值大于余额递减计算值时，是否转用直线折旧法。若为 TRUE，即使折旧值大于余额递减计算值也不转用直线折旧法；若为 FALSE 或被忽略，且折旧值大于余额递减计算值时，则转用线性折旧法。

【用法解析】

=VDB(❶资产原值,❷资产残值,❸资产的使用寿命,
❹起始期间,❺截止期间)

指定的期数（年或月）单位要与参数❸相同，即如果要计算指定月份的折旧额，则要把参数❸资产的使用寿命转换为月份数

例：计算任意指定期间的资产折旧值

如果要计算固定资产在部分期间（如第 1 个月的折旧额、第 2 年的折旧额、第 6~12 个月的折旧额、第 3~4 年的折旧额等）的折旧值，可以使用 VDB 函数来实现。

扫一扫，看视频

❶ 录入固定资产的原值、预计使用年限、预计残值等数据到工作表中。

❷ 选中 B6 单元格，在编辑栏中输入公式：

`=VDB(B2,B3,B4*12,0,1)`

按 Enter 键，即可计算出该项固定资产第 1 个月的折旧额，如图 13-45 所示。

❸ 选中 B7 单元格，在编辑栏中输入公式：

`=VDB(B2,B3,B4,0,2)`

按 Enter 键，即可计算出该项固定资产第 2 年的折旧额，如图 13-46 所示。

图 13-45

图 13-46

❹ 选中 B8 单元格，在编辑栏中输入公式：

`=VDB(B2,B3,B4*12,6,12)`

按 Enter 键，即可计算出该项固定资产第 6~12 个月的折旧额，如图 13-47 所示。

❺ 选中 B9 单元格，在编辑栏中输入公式：

```
=VDB(B2,B3,B4,3,4)
```

按 Enter 键，即可计算出该项固定资产第 3~4 年的折旧额，如图 13-48 所示。

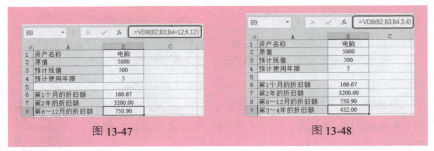

图 13-47   图 13-48

【公式解析】

=VDB(B2,B3,<u>B4*12</u>,6,12)

由于工作表中给定了固定资产的使用年限，因此在计算某月的折旧额时，需要将使用寿命转换为月份数，即转换为"使用年限*12"

第14章 条件格式

14.1 突出重要数据

条件格式功能可以应用于表格数据执行分析和统计等操作。通过"条件格式"可以将特殊的颜色、字体等应用于满足条件的数据。条件格式的应用效果并非是静态的，它可以根据当前值的改变自动刷新其格式。

Excel 2021 中可以应用的格式类型有"突出显示单元格规则"（可以设置数据"大于""小于""文本包含"等规则）、"项目选取规则"（可以设置数据"前 10 项""后 10 项""高于平均值"等规则）。下面就通过一些实例来介绍条件格式是如何应用的。

1. 突出显示大于指定数值的单元格

本例中需要将总业绩在 200 万元以上的记录以特殊格式显示，这里可以使用"突出显示单元格规则"中的"大于"命令。

扫一扫，看视频

❶ 首先选中表格中要设置条件格式的单元格区域，即 E2:E13。在"开始"选项卡的"样式"组中单击"条件格式"下拉按钮，在打开的下拉列表中依次选择"突出显示单元格规则"→"大于"（如图 14-1 所示），打开"大于"对话框。

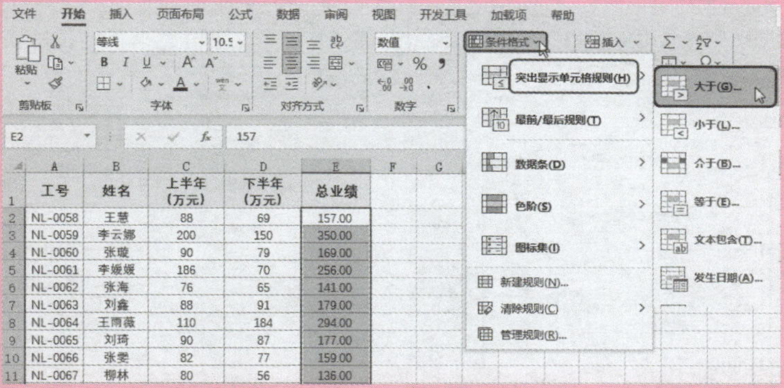

图 14-1

❷ 在"为大于以下值的单元格设置格式"栏下的文本框中输入"200"，单击"设置为"右侧的下拉按钮，在打开的下拉列表中选择"浅红填充色深红色文本"（也可以选择其他样式），如图 14-2 所示。

❸ 单击"确定"按钮完成设置，此时可以看到总业绩在 200 万以上的数据显示为浅红填充色深红色文本，如图 14-3 所示。

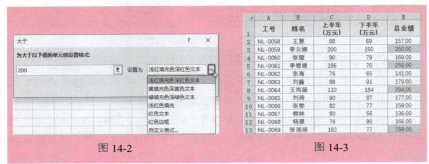

图 14-2　　　　　　　　　　　　　　　　图 14-3

2. 突出显示介于指定数值的单元格

扫一扫，看视频

本例中需要将总业绩在 100~200 万元之间的记录以特殊格式显示，这里可以使用"突出显示单元格规则"中的"介于"命令。

❶ 首先选中表格中要设置条件格式的单元格区域，即 E2:E17。在"开始"选项卡的"样式"组中单击"条件格式"下拉按钮，在打开的下拉列表中选择"突出显示单元格规则"→"介于"（如图 14-4 所示），打开"介于"对话框。

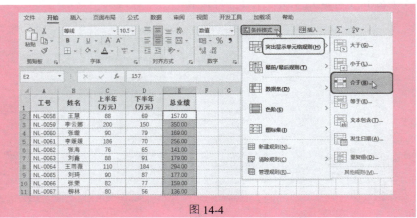

图 14-4

❷ 在"为介于以下值之间的单元格设置格式"栏下的文本框中输入"150"到"200"，显示格式设置为默认的"浅红填充色深红色文本"，如图 14-5 所示。

❸ 单击"确定"按钮完成设置，此时可以看到总业绩在 150~200 分之间的数据显示为浅红填充色深红色文本，如图 14-6 所示。

图 14-5　　　　　　　　　图 14-6

3. 重复值（唯一值）显示特殊格式

本例中需要在值班表中找到重复值班的有哪些人，此时就可以使用"突出显示单元格规则"中的"重复值"命令。

❶ 首先选中表格中要设置条件格式的单元格区域，即 B2:B15。在"开始"选项卡的"样式"组中单击"条件格式"下拉按钮，在打开的下拉列表中依次选择"突出显示单元格规则"→"重复值"（如图 14-7 所示），打开"重复值"对话框。

扫一扫，看视频

图 14-7

❷ 在"为包含以下类型值的单元格设置格式"栏下设置类型为"重复"（如果要突出唯一值，可以选择"唯一"），保持默认显示格式不变，如图 14-8 所示。

❸ 单击"确定"按钮完成设置，此时可以看到重复的人员姓名显示为浅红填充色深红色文本，如图 14-9 所示。

图 14-8　　　　　　　　　　　　　　　图 14-9

🔊 注意:

如果要统计只值班过一次的员工，在"为包含以下类型值的单元格设置格式"栏下将类型设置为"唯一"即可。

4. 排名靠前/后 N 位显示特殊格式

扫一扫，看视频

本例中需要在成绩统计表中将平均成绩排名前 5 位的找出来，这时可以使用"项目选取规则"中的"前 10 项"命令。

❶ 首先选中表格中要设置条件格式的单元格区域，即 D2:D15。在"开始"选项卡的"样式"组中单击"条件格式"下拉按钮，在打开的下拉列表中依次选择"最前最后规则"→"前 10 项"（如图 14-10 所示），打开"前 10 项"对话框。

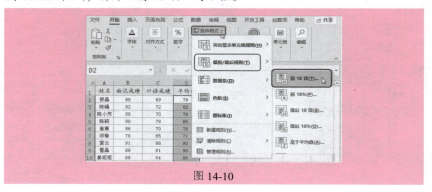

图 14-10

❷ 在"为值最大的那些单元格设置格式"栏下设置数值为"5"，保持显示格式的默认设置不变，如图 14-11 所示。

❸ 单击"确定"按钮完成设置，此时可以看到平均分排名前 5 的数据显示为浅红填充色深红色文本①，如图 14-12 所示。

图 14-11   图 14-12

5. 高/低于平均值时显示特殊格式

本例中需要在数据表中将各地区空气质量指数高于平均值的记录找出来，这时可以使用"项目选取规则"中的"高于平均值"命令。

扫一扫，看视频

❶ 首先选中表格中要设置条件格式的单元格区域，即 C2:C14。在"开始"选项卡的"样式"组中单击"条件格式"下拉按钮，在打开的下拉列表中依次选择"最前/最后规则"→"高于平均值"（如图 14-13 所示），打开"高于平均值"对话框。

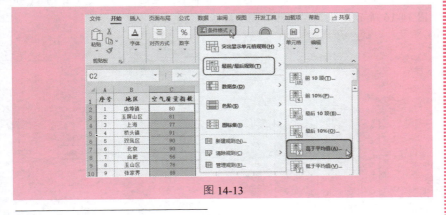

图 14-13

---

① 本书涉及表格文本颜色部分请参看源文件。

❷ 在"为高于平均值的单元格设置格式"栏下保持默认设置不变，如图 14-14 所示。

❸ 单击"确定"按钮完成设置，此时可以看到空气质量指数在平均值以上的数据显示为浅红填充色深红色文本，如图 14-15 所示。

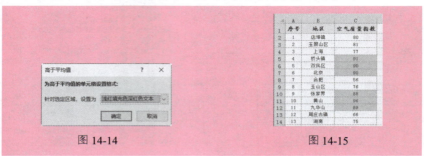

图 14-14   图 14-15

📢 注意：

如果要将低于平均值的数据以特殊格式显示，可以选择"低于平均值"命令。

6. 按发生日期显示特殊格式

扫一扫，看视频

为了方便管理者及时看到快要过生日的员工，可以将下周将要过生日的员工生日数据以特殊格式显示。这里可以使用"突出显示单元格规则"中的"发生日期"命令。

❶ 首先选中表格中要设置条件格式的单元格区域，即 C2:C14。在"开始"选项卡的"样式"组中单击"条件格式"下拉按钮，在打开的下拉列表中依次选择"突出显示单元格规则"→"发生日期"（如图 14-16 所示），打开"发生日期"对话框。

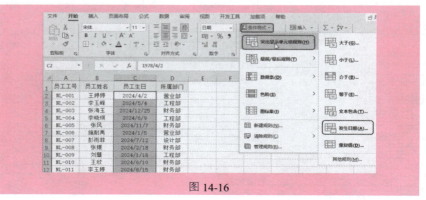

图 14-16

❷ 在"为包含以下日期的单元格设置格式"栏下打开左侧的下拉列表框，从中选择"下周"，其他选项保持默认不变，如图 14-17 所示。

❸ 单击"确定"按钮完成设置，此时可以看到将要在下周过生日的员工生日数据显示为浅红填充色深红色文本，如图 14-18 所示。

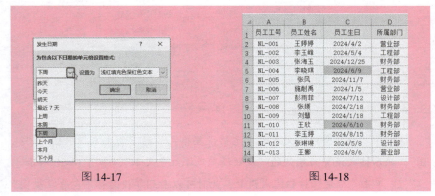

图 14-17   图 14-18

📢 **注意：**

"发生日期"还可以设置"昨天""今天""本月"等格式规则，需要根据实际工作需要设置发生日期。

14.2 突出重要文本

如果想要排除或突出表格中的重要文本内容，可以应用"文本包含""特定文本"等条件格式选项。

1. 设定包含某文本时显示特殊格式

本例中需要将学校名称中包含"桃园"的学校名称所在单元格以特殊格式显示，这里可以使用"突出显示单元格规则"中的"文本包含"命令。

扫一扫，看视频

❶ 首先选中表格中要设置条件格式的单元格区域，即 B2:B15，在"开始"选项卡的"样式"组中单击"条件格式"下拉按钮，在打开的下拉列表中依次选择"突出显示单元格规则"→"文本包含"（如图 14-19 所示），打开"文本中包含"对话框。

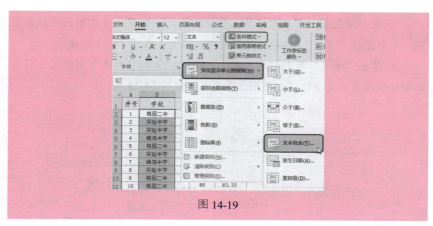

图 14-19

❷ 在"为包含以下文本的单元格设置格式"栏下的文本框中输入"桃园"，显示格式设置为默认的"浅红填充色深红色文本"，如图 14-20 所示。

❸ 单击"确定"按钮完成设置，此时可以看到学校名称中包含"桃园"的数据显示为浅红填充色深红色文本，如图 14-21 所示。

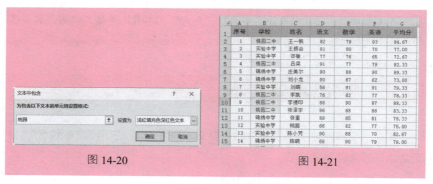

图 14-20　　　　　　　　　　　　图 14-21

2. 设定排除某文本时显示特殊格式

扫一扫，看视频

　　本例中统计了某次比赛中各学生对应的学校，下面需要将学校名称中不是"合肥市"的记录以特殊格式显示。要达到这一目的，需要使用文本筛选中的新建规则。

❶ 选中表格中要设置条件格式的单元格区域，即 C2:C14。在"开始"选项卡的"样式"组中单击"条件格式"下拉按钮，在打开的下拉列表中选择"新建规则"（如图 14-22 所示），打开"新建格式规则"对话框。

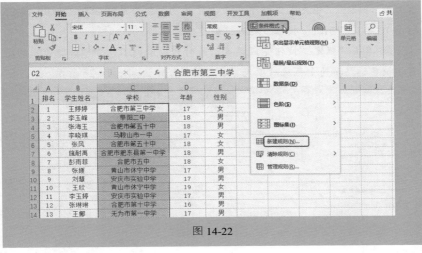

图 14-22

❷ 在"编辑规则说明"列表框中设置条件为"特定文本""不包含""合肥市",如图 14-23 所示。

❸ 然后单击下方的"格式"按钮,打开"设置单元格格式"对话框。切换至"字体"选项卡,设置"字形"为"倾斜","颜色"为白色,如图 14-24 所示。

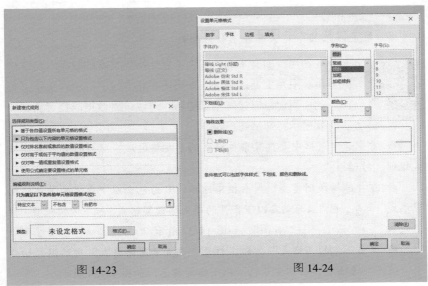

图 14-23   图 14-24

❹ 切换至"填充"选项卡，在"背景色"栏下选择金色（如图 14-25 所示），单击"确定"按钮，返回"新建格式规则"对话框。

❺ 单击"确定"按钮完成设置，此时可以看到不包含"合肥市"的所有学校名称显示为金色底纹填充、白色倾斜字体，如图 14-26 所示。

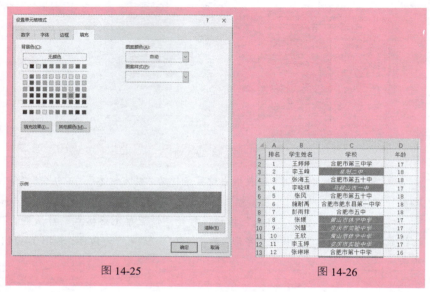

图 14-25　　　　　　　　　　　　　　　　图 14-26

3. 设定以某文本开头时显示特殊格式

扫一扫，看视频

上例用排除文本的方式将不包含指定文本的数据以特殊格式显示。沿用上面的例子，如果希望将学校名称中开头是"黄山"的所有记录以特殊格式显示，可以设置数据以特定文本开头时就显示特殊格式。

❶ 首先选中表格中要设置条件格式的单元格区域，然后打开"新建格式规则"对话框。

❷ 在"选择规则类型"列表框中选择"只为包含以下内容的单元格设置格式"命令，在"只为满足以下条件的单元格设置格式"栏下依次设置"特定文本"→"始于"→"黄山"，如图 14-27 所示。

❸ 单击下方的"格式"按钮，打开"设置单元格格式"对话框。切换至"填充"选项卡，在"背景色"栏下选择黄色，如图 14-28 所示。

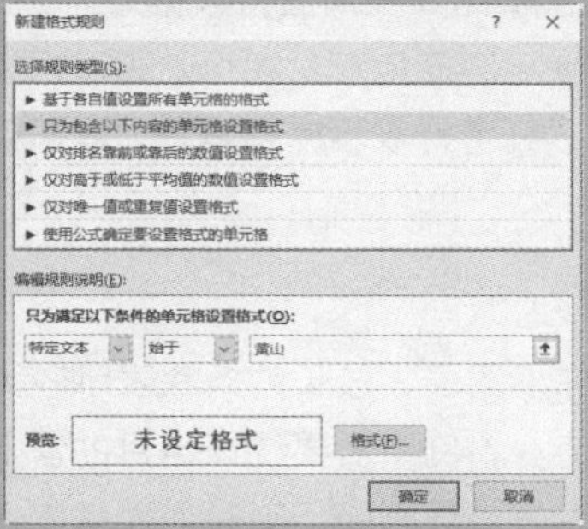

图 14-27

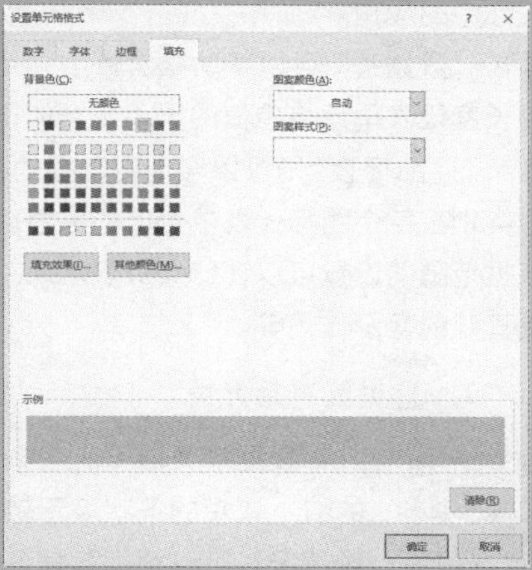

图 14-28

❹ 单击"确定"按钮，返回"新建格式规则"对话框。再次单击"确定"按钮完成设置，此时可以看到以"黄山"开头的所有学校名称显示为黄色底纹填充效果，如图 14-29 所示。

	A	B	C	D	E
1	排名	学生姓名	学校	年龄	性别
2	1	王婷婷	合肥市第三中学	17	女
3	2	李玉峰	阜阳二中	18	男
4	3	张海玉	合肥市第五十中	18	男
5	4	李晓琪	马鞍山市一中	17	女
6	5	张凤	合肥市第五十中	18	女
7	6	施耐禹	合肥市肥东县第一中学	18	男
8	7	彭雨菲	合肥市五中	18	女
9	8	张媛	黄山市休宁中学	17	男
10	9	刘慧	安庆市实验中学	17	男
11	10	王欣	黄山市休宁中学	19	女
12	11	李玉婷	安庆市实验中学	17	男
13	12	张琳琳	合肥市第十中学	16	男

图 14-29

14.3 图形标记数据

除了为满足条件的数据设置字体、底纹等格式，还可以为单元格添加各种图标，比如旗帜、箭头、交通灯等。"条件格式"中的图形分为"数据条""色阶"和"图标集"，本节通过几个例子介绍"数据条"和"图标集"在实际中的应用。

"数据条"可以帮助查看各个单元格相对于其他单元格的值，用数据条的长度代表单元格中值的大小（类似于图表知识中的条形图）。

而"图标集"则可以实现对数据的图形注释，比如按阈值将数据分为 3~5 个类别。每个图标代表 1 个值的范围。假设使用"三色灯"图标，通过相关数据范围的设置可以让绿色灯表示库存充足，红色灯表示库存紧缺，以起到更直观的警示作用等。

1. 应用数据条开关

扫一扫，看视频

数据条类似于一个条形迷你小图表，较长的条状表示较大的值，较短的条状表示较小的值。本例中需要统计当月的营业额情况，可以根据数据条的长短来直观判断，同时为数据表添加数据条开关按钮，实现动态添加迷你图表效果。

❶ 首先选中表格中要设置条件格式的单元格区域，即 B3:B16。在"开始"选项卡的"样式"组中单击"条件格式"下拉按钮，在打开的下拉列表中依次选择"数据条"→"天蓝色渐变数据条"，如图 14-30 所示，即可添加数据条效果。

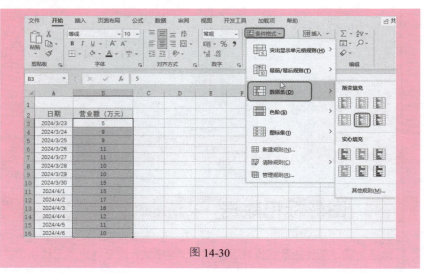

图 14-30

❷ 选中 B1 单元格，在"开发工具"选项卡的"控件"组中单击"插入"下拉按钮，在打开的下拉列表中依次选择"复选框（窗体控件）"，如图 14-31

所示，拖拽鼠标绘制一个大小合适的控件按钮即可，并修改名称为"条形图"。

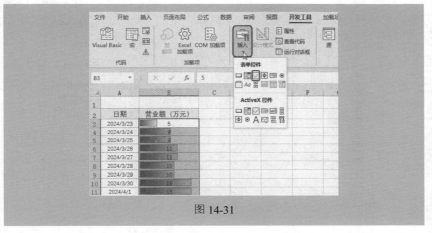

图 14-31

❸ 选中控件按钮并单击鼠标右键，在右键快捷菜单中选择"设置控件格式"（如图 14-32 所示），打开"设置对象格式"对话框。设置"单元格链接"地址为"$A$1"即可，如图 14-33 所示。

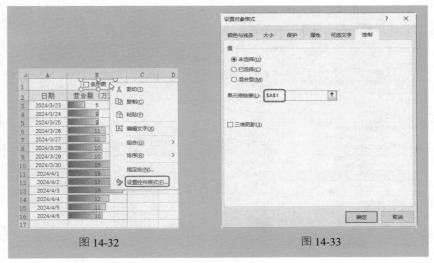

图 14-32   图 14-33

❹ 单击"确定"按钮即可得到如图 14-34 所示效果。选中 B3:B16，在"开始"选项卡的"样式"组中单击"条件格式"下拉按钮，在打开的下拉列表中选择"新建格式"，如图 14-35 所示，打开"新建格式规则"对话框。

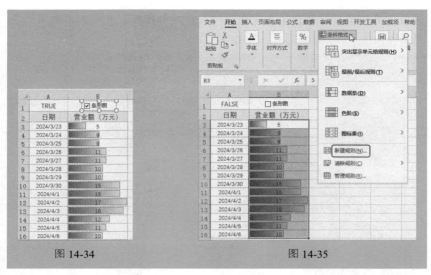

图 14-34   图 14-35

❺ 设置新建格式规则为"使用公式确定要设置格式的单元格"，并输入公式"=$A$1=FALSE"（如图 14-36 所示），单击"确定"按钮返回表格。

❻ 选中 B3:B16。在"开始"选项卡的"样式"组中单击"条件格式"下拉按钮，在打开的下拉列表中选择"管理规则"（如图 14-37 所示），打开"条件格式规则管理器"对话框。

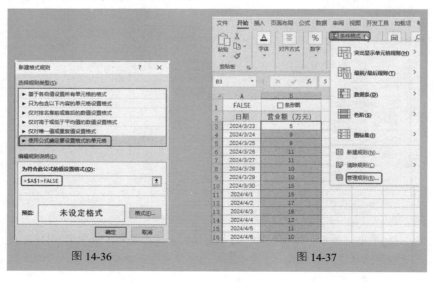

图 14-36   图 14-37

❼ 选中第一个条件格式后的"如果为真则停止"复选框，如图 14-38 所示。

图 14-38

❽ 单击"确定"按钮返回表格，当选中"条形图"复选框时则为 B 列数据添加数据条图表（如图 14-39 所示），取消选中"条形图"复选框时则隐藏条形图图表，如图 14-40 所示。

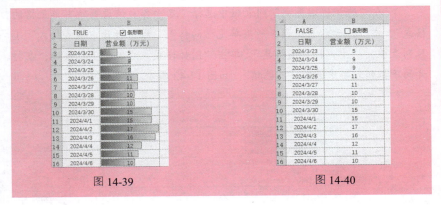

图 14-39

图 14-40

2. 给优秀成绩插红旗

本例中统计了各位员工的考核成绩，下面需要通过图标集的设置在优秀成绩旁插上红色旗帜。此例会涉及对无须使用的图标的隐藏。

扫一扫，看视频

本例规定：成绩在 85 分及以上时即可定义为"优秀"。

❶ 首先选中表格中要设置条件格式的单元格区域，即 D2:D17。在"开始"选项卡的"样式"组中单击"条件格式"下拉按钮，在打开的下拉列表中选择"新建规则"（如图 14-41 所示），打开"新建格式规则"对话框。

Excel 应用技巧速查宝典（第2版）

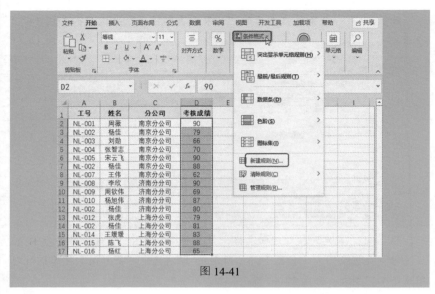

图 14-41

❷ 在"选择规则类型"列表框中选择"基于各自值设置所有单元格的格式"，在"基于各自值设置所有单元格的格式"栏下打开"格式样式"下拉列表框，从中选择"图标集"，单击"图标样式"右侧的下拉按钮，在打开的下拉列表框中选择"三色旗"，如图 14-42 所示。

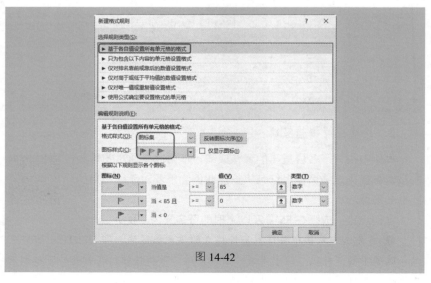

图 14-42

❸ 在"图标"栏下保持默认的第 1 个三色旗为红色，并在"当值是""＞="右侧的文本框中输入"85"，在"类型"下拉列表框中选择"数字"，如图 14-43 所示。

❹ 单击第 2 个三色旗右侧的下拉按钮，在打开的下拉列表框中选择"无单元格图标"，如图 14-44 所示。

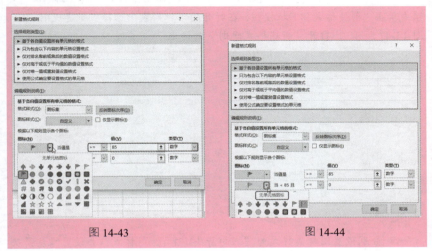

图 14-43   图 14-44

❺ 按相同方法将第 3 个三色旗也设置为"无单元格图标"，最终的三色旗格式设置效果如图 14-45 所示。

❻ 单击"确定"按钮完成设置，此时可以看到所选单元格区域中分数在 85 分及以上的单元格自动在左侧添加了红色旗帜，效果如图 14-46 所示。

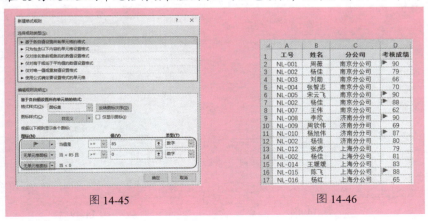

图 14-45   图 14-46

3. 升降箭头标识数据

扫一扫，看视频

如果想要比较本公司近几年产品的出口额和内销额，可以计算出差值后，使用条件格式根据数据的正负添加红色下降箭头和绿色上升箭头。

❶ 选中 D2:D9 单元格区域，在"开始"选项卡的"样式"组中单击"条件格式"下拉按钮，在打开的下拉列表中选择"新建规则"（如图 14-47 所示），打开"新建格式规则"对话框。

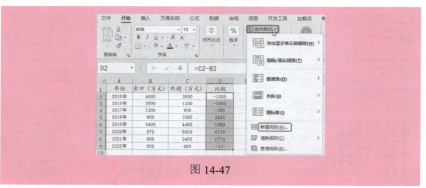

图 14-47

❷ 分别设置图标集样式为"三向箭头（彩色）"样式，并设置绿色箭头符号对应数据范围为">0"，其余都设置为红色下降箭头符号即可，如图 14-48 所示。

❸ 单击"确定"按钮返回表格，即可看到根据数据正负添加的不同颜色的箭头符号，如图 14-49 所示。

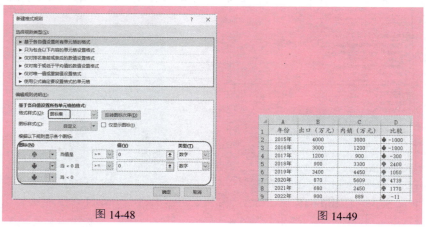

图 14-48   图 14-49

第15章 数据排序

15.1 单条件排序

如果要快速查看一列数据的极值（由高到低或者由低到高），按单元格颜色或者图标排列，可以使用 Excel 2021 中的排序功能。用户也可以参照第20章的内容了解相关函数在排序和筛选中的应用技巧。

1. 按列排序数据

对数据按列排序是最简单的排序方式，下面需要将费用支出金额从低到高升序排列。

❶ 打开表格，选中 E 列中任意单元格，在"数据"选项卡的"排序和筛选"组中单击"升序"按钮，如图 15-1 所示。

扫一扫，看视频

❷ 此时即可看到金额列数据从低到高排序，效果如图 15-2 所示。

图 15-1   图 15-2

2. 按行排序数据

默认情况下的表格数据都是按列排序，本例会介绍按行排序的设置技巧。

扫一扫，看视频

❶ 打开表格，选中除了行标识之外的所有单元格区域（B1:K5），在"数据"选项卡的"排序和筛选"组中单击"排序"按钮（如图15-3所示），打开"排序"对话框。

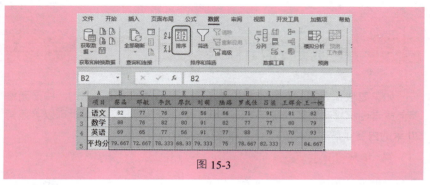

图 15-3

❷ 单击"主要关键字"右侧的下拉按钮，在打开的下拉列表框中选择"行5"（即表格中的平均分所属行），设置"次序"为"升序"，单击"选项"按钮（如图15-4所示），打开"排序选项"对话框。在"方向"栏下选中"按行排序"单选按钮，如图15-5所示。

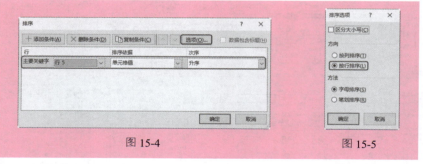

图 15-4　　　　　　　　　　　图 15-5

❸ 单击"确定"按钮完成设置，此时可以看到第五行的分数从低到高排列，如图15-6所示。

图 15-6

3. 按汉字笔画排序

表格数据默认按字母排序，本例中需要按姓名的笔画从少到多进行排序，可以设置排序条件为按"笔画排序"。

扫一扫，看视频

❶ 打开表格，选中数据区域中的任意一个单元格，在"数据"选项卡的"排序和筛选"组中单击"排序"按钮（如图15-7所示），打开"排序"对话框。

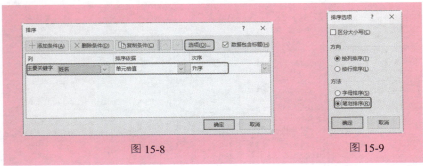

图 15-7

❷ 设置"主要关键字"为"姓名"，"排序依据"为"单元格值"，"次序"为"升序"，然后单击"选项"按钮（如图 15-8 所示），打开"排序选项"对话框。

❸ 在"方法"栏下选中"笔画排序"单选按钮，如图 15-9 所示。

图 15-8

图 15-9

❹ 单击"确定"按钮，返回"排序"对话框，再次单击"确定"按钮完成设置，此时可以看到表格中的记录按照姓名笔画从少到多的顺序排列，如图 15-10 所示。

图 15-10

扫一扫，看视频

注意：

> 如果直接按"姓名"字段排序，默认按姓名首字的字母顺序执行排序。

4. 按单元格颜色排序

表格排序主要是针对表格中的数据进行的，当表格中设置了底纹或条件格式突出效果之后，可以通过设置排序将这些单元格显示在最顶端，方便比较突出显示的重点数据。

❶ 选中数据区域中的任意单元格，在"数据"选项卡的"排序和筛选"组中单击"排序"按钮（如图 15-11 所示），打开"排序"对话框。

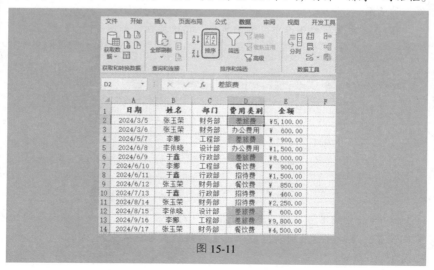

图 15-11

❷ 设置"主要关键字"为"费用类别",在"排序依据"下拉列表框中选择"单元格颜色",如图 15-12 所示。

图 15-12

❸ 在"次序"下拉列表框中选择颜色(如图 15-13 所示),其右侧保持默认"在顶端"选项。

图 15-13

❹ 单击"确定"按钮完成设置,此时可以看到表格中的"费用类别"列中,添加底纹效果的"差旅费"数据显示在顶端,如图 15-14 所示。

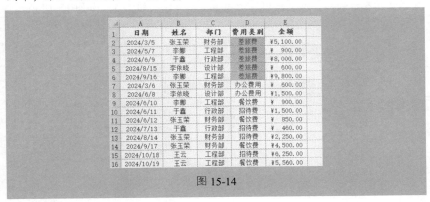

图 15-14

5. 按单元格图标排序

扫一扫，看视频

本例为表格中的费用支出金额数据应用了条件格式，将费用支出额超过 5000 及以上的数据添加了旗帜图标，下面需要使用排序功能将这些单元格图标显示在顶端。

❶ 打开表格，选中数据区域中的任意单元格，在"数据"选项卡的"排序和筛选"组中单击"排序"按钮（如图 15-15 所示），打开"排序"对话框，并设置"主要关键字"为"金额"。

❷ 在"排序依据"下拉列表框中选择"条件格式图标"，如图 15-16 所示。

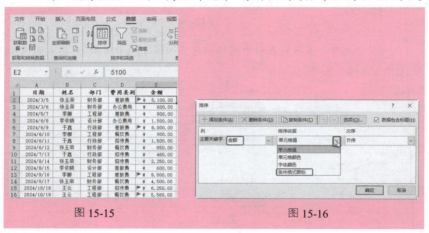

图 15-15   图 15-16

❸ 设置"次序"格式为红色旗帜并显示"在顶端"，如图 15-17 所示。

❹ 单击"确定"按钮完成设置，此时可以看到表格中所有红色旗帜图标数据显示在最顶端，以便突出显示费用支出额较高的记录，如图 15-18 所示。

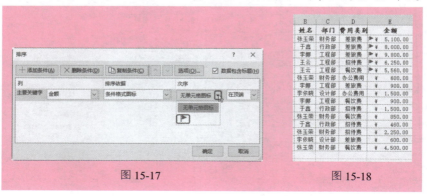

图 15-17   图 15-18

15.2 多条件排序

排序功能不仅可以按单关键字快速排序，还可以设置双关键字实现多条件排序。另外还可以按自己创建的自定义排序规则或按单元格的格式进行排序（即将相同格式的排列在一起）。

1. 按多条件排序

本例表格统计了近几个月所有部门人员各类费用支出情况，下面需要按部门和费用类别统计支出金额。

扫一扫，看视频

❶ 打开表格，选中数据区域中的任意一个单元格，在"数据"选项卡的"排序和筛选"组中单击"排序"按钮（如图 15-19 所示），打开"排序"对话框。

❷ 设置"主要关键字"为"部门"，排序依据为"单元格值"，"次序"为"升序"，然后单击"添加条件"按钮（如图 15-20 所示），即可激活"次要关键字"。

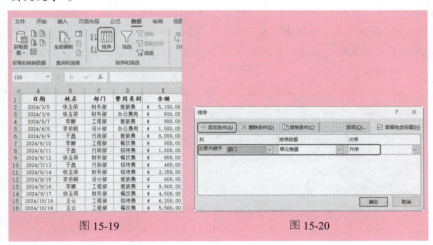

图 15-19　　　　　　　　　　　图 15-20

❸ 设置"次要关键字"为"金额"，其他选项保持默认设置不变，如图 15-21 所示。

❹ 单击"确定"按钮完成设置，此时可以看到表格数据先按部门名称排序，部门名称相同时再按金额从低到高排序，如图 15-22 所示。

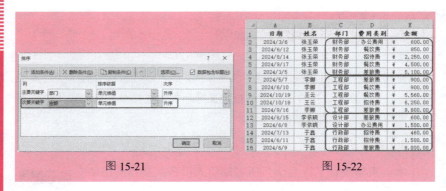

图 15-21　　　　　　　　　　　　　图 15-22

2. 自定义排序规则

扫一扫，看视频

　　如果想要对表格数据按照指定职位的顺序、指定部门的顺序、指定学历的顺序进行排序，使用自动排序方式是无法实现的，这时可以使用"自定义序列"功能自定义自己想要的排序规则。

❶ 选中数据区域中的任意单元格，在"数据"选项卡的"排序和筛选"组中单击"排序"按钮，打开"排序"对话框。

❷ 设置"主要关键字"为"部门"，"排序依据"为"单元格值"，在"次序"下拉列表框中选择"自定义序列"（如图 15-23 所示），打开"自定义序列"对话框。

图 15-23

❸ 在"输入序列"列表框中依次输入部门名称（注意每一个部门名称输入完毕之后要按 Enter 键另起一行）。

❹ 单击"添加"按钮，即可将输入的自定义序列添加到左侧的"自定义序列"列表框中，如图 15-24 所示。

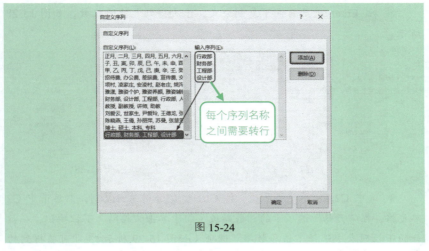

图 15-24

❺ 单击"确定"按钮返回"排序"对话框，此时可以看到自定义的序列，如图 15-25 所示。

❻ 单击"确定"按钮完成设置，此时可以看到"部门"列按照自定义的序列进行了排序，效果如图 15-26 所示。

图 15-25　　　　　　　　　　　　　　图 15-26

3. 应用函数随机排序

如果想要随机安排若干名员工参与国庆假期的值班，可以借助函数 RAND 获取随机数并排序。

扫一扫，看视频

❶ 首先选中 C2 单元格，在编辑栏内输入公式"=RAND()"，如图 15-27 所示。

❷ 按 Enter 键后再向下复制公式，依次得到其他随机数，如图 15-28
所示。

图 15-27 图 15-28

❸ 选中 C2:C8 单元格区域，按 Ctrl+C 组合键执行复制，然后选中 C2
单元格，在"开始"选项卡的"剪贴板"组中单击"粘贴"下拉按钮，在打
开的下拉列表中选择"值和数字"选项（如图 15-29 所示），即可将得到的
随机数粘贴为数值格式（是为了得到一组随机数，否则这组辅助随机数会不
断刷新）。

❹ 选中 B2:C8 单元格区域，在"数据"选项卡的"排序和筛选"组中
单击"排序"按钮（如图 15-30 所示），打开"排序"对话框。

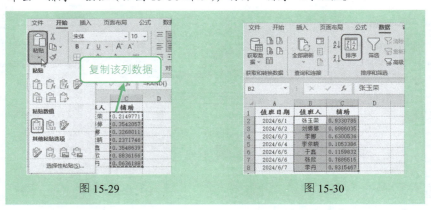

图 15-29 图 15-30

❺ 设置"主要关键字"为"辅助"，并保持"排序依据"和"次序"的
默认设置不变，如图 15-31 所示。

❻ 单击"确定"按钮完成设置，此时可以看到表格中的"值班人"已
按照 C 列的辅助随机数实现随机重新排序（值班日期保持不变），如图 15-32
所示。

图 15-31

图 15-32

注意:

如果想再次随机重排数据，则可以使用 RAND 函数重新获取随机数，用得到的随机数序列排序即可。

4. 恢复排序前的数据

Excel 本身是没有恢复表格之前顺序的功能，如果在排序之前没有做任何辅助的操作，只能通过快速访问工具栏中的"撤销"按钮逐步后退，但如果关闭过工作表或者操作的步骤过多，撤销操作是无法帮助恢复到表格的原始顺序的。如果是比较重要的表格，可以在进行排序前为表格添加辅助列来记录数据的原始顺序，有了这列数据无论任何时候想恢复表格都可以快速实现。

扫一扫，看视频

❶ 首先分别在 F2、F3 单元格内输入数字"1"和"2"，然后拖动右下角的填充柄向下填充连续的序号，如图 15-33 所示。

❷ 当数据排序后，再次选中辅助列中的任意单元格，在"数据"选项卡的"排序和筛选"组中单击"升序"按钮，如图 15-34 所示。

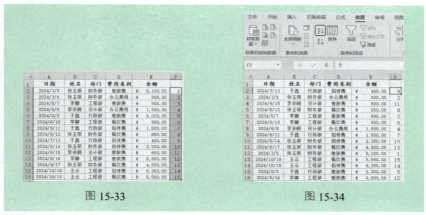

图 15-33

图 15-34

❸ 执行上述操作后，表格数据即可恢复原来的显示顺序。

第16章 数据筛选

16.1 数值筛选

在对表格进行数据分析时，通常需要在复杂的数据集中快速找到所需的那部分数据，这时就要应用到数据的"筛选"功能。用户可以按数值筛选出（筛选出大于、小于指定值等）符合条件的所有记录项。

1. 筛选大于特定值的记录

扫一扫，看视频

本例表格统计了学生的各科目成绩，下面需要将数学成绩在 90 分及以上的所有记录筛选出来。

❶ 打开表格，选中数据区域中的任意单元格，在"数据"选项卡的"排序和筛选"组中单击"筛选"按钮（如图 16-1 所示），为表格列标识添加自动筛选按钮。

❷ 单击"数学"字段右下角的自动筛选按钮，在打开的下拉面板中依次选择"数字筛选"→"大于或等于"选项（如图 16-2 所示），打开"自定义自动筛选方式"对话框。

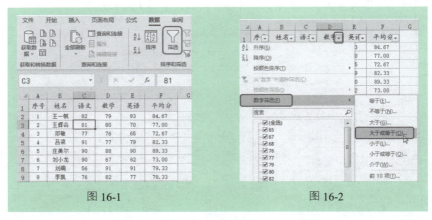

图 16-1   图 16-2

❸ 在"数学"栏下"大于或等于"右侧的组合框中输入"90"，如图 16-3 所示。单击"确定"按钮完成设置，此时可以看到数学成绩在 90 分及以上

的记录被筛选出来，如图 16-4 所示。

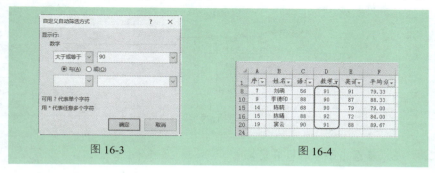

图 16-3　　　　　　　　　　　图 16-4

2. 筛选介于指定值之间的记录

本例中需要将应聘人员的面试成绩在 85~90 分之间的所有记录筛选出来，可以使用"介于"筛选方式。

扫一扫，看视频

❶ 首先为表格添加自动筛选按钮，然后单击"面试成绩"字段右下角的自动筛选按钮，在打开的下拉面板中依次选择"数字筛选"→"介于"选项（如图 16-5 所示），打开"自定义自动筛选方式"对话框。

❷ 在"面试成绩"栏下"大于或等于"右侧的组合框中输入"85"，选中"与"单选按钮，在"小于或等于"右侧的组合框中输入"90"，如图 16-6 所示。

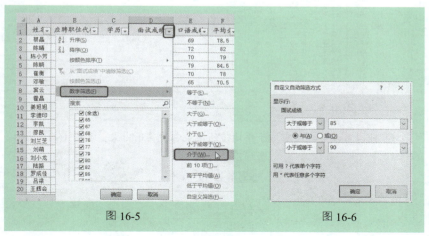

图 16-5　　　　　　　　　　　图 16-6

❸ 单击"确定"按钮完成设置，此时可以看到面试成绩在 85~90 分之

间的所有记录被筛选出来，如图 16-7 所示。

图 16-7

3. 筛选小于平均值的记录

本例需要在销售业绩统计表中找出哪些员工的销售额不达标（此处约定当销售额小于整体平均值时即为不达标），可以使用"低于平均值"的筛选方式。

❶ 首先为如图 16-8 所示"销售业绩统计表"添加自动筛选按钮，然后单击"销售额"字段右下角的自动筛选按钮，在打开的下拉面板中依次选择"数字筛选"→"低于平均值"选项，如图 16-9 所示。

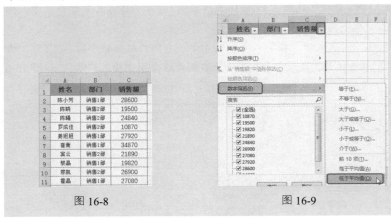

图 16-8   图 16-9

❷ 此时可以看到所有低于平均值的记录都被筛选出来，如图 16-10 所示。

图 16-10

4. 筛选出指定时间区域的记录

本例表格统计了不同人员的来访时间和姓名，下面需要将在午休时间来访的记录筛选出来。

扫一扫，看视频

❶ 首先为表格添加自动筛选按钮（如图 16-11 所示），然后单击"来访时间"字段右下角的自动筛选按钮，在打开的下拉面板中依次选择"数字筛选"→"自定义筛选"选项（如图 16-12 所示），打开"自定义自动筛选方式"对话框。

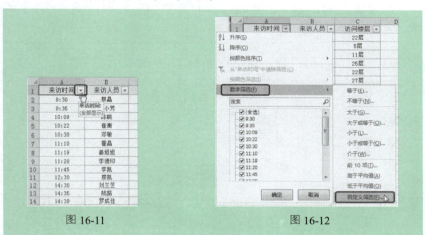

图 16-11　　　　　　　　　　　图 16-12

❷ 分别设置"来访时间"为"大于或等于""11:30"，以及"小于或等于""14:30"，如图 16-13 所示。

❸ 单击"确定"按钮，即可将来访时间在 11:30-14:30 之间的所有来访记录筛选出来，如图 16-14 所示。

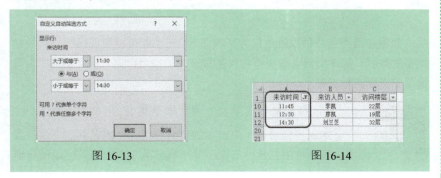

图 16-13　　　　　　　　　　　图 16-14

5. 筛选出指定数字开头的记录

如果想要筛选出指定数字"1"开头的所有快递单号记录，可以配合"*"（代表任意字符）通配符执行筛选。如果不使用通配符，则可能会默认将所有包含"1"的快递单号都筛选出来。

❶ 首先为表格添加自动筛选按钮，然后单击"快递单号"字段右下角的自动筛选按钮，在下拉列表中的搜索框中输入"1*"，如图 16-15 所示。

❷ 单击"确定"按钮，即可筛选出以数字"1"开头的所有快递单号记录，如图 16-16 所示。

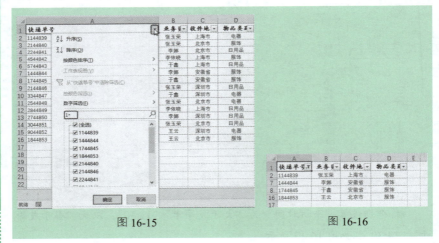

图 16-15

图 16-16

16.2 文本筛选

数据筛选不但包括数值也包含文本筛选。该功能可以实现模糊查找某种类型的数据、筛选出包含或者不包含某种文本的指定数据，以及使用搜索筛选器筛选指定数据等。

1. 模糊筛选获取同一类型的数据

本例表格统计了中山市的所有合作企业的名称。下面需要将公司名称中包含"五金"的所有记录筛选出来，可以使用模糊查找功能来完成。

❶ 首先为表格添加自动筛选按钮（如图 16-17 所示），然后单击"公司名称"字段右下角的自动筛选按钮，在打开的下拉面板中依次选择"文本筛选"→"包含"选项（如图 16-18 所示），打开"自定义自动筛选方式"对话框。

图 16-17　　　　　　　　　图 16-18

❷ 在"公司名称"栏下"包含"右侧的组合框中输入"五金"，如图 16-19 所示。单击"确定"按钮完成设置，此时可以看到表格中所有公司名称中包含"五金"的记录被筛选出来，如图 16-20 所示。

图 16-19　　　　　　　　　图 16-20

2. 筛选出开头不包含某文本的所有记录

本例表格统计了某次竞赛的成绩，下面需要筛选出不是"桃园"学校的所有记录，可以使用"文本筛选"中的"不包含"命令来完成。

扫一扫，看视频

❶ 首先为表格添加自动筛选按钮（如图 16-21 所示），然后单击"学校"字段右下角的自动筛选按钮，在打开的下拉面板中依次选择"文本筛选"→"不包含"选项（如图 16-22 所示），打开"自定义自动筛选方式"对话框。

图 16-21   图 16-22

❷ 在"学校"栏下"不包含"右侧的组合框中输入"桃园"，如图 16-23 所示。单击"确定"按钮完成设置，此时可以看到表格中所有学校名称中不包含"桃园"的记录被筛选出来，如图 16-24 所示。

图 16-23   图 16-24

3. 利用搜索筛选器将筛选结果中某类数据再次排除

扫一扫，看视频

在下面的表格中，想以"杂志名称"为字段筛选出"周刊"类杂志，当搜索到所有"周刊"类杂志后需要再次排除"人物周刊"杂志，可以使用搜索筛选器来完成。

❶ 首先为表格添加自动筛选按钮，然后单击"杂志名称"

字段右侧的筛选按钮，在打开的下拉面板中的搜索框内输入"周刊"（如图 6-25 所示），即可搜索出所有包含"周刊"的杂志记录，如图 16-26 所示。

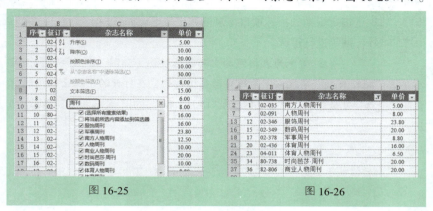

图 16-25   图 16-26

❷ 再次打开"杂志名称"下拉面板，在搜索框内输入"人物"（即进行二次筛选），注意要取消选中"选择所有筛选结果"复选框，并单独选中"将当前所选内容添加到筛选器"复选框，如图 16-27 所示。

❸ 单击"确定"按钮完成设置，此时可以看到表格中筛选出不包括"人物周刊"的所有周刊记录，如图 16-28 所示。

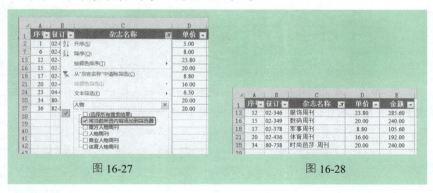

图 16-27   图 16-28

16.3 日期筛选

利用"日期筛选"功能，可以实现按年、月、日分组筛选，按季度筛选，或者筛选出指定日期范围内的所有数据等。

1. 将日期按年（或月、日）筛选

扫一扫，看视频

本例表格统计了不同项目的招标日期和价格，下面需要将指定日期的招标项目记录筛选出来，比如按指定年月、指定日期等进行筛选。

❶ 首先为表格添加自动筛选按钮（如图 16-29 所示），然后单击"招标日期"字段右下角的自动筛选按钮，在打开的下拉面板中取消选中"全选"复选框，选中 2024 下的"四月"和"五月"复选框，如图 16-30 所示。

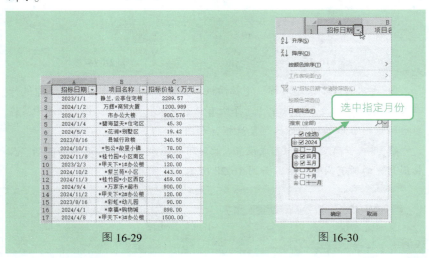

图 16-29　　　　　　　　　　　图 16-30

❷ 单击"确定"按钮完成设置，此时可以看到表格中 2024 年四月和五月的所有招标项目记录被筛选出来，如图 16-31 所示。

图 16-31

 注意：

当筛选对象是日期时，程序会默认为日期数据自动分组，因此在进行按年筛选或按月筛选时，直接在列表中选中相应的复选框即可。

如果以当前月份（六月）为标准筛选出上个月招标的所有项目，可以设置"日期筛选"条件为"上月"。

❶ 单击"招标日期"字段右下角的自动筛选按钮，在打开的下拉面板中依次选择"日期筛选"→"上月"选项，如图 16-32 所示。

❷ 执行上述命令后，即可将所有在上个月（即五月份）招标的项目记录筛选出来，如图 16-33 所示。

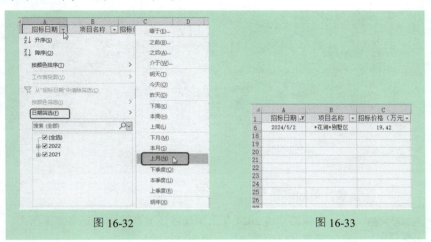

图 16-32   图 16-33

📢 注意：

在"日期筛选"子列表中还可以看到有"上周""昨天""下季度"等选项，它们都是用于以当前日期为基准去筛选出满足条件的数据。在实际工作中按需要选用即可。

2. 按季度筛选数据记录

完成了日期按月筛选、按年筛选或以当前日期为基准筛选出上周、去年、上季度等的记录，但如果想筛选出任意季度的所有记录又该如何实现呢？在"日期筛选"子列表中有一个"期间所有日期"子列表，可以通过它来实现。

扫一扫，看视频

❶ 首先为表格添加自动筛选按钮（如图 16-34 所示），然后单击"日期"字段右下角的自动筛选按钮，在打开的下拉面板中依次选择"日期筛选"→"期间所有日期"→"第 3 季度"选项，如图 16-35 所示。

❷ 此时即可筛选出所有日期为第 3 季度的费用记录，如图 16-36 所示。

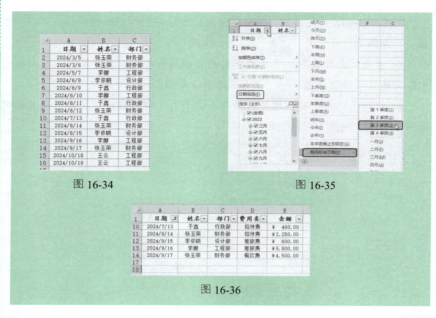

图 16-34   图 16-35

图 16-36

3. 按任意日期区间筛选

扫一扫，看视频

本例需要将 2024 年上半年的所有费用支出记录筛选出来，可以设置"日期筛选"条件为"之前"。

❶ 首先为表格添加自动筛选按钮（如图 16-37 所示），然后单击"日期"字段右下角的自动筛选按钮，在打开的下拉面板中依次选择"日期筛选"→"之前"选项（如图 16-38 所示），打开"自定义自动筛选方式"对话框。

图 16-37   图 16-38

❷ 设置筛选日期为"2024/7/1"之前,如图16-39所示。

❸ 单击"确定"按钮,即可将所有日期在上半年(2024/7/1之前)的项目记录筛选出来,如图16-40所示。

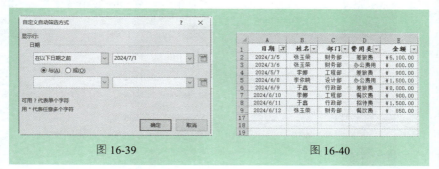

图16-39   图16-40

4. 筛选日期时不按年月日分组

在为"日期"添加自动筛选按钮后,将在筛选下拉菜单中显示按年月自动分组的筛选列表(如图16-41所示),如果在筛选时发现不再分组显示(如图16-42所示),可以按照本例介绍的方法重新显示分组。

扫一扫,看视频

图16-41   图16-42

❶ 启动Excel 2021程序,在Excel 2021主界面中选择"文件"→"选项"命令(如图16-43所示),打开"Excel选项"对话框。

❷ 选择"高级"选项卡,在"此工作簿的显示选项"栏下选中"使用'自动筛选'菜单分组日期"复选框,如图16-44所示。

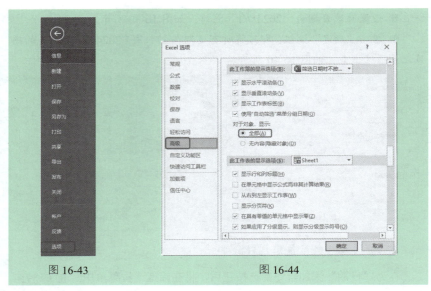

图 16-43   图 16-44

❸ 单击"确定"按钮，即可恢复设置。

16.4　高级筛选

　　如果筛选数据的条件比较复杂，使用前面介绍的方法都无法完成筛选，比如在考核表中筛选出职位为高级工考核分数大于 90 分的记录；人事信息表中筛选出财务部月度缺席次数达到 5 次以上的记录等，就可以使用"高级筛选"功能，高级筛选的前提是在数据表的空白处设置一个带有列标识的条件区域（列标识一定要保持和原始表格一致），并在列标识下方的行中输入要匹配的条件。

　　条件区域的建立要注意以下 3 点：

- 条件的列标识要与数据表的原有列标识完全一致。
- 多字段间的条件若为"与"关系，则写在一行。
- 多字段间的条件若为"或"关系，则写在下一行。

扫一扫，看视频

1.　使用高级筛选提取指定数据

　　在管理员工考核数据时，如果员工记录非常多，可以单独列出想要查询的员工姓名，再使用高级筛选功能筛选出指定多个员工的详细考核数据。

❶ 打开表格后，在"数据"选项卡的"排序和筛选"组中单击"高级"按钮（如图 16-45 所示），打开"高级筛选"对话框。

❷ 在"方式"栏下选中"将筛选结果复制到其他位置"单选按钮，设置"列表区域"为 A1:E14，设置"条件区域"为 G1:G6，设置"复制到"为 G8，如图 16-46 所示。

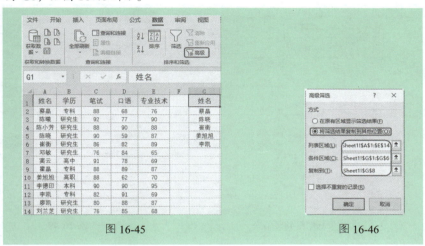

图 16-45　　　　　　　　　　　　　　　　　　图 16-46

❸ 单击"确定"按钮完成设置，即可筛查出指定人员的记录，如图 16-47 所示。

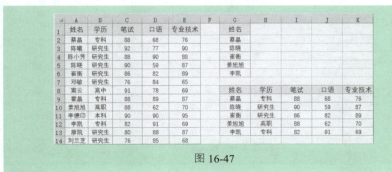

图 16-47

2. 筛选出不重复记录

本例表格中统计了各位员工的工资数据，由于统计疏忽出现了一些重复数据，如果使用手动方式逐个查找非常麻烦。此时利用高级筛选功能可以快速筛选出不重复的记录。

❶ 打开表格后，在"数据"选项卡的"排序和筛选"组中单击"高级"按钮（如图 16-48 所示），打开"高级筛选"对话框。

❷ 在"方式"栏下选中"在原有区域显示筛选结果"单选按钮，设置"列表区域"为 A1:D23，选中"选择不重复的记录"复选框，如图 16-49 所示。

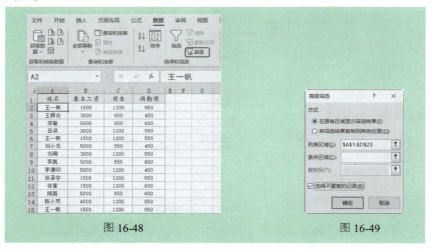

图 16-48　　　　　　　　　　　　　　　　图 16-49

❸ 单击"确定"按钮完成设置，返回表格后可以看到系统自动将所有不重复的记录筛选了出来，如图 16-50 所示。

图 16-50

扫一扫，看视频

3. 高级筛选实现一对多查询

如果想要根据表格数据按指定部门筛选出对应的姓名、费用类别和金额信息，可以使用高级筛选设置查询条件。

❶ 打开表格后，在"数据"选项卡的"排序和筛选"组中单击"高级"按钮（如图16-51所示），打开"高级筛选"对话框。

❷ 在"方式"栏下选中"将筛选结果复制到其他位置"单选按钮，设置"列表区域"为A1:E16，设置"条件区域"为G2:G3，设置"复制到"为H2:J2，如图16-52所示。

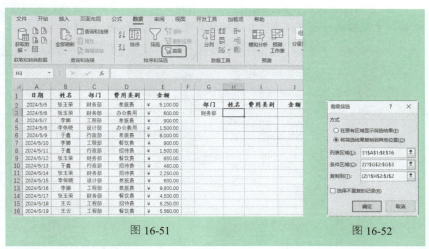

图 16-51 图 16-52

❸ 单击"确定"按钮完成设置，即可筛选出指定部门的多条费用支出记录，如图16-53所示。

图 16-53

4. 通过高级筛选筛选出同时满足多条件的记录

本例表格统计了各个员工的基本工资、奖金和满勤奖，下面需要筛选出基本工资大于等于4000元、奖金大于等于600元

扫一扫，看视频

443

并且满勤奖大于等于 500 元的所有记录。这里的高级筛选条件关键在于"与"条件的设置，也就是要同时满足这 3 个条件。

❶ 在表格的空白处建立条件（注意列标识要与原表格一致，并且 3 个条件写在同一行）。在"数据"选项卡的"排序和筛选"组中单击"高级"按钮（如图 16-54 所示），打开"高级筛选"对话框。

❷ 分别设置筛选方式，列表区域、条件区域和复制到的区域，可以手动输入单元格地址也可以通过右侧拾取器建立区域，如图 16-55 所示。

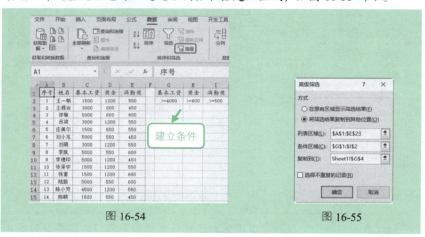

图 16-54   图 16-55

❺ 单击"确定"按钮，返回表格后可以看到根据设定的条件区域将满足多条件（基本工资大于等于 4000 元、奖金大于等于 600 元、满勤奖大于等于 500 元）的记录都筛选了出来，如图 16-56 所示。

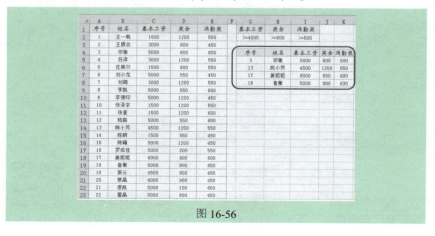

图 16-56

5. 通过高级筛选筛选出满足多个条件中一个条件的所有记录

本例表格统计了各个员工的基本工资、奖金和满勤奖，下面需要筛选出基本工资大于等于 6000 元，或者奖金大于等于 1000 元，或者满勤奖大于等于 600 元的所有记录。这里的高级筛选条件关键在于"或"条件的设置，也就是只要满足这 3 个条件中的一个即可。

扫一扫，看视频

❶ 在表格的空白处设置条件（注意列标识要与原表格一致，并且 3 个条件写在不同行）。在"数据"选项卡的"排序和筛选"组中单击"高级"按钮（如图 16-57 所示），打开"高级筛选"对话框。

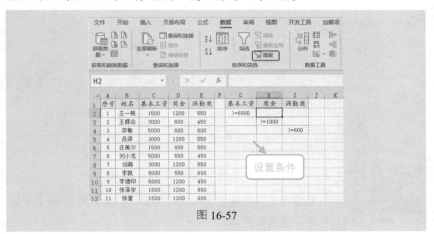

图 16-57

❷ 在"方式"栏下选中"将筛选结果复制到其他位置"单选按钮，保持默认的"列表区域"设置，设置"条件区域"为 G1:I4，设置"复制到"为 G6，如图 16-58 所示。

图 16-58

❸ 单击"确定"按钮完成设置，返回表格后可以看到根据设定的条件区域将满足多条件之一（基本工资大于等于6000，或者奖金大于等于1000，或者满勤奖大于等于600）的记录都筛选了出来，显示在 G6:K21 单元格区域中，如图 16-59 所示。

图 16-59

6. 在高级筛选条件区域中使用通配符

在高级筛选条件中使用通配符之前，先要了解表 16-1 所示的几种常见的通配符。

表 16-1

通 配 符	要 查 找
?（问号）	任意一个字符。例如"sm?th"可找到"smith"和"smyth"
*（星号）	任意数量的字符。例如，"*east"可找到"Northeast"和"Southeast"
~（波浪号）后跟 ?、* 或 ~	在数据中查找问号、星号本身，在问号或星号前加"~"。例如，"fy91~?"可找到"fy91?"

例如，本例中如果输入文本"张"作为条件，则 Excel 将找到所有张姓记录，如"张泽宇""张奎"等。

扫一扫，看视频

❶ 打开表格后，首先设置好条件区域（如图 16-60 所示），然后打开"高级筛选"对话框。

❷ 在"方式"栏下选中"将筛选结果复制到其他位置"单选按钮，设置"列表区域"为 A1:E23，设置"条件区域"为 G1:G2，设置"复制到"为 G4，如图 16-61 所示。

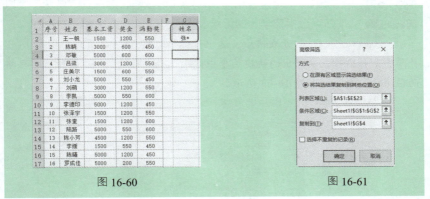

图 16-60　　　　　　　　　　　　　　图 16-61

❸ 单击"确定"按钮完成设置，返回表格后可以看到系统将所有姓"张"的记录都筛选出来了，如图 16-62 所示。

图 16-62

16.5　其他实用筛选

除了前面介绍的基础筛选技巧，用户还可以执行一些特殊筛选，比如双行标题的正确筛选、使用"表"功能实现动态筛选和根据目标单元格快速筛选。在本书的第 12 章还介绍了相关函数实现动态数据筛选。

1. 根据目标单元格进行快速筛选

扫一扫，看视频

如果想要根据应聘表数据筛选指定学历的所有记录，按照常规的方法是为表格添加自动筛选按钮，然后在"学历"字段下筛选出指定学历的记录。本例介绍一种更快捷的方法。

❶ 打开表格后，选中目标单元格 C3（学历为"研究生"）并单击鼠标右键，在弹出的快捷菜单中依次选择"筛选"→"按所选单元格的值筛选"命令，如图 16-63 所示。

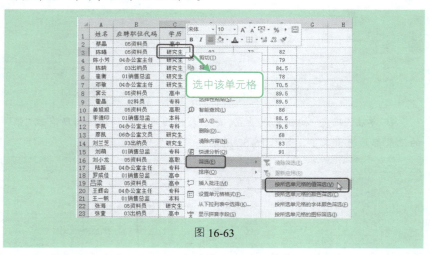

图 16-63

❷ 执行上述命令后，可以看到学历为"研究生"的所有记录被筛选出来，如图 16-64 所示。

图 16-64

2. 对双行标题列表进行筛选

下面表格中的初试成绩和复试成绩由两行标题组成，并且有的单元格已做合并处理。如果选择数据区域的任意单元格添加自动筛选按钮，可以看到自动筛选按钮会默认显示到第一行，如图 16-65 所示。这会导致无法对成绩进行筛选。那么该如何解决双行标题列表的筛选问题呢？

扫一扫，看视频

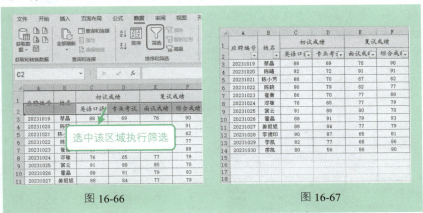

图 16-65

❶ 打开表格，选中第 2 行的行标题（直接单击第二行行号即可），在"数据"选项卡的"排序和筛选"组中单击"筛选"按钮，如图 16-66 所示。

❷ 此时可以看到表格只在选中的区域添加了自动筛选按钮（如图 16-67 所示），然后按照之前介绍的方法对表格进行筛选即可。

图 16-66　　　　　　　　图 16-67

3. 使用"表"功能筛选并汇总数据

除了使用筛选功能筛选数据，还可以使用"切片器"实现任意类型数据的筛选。切片器主要用于交互条件的筛选，可以

扫一扫，看视频

筛选出满足任意指定一个或多个条件的数据记录。本例介绍如何通过创建"表"再插入切片器来筛选并汇总指定记录。

❶ 打开表格，在"插入"选项卡的"插图"组中单击"表格"按钮（如图 16-68 所示），打开"创建表"对话框。保持默认设置，如图 16-69 所示。

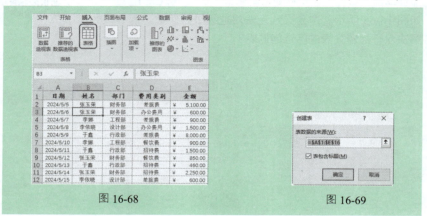

图 16-68　　　　　　　　　　　　　　图 16-69

❷ 单击"确定"按钮，即可创建表。继续在"表设计"选项卡的"工具"组中单击"插入切片器"按钮（如图 16-70 所示），打开"插入切片器"对话框。

❸ 该对话框中显示了当前表格中的所有列标识名称，这里分别选中"部门"和"费用类别"复选框（也可以根据需要选择一个或者多个选项，选择几个就会出现几个切片器），如图 16-71 所示。

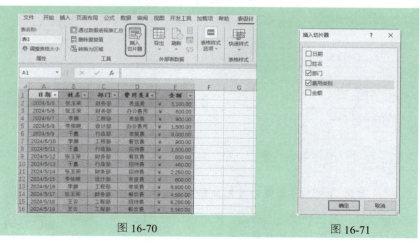

图 16-70　　　　　　　　　　　　　　图 16-71

❹ 单击"确定"按钮，即可插入两个切片器。继续在"表设计"中选中"表格样式选项"组的"汇总行"复选框，如图 16-72 所示。

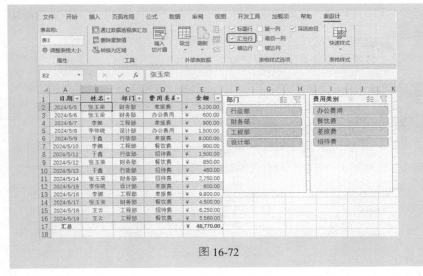

图 16-72

❺ 执行上步操作后，可以看到所有费用类别的汇总数据。在切片器中单击需要查看的数据类型，比如：差旅费在工程部的费用支出记录，即可在数据表中展示差旅费项目记录和汇总金额，如图 16-73 所示。

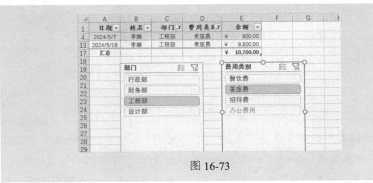

图 16-73

16.6 分类汇总统计

利用筛选功能可以将满足条件的数据显示出来，如果想要将满足条件的数据筛选并且汇总统计出来，则可以使用分类汇总功能。

　　分类汇总可以为同一类别的记录自动添加合计或小计，如计算同一类数据的总和、平均值、最大值等，从而得到分散记录的合计数据，因此这项功能是数据分析（特别是大数据分析）中常用的功能之一。

1. 创建单级分类汇总

　　默认的分类汇总统计方式为"求和"，下面需要在员工薪资表中按部门统计平均工资，再执行分类汇总之前，需要对"部门"字段执行排序。

　　❶ 选中部门列任意单元格，在"数据"选项卡的"排序和筛选"组中单击"升序"按钮（如图 16-74 所示），即可对部门数据排序。

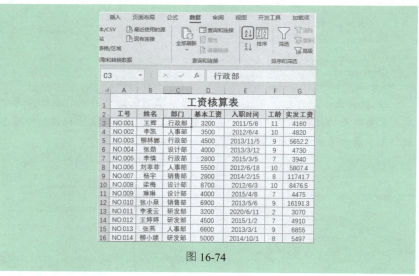

图 16-74

　　❷ 继续选中数据表任意单元格，在"数据"选项卡的"分级显示"组中单击"分类汇总"按钮（如图 16-75 所示），打开"分类汇总"对话框。

　　❸ 设置"分类字段"为"部门"，在"汇总方式"下拉列表框中选择"平均值"（默认的分类汇总方式为"求和"），在"选定汇总项"下选中"实发工资"复选框如图 16-76 所示。

　　❹ 单击"确定"按钮完成设置，此时可以看到按部门统计的平均工资，如图 16-77 所示。

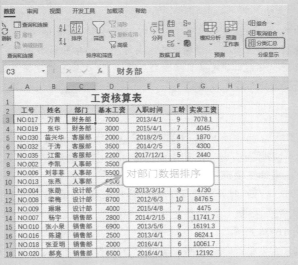

数据　审阅　视图　开发工具　加载项　帮助

C3 | 财务部

工资核算表

工号	姓名	部门	基本工资	入职时间	工龄	实发工资
NO.017	万茜	财务部	7000	2013/4/1	9	7078.1
NO.019	张华	财务部	3000	2015/4/1	7	4045
NO.030	苗兴华	客服部	2000	2018/2/5	4	1870
NO.032	于涛	客服部	3500	2014/2/5	8	4300
NO.035	江雷	客服部	2200	2017/12/1	5	2440
NO.002	李凯	人事部	3500			
NO.006	刘菲菲	人事部	5500			
NO.013	张燕	人事部	6500			
NO.004	张勋	设计部	4000	2013/3/12	9	4730
NO.008	梁梅	设计部	8700	2012/6/3	10	8476.5
NO.009	琳琳	设计部	4000	2015/4/8	7	4475
NO.007	杨宇	销售部	2800	2014/2/15	8	11741.7
NO.010	张小泉	销售部	6900	2013/5/6	9	16191.3
NO.016	陈建	销售部	2500	2013/4/1	9	8624.1
NO.018	张亚明	销售部	2000	2016/4/1	6	10061.7
NO.020	郝亮	销售部	6500	2016/4/1	6	12192

对部门数据排序

图 16-75

工资核算表

工号	姓名	部门	基本工资	入职时间	工龄	实发工资
NO.017	万茜	财务部	7000	2013/4/1	9	7078.1
NO.019	张华	财务部	3000	2015/4/1	7	4045
		财务部 平均值				5561.55
NO.030	苗兴华	客服部	2000	2018/2/5	4	1870
NO.032	于涛	客服部	3500	2014/2/5	8	4300
NO.035	江雷	客服部	2200	2017/12/1	5	2440
		客服部 平均值				2870
NO.002	李凯	人事部	3500	2012/6/4	10	4820
NO.006	刘菲菲	人事部	5500	2012/6/18	10	5807.4
NO.013	张燕	人事部	6600	2013/3/1	9	6855
		人事部 平均值				5827.467
NO.004	张勋	设计部	4000	2013/3/12	9	4730
NO.008	梁梅	设计部	8700	2012/6/3	10	8476.5
NO.009	琳琳	设计部	4000	2015/4/8	7	4475
		设计部 平均值				5893.833
NO.007	杨宇	销售部	2800	2014/2/15	8	11741.7
NO.010	张小泉	销售部	6900	2013/5/6	9	16191.3
NO.016	陈建	销售部	2500	2013/4/1	9	8624.1
NO.018	张亚明	销售部	2000	2016/4/1	6	10061.7
NO.020	郝亮	销售部	6500	2016/4/1	6	12192
NO.023	吴小华	销售部	1200	2017/5/2	5	2620
NO.024	刘平	销售部	3000	2013/7/12	9	13876.5
NO.025	韩学平	销售部	5000	2014/9/18	8	7243
NO.026	张成	销售部	1200	2015/2/4	7	3505
NO.027	邓宏	销售部	3000	2014/2/4	8	11878.5
NO.028	杨娜	销售部	1200	2017/2/4	5	2220
NO.029	邓超超	销售部	5000	2018/2/4	4	7248.2
NO.031	包娟娟	销售部	5200	2014/2/5	8	7873.5
NO.033	陈潇	销售部	6500	2017/9/18	5	5862.6
NO.034	张兴	销售部	1200	2017/3/1	5	1640
NO.036	陈在全	销售部	6500	2014/3/12	8	6661
		销售部 平均值				8089.944

图 16-77

分类汇总对话框：分类字段(A)：部门；汇总方式(U)：平均值；选定汇总项(D)：实发工资；☑替换当前分类汇总(C)；☑汇总结果显示在数据下方(S)

图 16-76

注意：

本例中的"部门"中的数据提前执行了"排序"（降序、升序皆可）。如果拿到一张表格未排序就进行分类汇总，其分类汇总结果是不准确的，因为相同的数据未排到一起，程序无法自动分类。所以，一定要先将分类汇总统计的指定字段执行排序再进行分类汇总。

2. 显示分类汇总结果

为表格数据创建分类汇总之后，默认会有 3 到 4 个分类汇总明细结果。比如本例需要根据上节的汇总结果只显示各部门平均工资而不显示明细数据。

扫一扫，看视频

❶ 打开创建了分类汇总的表格，在左上角有 3 个数字按钮，默认是数字"3"按钮（显示各类数据的明细项和汇总结果）。单击数字"2"按钮，如图 16-78 所示。

❷ 此时可以看到隐藏了明细数据只显示部门名称及其对应的平均值，如图 16-79 所示。

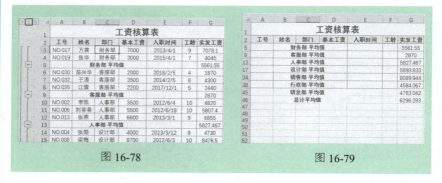

图 16-78   图 16-79

3. 添加多种汇总方式

多种统计结果的分类汇总指的是同时显示多种统计结果，如同时显示求和值、最大值、平均值等。如本例中要想同时显示出分类汇总的平均值与最大值，沿用上例已统计出的最大值，接着进行如下的操作。

扫一扫，看视频

❶ 打开上例中操作的工作表，再次打开"分类汇总"对话框，在"汇总方式"下拉列表框中选择"最大值"，取消选中下方的"替换当前分类汇总"复选框，如图 16-80 所示。

❷ 单击"确定"按钮完成设置，此时可以看到表格中分类汇总的结果

是两项数据，如图 16-81 所示。

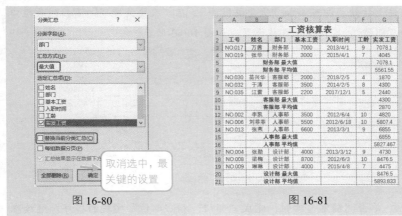

图 16-80   图 16-81

📢 注意：

如果要清除表格中的所有分类汇总结果，可以重新打开"分类汇总"对话框并单击左下角的"全部删除"按钮即可。

4. 创建多级分类汇总

多级分类汇总指的是对一级数据汇总后，再对其下级数据也按类别进行汇总。例如，下面数据中"部门"为第一级分类，在同一"部门"下对应的"职位"为二级分类。在创建多级分类汇总之前，首先要进行双字段的排序。

扫一扫，看视频

❶ 打开表格后，在"数据"选项卡的"排序和筛选"组中单击"排序"按钮（如图 16-82 所示），打开"排序"对话框。

图 16-82

❷ 设置"主要关键字"为"部门"，其他保持默认设置，然后单击"添加条件"按钮，即可添加"次要关键字"。在"次要关键字"下拉列表框中选择"职位"，其他保持默认设置，如图 16-83 所示。

图 16-83

❸ 单击"确定"按钮，完成"部门"和"职位"字段的排序。继续在"数据"选项卡的"分级显示"组中单击"分类汇总"按钮（如图 16-84 所示），打开"分类汇总"对话框。

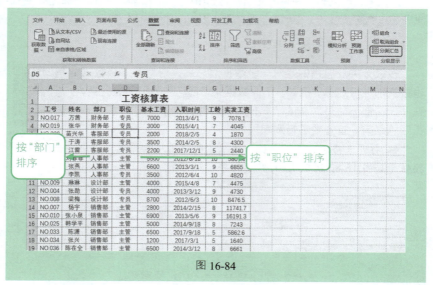

图 16-84

❹ 设置"分类字段"为"部门"，"汇总方式"为"平均值"，在"选定汇总项"列表框中选中"实发工资"复选框，如图 16-85 所示。

❺ 单击"确定"按钮完成设置，此时可以看到表格按照"部门"进行了求平均值汇总，如图 16-86 所示。

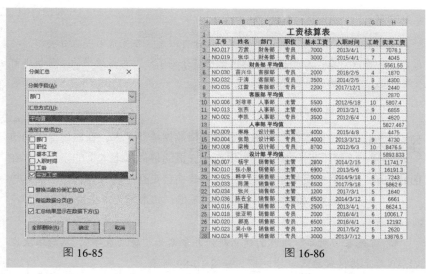

图 16-85　　　　　　　　　　　图 16-86

❻　再次打开"分类汇总"对话框，设置"分类字段"为"职位"，"汇总方式"为"平均值"，取消选中下方的"替换当前分类汇总"复选框，如图 16-87 所示。

❼　单击"确定"按钮完成设置，此时可以看到表格按照"职位"进行了第二次求和汇总，如图 16-88 所示。

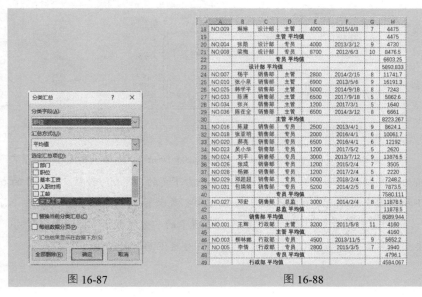

图 16-87　　　　　　　　　　　图 16-88

📢 **注意：**

> 无论是多种统计的分类汇总还是多级分类汇总，在完成第一次分类汇总之后，一定要注意在之后的操作中取消选中"分类汇总"对话框中的"替换当前分类汇总"复选框。

5. 制作带页小计的工作表

扫一扫，看视频

在日常工作中，有些表格数据量非常大。在对这些表格执行打印时，如果能实现在每一页的最后加上本页的小计，并在最后一页加上总计，这样的表格会更有可读性。利用分类汇总功能可以制作出带页小计的表格，如本例要求将数据每隔 8 行就自动进行小计。

❶ 首先在"商品"列前面建立新列并命名为"辅助数字"，然后依次在 A2:A9 单元格区域输入数字"1"，如图 16-89 所示。

❷ 继续在 A10:A17 单元格区域输入数字"2"，如图 16-90 所示。

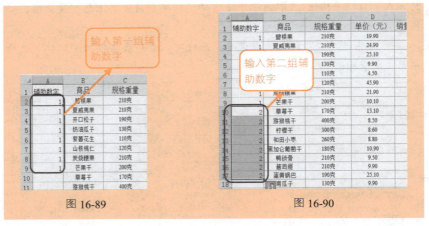

图 16-89　　　　　　　　　　　　图 16-90

❸ 选中 A2:A17 单元格区域（如图 16-91 所示），拖动 A17 单元格右下角的填充柄向下填充至 A25 单元格，单击右下角的"复制"按钮，在打开的下拉列表中选择"复制单元格"（如图 16-92 所示），即可完成数据复制。

❹ 选中任意单元格，在"数据"选项卡的"分级显示"组中单击"分类汇总"按钮（如图 16-93 所示），打开"分类汇总"对话框。

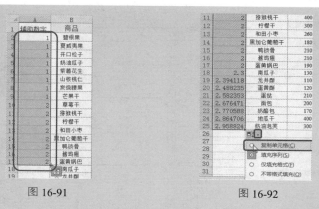

图 16-91

图 16-92

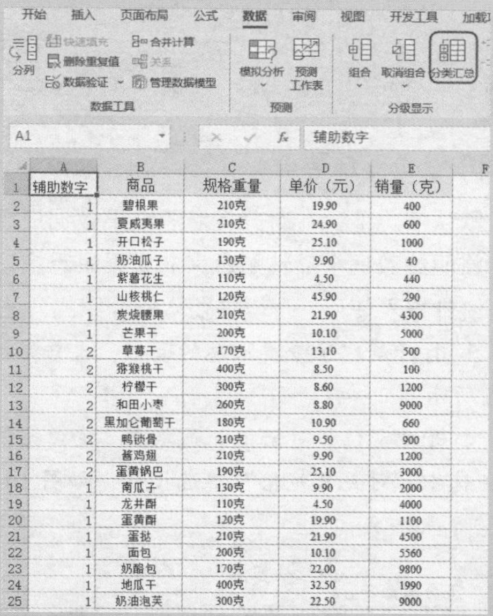

	A	B	C	D	E
1	辅助数字	商品	规格重量	单价（元）	销量（克）
2	1	碧根果	210克	19.90	400
3	1	夏威夷果	210克	24.90	600
4	1	开口松子	190克	25.10	1000
5	1	奶油瓜子	130克	9.90	40
6	1	紫薯花生	110克	4.50	440
7	1	山核桃仁	120克	45.90	290
8	1	炭烧腰果	210克	21.90	4300
9	1	芒果干	200克	10.10	5000
10	2	草莓干	170克	13.10	500
11	2	猕猴桃干	400克	8.50	100
12	2	柠檬干	300克	8.60	1200
13	2	和田小枣	260克	8.80	9000
14	2	黑加仑葡萄干	180克	10.90	660
15	2	鸭锁骨	210克	9.50	900
16	2	酱鸭翅	210克	9.90	1200
17	2	蛋黄锅巴	190克	25.10	3000
18	1	南瓜子	130克	9.90	2000
19	1	龙井酥	110克	4.50	4000
20	1	蛋黄酥	120克	19.90	1100
21	1	蛋挞	210克	21.90	4500
22	1	面包	200克	10.10	5560
23	1	奶酪包	170克	22.00	9800
24	1	地瓜干	400克	32.50	1990
25	1	奶油泡芙	300克	22.50	9000

图 16-93

❺ 设置“分类字段”为“辅助数字”，“汇总方式”为“求和”，“选定汇总项”为“销量（克）”，选中下方的“每组数据分页”复选框，如图 16-94 所示。

❻ 单击“确定”按钮完成设置，此时可以看到分类汇总结果被分为 3 页显示，每一页有 8 条明细记录，如图 16-95 所示。

❼ 将 A 列隐藏，执行打印时就可以分页打印表格了。

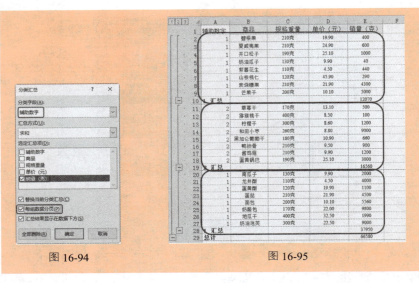

图 16-94   图 16-95

6. 复制分类汇总统计结果

扫一扫，看视频

默认情况下，在对分类汇总结果数据进行复制粘贴时，会自动将明细数据全部粘贴过来。如果只想把汇总结果复制下来当作统计报表使用，可以按照本例介绍的方法进行。

❶ 打开创建了分类汇总的表格，选中要复制的所有单元格区域，如图 16-96 所示。

❷ 按 F5 键，打开"定位"对话框。再单击"定位条件"按钮打开"定位条件"对话框，选中"可见单元格"单选按钮，如图 16-97 所示。

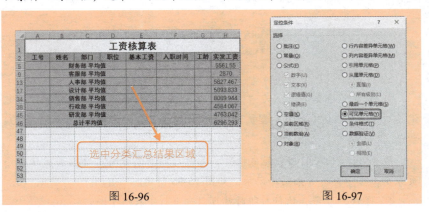

图 16-96   图 16-97

❸ 单击"确定"按钮，即可将所选单元格区域中的所有可见单元格选中，然后按 Ctrl+C 组合键执行复制命令，如图 16-98 所示。

❹ 打开新工作表后按 Ctrl+V 组合键执行粘贴命令，即可实现只将分类汇总结果粘贴到新表格中，表格整理后的效果如图 16-99 所示。

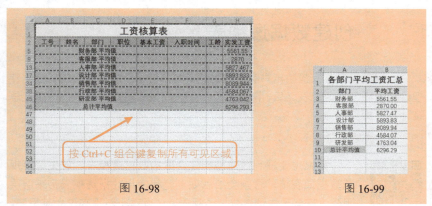

图 16-98   图 16-99

第17章　数据透视表

17.1　创建数据透视表

数据透视表可以帮助用户实现数据的汇总、分析、浏览和呈现，根据整理好的表格创建透视表之后，再通过添加字段的方式对数据表进行快速汇总统计与分析。

1. 整理好数据源表格

扫一扫，看视频

如果想要顺利快速地创建合适的数据透视表，首先需要规范数据源表格，否则会给后期创建和使用数据透视表带来层层阻碍，甚至无法创建数据透视表，这点对于新手来说尤其重要。下面介绍一些常见的整理数据源表格的技巧。

- 表格结构应当简洁，必需使用单行单元格列标识，如果表格的第一行和第二行都是表头信息（即包含多层表头），就会使程序无法为数据透视表创建字段。
- 数据表中禁止使用空行，如果数据源表格包含空行则会导致数据中断，程序无法获取完整的数据源，统计结果就会出错。
- 禁止输入不规范日期，它会造成程序无法识别导致不能按年、月、日进行分组统计。
- 数据源中不能包含重复记录。
- 保持列字段名称的唯一性，如果表格中多列数据使用同一个名称则会造成数据透视表的字段混淆，进而无法分辨数据属性。
- 尽量将数据都放在同一张工作表内，比如将各个部门的销售数据分别输入到四张工作表中，虽然可以引用多表数据创建数据透视表，但会导致操作步骤过于繁杂降低工作效率。整理表格时可以将多表数据复制显示到一张表格中，再创建数据透视表即可。

2. 两步创建数据透视表

扫一扫，看视频

整理好数据源表格之后，接下来介绍如何根据表格快速创建数据透视表。

❶ 打开表格并选中数据区域中的任意单元格，在"插入"选项卡的"表格"组中单击"数据透视表"按钮（如图 17-1 所示），打开"创建数据透视表"对话框。

❷ 保持各项默认设置不变（包括选定的表区域，默认会选中整个表数据区域。如果想将透视表放在当前表格，可以选中"现有工作表"，再设置放置的位置），如图 17-2 所示。

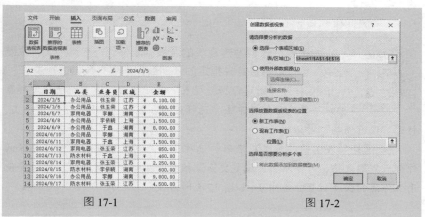

图 17-1   图 17-2

❸ 单击"确定"按钮完成设置，此时可以看到在新工作表中新建了空白的数据透视表（同时激活"数据透视表分析和设计"选项卡，并在窗口右侧显示"数据透视表字段"窗格），如图 17-3 所示。

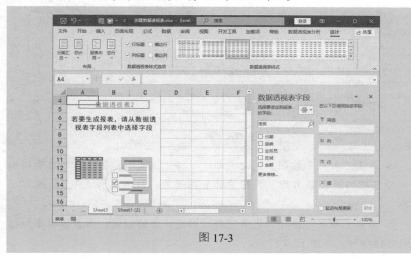

图 17-3

扩展：

如果只想要使用表格的部分数据创建数据透视表，只需要事先选中部分数据区域后，再按步骤打开"创建数据透视表"对话框即可，也可以直接打开对话框后，在"选择一个表或区域"中设置指定部分区域数据即可。

但是选择表格中部分数据区域创建数据透视表时，可以只选择单列，也可以是连续的几列，不能选择不连续的几列。

3. 应用外部数据表

扫一扫，看视频

如果要创建数据透视表的源数据表格保存在其他文件夹路径中，也可以直接选择指定的外部数据来建立数据透视表。

❶ 打开"创建数据透视表"对话框后，选中"使用外部数据源"单选按钮并单击"选择连接"按钮（如图 17-4 所示），打开"现有连接"对话框。

❷ 选择列表中的"员工花名册"选项（如果列表中没有显示可选择的外部数据源表格，可以单击"浏览更多"按钮，在打开的对话框中定位要使用工作簿的保存位置并选中），如图 17-5 所示。

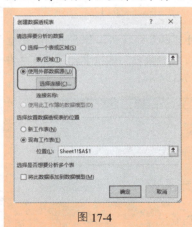

图 17-4

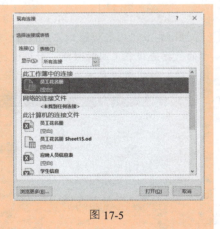

图 17-5

❸ 单击"打开"按钮，返回"创建数据透视表"对话框，即可看到选择的外部数据源表格名称，并设置放置位置为"现有工作表"，如图 17-6 所示。

❹ 单击"确定"按钮，完成空白数据透视表的创建，然后依次添加相应的字段即可，如图 17-7 所示。

图 17-6

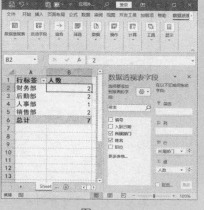
图 17-7

📢 注意：

如果要使用的外部数据保存在默认的"我的数据源"文件夹中，打开"现有连接"对话框后就会直接显示在列表中，否则就需要单击"浏览更多"按钮，在打开的对话框中定位要使用工作簿的保存位置并选中。

4. 为透视表添加字段

创建好空白的数据透视表之后，下一步需要通过设置字段及显示位置完成数据的统计分析，用户可以通过直接拖动字段名称的方式、或者选中字段复选框的方式快速添加字段。

扫一扫，看视频

❶ 在右侧的"数据透视表字段"窗格中单击选中"品类"字段，然后按住鼠标左键不放（如图 17-8 所示），将其拖动到下方的"行"区域即可，如图 17-9 所示。

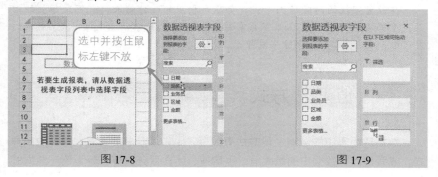
图 17-8　　　　　　　　　　　　图 17-9

❷ 此时即可将行标签字段添加至相应位置。按照相同的方法拖动"金额"字段至右侧的"值"区域，如图 17-10 所示。

图 17-10

❸ 设置完毕后，即可看到左侧数据透视表得到的数据分析结果，从中可以看到不同品类商品的销售额汇总。

📢 **注意：**

默认情况下，文本字段可添加到"行"区域，日期和时间字段可添加到"列"区域，数值字段可添加到"值"区域。也可将字段手动拖放到任意区域中，不需要时取消选中复选框或直接拖出即可。

在设置字段的同时数据透视表会显示相应的统计结果，若不是想要的结果，重新调整字段即可。

📢 **注意：**

如果将文本字段添加到值字段中，默认的值汇总方式是"计数"；如果将数值字段添加到值字段中，默认的值汇总方式是"求和"。

默认情况下，文本字段可添加到"行"区域，日期和时间字段可添加到"列"区域，数值字段可添加到"值"区域。也可将字段手动拖放到任意区域中，不需要时取消选中复选框或直接拖出即可。

在设置字段的同时数据透视表会显示相应的统计结果，若不是想要的结果，重新调整字段即可，如果不再需要某个字段，可以取消选中该字段名称前的复选框，或者直接拖动删除字段即可。

17.2 值汇总方式

数据透视表中的数据呈现方式有很多，比如以汇总的方式、以计数的方式，或者是计算数据中的最大值、平均值、所占百分比等，分为值汇总方式和值显示方式两大类。值汇总方式就是在添加了数值字段后使用不同的统计方式，如求和、计数、平均值、最大值、最小值、乘积、方差等；值显示方式则是用来设置统计数据如何呈现，如呈现占行汇总的百分比、占列汇总的百分比、占总计的百分比、数据累积显示等。

1. 重新设置值的汇总方式

添加数值字段后默认汇总方式为求和，另外还有"平均值""最大值"等不同汇总方式，比如本例需要更改汇总方式统计各个品类商品的平均销售额。

扫一扫，看视频

❶ 打开数据透视表，在右侧的"数据透视表字段"窗格中单击"求和项:金额"字段右侧的下拉按钮，在弹出的下拉列表中选择"值字段设置"（如图 17-11 所示），打开"值字段设置"对话框。

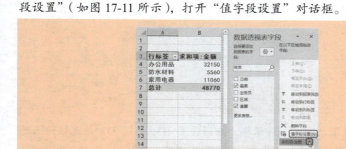

图 17-11

❷ 在"值汇总方式"选项卡的"计算类型"列表框中选择"平均值"，并在"自定义名称"中修改名称为"平均销售额"，如图 17-12 所示。

❸ 单击"确定"按钮返回透视表，即可得到各个品类商品的平均销售额，选中销售额数据，在"开始"选项卡的"数字"组单击几次"减少小数位数"按钮，直至得到保留两位小数位数即可，如图 17-13 所示。

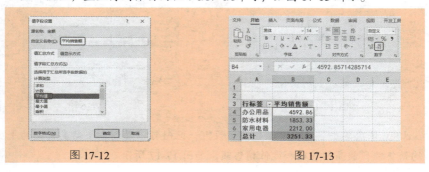

图 17-12 　　　图 17-13

2. 添加多个值汇总方式

如果需要统计各个品类商品的平均销售额、最高销售额和最低销售额数据，可以对"金额"字段应用不同的汇总方式。

❶ 首先创建数据透视表，再依次将"金额"字段添加 3 次至"值"区域，如图 17-14 所示。

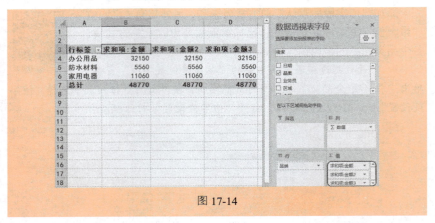

图 17-14

❷ 打开"值汇总方式"对话框，分别设置 B3、C3、D3 单元格的名称并修改其汇总方式为"平均值""最大值"和"最小值"，如图 17-15、17-16 所示。

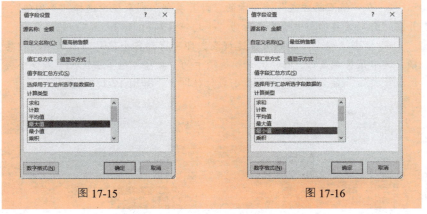

图 17-15　　　　　　　　　　　　图 17-16

❸ 依次单击"确定"按钮完成设置，此时可以看到各个品类商品的平均销售额、最高销售额和最低销售额，如图 17-17 所示。

图 17-17

3. 重新设置值的显示方式

本例中需要将各类产品销售额和总销售额进行对比，即显
示出类别产品占总和的百分比，从而直观地了解哪一种产品的
销售额最高。可以设置"总计的百分比"值显示方式。

扫一扫，看视频

❶ 打开数据透视表，双击 B3 单元格（如图 17-18 所示），
打开"值字段设置"对话框。

❷ 切换至"值显示方式"选项卡，在"值显示方式"列表框中选择"总
计的百分比"，如图 17-19 所示。

❸ 单击"确定"按钮完成设置，此时可以看到各类别产品的销售额按
百分比汇总，如图 17-20 所示。

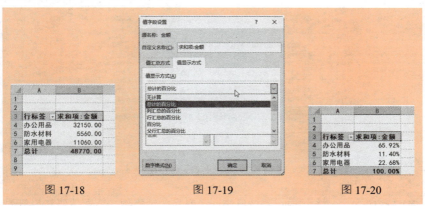

图 17-18   图 17-19   图 17-20

4. 按列汇总百分比数据

本例将各店铺中各个系列的销售额进行了汇总，下面需要
按列汇总百分比，得到每个店铺在各个系列的百分比数据。可
以设置"列汇总的百分比"值显示方式。

扫一扫，看视频

❶ 在数据透视表的"求和项：销售额"单元格上单击鼠标

右键，在打开的右键快捷菜单选择"值字段设置"选项（如图 17-21 所示），打开"值字段设置"对话框。

❷ 切换至"值显示方式"选项卡，在"值显示方式"列表中选择"列汇总的百分比"，如图 17-22 所示。

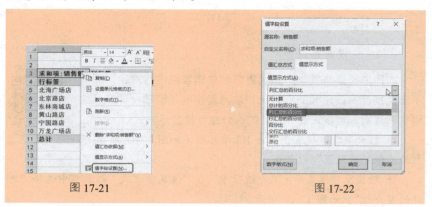

图 17-21　　　　　　　　　　　　　　　　图 17-22

❸ 单击"确定"按钮完成设置，此时可以看到各个系列中各店铺的销售额按列汇总的百分比数据，如图 17-23 所示。

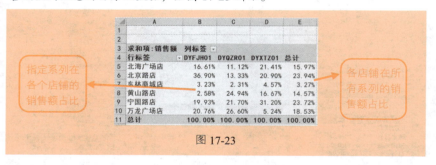

图 17-23

5. 按日累计销售额

扫一扫，看视频

　　　　本例透视表按日统计了商品的销售额，下面需要将每日的销售额逐个相加，得到按日累计销售额数据。

❶ 创建数据透视表后，在"值"字段列表中分别添加两次"销售额"，如图 17-24 所示。然后更改第 2 个"销售额"字段名称为"累计销售额"。

图 17-24

❷ 单击"累计销售额"字段下方任意单元格并单击鼠标右键，在弹出的菜单中依次选择"值显示方式"→"按某一字段汇总"命令（如图 17-25 所示），打开"值显示方式（累计销售额）"对话框。

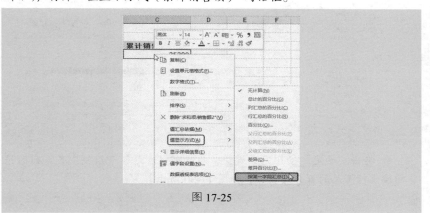

图 17-25

❸ 保持默认设置的基本字段为"日期"即可，如图 17-26 所示。

❹ 单击"确定"按钮完成设置，此时可以看到"累计销售额"字段下方的数据逐一累计相加，得到每日累计销售额，如图 17-27 所示。

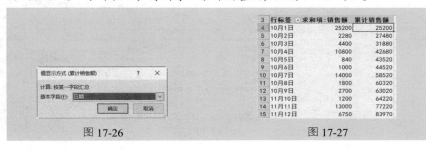

图 17-26   图 17-27

6. 按父行汇总的百分比

本例中统计了不同店铺各系列的销售额，下面需要统计各系列的销售额占本店铺的百分比情况，同时查看各个店铺的销售额占总销售额的百分比。可以设置"父行汇总的百分比"的值显示方式。

❶ 在数据透视表中双击"求和项:销售额"单元格（即B3）（如图17-28所示），打开"值字段设置"对话框。

❷ 切换至"值显示方式"选项卡，在"值显示方式"列表中选择"父行汇总的百分比"，如图17-29所示。

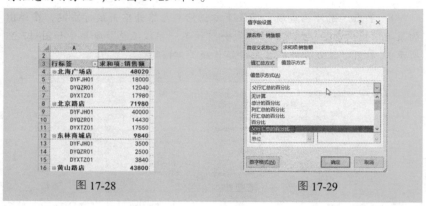

图 17-28　　　　　　　　　　　　　　　　图 17-29

❸ 单击"确定"按钮完成设置，此时可以看到各个店铺中各系列的销售额按父行汇总的百分比数据，如图17-30所示。

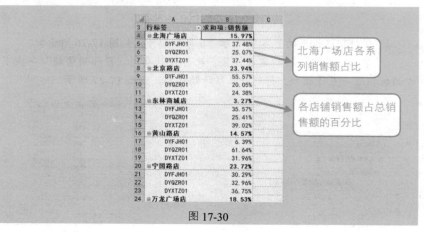

图 17-30

17.3 字段分组技巧

数据透视表中的字段"分组"功能可以将分散的数据按组统计,从而查看总结性的结果。例如,将庞大的日期数据按月份、季度或半年、按周分组,将业绩数据按指定业绩段分组等。

1. 自定义公式求解各业务员奖金

下面需要根据业务员销售额数据计算奖金提成,假设本例中规定:当总销售额在 90000 元以下时,提成率为 8%;总销售额大于 90000 元时,提成率为 15%。使用"计算字段"功能可以自定义公式为数据透视表添加"提成"求和项。

扫一扫,看视频

❶ 打开数据透视表,在"数据透视表分析"选项卡的"计算"组中单击"字段、项目和集"下拉按钮,在打开的下拉列表中选择"计算字段"选项(如图 17-31 所示),打开"插入计算字段"对话框。

❷ 在"名称"文本框内输入"提成",在下方的"公式"文本框内输入"=IF(销售额<=90000,销售额*0.08,销售额*0.15)"(也可以通过下方的"字段"列表框输入公式),如图 17-32 所示。

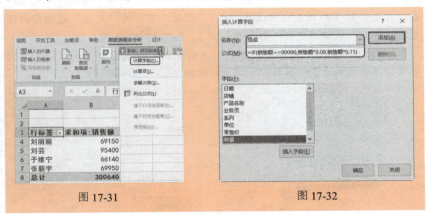

图 17-31   图 17-32

❸ 单击"添加"按钮,即可将"提成"添加至"字段"列表框中,如图 17-33 所示。单击"确定"按钮,即可在透视表中添加"提成",如图 17-34 所示。

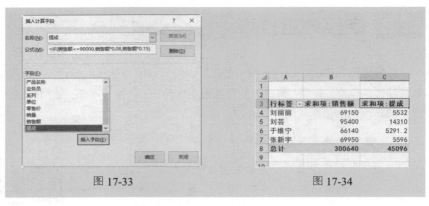

图 17-33 　　　　　　　　　　　　图 17-34

注意：

如果要删除计算字段，可以在"名称"列表中选中字段名称，再单击"插入计算字段"对话框右侧的"删除"按钮即可。

2. 按周分组汇总产量

扫一扫，看视频

如果要将产量按周分组，而在"步长"列表中没有"周"选项，即程序未预置这一选项。此时可以设置步长为"日"，然后将天数设置为"7"，即 1 周，就可以变向实现按周分组。

❶ 选中"日期"字段所在单元格，打开"组合"对话框。在"步长"栏下的列表框中选择"日"，然后在下方的"天数"数值框内输入数字"7"（表示每 7 日一组，即一周），如图 17-35 所示。

❷ 单击"确定"按钮完成分组，此时可以看到数据透视表按周（每 7 日）对产量进行了汇总统计，如图 17-36 所示。

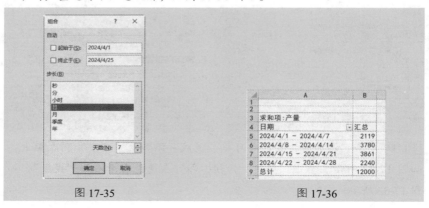

图 17-35 　　　　　　　　　　　　图 17-36

3. 统计指定分数区间的人数

如图 17-37 所示的数据透视表统计的是学生的语文成绩，统计结果即分散又零乱。可以通过如下设置将分数按每 5 分分成一组，即可直观统计出不同分数区间的总人数。

扫一扫，看视频

❶ 选中"语文"字段所在单元格，打开"组合"对话框。

❷ 分别设置"起始于"和"终止于"的分数为"60"和"80"（也可以保持默认分数值不变），并设置"步长"为"5"，如图 17-38 所示。

❸ 单击"确定"按钮完成分组，然后在数据透视表中双击"求和项：语文"单元格（即 A3），打开"值字段设置"对话框，如图 17-39 所示。

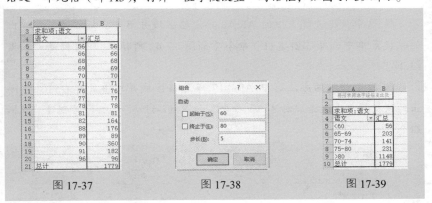

图 17-37　　　　　　图 17-38　　　　　　图 17-39

❹ 首先在"值汇总方式"选项卡的"计算类型"列表框中选择"计数"，然后在"自定义名称"右侧的文本框内输入"人数"，如图 17-40 所示。

❺ 单击"确定"按钮完成分组，此时可以看到对不同分数区间的人数进行了汇总，如图 17-41 所示。

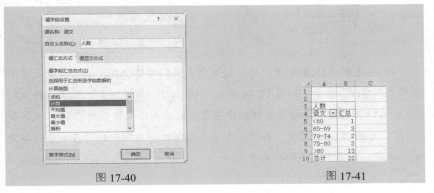

图 17-40　　　　　　　　　图 17-41

注意：

如果保持默认分数的起始值（56）和终止值（96）不变，得到的分组将不会以"<60"和">80"进行划分。

4. 按分数区间将成绩分为"优""良""差"等级

扫一扫，看视频

如果要根据不同的分数将成绩依次划分为"优""良""差"3个等级，使用自动分组是无法实现的，这时可以手动创建组。本例中规定：70分以下的为"差"；70~90分之间的为"良"；90分以上的为"优"，将各个成绩区间的人数统计出来。

❶ 选中数据透视表中的 A5:A8 单元格区域并单击鼠标右键，在弹出的快捷菜单中选择"创建组"命令（如图 17-42 所示），即可创建"数据组 1"。

❷ 按照相同的办法选中 A9:A17 单元格区域并单击鼠标右键，在弹出的快捷菜单中选择"创建组"命令（如图 17-43 所示），即可创建"数据组 2"。

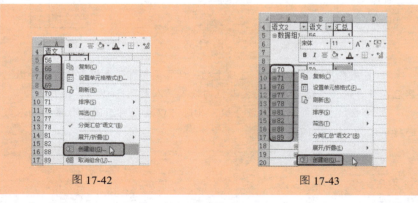

图 17-42　　　　　　　　　　　图 17-43

❸ 再选中 A18:A20 单元格区域并单击鼠标右键，在弹出的快捷菜单中选择"创建组"命令（如图 17-44 示），即可创建"数据组 3"。依次选择 A5、A9 和 A18 单元格，直接在编辑栏中将它们的名称依次修改为"差""良"和"优"，如图 17-45 所示。再单击各个分组字段前的按钮将各个分组字段折叠起来，效果如图 17-46 所示。

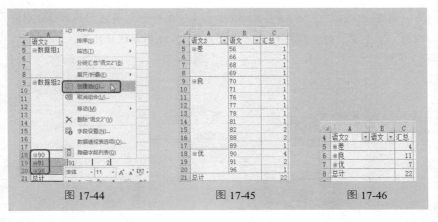

图 17-44　　　　　　　　　　　图 17-45　　　　　　　　　　　图 17-46

5. 将支出金额按半年汇总

本例中按日期统计了支出额，下面需要将数据按半年汇总总支出额。因为程序并未为日期数据提供"半年"分组的选项，因此需要使用手动分组来实现按半年分组汇总。

扫一扫，看视频

❶ 选中数据透视表中的 A5:A18 单元格区域（2024 年上半年的日期）并单击鼠标右键，在弹出的快捷菜单中选择"组合"命令（如图 17-47 所示），即可创建"数据组 1"，如图 17-48 所示。

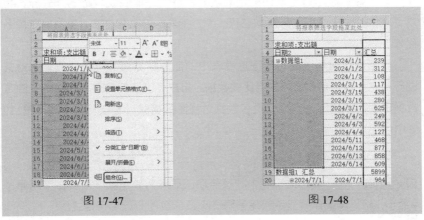

图 17-47　　　　　　　　　　　　　　　图 17-48

❷ 按照相同的办法选中 A20:A39 单元格区域（2024 年下半年的日期）并单击鼠标右键，在弹出的快捷菜单中选择"组合"命令（如图 17-49 所示），即可创建"数据组 2"。

❸ 依次选择 A5 和 A6 单元格（如图 17-50 所示），将它们的名称分别更改为"上半年"和"下半年"，可得到如图 17-51 所示统计结果。

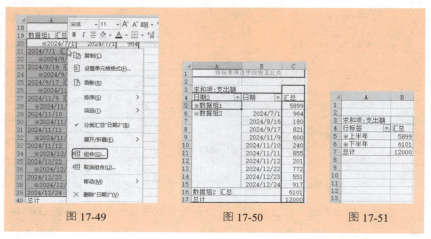

图 17-49　　　　　　　　图 17-50　　　　　　　　图 17-51

17.4　应用数据透视表、图

　　创建好的数据透视表格式是默认的，包括边框底纹、布局样式等，用户可以根据需求在汇总行添加空行、为透视表一键套用样式、重命名字段名称等。

　　数据透视图是通过对数据透视表中的汇总数据添加可视化效果来对其进行补充，以便用户轻松查看比较数据。用户可以使用筛选功能显示或隐藏数据透视图中的部分数据，更多数据透视图的格式设置技巧可以参考第 19章中的图表应用。

1. 重设数据的显示格式

扫一扫，看视频

　　数据透视表中的数值默认显示为普通数字格式，可以通过设置让其显示为保留两位小数位数的会计专用格式。

　　❶ 选中要设置数字格式的单元格区域并单击鼠标右键，在弹出的快捷菜单中选择"数字格式"命令（如图 17-52 所示），打开"设置单元格格式"对话框。

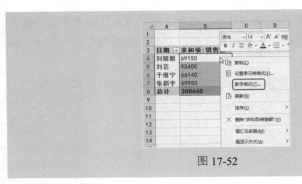

图 17-52

❷ 在"数字"选项卡的"分类"列表框中选择"会计专用",在右侧的"小数位数"数值框中输入"2",将"货币符号（国家/地区）"设置为"¥"，如图 17-53 所示。

❸ 单击"确定"按钮完成设置，返回表格后可以看到销售额数值显示为两位小数的会计专用格式，如图 17-54 所示。

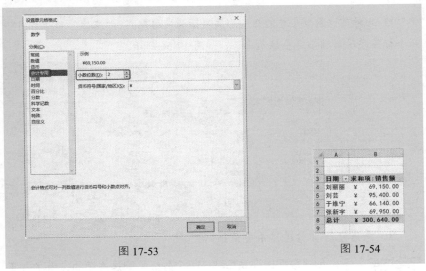

图 17-53   图 17-54

2. 更改透视表的报表布局

数据透视表建立后其默认的布局为压缩形式，这种布局下如果设置了两个行标签，其列标识的名称不能完整显示出来，如果把布局更改为表格形式，则可以让字段的名称清晰显示，更便于查看。

扫一扫，看视频

❶ 打开数据透视表后，在"设计"选项卡的"布局"组中单击"报表布局"下拉按钮，在打开的下拉列表中选择"以表格形式显示"选项，如图 17-55 所示。

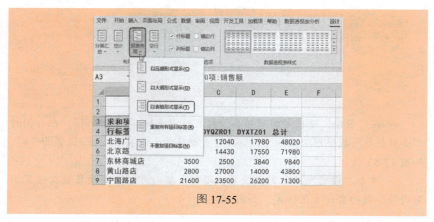

图 17-55

❷ 此时可以看到原先的压缩形式显示为表格形式，"店铺"和"系列"两个标签字段名称都完整显示出来，如图 17-56 所示。

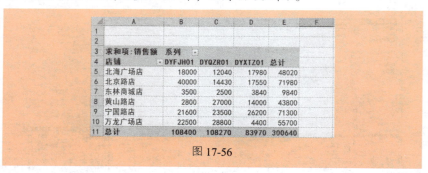

图 17-56

3. 添加空行让分级显示更清晰

创建数据透视表后默认每个分级之间是连续的，为了方便查看数据，可以在每个汇总行下方都添加一行空行。

❶ 打开数据透视表后，在"设计"选项卡的"布局"组中单击"空行"下拉按钮，在打开的下拉列表中选择"在每个项目后插入空行"选项，如图 17-57 所示。

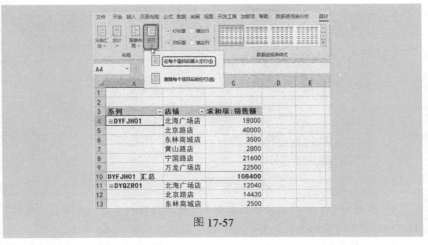

图 17-57

❷ 此时可以看到在每一行汇总项下方都会插入一行空行，如图 17-58 所示。

图 17-58

4. 应用多张数据透视表

如果想要在同一张表中创建两张数据透视表，可以通过复制粘贴并更改字段设置来实现，已知表格统计了某段时间内的销售数据（如图 17-59 所示），现在想要按店铺统计各系列商品销售额和按业务员统计销售额。

扫一扫，看视频

图 17-59

❶ 依据前面介绍的方法根据数据表创建数据透视表后，分别将"店铺"和"销售额"字段添加至"行"和"值"区域，如图 17-60 所示。

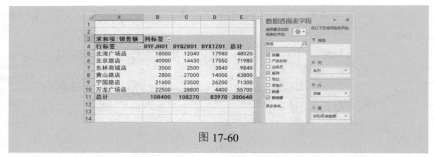

图 17-60

❷ 选中建立好的数据透视表区域并按"Ctrl+C"执行复制，接着在右侧空白表格区域按 Ctrl+V 执行粘贴。

❸ 重新更改第二张透视表的字段设置，将"业务员"和"销售额"字段分别添加至"行"和"值"区域，如图 17-61 所示。

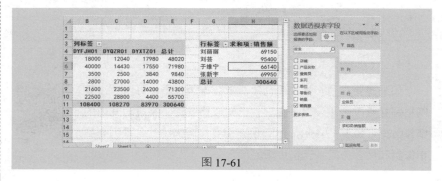

图 17-61

5. 应用多张数据透视图

数据透视图是交互式的，创建数据透视图时会显示数据透视图筛选窗格。可使用此筛选窗格对数据透视图的基础数据进行排序和筛选。用户可以根据数据透视表创建各种类型的图表，使数据展示更加直观，获得更丰富的数据展示效果。

❶ 选择透视表任意单元格，在"数据透视表分析"选项卡的"工具"组单击"数据透视图"按钮（如图 17-62 所示），打开"插入图表"对话框。

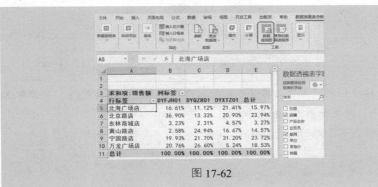

图 17-62

❷ 设置图表类型为饼图图表即可，如图 17-63 所示。

❸ 创建默认格式的饼图图表后，在图表筛选字段名称上单击鼠标右键，在弹出的右键快捷菜单中选择"隐藏图表上的所有字段按钮"选项（如图 17-64 所示），即可删除所有字段按钮。

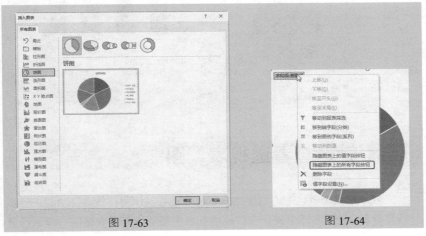

图 17-63　　　　　　　　　　图 17-64

④ 按照图表章节介绍的操作技巧依次重新设置图表布局、标签格式、配色效果等，最终效果如图 17-65 所示。

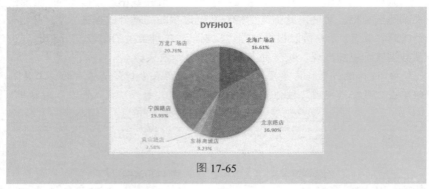

图 17-65

⑤ 按照相同的方法为另外一张数据透视表创建数据透视图，并调整格式和布局，效果如图 17-66 所示。

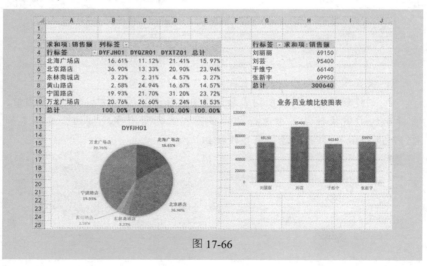

图 17-66

17.5 筛选查看透视表、图

完成数据透视表、图的创建之后，用户还可以使用"筛选"功能进一步分析与查看数据透视表、图。在数据透视表中能够像普通表格中一样进行自动筛选，从而查看满足条件的数据，同时还能使用"切片器"实现任意字段数据的筛选。

1. 筛选销售额前5名的产品

数据透视表中也有"筛选"功能，可以根据需要设置筛选条件，实现数据查看的目的。本例中需要筛选出产品销售额在前5名的所有记录，可以使用"值筛选"。

❶ 打开数据透视表，并单击"产品名称"字段右侧的筛选按钮（如图 17-67 所示），在打开的筛选列表中依次选择"值筛选"→"前10 项"命令（如图 17-68 所示），打开"前 10 个筛选（产品名称）"对话框。

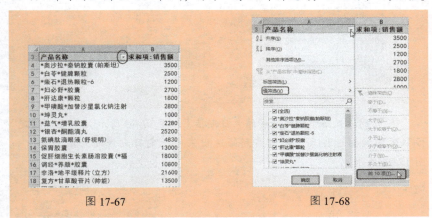

图 17-67 图 17-68

❷ 设置"显示"的最大项为前 5 项即可（如图 17-69 所示），单击"确定"按钮完成筛选，此时可以看到透视表中只显示产品销售额排名前 5 的数据记录，如图 17-70 所示。

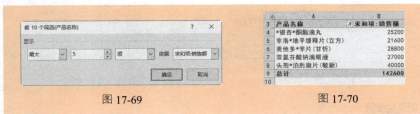

图 17-69 图 17-70

2. 筛选介于指定日期区间的汇总值

本例数据透视表中按日期统计了销售额，下面需要通过"日期筛选"功能将指定日期之间的汇总数据筛选出来。

❶ 打开数据透视表，单击"行标签"字段右侧的筛选按钮（如图 17-71 所示），在打开的筛选列表中依次选择"日期筛选"→"介于"，如图 17-72 所示，打开"日期筛选（月）"对话框。

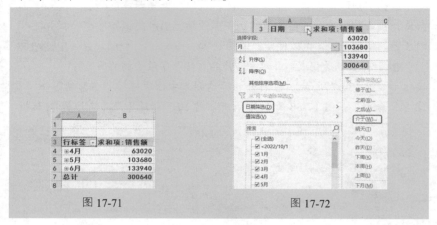

图 17-71　　　　　　　　　图 17-72

❷ 分别设置介于的起始和结束日期值（如图 17-73 所示），单击"确定"按钮返回数据透视表，即可看到筛选出来的指定日期区间的汇总值，如图 17-74 所示。

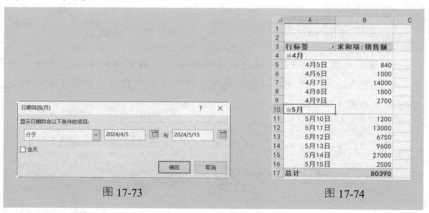

图 17-73　　　　　　　　　图 17-74

3. 统计指定时间段订单

假设公司需要统计线上双十一活动期间各类商品在哪一时间段销量最好，可以通过为数据透视表添加透视图和切片器来快速统计。

❶ 打开表格并选中数据区域中的任意单元格，在"插入"选项卡的"表格"组中单击"数据透视表"按钮（如图 17-75 所示），打开"创建数据透视表"对话框。

❷ 保持各项默认设置不变，如图 17-76 所示。

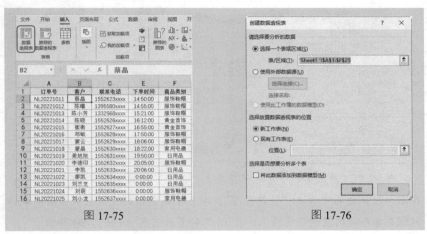

图 17-75　　　　　　　　　　　　　　　　图 17-76

❸ 单击"确定"按钮完成设置，此时可以看到在新工作表中新建了空白的数据透视表，分别添加下单时间和商品类别字段至"行"和"值"区域，如图 17-77 所示。

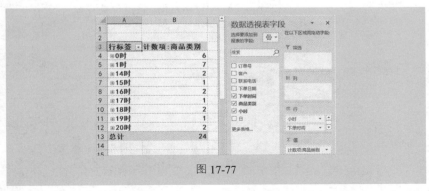

图 17-77

❹ 按"Alt+F1"组合键即可根据透视表数据快速创建图表。继续在"数据透视图分析"选项卡的"筛选"组单击"插入切片器"按钮（如图 17-78 所示），即可打开"插入切片器"对话框。

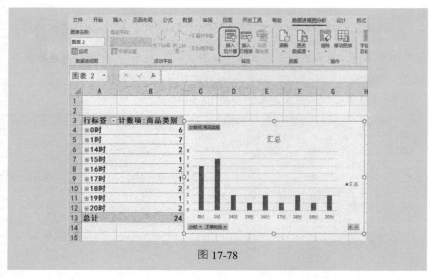

图 17-78

⑤ 选中"商品类别"复选框并单击"确定"按钮（如图 17-79 所示）。在添加的切片器中单击"服饰鞋帽"，即可根据更新的透视表数据绘制服饰鞋帽在各个时间段的销售情况（在 14 时销量最好），如图 17-80 所示。

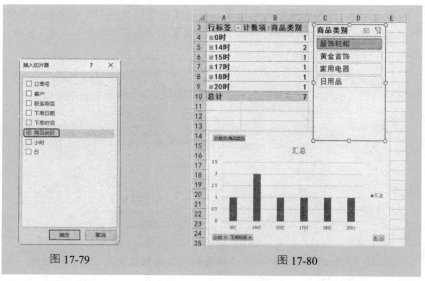

图 17-79   图 17-80

⑥ 单击"家用电器"即可更新透视表和透视图，如图 17-81 所示。

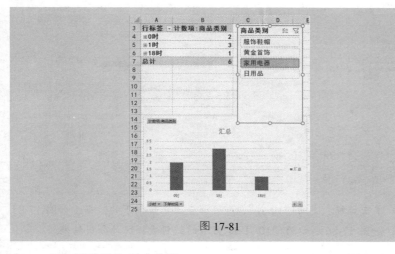

图 17-81

4. 应用日程表查看数据

本例表格是按日期对各个店铺各品类商品的销售额进行的统计，下面可以通过添加日程表实现筛选指定日期下的所有销售数据。

扫一扫，看视频

❶ 选择第一张透视表中的任意单元格，在"数据透视表分析"选项卡的"筛选"组单击"插入日程表"按钮（如图 17-82 所示），打开"插入日程表"对话框。

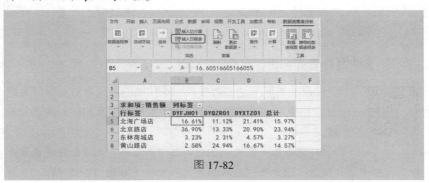

图 17-82

❷ 选中"日期"复选框（如图 17-83 所示），单击"确定"按钮即可插入日期日程表，如图 17-84 所示。

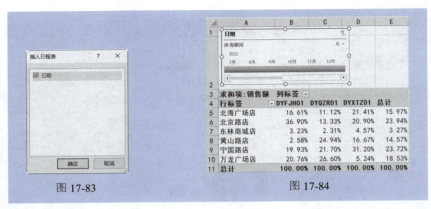

图 17-83   图 17-84

❸ 单击日程表上的"10 月"，即可筛查出该日期下的数据（如图 17-85 所示），如图 17-86 所示为"10 月-11 月"的销售数据统计分析结果。

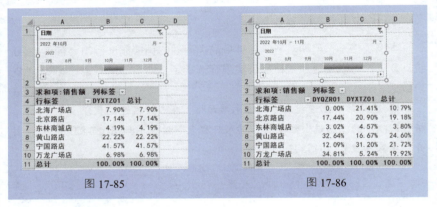

图 17-85   图 17-86

5. 应用切片器查看数据

扫一扫，看视频

如果想要实现动态透视表和透视图的数据查看，可以为透视表添加指定字段的切片器。比如本例需要添加"业务员"切片器。

❶ 选择第一张透视表中的任意单元格，在"数据透视表分析"选项卡的"筛选"组单击"插入切片器"按钮（如图 17-87 所示），打开"插入切片器"对话框。

❷ 选中"业务员"复选框（如图 17-88 所示），单击"确定"按钮即可插入业务员切片器，如图 17-89 所示。

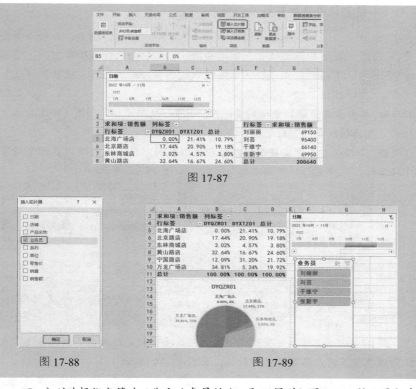

图 17-87

图 17-88

图 17-89

③ 分别选择指定筛选日期和业务员姓名，即可得到如图 17-90 所示图和透视表效果，更改业务员为"刘丽丽"时，即可实时更新数据，如图 17-91 所示。

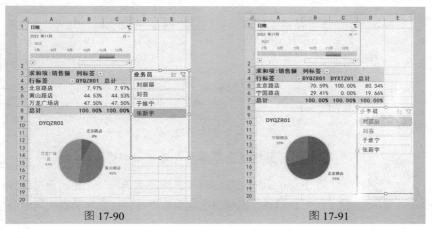

图 17-90

图 17-91

6. 显示项的明细数据

数据透视表根据所设置的字段显示统计结果，一般不会把所有字段都添加到透视表中。但在数据透视表中可以通过显示明细数据来查看任意项的明细数据，比如查看"东林商城店"店铺下的所有"产品名称"。

❶ 双击要查看明细数据的某一项，比如A7单元格（如图17-92所示），打开"显示明细数据"对话框。

❷ 在"请选择待要显示的明细数据所在的字段"列表框内显示了所有字段名称，从中选择"产品名称"字段，如图17-93所示。

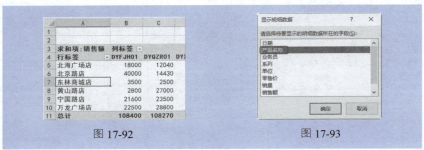

图 17-92　　　　　　　　　图 17-93

❸ 单击"确定"按钮完成设置，返回数据透视表后可以看到显示了"东林商城店"下的产品名称明细数据，如图17-94所示。

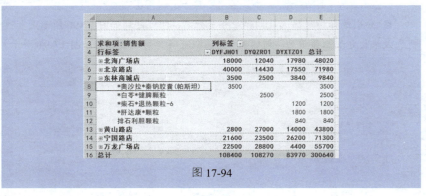

图 17-94

7. 在数据透视图中筛选查看部分数据

在 Excel 2021 中还提供了"图表筛选器"按钮，通过该按钮可以在数据透视图中筛选查看数据，即让数据透视图只绘制想查看的那部分数据。

❶ 选中数据透视图后，单击其右侧的"图表筛选器"按钮，在弹出的下拉面板中更改要筛查的"系列"名称，如：刘丽丽，如图17-95所示。

❷ 单击"应用"按钮完成筛选，此时可以看到数据透视图中只显示筛选出来的指定业务员数据系列饼图，如图17-96所示。

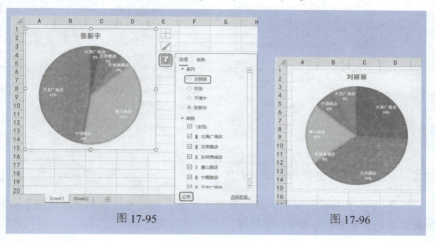

图17-95 　　　　　　　　　　 图17-96

📢 **注意：**

如果要筛选指定店铺的数据记录，可以在"类别"列表单独选中要查看的复选框即可。

17.6 修改美化透视表

创建好数据透视表之后，后期还可以重新更改其引用的数据得到其他分析结构，也可以自动创建自动更新的透视表，以及美化透视表中的字体格式、边框线条样式等。

1. 重新更改数据透视表的数据源

如果需要重新选择表格中新的数据源创建数据透视表，只需要打开"更改数据透视表数据源"对话框即可更改，不需要重新创建。

❶ 打开数据透视表，在"数据透视表分析"选项卡的"数

扫一扫，看视频

据"组中单击"更改数据源"按钮（如图 17-97 所示），打开"更改数据透视表数据源"对话框。

❷ 重新更改"表/区域"的引用范围为 A1:E9（可单击右侧的拾取器返回到数据源表中重新选择），如图 17-98 所示。

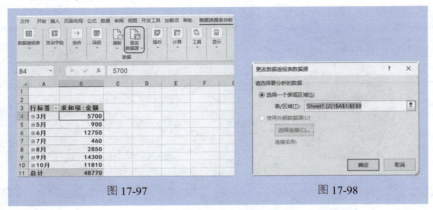

图 17-97　　　　　　　　　　　　　　　图 17-98

❸ 单击"确定"按钮，返回数据透视表，此时可以看到数据透视表引用了新的数据源，如图 17-99 所示。

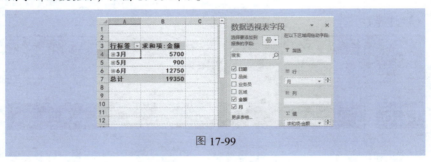

图 17-99

2. 更新数据时要刷新数据透视表

扫一扫，看视频

创建数据透视表之后，如果需要重新修改数据源表格中的数据，可以在更改数据之后刷新数据透视表，实现数据透视表中统计数据的同步更新。

❶ 如图 17-100 所示原始表格中 E2 的金额为"5100"，在数据透视表中显示汇总数额为"5700"，如图 17-101 所示。重新在原始表格中更改 E2 金额为"6000"，如图 17-102 所示。

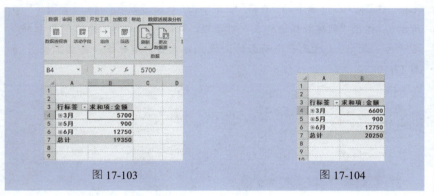

图 17-100　　　　　图 17-101　　　　　图 17-102

❷ 切换至数据透视表后，在"数据透视表分析"选项卡的"数据"组中单击"刷新"按钮（如图 17-103 所示），即可刷新数据透视表数据，如图 17-104 所示。

图 17-103　　　　　　　　　　图 17-104

3. 创建自动更新的数据透视表

创建数据透视表之后，如果数据源表格中有新行或者新列增加，直接在透视表单击"刷新"按钮是无法实现数据更新的。此时需要更改数据源或者重新选择新数据源创建数据透视表。如果当前的数据表时常需要添加新的记录，为了避免总是更改

扫一扫，看视频

数据源的麻烦，可以事先将源数据以表格形式存放，则可以实现数据透视表的数据源及时刷新。

❶ 首先选中表格中任意数据单元格，在"插入"选项卡的"表格"组中单击"表格"按钮（如图 17-105 所示），打开"创建表"对话框。保持默认设置，如图 17-106 所示。

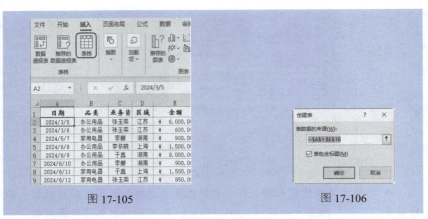

图 17-105　　　　　　　　　　　　　　　　图 17-106

❷ 单击"确定"按钮，即可创建整张表。选择表中的任意数据所在单元格，在"插入"选项卡的"表格"组中单击"数据透视表"按钮（如图 17-107所示），打开"创建数据透视表"对话框。此时可以看到选择的"表/区域"名称为"表 1"（这是一个动态的区域，会随着新增数据而自动扩展），如图 17-108 所示。

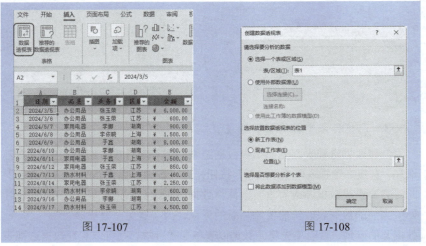

图 17-107　　　　　　　　　　　　　　　　图 17-108

❸ 单击"确定"按钮，然后添加字段到相应的字段区域，即可创建数据透视表。切换至原始数据表格后，在表中直接添加新行并输入数据，如图 17-109 所示。

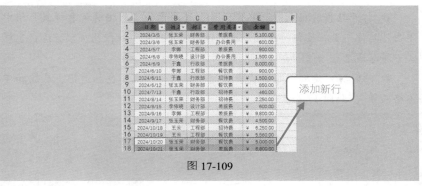

图 17-109

❹ 再次切换至数据透视表后，在"数据"选项卡中单击"刷新"按钮（如图 17-110 所示），即可刷新数据透视表数据，如图 17-111 所示。

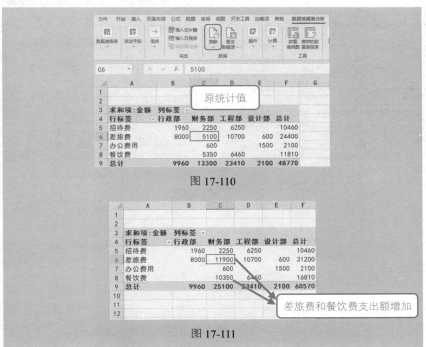

图 17-110

图 17-111

4. 美化数据透视表样式

创建好数据透视表之后，可以通过数据透视表样式功能，一次性更改透视表的填充效果、字体格式、边框效果等。

扫一扫，看视频

❶ 打开数据透视表后，在“设计”选项卡的“数据透视表样式”组中单击“其他”下拉按钮，在打开的下拉列表中选择“浅橙色，数据透视表样式中等深浅 3”，如图 17-112 所示。

❷ 此时可以看到数据透视表应用了指定的样式（包括边框、底纹和字体格式等），如图 17-113 所示。

图 17-112

	A	B	C	D	E	F
3	求和项:金额	列标签				
4	行标签	行政部	财务部	工程部	设计部	总计
5	招待费	1960	2250	6250		10460
6	差旅费	8000	11900	10700	600	31200
7	办公费用		600		1500	2100
8	餐饮费		10350	6460		16810
9	总计	9960	25100	23410	2100	60570

图 17-113

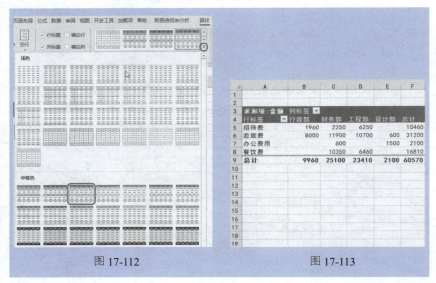

第18章 数据合并计算

当数据在多表分散记录时（可以是同一工作簿下的多张工作表，也可以是同一工作表中的多张表格），都可以利用"合并计算"功能把每个工作表中的数据，按指定的计算方式（求和、平均值、最大值、最小值等）放在单独的工作表中汇总并报告结果。

1. 合并计算统计总费用支出

本例中按单张工作表统计了不同部门的费用支出数据，并且每张表格的费用类别名称及顺序都保持一致，下面需要使用合并计算功能实现按位置合并，统计出各部门每项费用的支出总额。

扫一扫，看视频

❶ 在支出总额统计表中，选中 H13:K19 单元格区域。在"数据"选项卡的"数据工具"组中单击"合并计算"按钮（如图 18-1 所示），打开"合并计算"对话框。

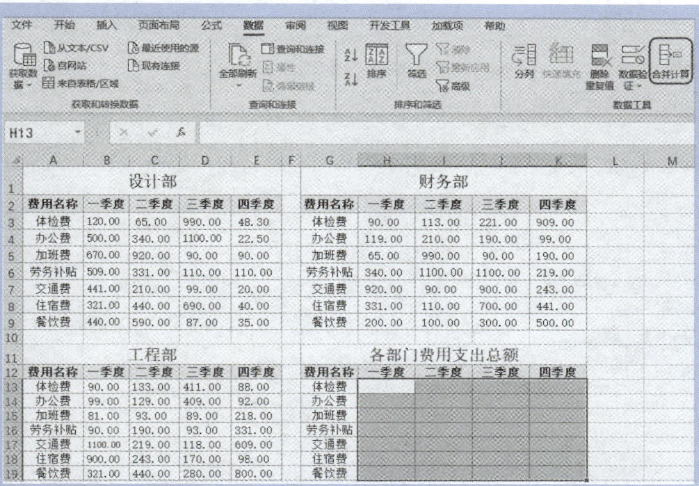

图 18-1

❷ 设置"函数"为"求和"，单击"引用位置"文本框右侧的拾取器按钮（如图 18-2 所示），进入表格区域选取状态。

❸ 拾取表格中的 B3:E9 单元格区域（如图 18-3 所示），再次单击拾取器

按钮返回"合并计算"对话框。

图 18-2   图 18-3

❹ 单击"添加"按钮，即可将选定区域添加至"所有引用位置"列表框中，如图 18-4 所示。

❺ 按照相同的方法分别拾取 H3:K9、B13:E19 单元格区域（如图 18-5、图 18-6 所示），将其添加在"引用位置"文本框中，如图 18-7 所示。

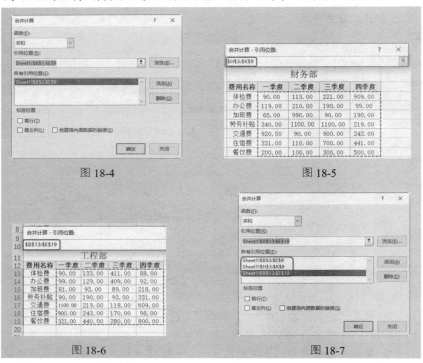

图 18-4   图 18-5

图 18-6   图 18-7

⑥ 单击"确定"按钮完成设置，返回工作表后，可以看到统计出了各费用类别下所有部门在各个季度的支出总额，如图18-8所示。

各部门费用支出总额				
费用名称	一季度	二季度	三季度	四季度
体检费	300.00	311.00	1622.00	1045.30
办公费	718.00	679.00	1699.00	213.50
加班费	816.00	2003.00	269.00	498.00
劳务补贴	939.00	1621.00	1303.00	660.00
交通费	2461.00	519.00	1117.00	872.00
住宿费	1552.00	793.00	1560.00	579.00
餐饮费	961.00	1130.00	667.00	1335.00

图 18-8

📢 注意：

使用按位置合并计算需要确保每个数据区域都采用列表格式，以便每列的第一行都有一个标签，列中包含相似的数据，并且列表中没有空白的行或列，确保每个区域都有相同的布局。

2. 合并计算应用通配符

表格中的很多数据分析功能都需要应用到通配符，常用的通配符有*（指任意字符）和?（指单个字符）。本例需要应用*通配符配合合并计算功能分别统计出上海市和北京市区域的总库存量。

扫一扫，看视频

① 打开工作表，选中 D2:E4 单元格区域。在"数据"选项卡的"数据工具"组中单击"合并计算"按钮（如图18-9所示），打开"合并计算"对话框。

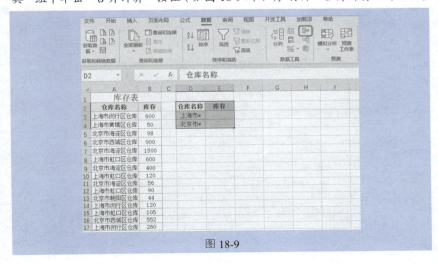

图 18-9

❷ 设置"函数"为"求和",单击"引用位置"文本框右侧的拾取器按钮,进入表格区域选取状态,拾取工作表中的 A2:B17 单元格区域,如图 18-10 所示。

图 18-10

❸ 再次单击拾取器按钮返回"合并计算"对话框。单击"添加"按钮,即可将选定区域添加至"所有引用位置"列表框中,分别选中"标签位置"下的"首行"和"最左列"复选框,如图 18-11 所示。

❹ 单击"确定"按钮返回表格,即可看到指定区域的总库存量数据,如图 18-12 所示。

图 18-11

图 18-12

3. 合并计算核对两列数据

表格中统计了某公司现有两个店铺的业务员销量数据，这些业务员的姓名顺序不同，而且业务员的当班店铺也不完全相同，如果想要合并两张表格所有业务员的销售数据，可以使用按类别合并计算。

❶ 打开工作表并选中 G2 单元格（放置合并计算结果的起始单元格）。在"数据"选项卡的"数据工具"组中单击"合并计算"按钮（如图 18-13 所示），打开"合并计算"对话框。

图 18-13

❷ 设置"函数"为"求和"，单击"引用位置"文本框右侧的拾取器按钮（如图 18-14 所示），进入表格区域选取状态。

图 18-14

❸ 拾取"天长路店"表格的 A2:B14 单元格区域（如图 18-15 所示）并添加至"所有引用位置"列表框中，然后再添加"黄山路店"表格中的 D2:E9 单元格区域并添加至"所有引用位置"列表框中。

❹ 分别选中"首行"和"最左列"复选框，如图 18-16 所示。

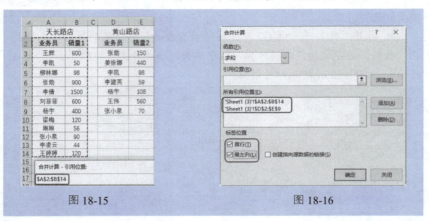

图 18-15　　　　　　　　　　　　图 18-16

❺ 单击"确定"按钮完成设置，返回工作表后，可以看到统计出了两个店铺所有业务员的销量数据，如图 18-17 所示。

图 18-17

📢 **注意：**

如果想要在统计结果中显示完整的店铺名称（即既显示各店铺名称，又显示对应的销量），可以按图 18-18 所示更改 B2 和 E2 单元格的列标识名称，即可得到右侧的统计结果。

	天长路店			黄山路店				
业务员	销量（天长路店）		业务员	销量（黄山路店）		业务员	销量（天长路店）	销量（黄山路店）
王辉	600		张勋	150		王辉	600	
李凯	50		姜徐娜	440		姜徐娜		440
柳林娜	98		李凯	98		李凯	50	98
张勋	900		李建英	59		柳林娜	98	
李倩	1500		杨宇	108		张勋	900	150
刘菲菲	600		王伟	560		李倩	1500	
杨宇	400		张小泉	70		刘菲菲	600	
梁梅	120					李建英		59
琳琳	56					杨宇	400	108
张小泉	90					梁梅	120	
李凌云	44					琳琳	56	
王婷婷	120					王伟		560
						张小泉	90	70
						李凌云	44	
						王婷婷	120	

图 18-18

如果是要统计两个店铺所有业务员的总销量数据，可以按图 18-19 所示将列标识"销量 1"和"销售 2"都设置为相同的列标识"销量"，再按相同的操作步骤执行合并计算即可。

	天长路店			黄山路店				销量
	业务员	销量		业务员	销量		王辉	600
	王辉	600		张勋	150		姜徐娜	440
	李凯	50		姜徐娜	440		李凯	148
	柳林娜	98		李凯	98		柳林娜	98
	张勋	900		李建英	59		张勋	1050
	李倩	1500		杨宇	108		李倩	1500
	刘菲菲	600		王伟	560		刘菲菲	600
	杨宇	400		张小泉	70		李建英	59
	梁梅	120					杨宇	508
	琳琳	56					梁梅	120
	张小泉	90					琳琳	56
	李凌云	44					王伟	560
	王婷婷	120					张小泉	160
							李凌云	44
							王婷婷	120

图 18-19

4. 统计各部门平均工资

本例需要根据工资核算表数据统计出各个部门的平均工资，除了使用之前介绍的数据透视表功能，也可以使用合并计算功能。

扫一扫，看视频

❶ 打开工作表并选中 N2 单元格（放置合并计算结果的起始单元格）。在"数据"选项卡的"数据工具"组中单击"合并计算"按钮（如图 18-20 所示），打开"合并计算"对话框。

图 18-20

❷ 设置"函数"为"平均值",单击"引用位置"文本框右侧的拾取器
按钮（如图 18-21 所示），进入表格区域选取状态。

图 18-21

❸ 拾取"工资核算表"表格的 C2:L38 单元格区域（如图 18-22 所示）
并添加至"所有引用位置"列表框中，再分别选中"首行"和"最左列"复
选框，如图 18-23 所示。

❹ 单击"确定"按钮完成设置，返回工作表后，可以看到统计出了各
部门的各项平均数据，如图 18-24 所示。

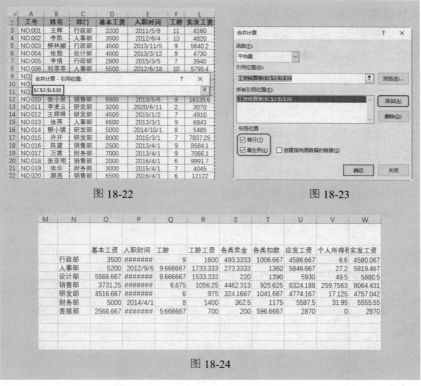

图 18-22   图 18-23

	基本工资	入职时间	工龄	工龄工资	各类奖金	各类扣款	应发工资	个人所得税	实发工资
行政部	3500	#######	9	1600	493.3333	1006.667	4586.667	6.6	4580.067
人事部	5200	2012/9/6	9.666667	1733.333	273.3333	1360	5846.667	27.2	5819.467
设计部	5566.667	#######	8.666667	1533.333	220	1390	5930	49.5	5880.5
销售部	3731.25	#######	6.875	1056.25	4462.313	925.625	8324.188	259.7563	8064.431
研发部	4516.667	#######	6	975	324.1667	1041.667	4774.167	17.125	4757.042
财务部	5000	2014/4/1	8	1400	362.5	1175	5587.5	31.95	5555.55
客服部	2566.667	#######	5.666667	700	200	596.6667	2870	0	2870

图 18-24

❺ 整理表格格式后，将不需要的数据隐藏或者删除即可，如图 18-25 所示即为各部门的平均工资统计结果。

图 18-25

注意:

如果要统计各部门的最高或最低工资，在"合并计算"对话框中将计算函数更改为"最大值"或"最小值"即可。

5. 统计员工值班次数

本例表格统计了 10 月份员工的值班情况，下面需要统计每位员工的总值班次数。

❶ 首先选中 D2 单元格（放置合并计算结果的起始单元格），然后打开"合并计算"对话框，设置"引用位置"为当前工作表的 A1:B13 单元格区域，如图 18-26 所示。

❷ 返回"合并计算"对话框，设置"函数"为"计数"，选中"最左列"复选框，如图 18-27 所示。

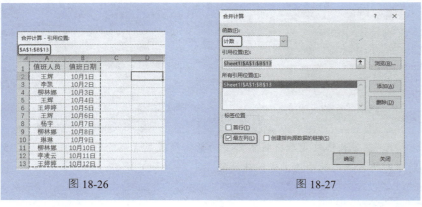

图 18-26   图 18-27

❸ 单击"确定"按钮完成合并计算，即可看到表格统计了每位值班人员的值班次数，如图 18-28 所示。

图 18-28

508

6. 分析各班成绩的稳定程度

如图 18-29 和图 18-30 所示从各个班级中随机抽取 8 个成绩数据（共抽取三个班级），通过合并计算的功能统计三个班级成绩的标准偏差，从而判断三个班级中学生成绩的稳定性。

	A	B	C	D
1	姓名	考场	班级	模考成绩
2	邓宇呈	阶梯一	高三(1)	488.5
3	张治宸	阶梯一	高三(1)	602
4	林洁	阶梯一	高三(1)	588
5	王雨婷	阶梯一	高三(1)	587
6	吴小华	阶梯一	高三(1)	580.5
7	张智志	阶梯一	高三(1)	629
8	周佳怡	阶梯一	高三(1)	516
9	周钦伟	阶梯一	高三(1)	498
10				
11				

高三(1)班　高三(2)班　高三(3)班

图 18-29

	A	B	C	D
1	姓名	考场	班级	模考成绩
2	郝亮	阶梯一	高三(2)	581
3	李欣怡	阶梯一	高三(2)	552
4	刘勋	阶梯一	高三(2)	587
5	宋云飞	阶梯一	高三(2)	604.5
6	王伟	阶梯一	高三(2)	602
7	张威	阶梯一	高三(2)	551
8	张亚明	阶梯一	高三(2)	588
9	张泽宇	阶梯一	高三(2)	535.5
10				
11				

高三(1)班　高三(2)班　高三(3)班

图 18-30

❶ 建立一张统计表，选中 A2 单元格，在"数据"选项卡的"数据工具"组中单击"合并计算"按钮，如图 18-31 所示，打开"合并计算"对话框。

❷ 单击"函数"右侧的下拉按钮，在打开的下拉列表中选择"标准偏差"选项，如图 18-32 所示。

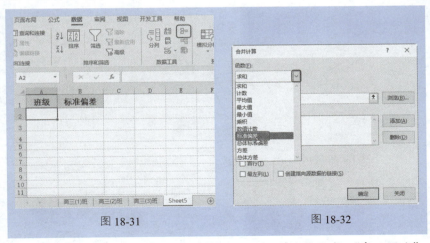

图 18-31　　　　　　图 18-32

❸ 依次将"高三(1)班"工作表中的 C2:D9 单元格区域、"高三(2)班"工作表中的 C2:D9 单元格区域、"高三(3)班"工作表中的 C2:D9 单元格区域都添加到引用位置列表中，并选中"最左列"前的复选框，如图 18-33 所示。

❹ 单击"确定"按钮，即可计算各个班级的成绩的标准偏差，如图 18-34 所示。标准差是用来描述一组数据的波动性，即是集中还是分散。标准差越大，表示数据的离散程度越大。因此从计算结果得出结论是高三(1)班的成绩最离散，即高分与低分差距较大。

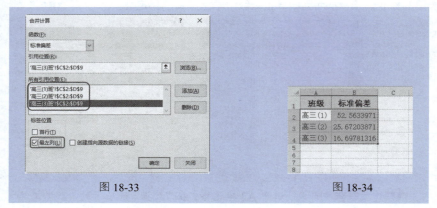

图 18-33　　　　　　　　　　　　　　图 18-34

第19章 图　表

19.1　创建优化图表

图表可以为表格数据提供一种更具象化的图形表现形式，让数据分析更加容易。不同的数据分析需要应用不同的图表类型，常见的图表类型有"柱形图""条形图""折线图""饼图"等。比如展示公司各学历人数占比就可以采用饼图、展示公司历年产品销售利润趋势就可以采用折线图等。

本节会具体介绍整理数据源表格，设计简洁图表，并根据不同的数据分析目的和表格数据特征按步骤创建好图表，包括更改图表类型、隐藏或显示图表元素、图表的美化，以及如何保存为模版格式等。

1. 整理数据源表格

和创建数据透视表一样，创建图表之前也需要整理数据源表格，使其更加规范有效。如果图表数据来源于大数据，可以先将数据提取出来单独放置；切记不要输入与表格无关的内容。下面介绍整理图表数据源表格的一些基本技巧。

扫一扫，看视频

- 表格行、列标识要清晰，如果数据源未使用单位，在图表中一定要补充标注。例如，如图 19-1 所示的图表，一没标题，不明白它想表达什么；二没图例，分不清不同颜色的柱子指的是什么项目；三没金额单位，"元"与"万元"差别巨大。

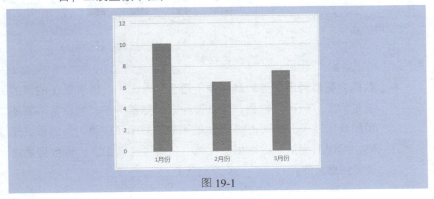

图 19-1

- 不同的数据系列要分行、分列输入，避免混淆在一起。如图 19-2 所示图表数据源表格中既有季度名称又有部门名称，虽然可以创建图表，但是得到的图表分析结果意义不大，因为不同部门在不同季度的支出额是无法比较的。

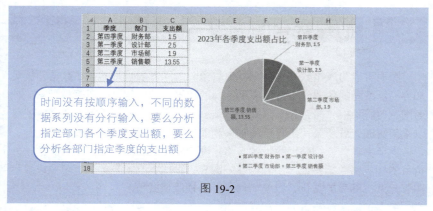

图 19-2

如果按图 19-3 所示整理图表数据源表格，将"设计 1 部"和"设计 2 部"按照不同季度的支出额进行汇总，就可以得到这两个设计分部在各个季度的支出额比较。

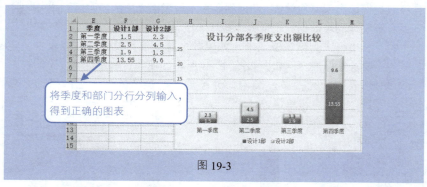

图 19-3

- 数据变化趋势不明显的数据源不适合创建图表。图表最终的目的就是为了分析比较数据，既然每种数据都差不多，就没有必要使用图表比较了。如图 19-4 所示的图表中展示了应聘人员的面试成绩，可以看到这一组数据变化微小，通过建立图表比较数据是没有任何意义的。

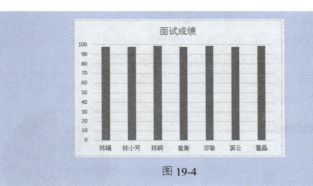

图 19-4

● 不要把毫无关联的数据放在一起创建图表。如图 19-5 所示的"医院零售价"和"装箱数量"是两种毫无关系的数据，没有可比性。因此，在创建图表时需要将同样是价格或者同样是数量的同类型数据放在一起创建图表并比较。

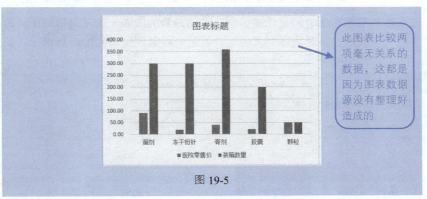

此图表比较两项毫无关系的数据，这都是因为图表数据源没有整理好造成的

图 19-5

● 创建图表的数据不亦过多，图表本身不具有数据分析的功能，它只是服务于数据的，因此要学会提炼分析数据，将数据分析的结果用图表来展现才是最终目的。

2. 了解常见图表类型

下面简单介绍常用的图表类型，用户可以根据实际需求选择最佳的图表类型。

扫一扫，看视频

● 柱形图和条形图都是用来比较数据大小的图表，当数据源表格中的数据较多而且有一定相差时，为了直观比较这些数据的大小，可以创建"条形图"图表，通过条形的长短判断数据大小，如图 19-6 所示。

● 要对部分占整体的比例进行分析，最常用的就是"饼图"，不同的扇面代表不同数据占整体的比值，如图 19-7 所示。

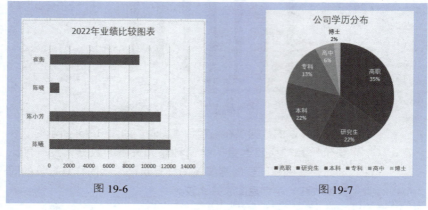

图 19-6　　　　　　　　　　　　　　图 19-7

● 要表达随时间变化的波动、变动趋势的图表一般采用折线图。折线图是以时间序列为依据，表达一段时间里事物的走势情况，如图 19-8 所示。

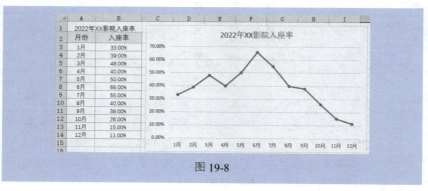

图 19-8

3. 了解图表布局元素

扫一扫，看视频

学习了各种常见图表类型之后，为了能准确地体现数据所要表达的意思，需要为图表添加合适的元素。如图 19-9 所示的图表，本书总结出商务图表应该具备如下一些基本构图要素，分别是主标题、副标题（可视情况而定）、图例（多系列时）、金额单位（不是以"元"为单位时）、辅助说明文字、绘图和脚注信息等。

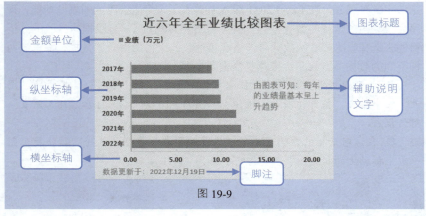

图 19-9

图表的标题与文档、表格的标题一样，是用来阐明图表重要信息的。对图表标题有两方面要求：一是图表标题要设置的足够鲜明；二是要注意一定要把图表想表达的信息写入标题，因为通常标题明确的图表，能够更快速地引导阅读者理解图表意思，读懂分析目的。

脚注一般标明数据来源等信息；图例是在两个或以上数据系列的图表中出现的，一般在单数据系列的图表中不需要图例。

4. 图表设计应当以简洁为主

扫一扫，看视频

新手在创建图表时切忌追求过于花哨和颜色太过丰富的设计，而应尽量遵循简约整洁的设计原则，因为太过复杂的图表会直接造成使用者在信息读取上的障碍。简洁的图表不但美观，而且展示数据也更加直观。下面介绍一些美化规则，可以按照这些规则设计图表。

- 背景填充色因图而异，需要时用淡色。
- 网格线有时不需要，需要时使用淡色。
- 坐标轴有时不需要，需要时使用淡色。
- 图例有时不需要。
- 慎用渐变色（涉及颜色搭配技巧，新手不容易掌握）。
- 慎用 3D 效果。
- 注意对比强烈（在弱化非数据元素的同时增强和突出数据元素）。

5. 两步快速创建最佳图表

扫一扫，看视频

不同的数据源和数据分析目的需要选择合适的图表。初学者拿到一份表格数据后，面对各式各样的图表类型有时无法确定该用哪种图表。在 Excel 2021 版本中提供了一个"推荐的图表"功能，程序会根据当前选择的数据推荐一些可用图表类型，用户可以根据自己的分析目的去选择。比如本例数据源表格既包括数值又包括百分比数据，根据这两种不同的数据类型程序会推荐复合型图表。

❶ 打开数据源表格并选中任意数据单元格，在"插入"选项卡的"图表"组中单击"推荐的图表"按钮（如图 19-10 所示），打开"插入图表"对话框。

❷ 在该对话框的左侧显示了"推荐的图表"类型，选择"簇状柱形图一次坐标轴上的折线图"类型即可，如图 19-11 所示。

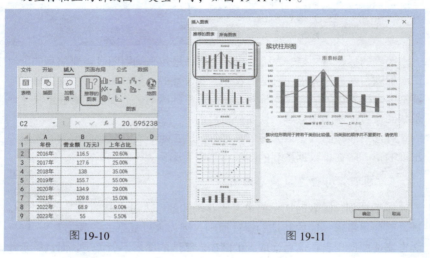

图 19-10　　　　　　　　　　　　　　　　　图 19-11

❸ 单击"确定"按钮即可创建图表，系统将百分比数据创建为次坐标轴上的折线图，如图 19-12 所示。

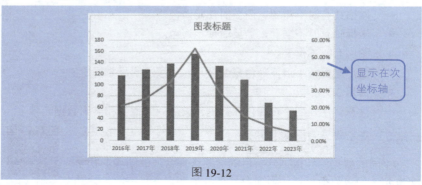

图 19-12

6. 快速更改图表为另一类型

根据数据源表格创建了条形图图表之后，如果想要将其快速更改为堆积柱形图图表，可以打开"更改图表类型"对话框选择其他图表类型应用即可。

❶ 选中图表并单击鼠标右键，在弹出的右键快捷菜单中选择"更改图表类型"选项（如图 19-13 所示），打开"更改图表类型"对话框。

❷ 重新设置图表类型为堆积柱形图即可，如图 19-14 所示。

❸ 单击"确定"按钮返回图表，更改的图表效果如图 19-15 所示。

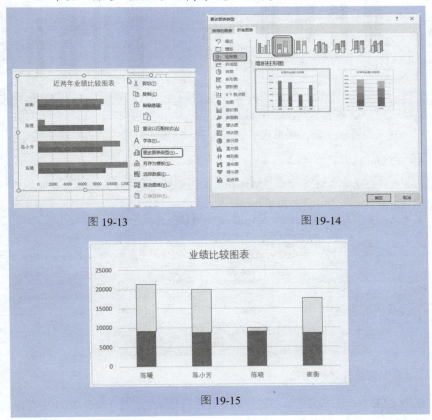

图 19-13　　　　　　　　　图 19-14

图 19-15

7. 隐藏元素简化图表

太过复杂的图表会造成信息读取上的障碍，所以商务图表在美化时首先要遵从的就是简约原则，越简单的图表越容易让人理解。因此图表中的元素对象应当隐藏的可以隐藏起来。比如本例图表中可以隐藏网格线，当添加了值数据标签后还可以隐藏垂直轴。

❶ 选中图表，单击右侧的"图表元素"按钮，在打开的列表中取消选中各个需要隐藏的元素名称前的复选框（如图 19-16 所示），可以看到简化后的图表元素展示，如图 19-17 所示。

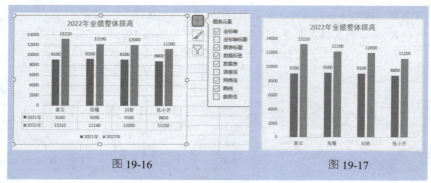

图 19-16	图 19-17

对于隐藏的元素，要想重新显示出来，只要恢复它们的选中状态即可。

🔊 **注意：**

有些图表元素还有细分，可以在元素名称子菜单中决定将其显示还是隐藏，如图 19-18 所示。熟悉了各种图表元素之后，也可以直接在图表中单击指定对象元素，再按键盘上的"Delete"键即可快速隐藏该对象。

图 19-18

8. 快速美化图表

扫一扫，看视频

创建图表后的样式都是系统默认的，在 Excel 2021 中可以通过套用样式一键美化图表。套用样式后不仅改变了图表的填充颜色、边框线条等，同时也有布局的修整。但是在编辑图表样式时需要注意前后顺序，建议可以先套用图表样式，然后再进行局部补充修整，否则会覆盖之前的设置结果。

❶ 选中图表后，单击右侧的"样式"按钮，在打开的列表中选择"样式 11"，如图 19-19 所示。

❷ 此时可以看到图表应用了新样式，如图 19-20 所示。

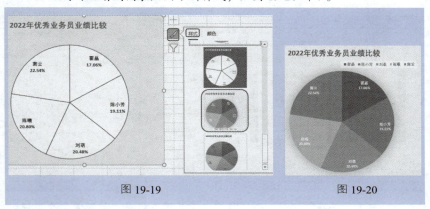

图 19-19　　　　　　　　　　　图 19-20

❸ 在切换至"颜色"标签下（如图 19-21 所示），选择彩色配色或单色配色即可。

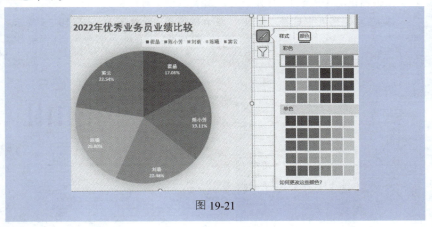

图 19-21

9. 将图表保存为模版

复制图表格式需要事先打开设置好的图表再执行格式应用。如果用户在别人的电脑或者网上下载了好看的图表，可以将其保存为"模版"，方便下次直接套用该图表样式。

扫一扫，看视频

❶ 选中设计好的图表并单击鼠标右键，在弹出的快捷菜单中选择"另存为模版"命令（如图 19-22 所示），打开"保存图表模版"对话框。

❷ 保持默认的保存路径不变，并设置文件名为"滑珠图"，如图 19-23 所示。

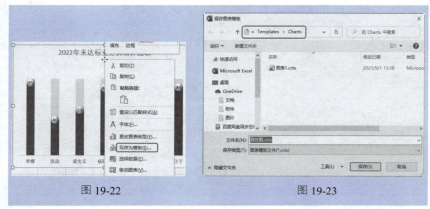

图 19-22　　　　　　　　　　　图 19-23

❸ 单击"保存"按钮，即可将其保存为图表模版。打开需要应用模版样式的图表并单击鼠标右键，在弹出的快捷菜单中选择"更改系列图表类型"命令（如图 19-24 所示），打开"更改图表类型"对话框。

❹ 在左侧列表中选择"模版"，在右侧选择"滑珠图"，如图 19-25 所示。

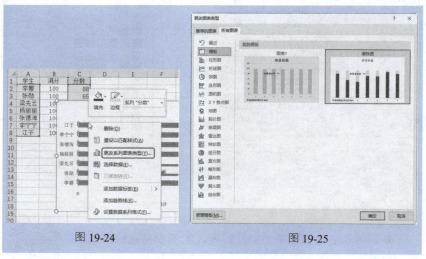

图 19-24　　　　　　　　　　　图 19-25

❺ 单击"确定"按钮完成设置，此时可以看到选中的图表应用了指定的模版样式（包括标题、绘图区格式、图表类型等），对图表简单调整即可得到如图 19-26 所示效果。

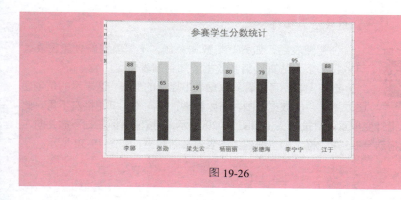

图 19-26

19.2 调整图表数据源

创建好图表后，如果后期需要重新修改引用的数据源，可以按本节介绍的技巧重新选择数据源区域，以及添加新数据至图表。

1. 选择部分数据源创建图表

如果统计表中有较多数据，在建立图表时只想对部分数据进行图形化展示，即可选用任意目标区域数据来建立图表。

扫一扫，看视频

❶ 打开数据源表格后，按 Ctrl 键的同时依次选取 A1:A5 和 C1:C5 单元格区域，在"插入"选项卡的"图表"组中单击"插入柱形图或条形图"下拉按钮，在打开的下拉列表中选择"簇状条形图"，如图 19-27 所示。

❷ 此时即可根据指定不连续区域数据创建簇状条形图，如图 19-28 所示。

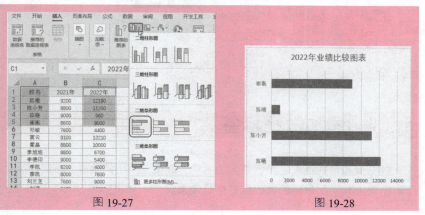

图 19-27

图 19-28

2. 快速向图表中添加新数据

创建图表后，如果有新数据添加，不需要重新创建图表，可以按如下方法直接将新数据添加到图表中。

选中图表后可以看到数据表中显示的框线，这表示的是创建图表所引用的数据范围，将鼠标指针指向 C5 单元格左下角，此时鼠标指针变成双向对拉箭头（如图 19-29 所示）。按住鼠标左键不放并向左侧区域拖动至 B5 单元格，即可快速为图表添加新数据，如图 19-30 所示。

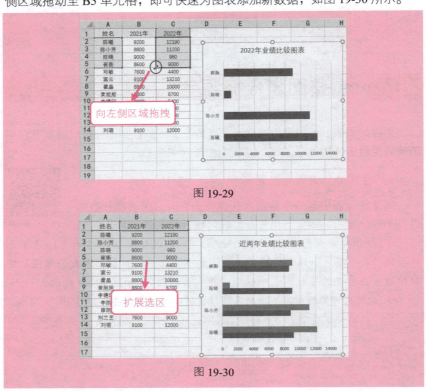

图 19-29

图 19-30

19.3 添加数据标签

数据标签包括图表中数据系列的名称、数据百分比等信息。不同类型的图表需要为其匹配最佳的数据标签格式效果。

1. 正确添加数据标签

创建图表之后，默认情况下是不会显示数据标签值的，下面介绍如何快速添加数据标签。

❶ 选中图表，单击右侧的"图表元素"按钮，在打开的列表中选中"数据标签"复选框，如图 19-31 所示。

❷ 此时即可在数据系列的上方显示出"值"数据标签，如图 19-32 所示。

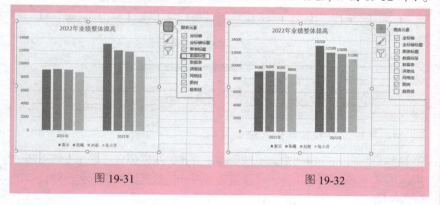

图 19-31　　　　　　　　　　　　图 19-32

2. 添加值标签以外的数据标签

除了添加值标签，还可以根据图表类型添加"类别名称"或"系列名称"。假设本例的图表中没有显示坐标轴数据名称，可以通过设置数据标签格式对话框添加数据类别名称和值标签。

❶ 选中图表，单击右侧的"图表元素"按钮，在打开的列表中依次选择"数据标签"→"更多选项"（如图 19-33 所示），打开"设置数据标签格式"窗格。

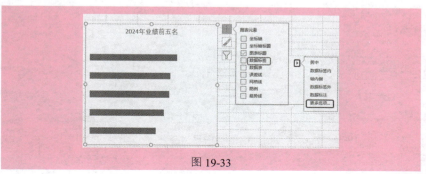

图 19-33

❷ 在"标签包括"下方分别选中"类别名称"和"值"复选框,如图 19-34 所示。添加数据标签后的效果如图 19-35 所示。

图 19-34　　　　　　　　图 19-35

3. 为饼图添加百分比数据标签

扫一扫,看视频

在饼图中,一般会添加百分比数据标签,添加方法可按上例技巧操作。但默认添加的百分比数据标签不包含小数,如果想显示出两位小数,则需要再次进行设置。

❶ 选中图表中的数据标签并单击鼠标右键,在弹出的快捷菜单中选择"设置数据标签格式"命令(如图 19-36 所示),打开"设置数据标签格式"窗格。

❷ 折叠"标签选项"栏,展开"数字"栏,设置"类别"为"百分比",在"小数位数"文本框内输入"2"(如图 19-37 所示),此时可以看到百分比显示两位小数,如图 19-38 所示。

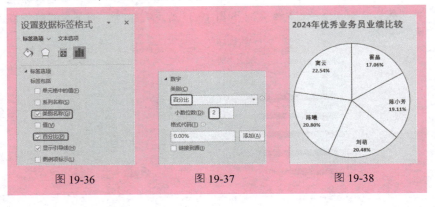

图 19-36　　　　　　　　图 19-37　　　　　　　　图 19-38

19.4 图表编辑技巧

掌握了图表类型及其基础创建技巧之后，本节会介绍如何使用更多图表编辑技巧，获得更丰富的图表效果，让数据比较更加直观。比如通过设置坐标轴格式得到更好的数据展示效果、调整坐标轴的显示位置、设置数据系列分离效果，添加趋势线展示数据分析结果等。

1. 快速改变图表展示重点

如果图表的源表格数据中既包含列数据又包含行数据，建立图表后可以通过切换行、列的顺序得到不同的数据分析结果。本例中原图表统计了电费和燃气费在全年四个季度中的比较，如果切换行、列则可以得到全年燃气费和电费的比较图表。

❶ 选中图表后，在"图表设计"选项卡的"数据"组中单击"切换行/列"按钮，如图 19-39 所示。

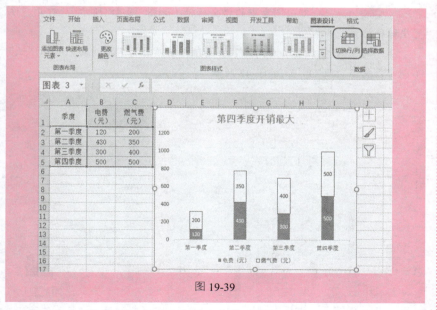

图 19-39

❷ 此时可以看到原先显示在横坐标轴的季度系列显示在垂直轴，展示了电费和燃气费在全年的支出对比，如图 19-40 所示。

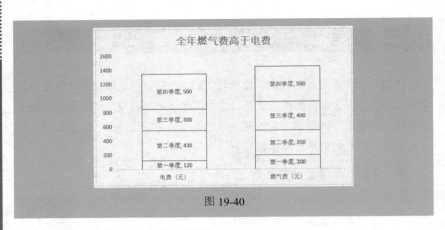

图 19-40

2. 解决坐标轴被覆盖的问题

扫一扫，看视频

数据标签默认都是显示在坐标轴旁，如果创建的图表数据源中包含负值，就会导致数据标签显示到图表内部，进而覆盖坐标轴信息。这时需要按如下操作将数据标签移到图外显示。

❶ 双击图表中的横坐标轴（如图 19-41 所示），打开"设置坐标轴格式"。

❷ 单击"标签位置"右侧的下拉按钮，在弹出的下拉列表中选择"低"（也可以选择"高"），如图 19-42 所示。

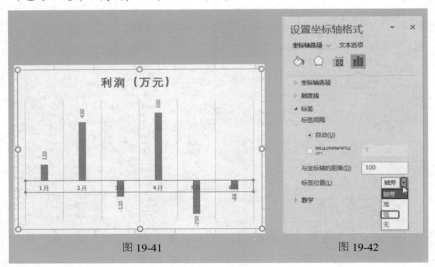

图 19-41   图 19-42

❸ 执行上述操作后，即可看到原来显示在中间的横坐标轴标签移到图表底部了，清晰地显示了负值柱形图，如图 19-43 所示。

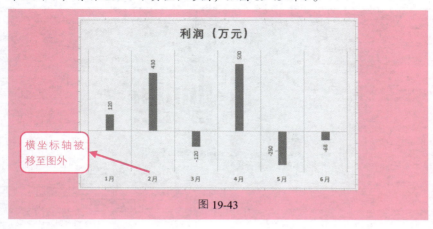

图 19-43

3. 用垂直轴分割图表

图表的垂直轴默认显示在最左侧，如果想要将图表不同的数据分隔显示在左右两侧，可以重新设置分类编号值即可，比如本例需要将"财务部"和"工程部"的费用支出数据分布显示在两侧，中间以垂直轴分割。

扫一扫，看视频

❶ 首先根据表格数据源创建柱形图，如图 19-44 所示。双击水平轴后打开"设置坐标轴格式"对话框。在"分类编号"标签右侧的文本框内输入"4"（因为第 4 个分类后就是工程部的数据了），如图 19-45 所示。

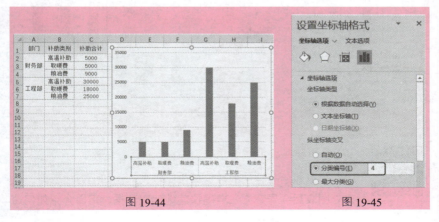

图 19-44   图 19-45

❷ 选中垂直轴后单击鼠标右键，在弹出的快捷菜单中选择"边框"→"粗细"→"2.25 磅"，继续在列表中设置边框颜色即可，如图 19-46 所示。

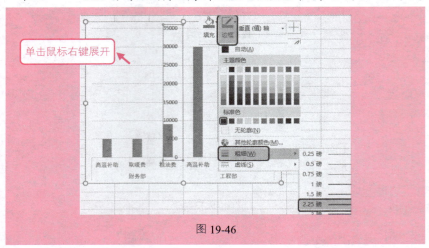

图 19-46

❸ 保持垂直轴数值标签的选中状态并双击打开"设置坐标轴格式"窗格，单击"标签位置"右侧的下拉按钮，在打开的下拉列表中选择"低"，如图 19-47 所示，最终图表分割效果如图 19-48 所示。

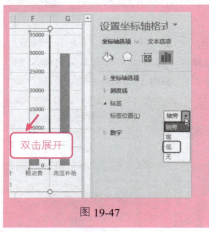

图 19-47

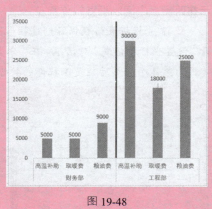

图 19-48

4. 设置数值刻度单位

如果原始表格中的数据单位比较大，比如上万上百万，在建立图表后会导致无法准确快速地读取数据，下面介绍如何通过更改数值刻度简化数值显示效果。

❶ 双击图表中的垂直坐标轴（如图 19-49 所示），打开"设置坐标轴格式"。

❷ 单击"显示单位"右侧的下拉按钮，在弹出的下拉列表中选择"10000"，如图 19-50 所示。

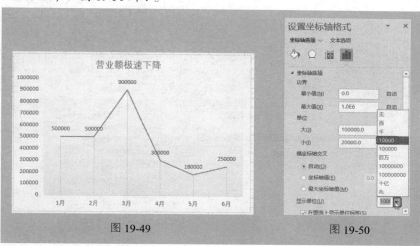

图 19-49   图 19-50

❸ 关闭"设置坐标轴格式"窗格返回图表，可以看到图表左侧添加了单位"10000"，并将数值重新显示为以"万"为单位的数据，如图 19-51 所示。

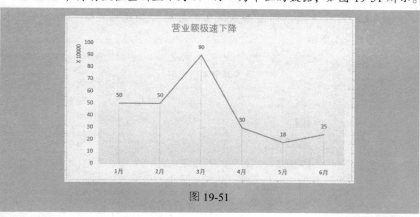

图 19-51

5. 解决刻度值次序颠倒问题

在 Excel 中制作条形图时，默认生成的条形图的日期标签

扫一扫，看视频

总是与数据源顺序相反，从而造成了时间顺序的颠倒。这种情况下一般按如下操作进行调整。

❶ 双击图表中的垂直轴（如图 19-52 所示），打开"设置坐标轴格式"窗格。

❷ 在"坐标轴位置"栏下选中"逆序类别"复选框，如图 19-53 所示。

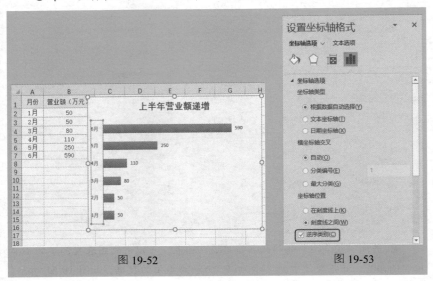

图 19-52   图 19-53

❸ 此时可以看到条形图垂直轴上的月份按照原始表格中的顺序显示了，如图 19-54 所示。

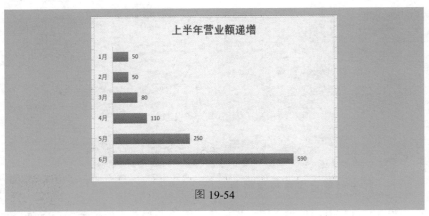

图 19-54

6. 根据不连续日期建立柱形图

如果表格中的日期不是连续显示的，在建立柱形图之后也会自动将日期连续显示在刻度值上，并同时将对应的值显示为空白（如图 19-55 所示）。如果只想要为表格中已有的日期绘制图表，可以更改坐标轴类型为"文本坐标轴"即可。

扫一扫，看视频

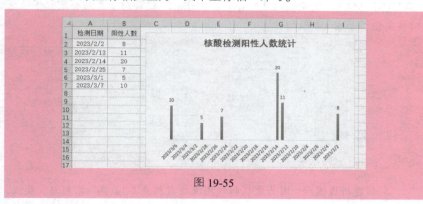

图 19-55

❶ 双击图表中的日期横坐标轴，打开"设置坐标轴格式"对话框。

❷ 在"坐标轴类型"栏下选中"文本坐标轴"单选按钮（如图 19-56 所示），即可实现连续绘制柱形图，如图 19-57 所示。

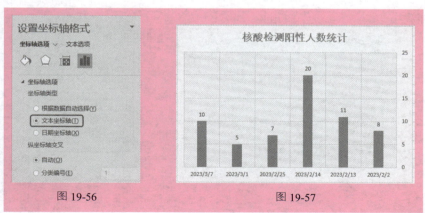

图 19-56　　　　　　　图 19-57

7. 突出显示图表中的极值

本例中需要创建图表查看上半年最高和最低营业额，可以先建立辅助列分别返回最低值和最高值，再创建折线图标记出

扫一扫，看视频

最小值和最大值。

❶ 首先在表格 C 列建立"最低"辅助列，在 C2 单元格内输入公式"=IF(B2=MIN(B\$2:B\$7),B2,NA())"，按 Enter 键后向下复制公式，依次返回最低值，如图 19-58 所示。

❷ 继续在表格 D 列建立"最高"辅助列，在 D2 单元格内输入公式"=IF(B2=MAX(B\$2:B\$7),B2,NA())"，按 Enter 键后向下复制公式，依次返回最高值，如图 19-59 所示。

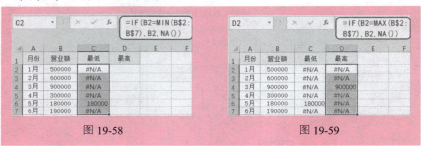

图 19-58   图 19-59

❸ 创建折线图后，因为默认折线图没有数据点（"最高"系列与"最低"系列都只有一个值），所以暂时看不到任何显示效果。单击图表右侧的"图表样式"按钮，在打开的样式列表中选择"样式 2"（如图 19-60 所示），即可套用样式。

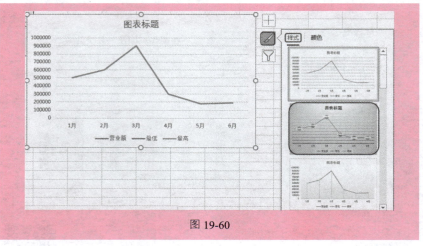

图 19-60

❹ 选中折线图中的"最高"数据系列并双击，打开"设置数据标签格式"窗格。

❺ 在"标签包括"栏下选中"系列名称""类别名称"和"值"复选框，如图 19-61 所示。关闭"设置数据标签格式"窗格后，即可显示"最高"的数据标签，按照相同的办法设置"最低"数据系列的数据标签，最终效果如图 19-62 所示。

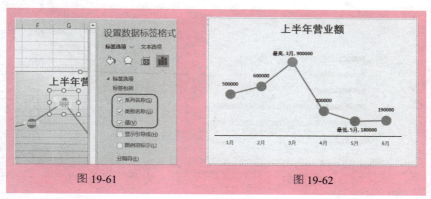

图 19-61　　　　　　　　　　　图 19-62

8. 左右对比的条形图

常规的条形图都是统一显示在垂直轴的左侧或者右侧，根据实际数据分析需要，可以将不同数据系列的条形图显示在垂直轴的两端，得到左右对比的条形图效果。本例中需要比较男性和女性的离职原因。

扫一扫，看视频

❶ 首先为数据源表格创建条形图图表，选中图表中的"男性"数据系列（也可以选择女性）并双击，打开右侧的"设置数据系列格式"窗格。在"系列绘制在"栏下选中"次坐标轴"单选按钮，如图 19-63 所示。

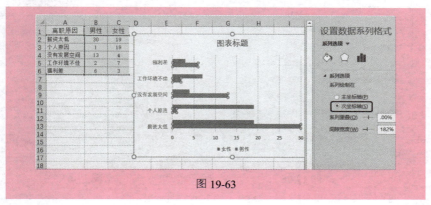

图 19-63

❷ 此时可以看到两个数据系列条形图重叠在一起（如图 19-64 所示）。双击水平坐标轴，打开"设置坐标轴格式"窗格。

❸ 在"坐标轴选项"栏下设置"最小值"和"最大值"分别为"-40.0"和"40.0"，如图 19-65 所示。

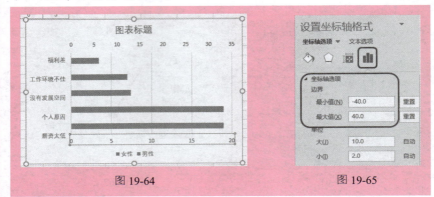

图 19-64   图 19-65

❹ 此时可以看到如图 19-66 所示的图表效果。双击图表上方的水平坐标轴，打开"设置坐标轴格式"窗格。按照和步骤❸相同的方法设置"最小值"和"最大值"分别为"-40.0"和"40.0"（如图 19-67 所示），并选中"逆序刻度值"复选框，如图 19-68 所示。

❺ 此时可以看到两个数据系列的图表分别显示在垂直轴的两侧。双击"女性"数据系列，打开"设置数据系列格式"窗格，将"间隙宽度"调整为"61%"，如图 19-69 所示。然后按相同方法设置"男性"数据系列的"间隙宽度"也为"61%"。

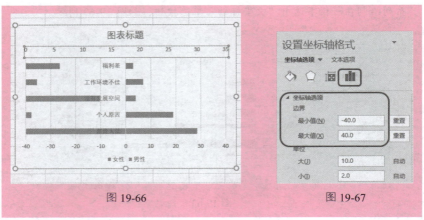

图 19-66   图 19-67

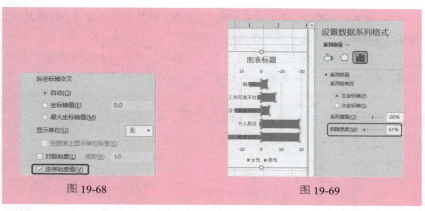

图 19-68　　　　　　　　　　　图 19-69

❻ 双击图表中的垂直轴，打开"设置坐标轴格式"窗格，单击"标签位置"右侧的下拉按钮，在打开的下拉列表中选择"低"，如图 19-70 所示。

❼ 此时即可将垂直轴移动到图表最左侧显示。添加图表标题并为图表应用样式后，得到如图 19-71 所示效果。由双向条形图可以直观地看到男性离职的主要原因是薪资太低，女性离职的主要原因是个人原因和薪资太低。

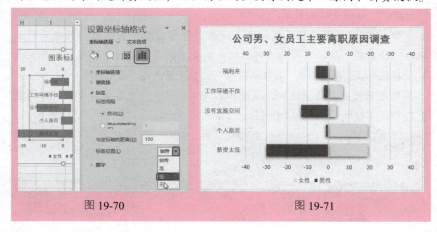

图 19-70　　　　　　　　　　　图 19-71

9. 两项指标比较的温度计图

温度计图常用于表达实际与预测、今年与往年等数据的对比效果。例如，在本例中可以通过温度计图直观查看哪一月份营业额没有达标（实际值低于计划值）。

扫一扫，看视频

柱子在默认情况下是无空隙连接显示的，本例中需要使用分离显示或重叠显示的效果，通过更改系列重叠值和间隙宽度值达到特殊设计效果。

❶ 建立柱形图后，选中图表中的"实际值"数据系列并双击（如图 19-72 所示），打开"设置数据系列格式"。

❷ 在"系列绘制在"栏下选中"次坐标轴"单选按钮，并设置"系列重叠"和"间隙宽度"分别为"-27%"和"400%"，如图 19-73 所示。

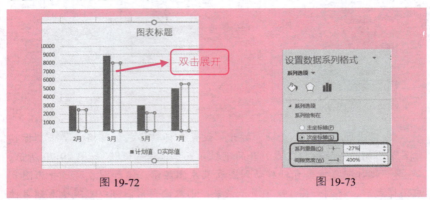

图 19-72　　　　　　　　　　　　　图 19-73

❸ 按照相同的设置方法设置"计划值"数据系列的"间隙宽度"为"110%"，如图 19-74 所示。

❹ 关闭"设置数据系列格式"窗格，即可看到"实际值"数据系列显示在"计划值"数据系列的内部。双击图表中的垂直轴数值标签，打开"设置坐标轴格式"窗格，在"坐标轴选项"栏下设置边界"最大值"为"10000.0"（如果左侧的垂直轴数值标签刻度和右侧不一致，一定要重新设置一致的最大值和最小值），如图 19-75 所示。

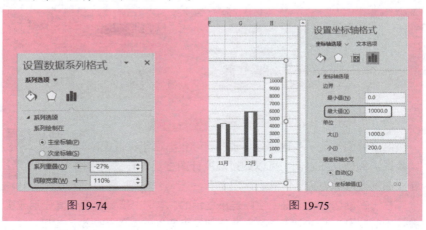

图 19-74　　　　　　　　　　　　图 19-75

❺ 重新输入图表标题并局部美化，添加必要的元素即可，最终效果如图 19-76 所示。从温度计图中可以直观地看到计划值和实际值是否相符。

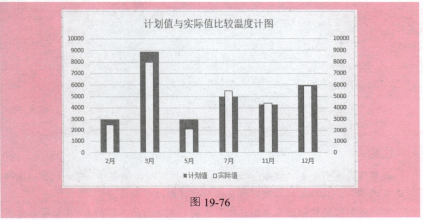

图 19-76

10. 添加趋势线预测数据

如果要在创建的图表中显示数据趋势，可以添加趋势线，趋势线可分为线性、指数、线性预测等类型。

选中图表并单击右侧的"图表元素"按钮，在打开的列表中依次选择"趋势线"→"线性"（如图 19-77 所示），此时可以看到图表中添加了一条趋势线，如图 19-78 所示。

扫一扫，看视频

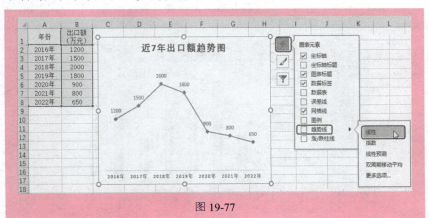

图 19-77

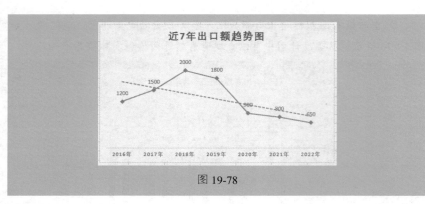

图 19-78

📢 **注意:**

　　趋势线的类型还有"指数""线性预测""双周期移动平均"等，也可以选择"更多选项"，在打开的右侧窗格中进行更详细地参数设置。

　　可以添加趋势线的图表类型包括散点图和气泡图的二维图表，其他像三维图表、雷达图、饼图、曲面图或圆环图都不能添加趋势线。

11. 设置折线图数据点格式

　　本例需要利用折线图图表设计出滑珠图表样式，即将折线图数据点设置为三维立体格式的球体，并做为业务员实际值显示数据点。

扫一扫，看视频

　　❶ 根据数据表建立柱形图后，再次选择 C 列的实际值并通过"Ctrl+C"和"Ctrl+V"快速将其添加两次至图表数据系列中，如图 19-79 所示。

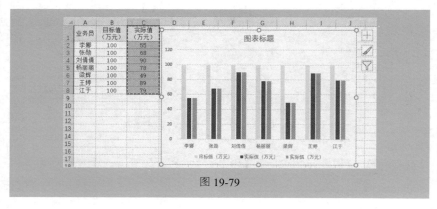

图 19-79

❷ 选中新添加的实际值数据系列并单击鼠标右键，在右键菜单选择"更改系列图表类型"选项（如图 19-80 所示），打开"更改图表类型"对话框。

❸ 将实际值数据系列更改为"带数据标记的折线图"图表类型，如图 19-81 所示。

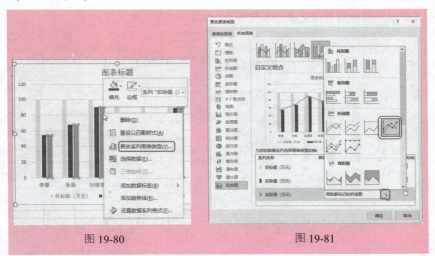

图 19-80　　　　　　　　　　　　图 19-81

❹ 继续双击另外一个实际值数据系列打开"设置数据系列格式"，分别调整系列重叠和间隙宽度值，如图 19-82 所示，使实际值显示在目标值数据系列内部。

❺ 再单击折线图，在"线条"栏下选择"无线条"选项即可，如图 19-83 所示。

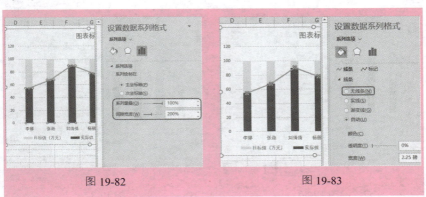

图 19-82　　　　　　　　　　　　图 19-83

❻ 此时即可隐藏折线图的线条并只保留数据点,继续单击数据点并在"设置数据系列格式"中设置其填充颜色为白色,边框为"无线条",如图 19-84 所示。

❼ 切换至"标记选项"栏下,更改标记类型为圆形并设置大小为"16"(半径保持和柱形图宽度一致即可),如图 19-85 所示。

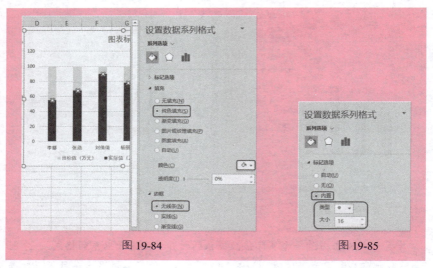

图 19-84　　　　　　　　　　　图 19-85

❽ 继续保持数据点选中状态,在"三维格式"下设置预设棱台效果(如图 19-86 所示),为数据点添加数据标签后,在右侧的"设置数据标签格式"中更改标签位置为"居中",如图 19-87 所示。

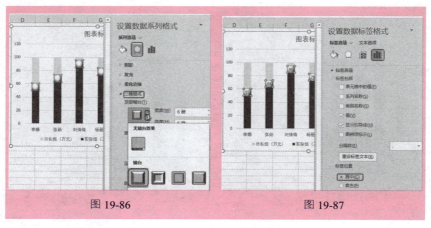

图 19-86　　　　　　　　　　　图 19-87

❾ 关闭"设置数据标签格式"后返回图表，即可得到如图 19-88 所示图表效果，当更改原始表格中未达标人员的姓名及业绩数据时，图表会自动更新，如图 19-89 所示，通过立体球体滑珠效果，可以直观查看业务员离目标值的距离和具体的业绩数据。

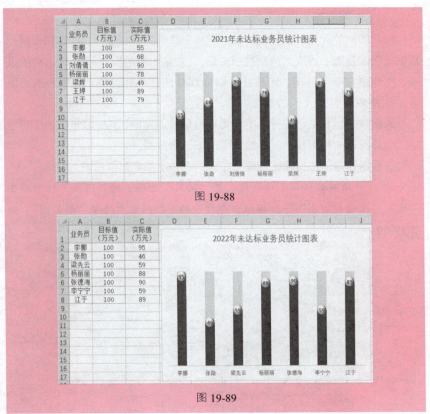

图 19-88

图 19-89

19.5 其他实用图表类型

除了常见的柱形图、条形图、饼图和折线图之外，根据数据的特殊性，用户还可以选择旭日图、瀑布图、漏斗图等实用图表类型，以便更好地表达数据关系。

1. 展示数据层级关系的旭日图

旭日图可用于展示数据层级关系及数据比例，比如表达数据二级分类（二级分类是指在大的一级的分类下，还有下级的分类，甚至更多级别，当然级别过多也会影响图表的表达效果，用户需要在建立旭日图之前整理好数据源表格）。

旭日图的外观类似圆环图，相当于多个饼图的组合变体，即在饼图展示数据比例的基础上再表达数据层级关系，比如最内层的圆表示层次结构的顶级，往外是下一级分类，即越往外则级别越低分类就越细，而相邻的两层中，则是内层包含外层的关系。

本例按区域和城市统计了不同类别电影的入座率，其中城市做为区域下的二级分类，而电影分类又是城市下的下一级分类。

下面需要应用旭日图比较哪个区域的哪种类别电影最卖座。

❶ 选中所有数据单元格区域，在"插入"选项卡的"图表"组中单击"插入层次结构图表"下拉按钮，在打开的下拉列表中选择"旭日图"，如图 19-90 所示。

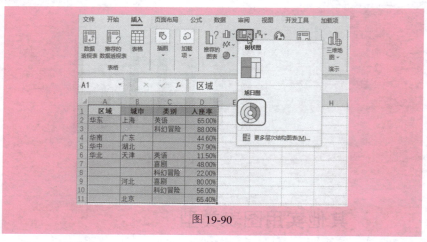

图 19-90

❷ 从图表中既可以比较各个区域影院入座率的大小，也可以比较华北区域中各城市入座率大小，还可以比较各个城市下哪种类型的电影最卖座，即达到了多层级分类的效果，如图 19-91 所示。

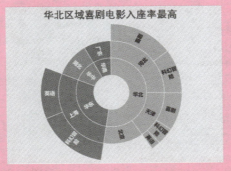

图 19-91

2. 展示数据累计的瀑布图

把看起来像瀑布外观的图表类型称为瀑布图，瀑布图可以直观地显示数据增加与减少后的累计情况。瀑布图实际上是柱形图的变形，可以通过悬空的柱子比较数据大小，通常可用于公司经营与财务方面的数据分析。

扫一扫，看视频

❶ 打开数据源表格后，选中所有数据单元格区域，在"插入"选项卡的"图表"组中单击"插入瀑布图或股价图"下拉按钮，在打开的下拉列表中选择"瀑布图"，如图 19-92 所示。

❷ 此时可以创建默认格式的瀑布图，如图 19-93 所示。

❸ 选中数据系列，然后在目标数据点"补助总额"上单击鼠标右键，在弹出的快捷菜单中选择"设置为总计"命令（如图 19-94 所示），可以更直观地看到数据变化后的总计值，如图 19-95 所示。

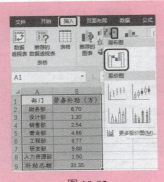

图 19-92

图 19-93

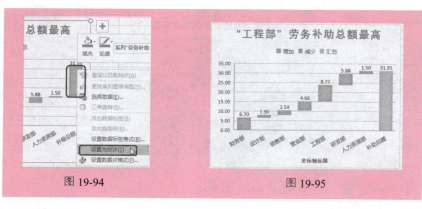

图 19-94   图 19-95

3. 展示数据分布区域的直方图

扫一扫，看视频

　　　　　　直方图是分析数据分布比重和分布频率的利器。为了更加简便地分析数据的分布区域，Excel 2016 版本中就已经新增了直方图。利用此图表可以让看似找寻不到规律的数据在瞬间得出分析图表，从图表中可以很直观地看到数据的分布区间。

　　本例中需要根据多次试验测试数据分析整体分布区间的直方图。

　❶ 打开数据源表格后，选中所有数据单元格区域，在"插入"选项卡的"图表"组中单击"插入统计图表"下拉按钮，在打开的下拉列表中选择"直方图"，如图 19-96 所示。

　❷ 此时即可建立如图 19-97 所示的直方图。选中水平轴并双击，即可打开"设置坐标轴格式"窗格。

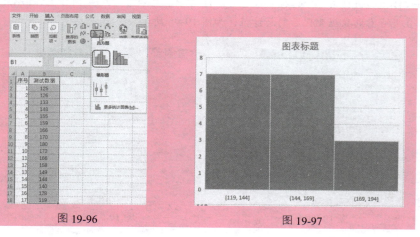

图 19-96   图 19-97

❸ 在"坐标轴选项"栏下选中"箱数"单选按钮，并在后面的文本框内输入"10"（表示每一段相隔10，此时"箱宽度"会自动显示为"6.1"），如图 19-98 所示。

❹ 此时即可得到 5 个测试值区间的频数统计，继续在数据系列上单击鼠标右键，在弹出的快捷菜单选择"添加数据标签"选项（如图 19-99 所示），即可为图表添加数据标签，如图 19-100 所示。

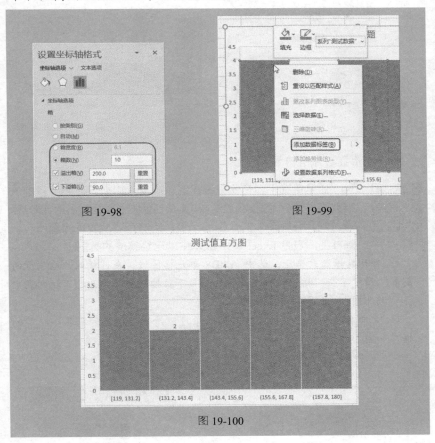

图 19-98　　　　　　　　　　　　图 19-99

图 19-100

4. 展示数据中最重要因素的排列图

排列图主要用来找出影响数据的各种因素中的主要因素。本例中需要根据某装饰公司的调查问卷数据汇总，创建排列图分析哪些原因是导致客户下次不再考虑选择本公司的主要原因。

❶ 打开数据源表格后，选中所有数据单元格区域，在"插入"选项卡的"图表"组中单击"插入统计图表"下拉按钮，在打开的下拉列表中选择"排列图"，如图 19-101 所示。

❷ 执行上述操作后可以瞬间建立图表，通过此图表能直观查看影响客户下次不再考虑选择本装饰公司的最主要原因，如图 19-102 所示。

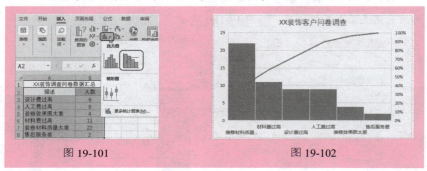

图 19-101　　　　　　　　图 19-102

5. 展示数据环节的漏斗图

扫一扫，看视频

通常情况下，在业务流程比较规范、周期长、环节多的流程分析中，各项数值会逐渐减小，从而使条形图呈现出漏斗形状。通过漏斗各环节业务数据的比较，能够直观地发现问题所在。漏斗图图表是 Excel 2016 版本中就已经新增的类型。

❶ 打开数据源表格后，选中 A2:B8 单元格区域，在"插入"选项卡的"图表"组中单击"插入瀑布图或股价图"下拉按钮，在打开的下拉列表中选择"漏斗图"，如图 19-103 所示。

❷ 重命名图表并设置样式，从图表中可以清晰了解招聘中各个环节的数据，如图 19-104 所示。

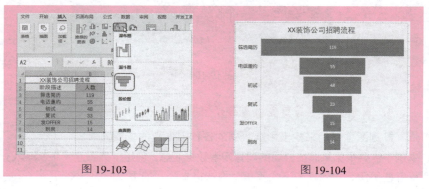

图 19-103　　　　　　　　图 19-104

6. 展示重要数据的复合条饼图

根据多条数据记录创建饼图后，由于展示的饼图扇面区域分块非常多，会导致数据查看不方便无法快速找到重点数据（如图 19-105 所示），这里可以直接创建为条饼图，将不重要的数据全部设置为"其他"数据系列即可。

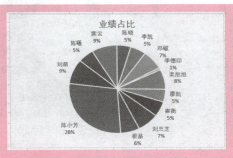

图 19-105

❶ 打开数据源表格并选中数据单元格，在"插入"选项卡的"图表"组中单击"插入饼图或圆环图"下拉按钮（如图 19-106 所示），在打开的下拉列表中选择"复合条饼图"选项，即可创建图表，如图 19-107 所示。

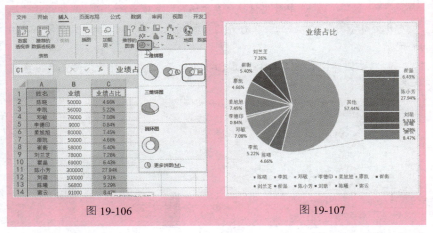

图 19-106   图 19-107

❷ 双击饼图数据系列打开右侧的"设置数据系列格式"，在"系列选项"栏下设置系列分割依据为"百分比值"，"值小于"为"8%"（根据饼图中的实际占比来确定该值），如图 19-108 所示。

❸ 关闭"设置数据系列格式"回到图表，并调整图表的数据标签格式、

547

样式布局及配色等效果，如图 19-109 所示。

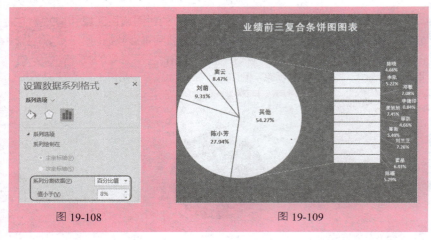

图 19-108   图 19-109

7. 展示数据大小的圆环图

扫一扫，看视频

假设本例需要根据各区域的经济增长率数据，建立南丁格尔玫瑰图，可以使用圆环图图表类型，再依次设置其填充格式即可。

❶ 选中数据区域，在"插入"选项卡的"图表"组单击"插入饼图或圆环图"下拉按钮，在打开的下拉列表选择"圆环图"，如图 19-110 所示。

❷ 双击圆环图数据系列（如图 19-111 所示），即可打开"设置数据系列格式"。

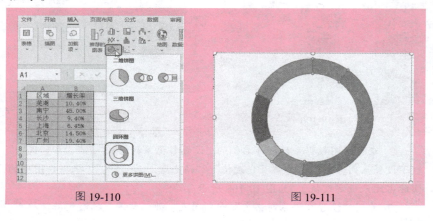

图 19-110   图 19-111

❸ 设置圆环图的边框为"无线条",如图 19-112 所示。

❹ 再选中圆环图并执行复制粘贴操作,有几个数据点就复制几个,这里需要复制 6 个圆环图,如图 19-113 所示。

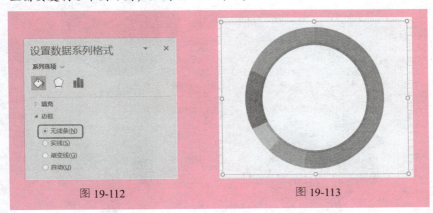

图 19-112   图 19-113

❺ 双击某一个圆环图后打开"设置数据系列格式",重新设置"圆环图圆环大小"为"5%",如图 19-114 所示。

❻ 单独选中排序第二的圆环图数据点并双击(如图 19-115 所示),打开"设置数据点格式"。

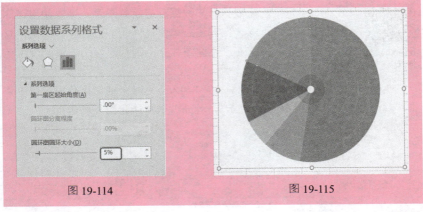

图 19-114   图 19-115

❼ 设置数据点的填充效果为"无填充"(如图 19-116 所示),即可得到如图 19-117 所示的圆环图效果。

❽ 依次按照相同的操作重复设置各个数据系列点的无填充效果(如图 19-118 所示),最后为图表添加数据标签,如图 19-119 所示。

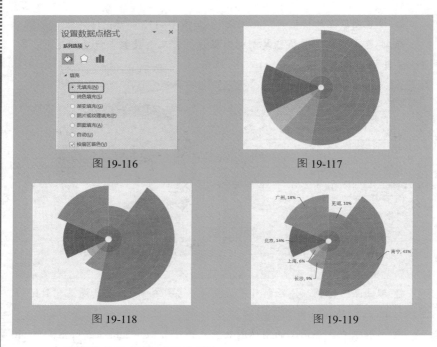

图 19-116

图 19-117

图 19-118

图 19-119

8. 展示数据统计的"迷你图"

如果想要快速根据已知数据创建简单图表，可以使用迷你图功能。用户可以一次性建立单个迷你图，也可以一次性建立多个迷你图。关键在于迷你图数据范围和迷你图放置的位置范围的设置。

❶ 打开表格并选中 E2 单元格，在"插入"选项卡的"迷你图"组中单击"柱形"按钮（如图 19-120 所示），打开"创建迷你图"对话框。

图 19-120

❷ 在"选择所需的数据"栏下设置"数据范围"为 B2:D8（要创建图表的所有数据区域），在"选择放置迷你图的位置"栏下设置"位置范围"为"$E$2:$E$8"，如图 19-121 所示。

❸ 单击"确定"按钮，即可创建多个迷你图，如图 19-122 所示。

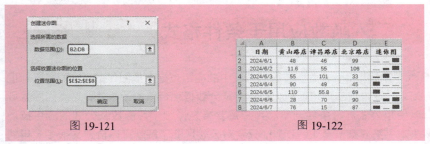

图 19-121   图 19-122

📢 注意：

如果只想创建单个迷你图，可以在对话框中设置对应的数据范围，并设置位置范围为单个单元格地址即可。

第20章 函数组合应用

20.1 函数应用于条件格式

图标集和格式类型在数据分析中的应用也是有局限性的，比如想要标记周末、设置员工值班提醒，根据考试分数标记合格的记录等，这类问题就可以使用公式进行条件判断。用户需要事先详细学习函数及公式的应用技巧（本书第6章节至13章节），只要对公式足够了解就可以自定义很多实用的条件判断公式，从而更加灵活地从数据表中标记出符合条件的数据。

本节中将会通过几个常用的例子带领读者学习如何创建基于公式的条件格式规则。

1. 自动标识周末日

扫一扫，看视频

本例统计了员工的加班日期，下面需要将加班日期为"周末"的数据以特殊格式标记出来。

❶ 选中表格中要设置条件格式的单元格区域，即C2:C17，在"开始"选项卡的"样式"组中单击"条件格式"下拉按钮，在打开的下拉列表中选择"新建规则"（如图 20-1 所示），打开"新建格式规则"对话框。

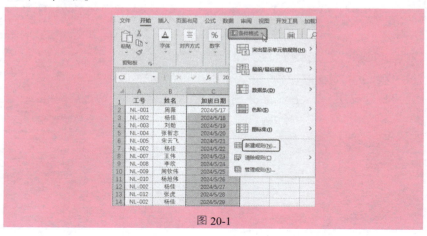

图 20-1

❷ 在"选择规则类型"列表框中选择"使用公式确定要设置格式的单元格",在"为符合此公式的值设置格式"文本框中输入公式"=WEEKDAY (C2,2)>5",单击"格式"按钮(如图 20-2 所示),打开"设置单元格格式"对话框。

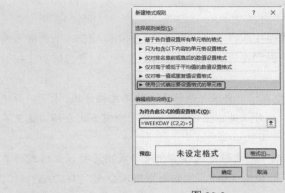

图 20-2

❸ 切换至"填充"选项卡,在"背景色"栏中选择橙色,如图 20-3 所示。

❹ 依次单击"确定"按钮完成设置,此时可以看到所有日期为周末的单元格被标记为橙色填充效果,如图 20-4 所示。

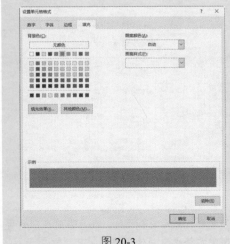

图 20-3

	A	B	C
1	工号	姓名	加班日期
2	NL-001	周蕊	2024/5/17
3	NL-002	杨佳	2024/5/18
4	NL-003	刘勃	2024/5/19
5	NL-004	张智志	2024/5/20
6	NL-005	宋云飞	2024/5/21
7	NL-002	杨佳	2024/5/22
8	NL-007	王伟	2024/5/23
9	NL-008	李欣	2024/5/24
10	NL-009	周钦伟	2024/5/25
11	NL-010	杨旭伟	2024/5/26
12	NL-002	杨佳	2024/5/27
13	NL-012	张虎	2024/5/28
14	NL-002	杨佳	2024/5/29
15	NL-014	王嫒嫒	2024/5/30
16	NL-015	陈飞	2024/6/1
17	NL-016	杨红	2024/6/2

图 20-4

📢 **注意：**

　　WEEKDAY 函数用于返回给定日期对应的星期数，返回值用数字 1~7 代表周一至周日，因此用公式可以判断 C 列中的日期是否大于 5，如果是就是周六或周日。

2. 自动提醒值班日

扫一扫，看视频

　　本例表格中统计了公司值班员工的时间安排，下面需要设置值班人员在即将值班的前一天给出提醒，以便提醒员工按时值班。

❶ 选中表格中要设置条件格式的单元格区域，打开"新建格式规则"对话框（打开此对话框的操作在前面例子中有多次介绍，这里不再赘述）。

❷ 在"选择规则类型"列表框中选择"使用公式确定要设置格式的单元格"，在"为符合此公式的值设置格式"文本框中输入公式"=TODAY()+1"，单击"格式"按钮（如图 20-5 所示），在打开的"设置单元格格式"对话框中设置单元格的特殊格式。

❸ 设置完成后依次单击"确定"按钮回到表格，可以看到当前日期的后一天显示了特殊格式，如图 20-6 所示。

图 20-5　　　　　　　　　　　　　　图 20-6

📢 **注意：**

　　TODAY 函数用来返回系统当前的日期，然后再加上 1，表示当前日期的后 1 天。根据系统日期的自动更新，提醒单元格也自动改变格式。

3. 标记出优秀学生姓名

本例统计了学生的考试成绩，下面需要在考试成绩优秀的学生姓名后添加"(优秀)"字样，如果学生成绩高于平均分即为优秀，如图 20-7 所示。

扫一扫，看视频

❶ 选中 B 列单元格区域，打开"新建格式规则"对话框。

❷ 在"选择规则类型"列表框中选择"使用公式确定要设置格式的单元格"，在"为符合此公式的值设置格式"文本框内输入公式"=C2>AVERAGE ($C$2:$C$17)"，单击"格式"按钮（如图 20-8 所示），打开"设置单元格格式"对话框。

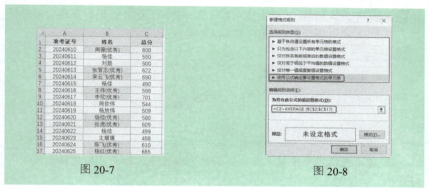

图 20-7　　　　　　　　　　　　　　　图 20-8

❸ 在"数字"选项卡"分类"列表框中选择"自定义"，然后在右侧的"类型"文本框中输入"@(优秀)"，如图 20-9 所示。

❹ 切换至"填充"选项卡，在"背景色"栏中选择黄色，如图 20-10 所示。

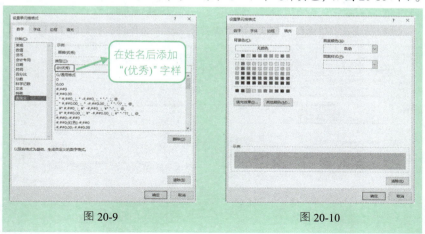

在姓名后添加"(优秀)"字样

图 20-9　　　　　　　　　　　　　　　图 20-10

❺ 依次单击"确定"完成设置并返回工作表，此时可以看到指定学生姓名旁添加了"（优秀）"字样并显示指定特殊格式。

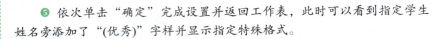 注意：

> 首先使用 AVERAGE 函数计算 C2:C17 单元格区域的平均值，再将 C2 单元格的值与其比较，然后将大于这个平均值的数据所在单元格进行特殊标记。

4. 突出显示每行的最大值和最小值

扫一扫，看视频

本例表格统计了学员各科目的成绩，下面希望突出显示数据区域中每行数据的最大值和最小值（最大值为橙色，最小值为天蓝色），如图 20-11 所示。要实现这一效果，在建立条件格式时需要配合 MIN 和 MAX 函数。

图 20-11

❶ 选中表格中要设置条件格式的单元格区域，打开"新建格式规则"对话框。

❷ 在"选择规则类型"列表框中选择"使用公式确定要设置格式的单元格"，在"为符合此公式的值设置格式"下的文本框中输入公式"=A2=MAX($A2:$K2)"，单击"格式"按钮（如图 20-12 所示），打开"设置单元格格式"对话框。

❸ 切换至"填充"选项卡，在"背景色"栏中选择橙色，如图 20-13 所示。

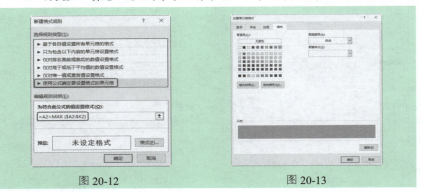

图 20-12   图 20-13

❹ 依次单击"确定"按钮完成设置，即可将每行数据最大值以橙色突出显示。再次打开"新建格式规则"对话框，并设置公式为"=A2=MIN ($A2:$K2)"（如图 20-14 所示），单击"格式"按钮打开"设置单元格格式"对话框。

❺ 设置填充色为天蓝色（如图 20-15 所示），依次单击"确定"按钮完成设置，此时可以看到每行数据最小值被标记为天蓝色填充效果。

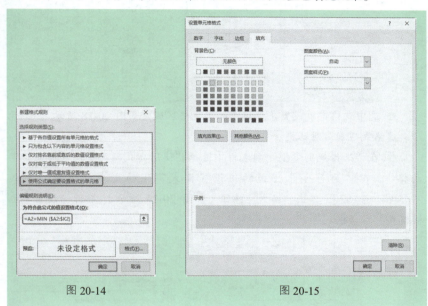

图 20-14   图 20-15

📢 注意：

本例的难点在于绝对引用和相对引用的使用("$")，由于是多行突出显示，所以公式中"A2"的行和列都是相对引用；由于是对比行的最大值和最小值，所以公式中"$A2:$K2"的列是绝对引用、行是相对引用。

5. 设置多个条件格式规则

本例表格中统计了学生某次模考总分，下面希望通过输入指定准考证号，就能在表格下方只显示出该学生的各项考试基本信息（如图 20-16 所示），查询准考证号为空时显示完整的数

扫一扫，看视频

据表，如图 20-17 所示。

图 20-16

图 20-17

❶ 选中表格中要设置条件格式的单元格区域（如图 20-18 所示），打开"新建格式规则"对话框。

❷ 在"选择规则类型"列表框中选择"使用公式确定要设置格式的单元格"，在"为符合此公式的值设置格式"下的文本框中输入公式"=$A4<>$A$2"，单击"格式"按钮（如图 20-19 所示），打开"设置单元格格式"对话框。

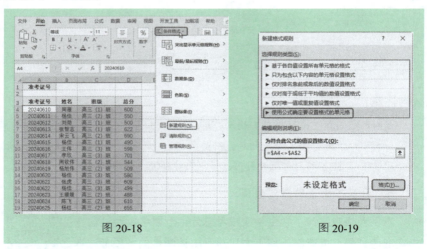

图 20-18

图 20-19

❸ 切换至"数字"选项卡，设置自定义分类为";;;"（英文状态下输入，代表隐藏代码），如图 20-20 所示。

❹ 依次单击"确定"按钮完成设置，即可隐藏所有表格数据，如图 20-21 所示。当在 A2 单元格输入准考证号时，即可得到如图 20-16 所示效果。

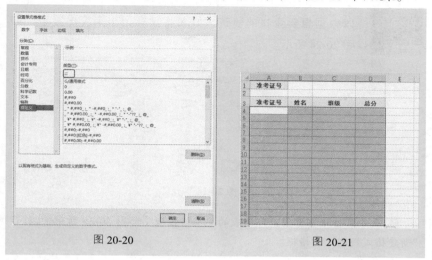

图 20-20   图 20-21

❺ 继续选中数据表格空白区域，打开"新建格式规则"对话框。设置公式为"=$A$2="""，并单击"格式"按钮（如图 20-22 所示），打开"设置单元格格式"对话框。

❻ 切换至"字体"选项卡，保持默认选项不变（如图 20-23 所示），并单击"确定"按钮，即可重新显示所有表格内容，如图 20-17 所示。

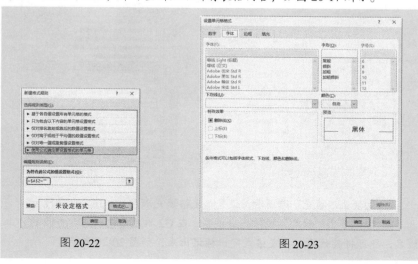

图 20-22   图 20-23

6. 自动标识指定值班人

扫一扫，看视频

表格安排了元旦假期的值班人姓名，使用条件格式功能可以根据想要查找的值班人姓名将其标记出来突出显示，如图 20-24 所示。

元旦假期值班表		
值班人姓名		李媛
1月1日	1月2日	1月3日
程小丽	李佳	刘晓丽
张艳	刘丽	李晨
梁园	李成	杜月
刘丽	张红军	李媛
杜月	李诗诗	刘丽
张成	杜乐	梁园
卢红燕	刘大为	唐艳霞
李媛	唐艳霞	程小丽

图 20-24

❶ 选中表格中要设置条件格式的单元格区域（如图 20-25 所示），打开"新建格式规则"对话框。

❷ 在"选择规则类型"列表框中选择"使用公式确定要设置格式的单元格"，在"为符合此公式的值设置格式"下的文本框中输入公式"=COUNTIF($C$2,A4)>0"，单击"格式"按钮（如图 20-26 所示），打开"设置单元格格式"对话框。

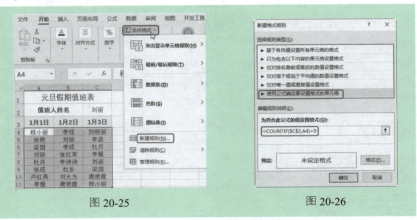

图 20-25   图 20-26

❸ 切换至"填充"选项卡，设置单元格填充颜色，如图 20-27 所示。

❹ 依次单击"确定"按钮完成设置，在 C2 单元格输入想要查找的员工姓名，即可将其姓名以指定格式突出标记出来，如图 20-28 所示。

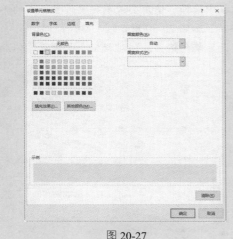

图 20-27

	A	B	C
1	元旦假期值班表		
2	值班人姓名		刘丽
3	**1月1日**	**1月2日**	**1月3日**
4	程小丽	李佳	刘晓丽
5	张艳	刘丽	李晨
6	梁园	李成	杜月
7	刘丽	张红军	李媛
8	杜月	李诗诗	刘丽
9	张成	杜乐	梁园
10	卢红燕	刘大为	唐艳霞
11	李媛	唐艳霞	程小丽

图 20-28

7. 查找数据后自动标记颜色

表格中记录了最近一段时间的应聘人员信息，下面需要根据指定查找的求职者姓名，快速在数据表中以突出格式标记出该数据所处的单元格区域。

❶ 选中表格中要设置条件格式的部分，即排除单元格列标识后的其余所有单元格区域（如图 20-29 所示），打开"新建格式规则"对话框。

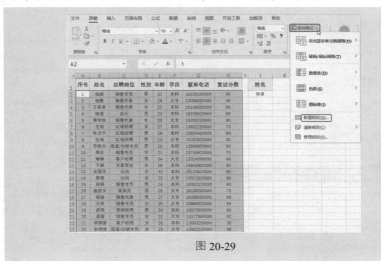

图 20-29

❷ 在"选择规则类型"列表框中选择"使用公式确定要设置格式的单元格",并设置公式为"=$B2=$J$2",如图 20-30 所示。

❸ 单击"格式"按钮打开"设置单元格格式"对话框,并设置字体颜色和字形,如图 20-31 所示。

图 20-30   图 20-31

❹ 再切换至"填充"选项卡设置颜色(如图 20-32 所示),依次单击"确定"按钮完成设置,返回"新建格式规则"对话框,如图 20-33 所示。

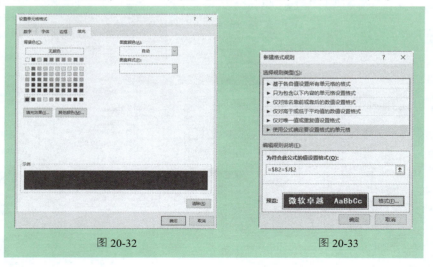

图 20-32   图 20-33

❺ 单击"确定"按钮返回表格即可看到指定姓名的记录被突出标记（如图 20-34 所示），更换姓名时，即可更新标记处，如图 20-35 所示。

图 20-34

图 20-35

20.2 函数应用于数据验证

通过公式可以更加灵活地控制数据的输入，如"限制输入空格""避免输入重复值""避免输入文本数据"等。

1. 避免输入重复值

用户在进行数据录入时，由于录入数据量较大，可能会发生重复录入的情况。本例中为了防止重复录入考生姓名，可以设置当数据录入重复时给出提示或者禁止录入。

扫一扫，看视频

❶ 选中 A2:A16 单元格区域，在"数据"选项卡的"数据工具"组中单击"数据验证"按钮（如图 20-36 所示），打开"数据验证"对话框。

❷ 选择"设置"标签，在"验证条件"栏下设置"允许"条件为"自

定义"，在"公式"栏下的文本框内输入公式"=COUNTIF(A:A,A2<2)"，如图 20-37 所示。

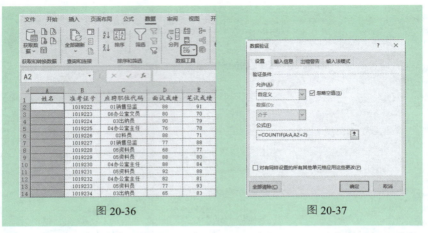

图 20-36   图 20-37

❸ 选择"出错警告"标签，在"错误信息"栏下设置警告提示文字，如图 20-38 所示。

❹ 单击"确定"按钮完成设置，当输入的姓名重复时就会自动弹出提示框，如图 20-39 所示。重新输入不重复的姓名即可。

图 20-38   图 20-39

🔊 注意：

公式"=COUNTIF(A:A,A2<2)"用来统计 A 列中 A2 单元格中数据的个数，如果小于 2 则允许输入，否则不允许输入。因为当其个数大于 1 就是表示出现了重复值。

2. 限制单元格只能输入文本

本例表格统计了每一位学生所在的班级，班级的规范格式为"数字+班"（即必须包含班级数字和"班"文字）。这里需要使用自定义公式设置输入的班级名称必须是文本。

扫一扫，看视频

❶ 选中 E2:E12 单元格区域，在"数据"选项卡的"数据工具"组中单击"数据验证"按钮（如图 20-40 所示），打开"数据验证"对话框。

❷ 选择"设置"标签，在"验证条件"栏下设置"允许"条件为"自定义"，在"公式"栏下的文本框内输入公式"=ISTEXT(E2)"，如图 20-41 所示。

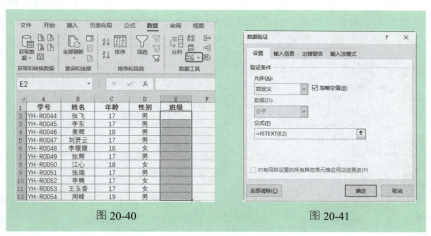

图 20-40　　　　　　　　　　　　图 20-41

❸ 单击"确定"按钮完成设置，当输入非文本数据时就会自动弹出提示框，如图 20-42 所示。重新输入文本内容即可。

图 20-42

注意:

ISTEXT 函数用来判断 E2 单元格中的数据是否为文本。

3. 避免输入文本数据

扫一扫，看视频

本例中需要在表格中输入公司应聘职位代码，代码是由 01~10 之间的任意两位数组成。如果要禁止职位代码输入文本，则可以使用 ISTEXT 配合 NOT 函数来设置验证条件。

❶ 选中 B2:B14 单元格区域，在"数据"选项卡的"数据工具"组中单击"数据验证"按钮（如图 20-43 所示），打开"数据验证"对话框。

❷ 在"验证条件"栏下设置"允许"条件为"自定义"，在"公式"栏下的文本框内输入公式"=NOT(ISTEXT(B2))"，如图 20-44 所示。

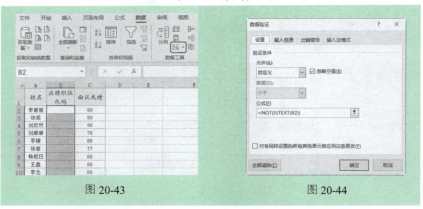

图 20-43　　　　　　　　　　　　　　　图 20-44

❸ 单击"确定"按钮完成设置，当输入文本数据时就会自动弹出提示框，如图 20-45 所示，重新输入文本内容即可。

图 20-45

Excel 应用技巧速查宝典（第 2 版）

566

4. 限制输入空格

为了规范数据的录入，可以使用数据验证限制空格的录入，一旦有空格录入就会弹出提示框。这是因为空格字符会导致后期数据查询统计时无法匹配，而返回错误值无法查找到正确数据。所以为数据设置禁止输入空格是非常有必要的。

扫一扫，看视频

❶ 选中 B2:B11 单元格区域，在"数据"选项卡的"数据工具"组中单击"数据验证"按钮（如图 20-46 所示），打开"数据验证"对话框。

❷ 选择"设置"选项卡，在"验证条件"栏下设置"允许"条件为"自定义"，在"公式"栏下的文本框内输入公式"=ISERROR(FIND("",B2))"，如图 20-47 所示。

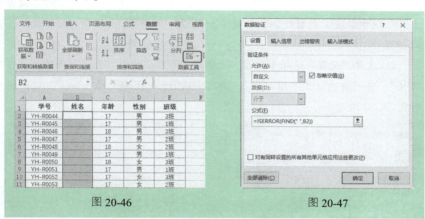

图 20-46　　　　　　　　　　　图 20-47

❸ 单击"确定"按钮完成设置，当输入的文本中间有空格时就会自动弹出提示框，如图 20-48 所示。重新输入正确的文本（不包含空值）即可。

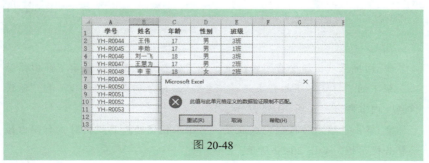

图 20-48

注意：

公式"=ISERROR(FIND(" ",B2))"，首先用 FIND 函数在 B2 单元格中查找空格的位置，如果找到，返回位置值，如果未找到，则返回的是一个错误值；其次用 ISERROR 函数判断值是否为错误值，如果是，返回 TRUE，不是，返回 FALSE。本例中当结果为"TRUE"时则允许输入，否则不允许输入。

5. 限定单元格内必须包含指定内容

扫一扫，看视频

例如某产品规格都是以"LWG"开头的，要求在输入产品规格时，只要不是以"LWG"开头的就自动弹出错误提示框，并提示如何才能正确输入数据。

❶ 选中 A2:A11 单元格区域，在"数据"选项卡的"数据工具"组中单击"数据验证"按钮（如图 20-49 所示），打开"数据验证"对话框。

❷ 选择"设置"选项卡，在"验证条件"栏下设置"允许"条件为"自定义"，在"公式"文本框内输入"=ISNUMBER(SEARCH("LWG?",A2))"，如图 20-50 所示。

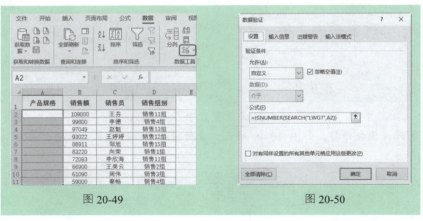

图 20-49　　　　　　　　　　　图 20-50

❸ 切换至"出错警告"选项卡，在"输入无效数据时显示下列出错警告"栏下的"样式"下拉列表选择"警告"，再分别设置"标题"和"错误信息"内容即可，如图 20-51 所示。

❹ 单击"确定"按钮完成设置，当输入错误的产品规格时，会弹出错误警告提示框，如图 20-52 所示。

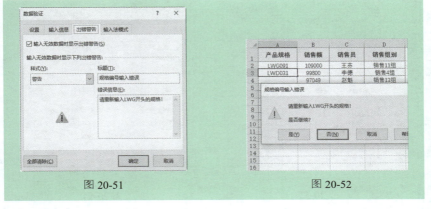

图 20-51   图 20-52

🔊 **注意：**

> ISNUMBER 函数用于判断引用的参数或指定单元格中的值是否为数字。SEARCH 函数用来返回指定的字符串在原始字符串中首次出现的位置。公式"=ISNUMBER(SEARCH("LWG?",A2))"用于在 A2 单元格中查找"LWG"，找到后返回其位置，位置值是数字，所以外层的 ISNUMBER 函数的判断结果即为真（允许输入）；如果找不到，SEARCH 函数返回错误值，外层的 ISNUMBER 函数的判断结果即为假（不允许输入）。

6. 禁止出库数量大于库存数

某公司月末需要统计产品库存表，其中已记录了上月的结余量和本月的入库量。当产品要出库时，显然出库量应当小于库存量。为了保证可以及时发现错误，需要设置数据验证，禁止输入的出库量大于库存量。

扫一扫，看视频

❶ 选中 F2:F12 单元格区域，在"数据"选项卡"数据工具"选项组中单击"数据验证"（如图 20-53 所示），打开"数据验证"对话框。

❷ 在"验证条件"栏下设置"允许"条件为"自定义"，在"公式"栏下的文本框内输入公式"=D2+E2>F2"，如图 20-54 所示。

❸ 切换至"出错警告"选项卡，在"输入无效数据时显示下列出错警告"栏下的"样式"下拉列表中选择"停止"，再设置错误信息内容，如图 20-55 所示。

❹ 单击"确定"按钮完成设置。当在 F2 中输入的出库量小于库存数时允许输入。当在 F3 单元格中输入的出库量大于库存量时（上月结余与本月入库之和），系统弹出错误警告提示框，如图 20-56 所示。

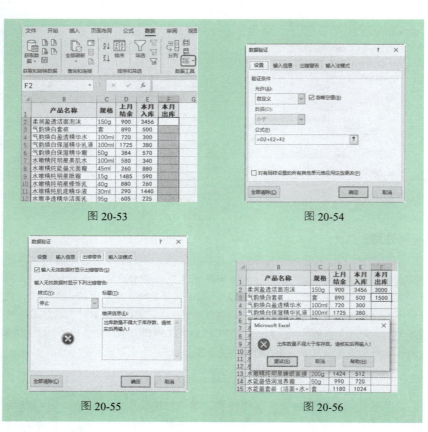

图 20-53

图 20-54

图 20-55

图 20-56

7. 轻松制作二级下拉菜单

扫一扫，看视频

如图 20-57 所示为各部门人员信息登记表，在 C 列和 D 列中需要录入每一个员工的部门和职位。为了让录入更加方便快捷，提高录入的准确率，可以通过建立数据验证的方法为"部门"和"职位"分别建立一个序列。

图 20-57

另外，制作二级下拉菜单需要进行单元格区域的定义，以方便数据来源的正确引用。因此，在本例中会简单介绍将单元格区域定义为名称的方法。

❶ 首先在表格的空白区域中建立辅助表格（如图 20-58 所示）。按 F5 键快速打开"定位"对话框，单击"定位条件"按钮，打开"定位条件"对话框，选择"常量"，如图 20-59 所示。

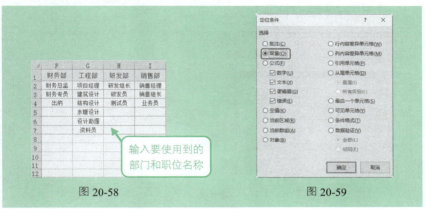

图 20-58 　　　　　　　　　　　　图 20-59

❷ 此时将选中所有包含文本的单元格区域。在"公式"选项卡的"定义名称"组中单击"根据所选内容创建"按钮（如图 20-60 所示），打开"根据下列内容中的值创建名称"对话框，选中"首行"复选框即可，如图 20-61 所示。

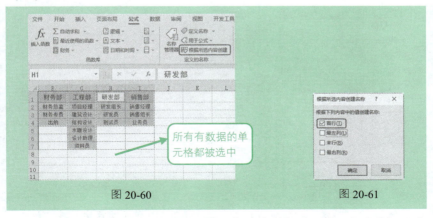

图 20-60 　　　　　　　　　　　　图 20-61

❸ 单击"确定"按钮即可为所有文本建立指定的名称，也就是按照首行的部门名称，一次性定义了 4 个名称。

❹ 在"公式"选项卡的"定义名称"组中单击"名称管理器"按钮，

打开"名称管理器"对话框。在该对话框的列表中可以看到命名的四个名称（方便后面设置数据验证中公式对数据的引用），如图 20-62 所示。

❺ 选中 F1:I1 单元格区域，在左上角的名称框内输入"部门"（如图 20-63 所示），按 Enter 键后完成单元格区域名称的定义。

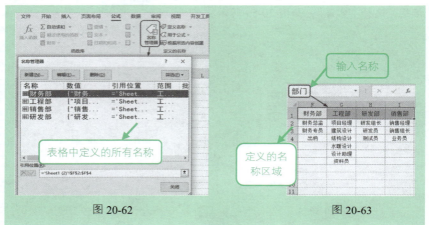

图 20-62　　　　　　　　　　图 20-63

❻ 选中 C2:C10 单元格区域，在"数据"选项卡的"数据工具"组中单击"数据验证"按钮（如图 20-64 所示），打开"数据验证"对话框。

❼ 在"验证条件"栏下设置"允许"条件为"序列"，在"来源"栏下的文本框内输入"=部门"，如图 20-65 所示。

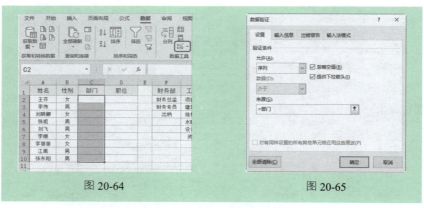

图 20-64　　　　　　　　　　图 20-65

❽ 单击"确定"按钮完成设置。选中 D2:D10 单元格区域，在"数据"选项卡的"数据工具"组中单击"数据验证"按钮（如图 20-66 所示），打开"数据验证"对话框。

⑨ 在"验证条件"栏下设置"允许"条件为"序列"，在"来源"栏下的文本框内输入"=INDIRECT(C2)"，如图 20-67 所示。

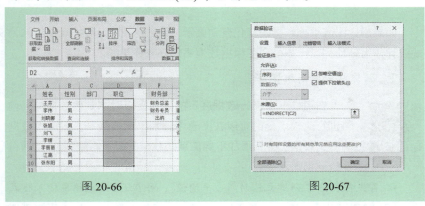

图 20-66   图 20-67

⑩ 单击"确定"按钮完成设置。当单击"部门"下方单元格右侧的下拉按钮时，可以在打开的下拉列表中选择部门名称（如图 20-68 所示）；当单击"职位"下方单元格右侧的下拉按钮时，可以在下拉列表中选择对应的职位名称，如图 20-69 所示。

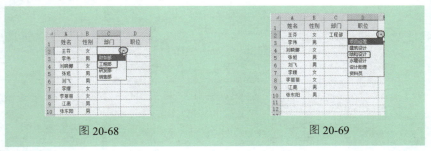

图 20-68   图 20-69

⑪ 如选择"研发部"后，会在"职位"列表中显示研发部的所有职位名称，如图 20-70 所示。选择"销售部"后，会在"职位"列表中显示销售部的所有职位名称，如图 20-71 所示。

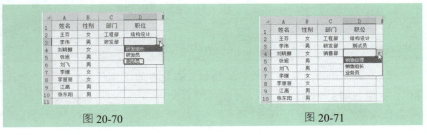

图 20-70   图 20-71

20.3 函数应用于图表

如果想让图表根据数据的变化自动更新、绘制，可以为数据表格添加公式统计作为辅助列。比如柱形图根据数据添加升降箭头等。

1. 制作柱形图均值比较线

扫一扫，看视频

在用柱形图进行数据展示的时候，有时需要将数据与平均值进行比较。此时可以在图表中添加平均值线条，以增强数据的对比效果。首先添加平均值辅助数据（即平均值列），然后将其绘制到图表中。

❶ 首先在表格 C 列建立辅助列"平均值"，并在 C2 单元格内输入公式"=AVERAGE($B$2:$B$7)"，按 Enter 键后再向下复制公式，依次得到平均值数据。

❷ 根据表格创建柱形图后，在"图表设计"选项卡的"类型"组单击"更改图表类型"按钮（如图 20-72 所示），打开"更改图表类型"对话框。

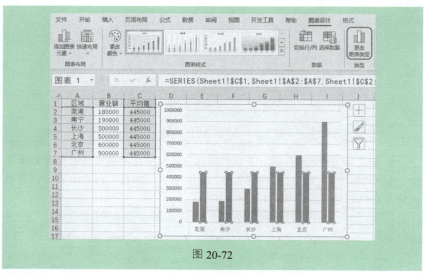

图 20-72

❸ 单击"平均值"右侧的下拉按钮，在打开的下拉列表中选择"折线图"，如图 20-73 所示。

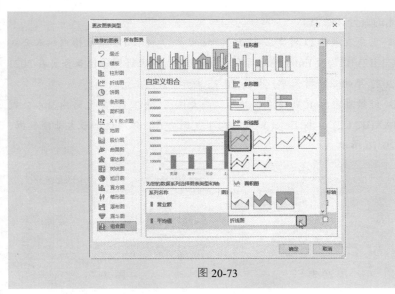

图 20-73

❹ 单击"确定"按钮,可以看到"平均值"系列变成一条直线(因为这个系列的所有值都相同),超出这条线的表示业绩高于平均值,低于这条线的表示业绩低于平均值,如图 20-74 所示。

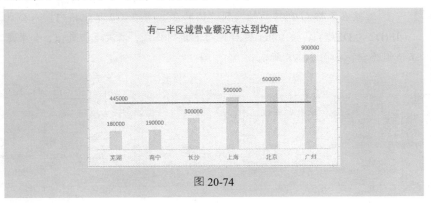

有一半区域营业额没有达到均值

图 20-74

2. 为柱形图添加升降箭头

在图表原始表格中善用公式得到辅助数据,可以帮助我们获得更丰富的图表效果。本例需要根据 2021 年和 2022 年几位业务员的业绩数据,在柱形图上添加上升或者下降箭头,并显

扫一扫,看视频

示具体的百分比数值。

❶ 首先在表格 D 列建立辅助列“增长率”，并在 D2 单元格内输入公式“= (C2-B2)/B2”，按 Enter 键后再向下复制公式，依次得到每位业务员在 2021 年到 2022 年的业绩增长率，如图 20-75 所示。

❷ 继续在表格 E 列建立辅助列“最大值”，并在 E2 单元格内输入公式“=MAX(B2:C2)”，按 Enter 键后再向下复制公式，依次返回最大业绩数据，如图 20-76 所示。

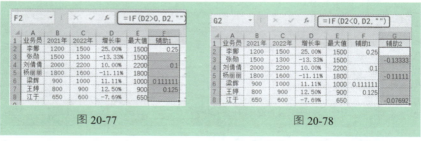

D2 =(C2-B2)/B2

	A	B	C	D	E
1	业务员	2021年	2022年	增长率	最大值
2	李娜	1200	1500	25.00%	
3	张勋	1500	1300	-13.33%	
4	刘倩倩	2000	2200	10.00%	
5	杨丽丽	1800	1600	-11.11%	
6	梁辉	900	1000	11.11%	
7	王婷	800	900	12.50%	
8	江于	650	600	-7.69%	

图 20-75

E2 =MAX(B2:C2)

	A	B	C	D	E
1	业务员	2021年	2022年	增长率	最大值
2	李娜	1200	1500	25.00%	1500
3	张勋	1500	1300	-13.33%	1500
4	刘倩倩	2000	2200	10.00%	2200
5	杨丽丽	1800	1600	-11.11%	1800
6	梁辉	900	1000	11.11%	1000
7	王婷	800	900	12.50%	900
8	江于	650	600	-7.69%	650

图 20-76

❸ 继续在表格 F 列建立辅助列“辅助 1”，并在 F2 单元格内输入公式“=IF(D2>0,D2,"")”，按 Enter 键后再向下复制公式，依次返回正值，如果是负值则为空，如图 20-77 所示。

❹ 继续在表格 G 列建立辅助列“辅助 2”，并在 G2 单元格内输入公式“=IF(D2<0,D2,"")”，按 Enter 键后再向下复制公式，依次返回负值，如果是正值则为空，如图 20-78 所示。

F2 =IF(D2>0,D2,"")

	A	B	C	D	E	F
1	业务员	2021年	2022年	增长率	最大值	辅助1
2	李娜	1200	1500	25.00%	1500	0.25
3	张勋	1500	1300	-13.33%	1500	
4	刘倩倩	2000	2200	10.00%	2200	0.1
5	杨丽丽	1800	1600	-11.11%	1800	
6	梁辉	900	1000	11.11%	1000	0.111111
7	王婷	800	900	12.50%	900	0.125
8	江于	650	600	-7.69%	650	

图 20-77

G2 =IF(D2<0,D2,"")

	A	B	C	D	E	F	G
1	业务员	2021年	2022年	增长率	最大值	辅助1	辅助2
2	李娜	1200	1500	25.00%	1500	0.25	
3	张勋	1500	1300	-13.33%	1500		-0.13333
4	刘倩倩	2000	2200	10.00%	2200	0.1	
5	杨丽丽	1800	1600	-11.11%	1800		-0.11111
6	梁辉	900	1000	11.11%	1000	0.111111	
7	王婷	800	900	12.50%	900	0.125	
8	江于	650	600	-7.69%	650		-0.07692

图 20-78

❺ 选中 F2:G8 单元格区域，在“开始”选项卡的“数字”组单击“数字格式”按钮（如图 20-79 所示），打开“设置单元格格式”对话框。

❻ 选择分类为“自定义”，在“类型”文本框中设置代码为“[蓝色]↑0.0%;[红色]↓0.0%”，如图 20-80 所示。

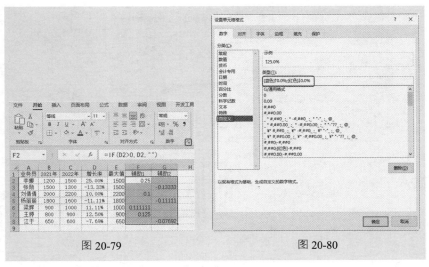

图 20-79　　　　　　　　　　　　　　　　图 20-80

❼　选中数据指定区域后，在"插入"选项卡的"图表"组单击"插入柱形图"下拉按钮，在打开的下拉列表选择簇状柱形图，如图 20-81 所示。

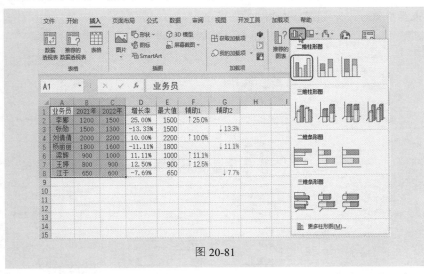

图 20-81

❽　选中最大值列的 E1:E8 单元格区域，按"Ctrl+C"执行复制，再单击图表按"Ctrl+V"执行粘贴，重复两次，即可将该列数据添加至图表中，如图 20-82 所示。

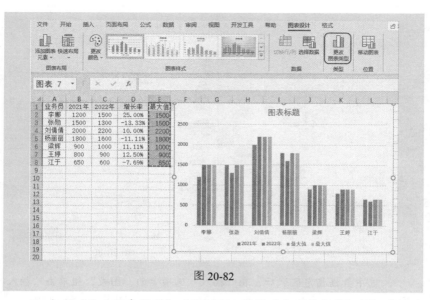

图 20-82

⑨ 打开"更改图表类型"对话框后，设置两个"最大值"数据系列图表类型都为"折线图"，如图 20-83 所示。

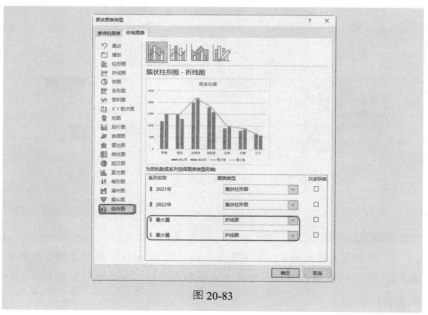

图 20-83

⑩ 为折线图图表添加数据标签（由于添加了两次"最大值"因此会默认添加两组相同的数据标签），再双击折线图打开"设置数据标签格式"对话框，单击"单元格中的值"复选框（如图 20-84 所示），打开"数据标签区域"对话框。

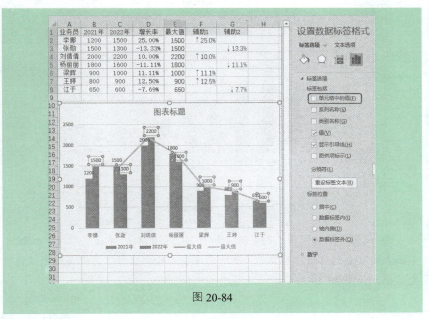

图 20-84

⑪ 设置区域为辅助 1 列数据（如图 20-85 所示），单击"确定"按钮返回图表即可看到数据标签显示为上升箭头和百分比数据，再取消选中"值"复选框，如图 20-86 所示。

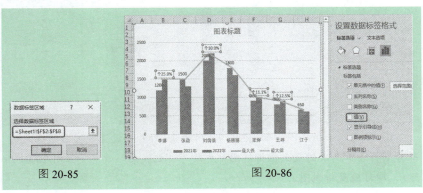

图 20-85   图 20-86

⑫ 继续按照相同的方法选中另一组最大值数据标签，并打开"设置数据标签格式"，单击"单元格中的值"复选框（如图20-87所示），打开"数据标签区域"对话框。

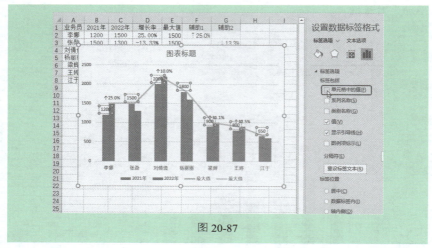

图 20-87

⑬ 设置区域为辅助2列数据（如图20-88所示），单击"确定"按钮返回图表即可看到数据标签显示为下降箭头和百分比数据，再取消选中"值"复选框，如图20-89所示。

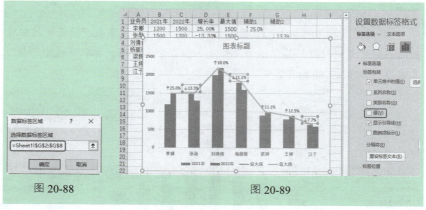

图 20-88　　　　　　　　　　　图 20-89

⑭ 依次双击折线图（如图 20-90 所示），打开"设置数据系列格式"，并分别将添加两次的最大值折线图都更改为"无线条"效果（如图20-91所示），即可隐藏折线图。

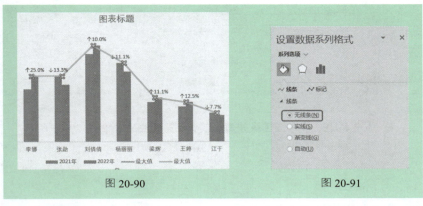

图 20-90   图 20-91

⑮ 返回图表后即可看到柱形图上添加的升降箭头符号及百分比数值，最后可以根据需要为各类数据设置不同的字体格式，最终效果如图 20-92 所示。

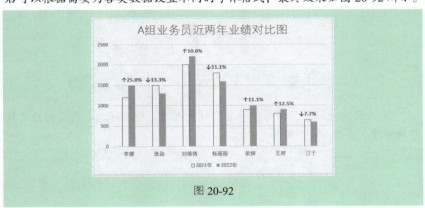

图 20-92

3. 为柱形图添加动态排序

SORTBY 函数是 Excel 2021 版本中新增的查找类型函数（具体用法见第 12 章内容），它可基于相应范围或数组中的值对范围或数组的内容进行排序。

扫一扫，看视频

本例需要建立公式将已知各区域的营业额从高到低降序排列，并根据排列后的数据建立动态排序柱形图图表。

❶ 首先选中 D1 单元格并输入公式"=SORTBY(A1:B7,B1:B7,-1)"，如图 20-93 所示。

❷ 按 Enter 键后，即可自动在 D1:E7 单元格区域快速对各区域的营业额从高到低降序排列，如图 20-94 所示。

图 20-93　　　　　　　　　　　图 20-94

❸ 选中 D1:E7 单元格区域并创建簇状柱形图图表，如图 20-95 所示。

图 20-95

❹ 当更改原始数据区域中的营业额数据时，即可得到动态更新后的柱形图排序，如图 20-96 所示。

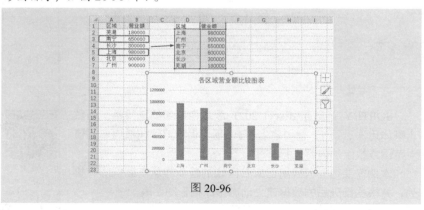

图 20-96

注意：

SORTBY 函数的第三个参数值用于将指定数据降序还是升序排列，如果设置为-1 代表降序，设置为 1 则代表升序。

4. 在条形图中显示进度

已知表格统计了公司 2024 年所有项目的进度和工程余量，下面需要建立条形图根据不断更新的进度百分比绘制工程进度图。

❶ 首先在表格 C 列建立辅助列"工程剩余"，并在 C2 单元格内输入公式"=1-B2"，按 Enter 键后再向下复制公式，依次得到每一项工程的剩余进度，如图 20-97 所示。

❷ 继续在表格 D 列建立辅助列，并输入任意百分比值即可，比如"1%"（不做实际值仅供辅助绘制图表），如图 20-98 所示。

图 20-97   图 20-98

❸ 根据表格数据建立堆积条形图，依次设置各个数据系列的填充格式，再双击"辅助列"数据系列（如图 20-99 所示）打开"设置数据系列格式"。

❹ 分别为数据系列设置"无填充""无线条"样式，如图 20-100 所示。

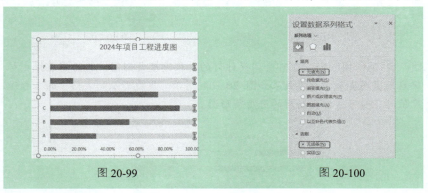

图 20-99   图 20-100

❺ 继续为辅助列数据系列添加数据标签，并单击右侧"标签包括"栏下的"单元格中的值"（如图 20-101 所示），打开"数据标签区域"对话框。

❻ 设置标签区域为"工程进度"列数值即"B2:B7"，如图 20-102 所示。单击"确定"按钮，返回"设置数据标签格式"后，再选中"标签位置"栏下的"轴内侧"单选按钮，如图 20-103 所示。

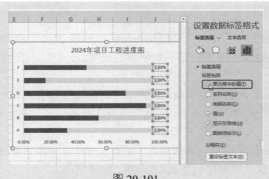

图 20-101

图 20-102　　　　　　　　　　　　　　图 20-103

❼　返回图表后，即可看到设计好的工程进度条形图，再为图表纵坐标轴启用递序类别，最终效果如图 20-104 所示。当更新原始表格中的工程进度值时，即可得到更新后的进度条形图。

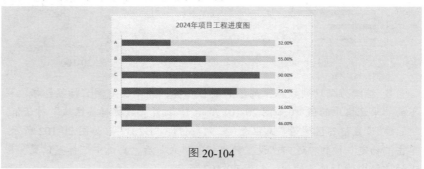

图 20-104

第21章 应用数据分析工具

21.1 应用模拟分析工具

"模拟运算表"是一个单元格区域，它可以显示一个或多个公式中替换不同值时的结果，即尝试以可变值产生不同的计算结果。比如根据不同的贷款金额或贷款利率模拟每期的应偿还额。模拟运算表根据行、列变量的个数可分为两种类型，即单变量模拟运算表和双变量模拟运算表。

"单变量求解"是解决假定一个公式要取的某一结果值，其中变量的引用单元格应取值为多少的问题。

1. 单变量求解示例

假设公司某种产品的单价为 3.6 元，6 月份销量为 50 件，得到销售额为 180 元，如果下个月的销售额目标为 2000 元，需要使用单变量求解功能预测销量。

扫一扫，看视频

❶ 首先在 B3 单元格内输入总销量的计算公式"=B1*B2"，按 Enter 键后得到结果。选中 B3 单元格，在"数据"选项卡的"预测"组中单击"模拟分析"下拉按钮，在打开的下拉列表中选择"单变量求解"（如图 21-1 所示），打开"单变量求解"对话框。

❷ 默认"目标单元格"为"$B$3"，设置"目标值"为"2000"，"可变单元格"为"$B$2"，如图 21-2 所示。

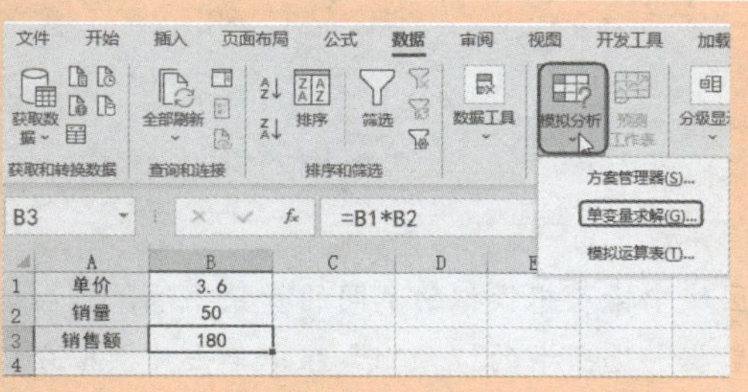

图 21-1

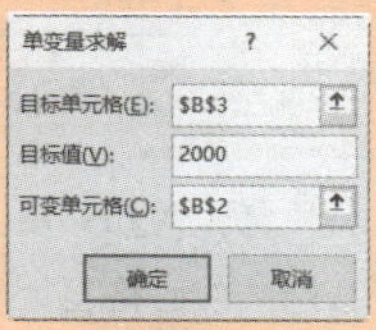

图 21-2

❸ 单击"确定"按钮，弹出"单变量求解状态"对话框（如图 21-3 所示），单击"确定"按钮完成求解，得到下月的销量大约为"556"件时总销售额才能达到"2000"，如图 21-4 所示。

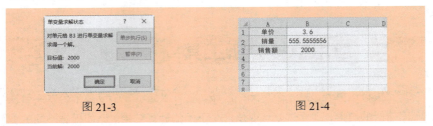

图 21-3　　　　　　　　　　图 21-4

2. 单变量模拟运算示例

扫一扫，看视频

本例中统计了贷款买房的各项基本情况，包括贷款金额、贷款利率、贷款年限等，现在需要使用单变量模拟运算表来计算出不同的贷款年限下每月应偿还的金额。

❶ 分别选中 B6、B9 单元格，并在公式编辑栏中输入公式"=PMT(B4/12,B5*12,B3,0,0)"[PMT 函数是基于固定利率及等额分期付款方式，返回贷款的每期付款额。"=PMT(B4/12,B5*12,B3,0,0)"表示根据贷款每月的利率（B4/12）、贷款的期限（B5*12）和贷款金额（B3）计算出每月应偿还的金额]，按 Enter 键，依次得出结果，如图 21-5 和图 21-6 所示。

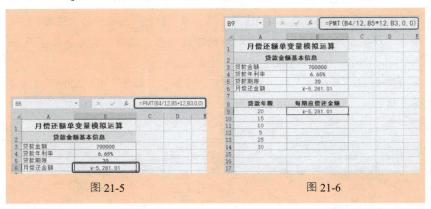

图 21-5　　　　　　　　　　图 21-6

❷ 在 A9:A14 单元格区域中输入想模拟的不同的贷款年限，然后选中 A9:B14 单元格区域，在"数据"选项卡的"预测"组中单击"模拟分析"下拉按钮，在打开的下拉列表中选择"模拟运算表"（如图 21-7 所示），打

开"模拟运算表"对话框。

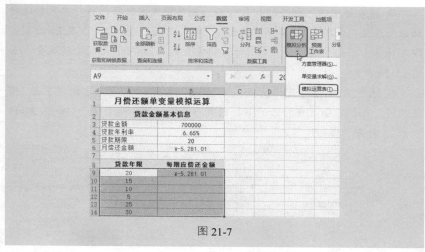

图 21-7

❸ 设置"输入引用列的单元格"为 B5 单元格[因为模拟的不同年限显示在列中（A9:A14 单元格区域），所以这时设置引用列的单元格。如果不同的年限显示在行中，则要设置引用行的单元格]，如图 21-8 所示。

❹ 单击"确定"按钮完成设置并返回表格，此时可以看到根据 A 列中给出的不同贷款年限，计算出的每期应偿还金额，如图 21-9 所示。

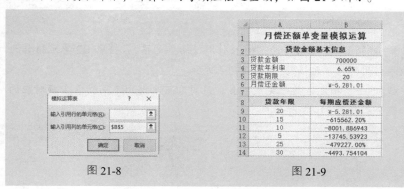

图 21-8   图 21-9

3. 双变量模拟运算示例

在双变量模拟运算表中可以对两个变量输入不同的值，从而查看其对一个公式的影响。例如，根据销售提成率来查看不同的销售金额所对应的业绩奖金，这里有销售金额与销售提成

扫一扫，看视频

率两个变量。

❶ 在表格中输入相关的销售金额、销售提成率数据，并对单元格进行初始化设置。分别在 B4 和 A7 单元格中输入公式"=B2*B3"，按 Enter 键，即可计算出当销售提成率为 8% 时，销售金额为 98000 元的业绩奖金，如图 21-10 所示。

❷ 选中 A7:E12 单元格区域，在"数据"选项卡的"预测"组中单击"模拟分析"下拉按钮，在打开的下拉列表中选择"模拟运算表"（如图 21-11 所示），打开"模拟运算表"对话框。

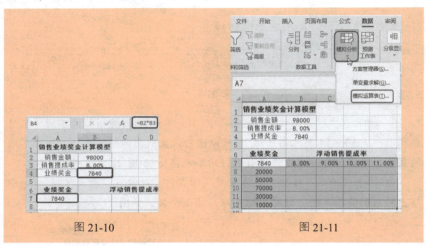

图 21-10　　　　　　　　　　图 21-11

❸ 拾取 B3 单元格作为"输入引用行的单元格"，拾取 B2 单元格作为"输入引用列的单元格"，如图 21-12 所示。

❹ 单击"确定"按钮完成设置，此时即可求解出不同销售金额对应的业绩奖金，如图 21-13 所示。

图 21-12　　　　　　　　　图 21-13

21.2 应用规划求解

"规划求解"用于调整决策变量单元格中的值，以满足限制单元格的限制条件，并为目标单元格生成所需的结果，即找出基于多个变量的最佳值，也就是满足所设定的限制条件的同时查找一个单元格（称为目标单元格）中公式的优化（最大或最小）值。

1. 加载规划求解功能

"规划求解"是 MicrosoftExcel 加载项程序，可用于模拟分析。"规划求解"调整决策变量单元格中的值以满足约束单元格上的限制，并产生用户对目标单元格期望的结果。适用于规划求解的问题范围如下。

扫一扫，看视频

- 使用"规划求解"可以从多个方案中得出最优方案，比如最优生产方案、最优运输方案、最佳值班方案等。
- 使用规划求解确定资本预算。
- 使用规划求解进行财务规划。

在使用"规划求解"前，需要在 Excel 2021 中加载"规划求解"工具才可以正常使用。下面介绍加载办法。

❶ 打开工作簿后，选择"文件"→"选项"命令（如图 21-14 所示），打开"Excel 选项"对话框。

❷ 切换至"加载项"选项卡，单击"管理"下拉列表框右侧的"转到"按钮（如图 21-15 所示），打开可用"加载宏"对话框。

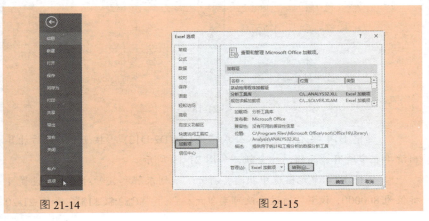

图 21-14   图 21-15

❸ 选中"规划求解加载项"复选框（如图 21-16 所示），单击"确定"按钮即可完成加载。此时在"数据"选项卡的"分析"组中可以看到加载的"规划求解"按钮，如图 21-17 所示。

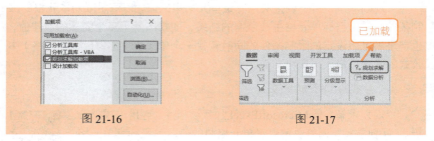

图 21-16　　　　　　　　　　　　　图 21-17

2. 建立最佳报价方案

扫一扫，看视频

假设本例需要根据客户列出的订货清单表，给出一张总报价为 80 万的清单表。已知表格中列出了公司各项产品的最低和最高报价清单，可以使用规划求解统计各种产品的最佳单价。

❶ 首先在 F1:G13 单元格区域建立条件区域，再选中 D2 单元格并输入公式"=B2*C2"，按 Enter 键后拖动填充柄向下填充到 D13 单元格，计算出各产品的总计金额，如图 21-18 所示。

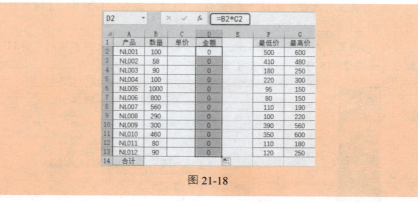

图 21-18

❷ 选中 B14 单元格并输入公式"=SUM(D2:D13)"，按 Enter 键后计算出清单表中所有产品的总计金额，如图 21-19 所示。

❸ 保持 B14 单元格选中状态，打开"规划求解参数"对话框，设置目标值为 800000，设置"通过更改可变单元格"为"$C$2:$C$13"，如图 21-20

所示。单击"添加"按钮，打开"添加约束"对话框。

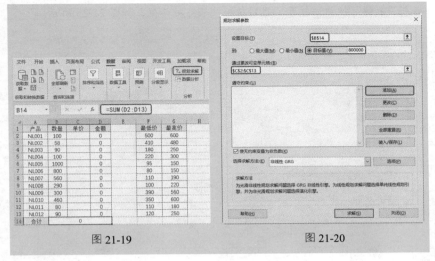

图 21-19   图 21-20

❹ 设置第一个约束条件为"$C$2:$C$13""=""整数"（如图 21-21 所示），然后单击"添加"按钮，进入第二个约束条件设置对话框。

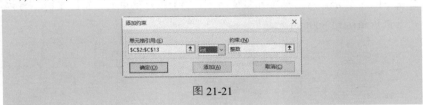

图 21-21

❺ 继续设置第二个约束条件为"$C$2:$C$13"">="""$F$2:$F$13"（如图 21-22 所示），然后单击"添加"按钮，进入第三个约束条件设置对话框。继续设置第三个约束条件为"$C$2:$C$13""<=""$G$2:$G$13"，如图 21-23 所示。

图 21-22   图 21-23

❻ 单击"确定"按钮，返回"规划求解参数"对话框，可以看到设置

好的所有约束条件，再设置求解方式为"单纯线性规划"（如图 21-24 所示）；单击"求解"按钮，打开"规划求解结果"对话框，如图 21-25 所示。

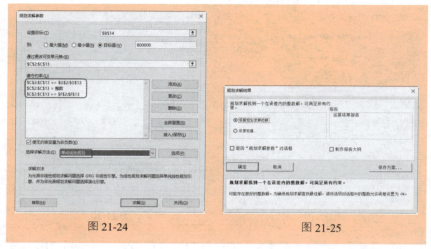

图 21-24   图 21-25

❼ 保持各项默认设置，单击"确定"按钮，即可得到规划求解结果，如图 21-26 所示。从结果可知当使用 C2:C13 单元格中的单价方案时，可以让总报价额达到 800000 元。

	A	B	C	D	E	F	G
1	产品	数量	单价	金额		最低价	最高价
2	NL001	100	500	50000		500	600
3	NL002	58	480	27840		410	480
4	NL003	90	180	16200		180	250
5	NL004	100	220	22000		220	300
6	NL005	1000	150	150000		95	150
7	NL006	800	81	64800		80	190
8	NL007	560	110	61600		110	190
9	NL008	290	100	29000		100	220
10	NL009	300	390	117000		390	560
11	NL010	460	526	241960		350	600
12	NL011	80	110	8800		110	180
13	NL012	90	120	10800		120	250
14	合计			800000			

图 21-26

3. 建立合理的生产方案

扫一扫，看视频

在生产或销售策划过程中，需要考虑最低成本和最大利润问题。使用"规划求解"功能可以实现科学指导生产或销售。本例中给出了三个车间生产 A、B、C 三种产品所消耗的时间，以及每种产品的利润，同时还给出了每个车间完成三种产品的时间限制，比如第一车间完成指定量的三种产品的总耗费时间不得大于 200 小时，如图 21-27 所示。

本例中就需要根据已知的条件判断出如何分配生产各产品的数量才可以达到最大利润值。

❶ 选中 D1 单元格并输入公式“=$B$6*$B$8+$C$6*$C$8+$D$6*$D$8”，按 Enter 键后得到最大利润（参数引用数据为空所以返回 0 值），如图 21-28 所示。

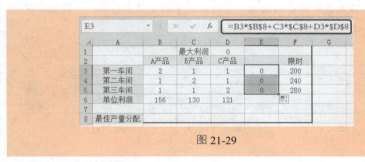

车间	A产品	B产品	C产品	完成时间
第一车间	2小时	1小时	1小时	200小时以内
第二车间	1小时	2小时	1小时	240小时以内
第三车间	1小时	1小时	2小时	280小时以内

图 21-27

D1 =$B$6*$B$8+$C$6*$C$8+$D$6*$D$8

	A	B	C	D	E	F	G
1			最大利润	0			
2		A产品	B产品	C产品		限时	
3	第一车间	2	1	1		200	
4	第二车间	1	2	1		240	
5	第三车间	1	1	2		280	
6	单位利润	156	130	121			
7							
8	最佳产量分配						

图 21-28

❷ 选中 E3 单元格并输入公式“B3*$B$8+C3*$C$8+D3*$D$8”，按 Enter 键后向下复制公式到 E5 单元格即可得到数据，如图 21-29 所示。

E3 =B3*$B$8+C3*$C$8+D3*$D$8

	A	B	C	D	E	F	G
1			最大利润	0			
2		A产品	B产品	C产品		限时	
3	第一车间	2	1	1	0	200	
4	第二车间	1	2	1	0	240	
5	第三车间	1	1	2	0	280	
6	单位利润	156	130	121			
7							
8	最佳产量分配						

图 21-29

❸ 打开“规划求解参数”对话框，设置“设置目标”为“$D$1”，“通过更改可变单元格”为“$B$8:$D$8”，如图 21-30 所示。单击“添加”按钮，打开“添加约束”对话框。

❹ 设置第一个约束条件为“$B$8:$D$8”“>=”“0”（该单元格区域中的数值必须为正值）（如图 21-31 所示），然后单击“添加”按钮，进入第二个约束条件设置对话框。

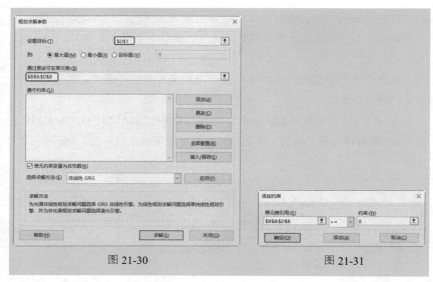

图 21-30　　　　　　　　　　　　　图 21-31

⑤ 继续设置第二个约束条件为 "$E$3""<=""$F$3"（如图 21-32 所示），然后单击 "添加" 按钮，进入第三个约束条件设置对话框。继续设置第三个约束条件为 "$E$4""<=""$F$4"（如图 21-33 所示），单击 "添加" 按钮，进入第四个约束条件设置对话框，继续设置第四个约束条件为 "$E$5""<=""$F$5" 如图 21-34 所示。

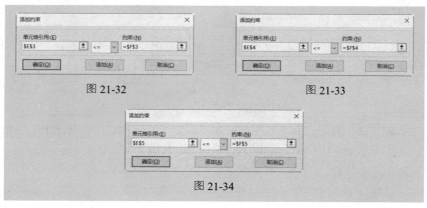

图 21-32　　　　　　　　　　　　　图 21-33

图 21-34

⑥ 单击 "确定" 按钮，返回 "规划求解参数" 对话框，可以看到设置好的所有约束条件，如图 21-35 所示。

⑦ 完成规划求解，得到如图 21-36 所示结果。从结果可知：在满足所有

约束条件时，A 产品产量为 20 件、B 产品产量为 60 件、C 产品产量为 100 件的时候，可以得到最大利润。

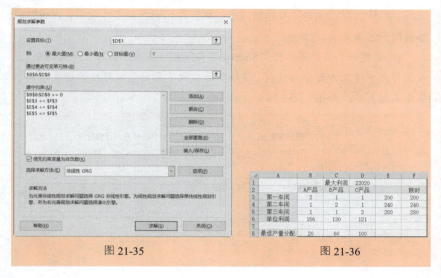

图 21-35　　　　　　　　　　　　　　　图 21-36

21.3　应用方案管理器

　　方案管理器作为一种分析工具，就是管理多变量情况下的数据变化情况，它可以进行多方案的分析比较。每个方案允许财务管理人员建立一组假设条件，自动产生多种结果，并直观地看到每个结果的显示过程，还可以将多种结果同时保存在一个工作表中，十分方便。对于较为复杂的计划，企业可能需要制定多个方案进行比较，然后进行决策。

　　方案是 Excel 保存在工作表中并可进行自动替换的一组值，用户可以使用方案来预测工作表模型的输出结果，同时还可以在工作表中创建并保存不同的数值组，然后切换到任意新方案以查看不同的结果。

1. 创建方案分析模型

　　通过 Excel 中的方案功能，可以直观地显示所定方案的结果，方便选择最佳方案并决策。

　　本例假如某企业生产产品 1、产品 2、产品 3，在 2020 年

扫一扫，看视频

的销售额分别为 250 万、200 万、890 万，销售成本分别为 160 万、120 万、500 万。根据市场情况推测，2021 年产品的销售情况有好、一般和差三种情况，每种情况的销售额及销售成本的增长率已输入到工作表中，现根据这些资料来创建方案。

❶ 新建一个工作簿，将“Sheet 1”工作表标签重命名为“方案模型”，在工作表中建立方案分析模型，该模型是假设不同的等级对应的销售额和销售成本增长率，如图 21-37 所示。

	A	B	C	D	E	F	G	H
1	2020年产品销售数据					2021年方案计算分析		
2	产品名称	销售业绩	销售成本	销售利润		产品名称	销售额增长率	销售成本增长率
3	产品1	250	160	90		产品1		
4	产品2	200	120	80		产品2		
5	产品3	890	500	390		产品3		
6	合计	1340	780	560		总利润		
7								
8	2021年产品预计销售数据							
9	等级	产品名称	销售额增长率	销售成本增长率				
10	好	产品1	12.00%	7.00%				
11		产品2	19.00%	15.00%				
12		产品3	22.00%	16.00%				
13	一般	产品1	10.00%	7.00%				
14		产品2	6.00%	3.00%				
15		产品3	9.00%	5.00%				
16	差	产品1	11.00%	8.00%				
17		产品2	7.00%	3.00%				
18		产品3	2.00%	1.00%				

图 21-37

❷ 在 G6 单元格中输入公式：=SUMPRODUCT(B3:B5,G3:G5+1)-SUMPRODUCT(C3:C5,1+H3:H5)，按 Enter 键，由于相关数据还没输入，暂时会显示一个不正确的数据，如图 21-38 所示。

G6 =SUMPRODUCT(B3:B5,G3:G5+1)-SUMPRODUCT(C3:C5,1+H3:H5)

	A	B	C	D	E	F	G	H
1	2020年产品销售数据					2021年方案计算分析		
2	产品名称	销售业绩	销售成本	销售利润		产品名称	销售额增长率	销售成本增长率
3	产品1	250	160	90		产品1		
4	产品2	200	120	80		产品2		
5	产品3	890	500	390		产品3		
6	合计	1340	780	560		总利润	560	

图 21-38

❸ 选中 G3 单元格，在左上角的名称框中输入名称“产品 1 销售额增长率”（如图 21-39 所示），按 Enter 键后，即可定义名称。

④ 按照相同的方法依次定义其他单元格名称，在打开的"名称管理器"对话框中可以看到所有定义好的名称，如图 21-40 所示。

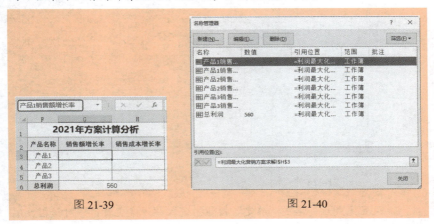

图 21-39

图 21-40

2. 建立方案管理器

创建好方案分析模型表格后，接下来可以应用"方案管理器"建立不同的方案。

扫一扫，看视频

❶ 在"数据"选项卡的"数据工具"组单击"模拟分析"下拉按钮，在打开的下拉列表中选择"方案管理器"（如图 21-41 所示），打开"方案管理器"对话框。

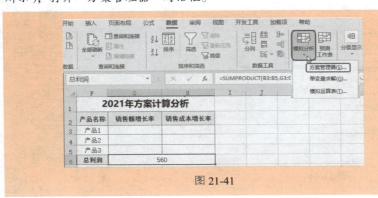

图 21-41

❷ 单击"添加"按钮（如图 21-42 所示），弹出"编辑方案"对话框，在"方案名"框中输入"方案一：好"。在"可变单元格"框中输入单元格的引用，在这里输入"$E$3:$H$5"，如图 21-43 所示。

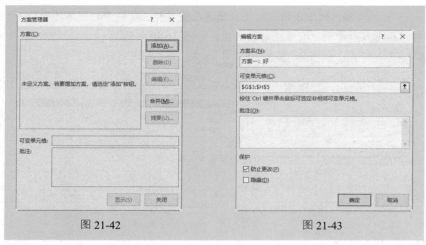

图 21-42　　　　　　　　　　　　　　　图 21-43

❸ 设置完成后，单击"确定"按钮，进入"方案变量值"对话框，编辑每个可变单元格的值，在这里依次输入第一个方案中的各项比率值，即依次为：0.12、0.07、0.19、0.15、0.22、0.16，如图 21-44 所示。

❹ 输入完成后，单击"确定"按钮，返回"方案管理器"对话框，如图 21-45 所示。

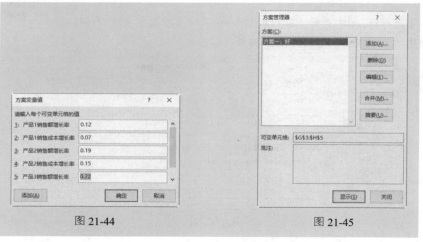

图 21-44　　　　　　　　　　　　　　　图 21-45

❺ 再按照相同的操作方法依次设置其他两个方案的变量值，如图 21-46、21-47 所示。

❻ 最终设置的三个方案如图 21-48 所示。

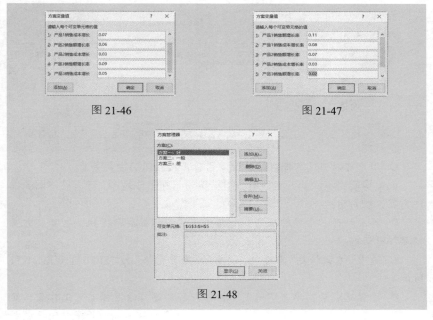

图 21-46　　　　　　　　　　　　　　　　　图 21-47

图 21-48

3. 应用方案管理器

建立了三个不同的方案之后，用户可以选择任意方案查看
分析结果。

❶ 选中要显示的方案（如"方案一：好"，如图 21-49 所
示），单击"显示"按钮即可显示方案，图 21-50 为方案一的总
利润计算。

扫一扫，看视频

图 21-49

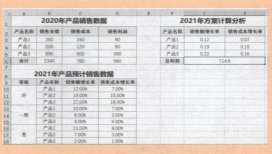

图 21-50

❷ 用户可以通过选择对应的方案名称，按相同的方法查看。

如果想要将不同的方案数据分析结果显示在工作表中，可以按下面的操作方式设置方案摘要。

❶ 再次打开"方案管理器"对话框，单击"摘要"按钮，打开"方案摘要"对话框。

❷ 选中"方案摘要"单选框，设置"结果单元格"为"$E$6"，如图 21-51 所示。

❸ 设置完成后，单击"确定"按钮即可新建"方案摘要"工作表，显示摘要信息，即显示出不同销售等级下各个产品的销售额增长率和销售成本增长率，从方案摘要中可以看出最优销售方案，如图 21-52 所示。

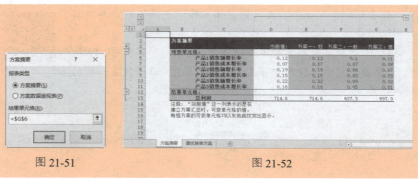

图 21-51　　　　　　　　　　　　　　　　图 21-52

21.4　应用数据分析工具

在 Excel"加载项"中除了可以加载使用"规划求解"工具，还可以加载使用"数据分析"工具库，包括方差、标准差、协方差、相关系数、统计图形、随机抽样、参数点估计、区间估计、假设检验、方差分析、移动平均、指数平滑、回归分析等分析工具。

"数据分析"工具库的加载方法和"规划求解"的加载办法是一样的（见 21.2 节中的加载规划求解功能），加载之后可以在"分析"组中单击"数据分析"按钮（如图 21-53 所示），打开"数据分析"对话框。

图 21-53

1. 单因素方差分析——分析学历层次对综合考评能力的影响

某企业对员工进行综合考评后，需要分析员工学历层次对综合考评能力的影响。此时可以使用单因素方差分析"来进行分析。

扫一扫，看视频

❶ 如图 21-54 所示是学历与综合考评能力分析的统计表，可以将数据整理成 E2:G9 单元格区域的样式（即先按学历筛选再复制数据，后面会对这组数据的相关性进行分析）。

序号	学历	综合考评能力		大专	大学	研究生
				学历与综合考评能力分析		
1	大学	95.50		79.50	95.50	99.50
2	大学	94.50		75.00	94.50	98.00
3	大专	79.50		76.70	91.00	96.00
4	大学	91.00		77.50	91.00	97.00
5	大专	75.00		74.50	76.50	
6	研究生	99.50		71.50		
7	研究生	98.00			92.50	
9	大专	76.70				
9	大专	77.50				
10	大学	72.50				
11	大学	91.00				
12	大专	74.50				
13	研究生	96.00				
14	研究生	97.00				
15	大专	71.50				
16	大学	76.50				
17	大学	99.50				
19	大学	92.50				

图 21-54

❷ 首先打开"数据分析"对话框，然后选择"分析工具"列表框中的

"方差分析：单因素方差分析"（如图 21-55 所示），单击"确定"按钮，打开"方差分析：单因素方差分析"对话框。

❸ 设置"输入区域"为"$E$3:$E$9"，选中"标志位于第一行"复选框，并设置"输出区域"为"$A$22"，如图 21-56 所示。

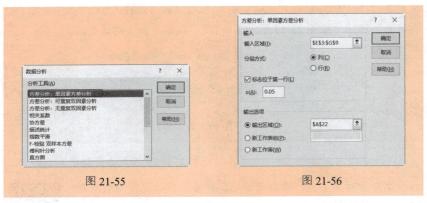

图 21-55　　　　　　　　　　图 21-56

❹ 单击"确定"按钮，即可得到方差分析结果，如图 21-57 所示。从中可以看出"P"值为"0.000278"，且小于 0.05，说明方差在 a=0.05 水平上有显著差异，即说明员工学历层次对综合考评能力有影响。

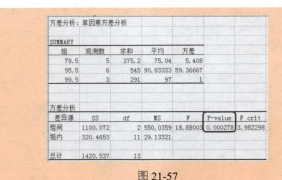

图 21-57

2. 双因素方差分析——分析何种因素对生产量有显著性影响

扫一扫，看视频

双因素方差分析是指分析两个因素，即行因素和列因素。当两个因素对试验结果的影响是相互独立的，且可以分别判断出行因素和列因素对试验数据的影响时，可使用双因素方差分析中的无重复双因素分析，即无交互作用的双因素方差分析方法。当这两个因素不仅会对试验数据单独产生影响，还会因二者搭配而对结果产生新的影响时，则可使用可重复双因素分析，即有交互作用的双因素方差分析方法。下面介绍可重复双因素分析的实例。

假设某企业用 2 种工艺生产 3 种不同类型的产品，想了解 2 种工艺（因素 1）生产不同类型（因素 2）产品的生产量情况。分别用 2 种工艺生产各种样式的产品，现在各提取 5 天的生产量数据，要求分析不同样式、不同工艺，以及二者相交互分别对生产量的影响。

❶ 首先建立如图 21-58 所示的数据表格，打开"数据分析"对话框，选择"方差分析：可重复双因素分析"（如图 21-59 所示），单击"确定"按钮，打开"方差分析：可重复双因素分析"对话框。

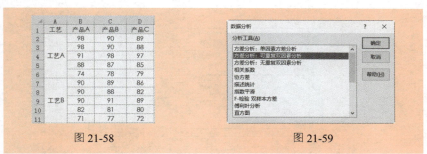

图 21-58　　　　　　　　　　　　图 21-59

❷ 分别设置输入区域为"$A$1:$D$11"，"每一样本的行数"为"5"，"输出区域"为"$F$1"，如图 21-60 所示。

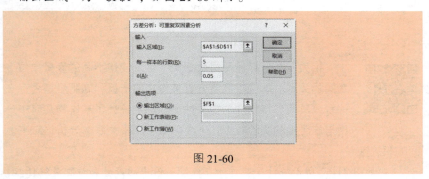

图 21-60

❸ 单击"确定"按钮，返回到工作表中，即可得到输出结果，如图 21-61 所示。在分析结果第一部分的 SUMMARY 中，可看到两种工艺对应各样式

的样本观测数、求和、平均数、样本方差等数据。在第二部分的"方差分析"中可看到，分析结果不但有样本行因素（因素 2）和列因素（因素 1）的 F 统计量和 F 临界值，也有交互作用的 F 统计量和 F 临界值。对比 3 项 F 统计量和各自的 F 临界值，样本、列、交互的 F 统计量都小于 F 临界值，说明工艺、样式都对生产量没有显著影响。此外，结果中 3 个 P-value 值都大于 0.05，也说明了工艺和样式及二者之间的交互作用对生产量是没有显著影响的，所以，该公司在制定后续的生产决策时，可以不考虑这些因素。

方差分析：可重复双因素分析

SUMMARY	产品A	产品B	产品C	总计
工艺A				
观测数	5	5	5	15
求和	423	426	409	1258
平均	84.6	85.2	81.8	83.86667
方差	69.8	35.2	42.2	44.40952
工艺B				
观测数	5	5	5	15
求和	449	443	438	1330
平均	89.8	88.6	87.6	88.66667
方差	97.2	51.8	42.8	55.66667
总计				
观测数	10	10	10	
求和	872	869	847	
平均	87.2	86.9	84.7	
方差	81.73333	41.87778	47.12222	

方差分析

差导源	SS	df	MS	F	P-value	F crit
样本	172.8	1	172.8	3.058407	0.093101	4.259677
列	37.26667	2	18.63333	0.329794	0.72228	3.402826
交互	7.8	2	3.9	0.069027	0.933486	3.402826
内部	1356	24	56.5			
总计	1573.867	29				

图 21-61

3. 相关系数——分析产量和施肥量是否有相关性

扫一扫，看视频

相关系数是描述两组数据集（可以使用不同的度量单位）之间的关系。本例中需要分析某作物的产量和施肥量是否存在关系或具有怎样程度的相关性。本例中统计了某作物几年中产量与施肥量的实验数据，下面需要使用相关系数分析这二者之间的相关性。

❶ 如图 21-62 所示统计了某作物在连续年份中的产量和施肥量统计。打开"数据分析"对话框，然后选择"相关系数"（如图 21-63 所示），单击"确定"按钮，打开"相关系数"对话框。

图 21-62   图 21-63

❷ 设置"输入区域"为"$A$2:$C$10","分组方式"为"逐列",选中"标志位于第一行"复选框，设置"输出区域"为"$A$12"，如图 21-64 所示。

❸ 单击"确定"按钮，返回到工作表中，即可得到输出结果，如图 21-65 所示。C15 单元格的值表示产量与施肥量之间的关系，这个值为"0.0981"，表示施肥量与产量基本无相关性（一般来说，"0~0.09"为没有相关性，"0.1~0.3"为弱相关，"0.3~0.5"为中等相关，"0.5~1.0"为强相关）。

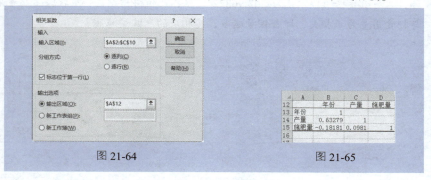

图 21-64   图 21-65

4. 协方差——分析数据的相关性

在概率论和统计学中，协方差用于衡量两个变量的总体误差。如果结果为正值，则说明两者是正相关的；结果为负值，说明是负相关的；结果为 0，也就是统计学中的相互独立。

扫一扫，看视频

本例中将分析 15 个调查地点的地方性患病与含钾量是否存在显著关系。

❶ 如图 21-66 所示统计了各个地方的患病数据。打开"数据分析"对话框，选择"协方差"（如图 21-67 所示），单击"确定"按钮，打开"协方差"对话框。

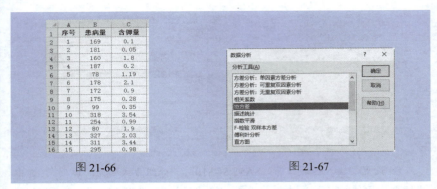

图 21-66　　　　　　　　　　　　　图 21-67

❷ 设置"输入区域"为"$B$1:$C$16","分组方式"为"逐列",选中"标志位于第一行"复选框,设置"输出选项"为"新工作表组"并命名为"协方差分析结果",如图 21-68 所示。

❸ 单击"确定"按钮,返回工作表中,即可看到数据分析结果,如图 21-69 所示。图中的输出表为"患病量""含钾量"两个变量的协方差矩阵,这两组数据的协方差为"43.96822"。根据此值得出结论:甲状腺患病量与钾食用量为正相关,即含钾量越多,其相应的患病量越高。

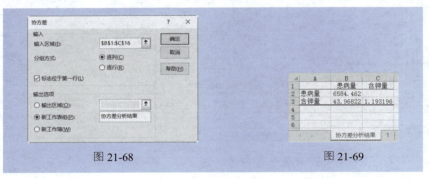

图 21-68　　　　　　　　　　　　　图 21-69

5. 描述统计——分析学生成绩的稳定性

扫一扫,看视频

在数据分析时,一般首先要对数据进行描述性统计分析以便发现其内在的规律,再选择进一步分析的方法。高级分析工具中的"描述统计"工具可以进行均值、中位数、众数、方差、标准差等的统计。本例中需要根据 3 位学生 10 次模拟考试的成绩(如图 21-70 所示)来分析他们成绩的稳定性,了解哪次模拟考试的成绩最好。

数学十次模考成绩统计			
模考	李旭阳	王慧	刘婷婷
一模	98	90	88
二模	91	98	97
三模	88	92	85
四模	74	87	79
五模	68	77	65
六模	77	79	69
七模	65	81	70
八模	90	88	83
九模	87	78	90
十模	77	76	71

图 21-70

❶ 打开"数据分析"对话框后，选择"分析工具"列表框中的"描述统计"（如图 21-71 所示），单击"确定"按钮，打开"描述统计"对话框。

❷ 设置"输入区域"为"\$B\$2:\$D\$12"，"分组方式"为"逐列"，"输出选项"为"新工作表组"，再选中下方的"汇总统计"复选框，选中"平均数置信度"复选框并设置为95%，选中"第 K 大值"复选框并设置为1，选中"第 K 小值"复选框并设置为1，如图 21-72 所示。

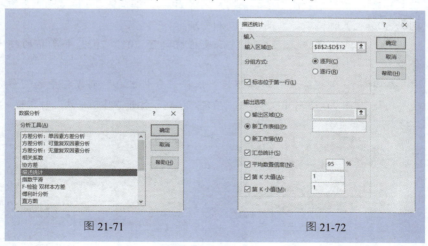

图 21-71   图 21-72

❸ 单击"确定"按钮，即可得到描述统计结果，效果如图 21-73 所示。

在数据输出的工作表中，可以看到对三名学生十次模拟考试成绩的分析。其中第 3 行至第 18 行分别为：平均值、标准误差、中位数、众数、标准差、方差、峰度、偏度等。

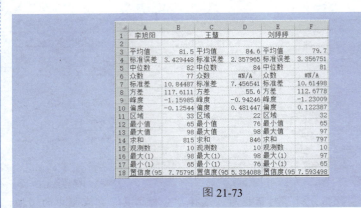

图 21-73

选取中位数进行分析则是王慧在 10 次模拟考试中的成绩最高，为 84 分。平均值也是王慧的模拟考试成绩最佳，为 84.6 分。总体而言，王慧的成绩是最好的。

6. 移动平均——使用移动平均预测销售量

扫一扫，看视频

本例中统计了某公司 2012~2023 年产品的销售量预测值，现在需要使用移动平均预测出 2024 年的销量，并创建图表查看实际销量与预测值之间的差别。

❶ 如图 21-74 所示表格统计了 2012~2023 年产品的销售量。

❷ 打开"数据分析"对话框后，选择"分析工具"列表框中的"移动平均"（如图 21-75 所示），单击"确定"按钮，打开"移动平均"对话框。

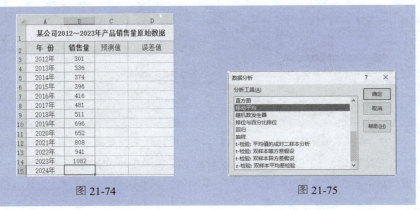

图 21-74   图 21-75

③ 设置"输入区域"为"$B$3:$B$14","间隔"为"3",拾取"输出区域"为"$C$3:$D$14",再选中下方的"图表输出"和"标准误差"复选框,如图21-76所示。

④ 单击"确定"按钮,即可得到预测值和误差值,并创建折线图图表,如图21-77所示。

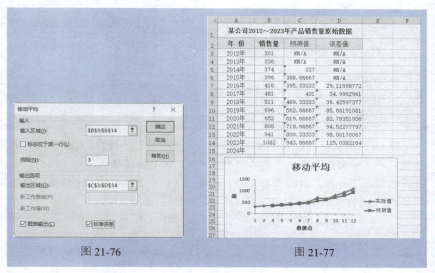

图 21-76   图 21-77

⑤ 选中图表中的实际值数据并单击鼠标右键,在弹出的快捷菜单中选择"选择数据"命令,如图21-78所示。

⑥ 打开"选择数据源"对话框,单击"水平(分类)轴标签"下方的"编辑"按钮,如图21-79所示。

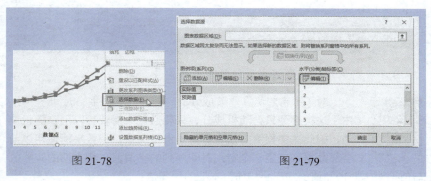

图 21-78   图 21-79

❼ 打开"轴标签"对话框，设置"轴标签区域"为"\$A\$3:\$A\$15"，如图 21-80 所示。单击"确定"按钮，返回"选择数据源"对话框，此时可以看到水平轴显示为年份，如图 21-81 所示。

图 21-80   图 21-81

❽ 美化图表后的效果如图 21-82 所示。进行移动平均后，C15 单元格的值就是对下一期的预测值，即本例中预测的 2024 的销售量约为"988"。如果再想预测下一期，则需要对 B13、B14、C14 三个值进行求平均值，即使用公式"=AVERAGE(B13:B14,C14)"求平均值，如图 21-83 所示。

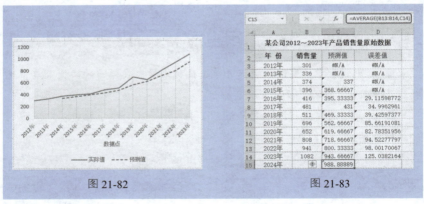

图 21-82   图 21-83

7. 移动平均——指数平滑法预测产品的生产量

扫一扫，看视频

对于不含趋势和季节成分的时间序列（即平稳时间序列），由于这类序列只含随机成分，只要通过平滑就可以消除随机波动，因此这类预测方法也称为平滑预测法。指数平滑使用以前全部数据来决定一个特别时间序列的平滑值，将本期的实际值与前期对本期预测值的加权平均作为本期的预测值。

根据情况的不同，其指数平滑预测的指数也不一样，下面举例说明指数平滑预测。

❶ 如图 21-84 所示为 2023 年 1~12 月份的生产量数据。

❷ 打开"数据分析"对话框后，选择"指数平滑"（如图 21-85 所示），单击"确定"按钮，打开"指数平滑"对话框。

图 21-84　　　　　　　　　　　　图 21-85

❸ 设置"输入区域"为"$B$3:$B$14"，"阻尼系数"为"0.6"，"输出区域"为"$C$3"，如图 21-86 所示。

❹ 单击"确定"按钮，返回工作表中，即可得出一次指数预测结果，如图 21-87 所示，C14 单元格的值即为下期的预测值。

图 21-86　　　　　　　　　　　　图 21-87

8. 回归——一元线性回归预测

回归分析是将一系列影响因素和结果进行拟合，找出哪些影响因素对结果造成影响。如果在回归分析中只包括一个自变

扫一扫，看视频

量和一个因变量，且二者的关系可用一条直线近似表示，这种回归分析称为一元线性回归分析。

本例表格中统计了各个不同的生产数量对应的单个成本，下面需要使用回归工具来分析生产数量与单个成本之间有无依赖关系，同时也可以对任意生产数量的单个成本进行预测。

❶ 如图 21-88 所示表格统计了生产数量和单个成本。打开"数据分析"对话框后，在"分析工具"列表框中选择"回归"（如图 21-89 所示），单击"确定"按钮，打开"回归"对话框。

图 21-88　　　　　　　　　　　　　　　　　　图 21-89

❷ 设置"Y 值输入区域"为"$B$1:$B$10"，"X 值输入区域"为"$A$1:$A$10"，选中"标志"复选框，设置"输出区域"为"$D$1"，如图 21-90 所示。

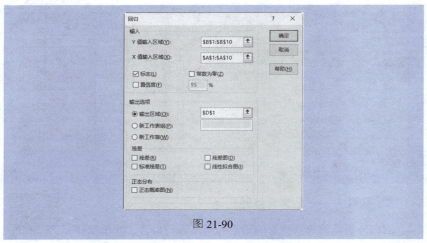

图 21-90

❸ 单击"确定"按钮返回工作表，即可看到表中添加的回归统计和图

表，如图 21-91 所示。

第一张表是"回归统计表"。

- Multiple 对应的是相关系数，值为"0.976813"。
- R Square 对应的是测定系数（或称拟合优度），它是相关系数的平方，值为"0.954164"。
- Adjusted 对应的是校正测定系数，值为"0.947616"。

这几项的值都接近于"1"，说明生产数量与单个成本之间存在直接的线性相关关系。

第二张表是"方差分析表"，主要作用是通过 F 检验来判定回归模型的回归效果。Significance F（F 显著性统计量）的 P 值远小于显著性水平"0.05"，所以说该回归方程回归效果显著。

第三张表是"回归参数表"。

A 列和 B 列对应的线性关系式为"y=ax+b"，根据 E17:E18 单元格的值得出估算的回归方程为"y=-0.80387x+108.9622"。有了这个公式，就可以实现对任意生产数量进行单位成本的预测了。例如：

- 预测当生产数量为 70 件时的单位成本，使用公式"y=-0.80387*70+108.9622"。
- 预测当生产数量为 150 件时的单位成本，使用公式"y=-0.80387*150+108.9622"。

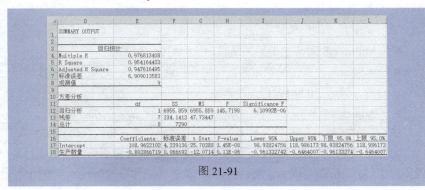

图 21-91

9. 回归——多元线性回归预测

如果回归分析中包括两个或两个以上的自变量，且因变量和自变量之间是线性关系，则称为多元线性回归分析。本例中需要分析完成数量、合格数和奖金之间的关系。

❶ 如图21-92所示表格统计了完成数量、合格数和奖金。按前面介绍的方法打开"回归"对话框后，拾取"Y值输入区域"为"$C$1:$C$9"，拾取"X值输入区域"为"$A$1:$B$9"，选中"标志"复选框，拾取"输出区域"为"$D$1"，如图21-93所示。

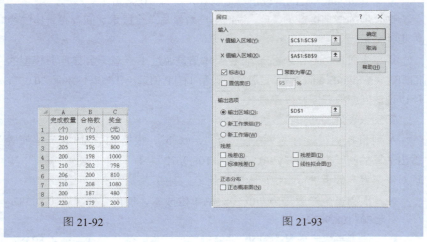

图21-92   图21-93

❷ 单击"确定"按钮，返回工作表，即可看到表中添加的回归统计和图表，如图21-94所示。

第一张表是"回归统计表"。

- Multiple R对应的是相关系数，值为"0.939133"。
- R Square对应的是测定系数（或称拟合优度），它是相关系数的平方，值为"0.881971"。
- Adjusted R Square对应的是校正测定系数，值为"0.834759"。

这几项的值都接近于"1"，说明奖金与合格数存在直接的线性相关关系。

第二张表是"方差分析表"，主要作用是通过F检验来判定回归模型的回归效果。Significance F（F显著性统计量）的P值远小于显著性水平"0.05"，所以说该回归方程回归效果显著。

第三张表是"回归参数表"。

A列和B列对应的线性关系式为"z=ax+by+c"，根据E17:E19单元格的值得出估算的回归方程为"z=-10.8758x+27.29444y+(-2372.89)"。有了这个公式，就可以实现对任意完成数量、合格数进行奖金的预测了。例如：

- 预测当完成量为 70 件、合格数为 50 件时的奖金，使用公式"z=-10.8758*70+27.29444*50+(-2372.89)"。
- 预测当完成量为 300 件、合格数为 280 件时的奖金，使用公式"z=-10.8758*300+27.29444*280+(-2372.89)"。

再看表格中合格数的 t 统计量的 P 值为"0.00345"，远小于显著性水平"0.05"，因此合格数与奖金相关。

完成数量的 t 统计量的 P 值为"0.195227"，大于显著性水平"0.05"，因此完成数量与奖金关系不大。

图 21-94

10. 排位与百分比排位——对学生成绩进行排位

班级期中考试进行后，除了公布成绩外，还要求统计出每位学生的排名情况以方便学生通过成绩查询自己的排名，并同时得到该成绩位于班级的百分比排名（即该同学排名位于前"X%"的学生）。

扫一扫，看视频

❶ 如图 21-95 所示为"学生成绩表"工作表，打开"数据分析"对话框后，选择"排位与百分比排位"，单击"确定"按钮，如图 21-96 所示。

❷ 打开"排位与百分比排位"对话框，设置"输入区域"为"$B$2:$B$14"，选中"标志位于第一行"复选框，设置"输出区域"为"$D$2"，如图 21-97 所示。

❸ 单击"确定"按钮，完成数据排位分析，如图 21-98 所示。F 列显示了成绩的排名，G 列显示了百分比排名。

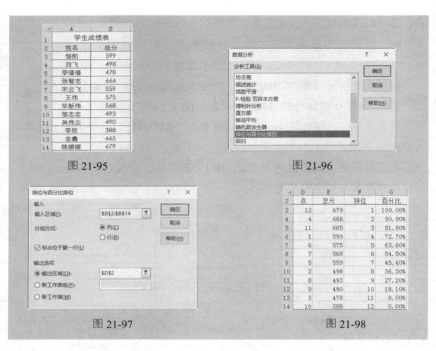

图 21-95　　　　　　　　　　　　　　　图 21-96

图 21-97　　　　　　　　　　　　　　　图 21-98

11. 抽样——从数据库中快速抽取样本

扫一扫，看视频

抽样分析工具以数据源区域为总体，从而为其创建一个样本。实际工作中如果当数据太多无法处理时，一般会进行抽样处理。

本例中统计了调查者的所有联系方式，下面需要使用抽样工具在一列手机号码数据中随机抽取 8 个数据。

❶ 打开"数据分析"对话框，在"分析工具"列表框中选择"抽样"（如图 21-99 所示），单击"确定"按钮，打开"抽样"对话框。

图 21-99

❷ 设置"输入区域"为"$A$2:$A$18","抽样方法"为"随机",并设置"样本数"为"8",最后设置"输出区域"为"$B$2:$B$15",如图 21-100 所示。

❸ 单击"确定"按钮完成抽样,此时可以看到随机抽取的 8 位调查人员的手机号码,如图 21-101 所示。

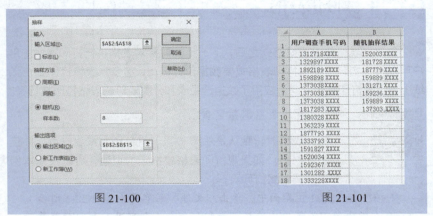

图 21-100   图 21-101

📢 注意:

抽样工具分为"周期抽样"和"随机抽样","周期抽样"需要输入间隔周期,"随机抽样"是指直接输入样本数,计算机自行进行抽样,不用受间隔的规则限制。

第 22 章　表格打印与打包

22.1　打印表格

创建好表格并设置好格式之后，下一步就需要对表格执行打印操作。用户可以根据实际需要只打印表格重要数据部分区域、将多张表格打印在一张纸上，设置打印纸张方向、应用了数据透视表和分类汇总的表格打印技巧等。

扫一扫，看视频

1. 打印表格的指定页

打印表格时，默认是从第 1 页一直打印到最后一页，并且只会打印一份。如果想打印表格中指定的页码，可以按照本例介绍的技巧设置打印页码。

❶ 在 Excel 2021 主界面中，单击"文件"菜单项（如图 22-1 所示）。

❷ 在弹出的下拉菜单中选择"打印"命令，即可进入打印预览界面。在"设置"栏下设置"页数"为"2"至"4"页，如图 22-2 所示。

❸ 设置完毕后，单击"打印"按钮即可打印指定页。

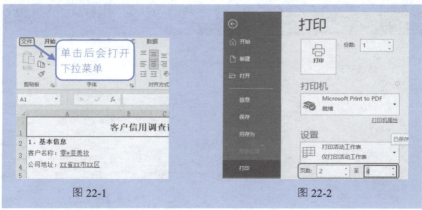

图 22-1　　　　　　　　　　　　　　　　图 22-2

扫一扫，看视频

2. 只打印表格的指定区域

执行表格打印时默认是打印整张工作表的，如果只需要打印表格中指定区域的数据，可以事先选中要打印的表格区域，然后再设置为打印区域即可。

❶ 选中表格中要打印的单元格区域，在"页面布局"选项卡的"页面设置"组中单击"打印区域"下拉按钮，在打开的下拉列表中选择"设置打印区域"，如图 22-3 所示。

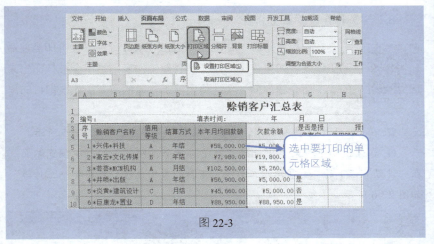

图 22-3

❷ 进入打印预览状态中，可以看到只有被设置的打印区域处于待打印状态，如图 22-4 所示。

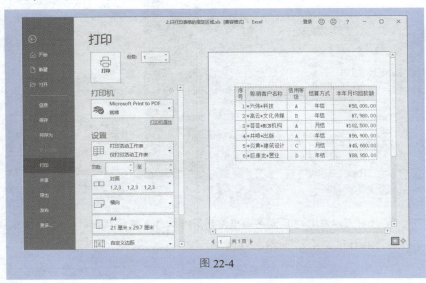

图 22-4

📢 **注意：**

> 如果要取消打印区域，可以在"打印区域"下拉列表中选择"取消打印区域"，如果要打印不连续的区域，可以配合"Ctrl"键依次选中不连续的区域即可。

3. 一次性打印多张工作表

扫一扫，看视频

在执行打印命令时，默认情况下 Excel 程序只会打印当前活动工作表，如果该工作簿还有其他工作表则是不会被打印出来的。下面介绍如何一次性将当前工作簿的所有工作表都打印出来。

❶ 在 Excel 2021 主界面中，单击"文件"菜单项，如图 22-5 所示。

❷ 在弹出的下拉菜单中选择"打印"命令，即可进入打印预览界面。在"设置"栏下的"打印活动工作表"下拉列表中选择"打印整个工作簿"，如图 22-6 所示。

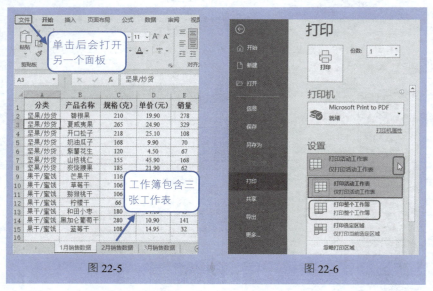

图 22-5　　　　　　　　　　　图 22-6

❸ 此时可以在打印预览界面中看到所有工作表将被执行打印（共 3 张工作表，共打印 3 页），如图 22-7 所示。

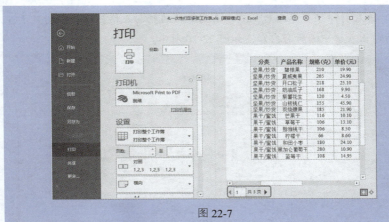

图 22-7

4. 超宽工作表打印技巧

默认的工作表打印纸张方向为 A4 纵向纸张,如果表格尺寸过宽,就无法显示出表格的所有数据内容,如图 22-8 所示。此时可以在打印表格之前设置纸张方向为"横向"。

扫一扫,看视频

❶ 打开表格后,进入打印预览界面单击"纵向"右侧的下拉按钮,在打开的下拉列表选择"横向",如图 22-9 所示。即可将超宽工作表的所有内容打印出来。

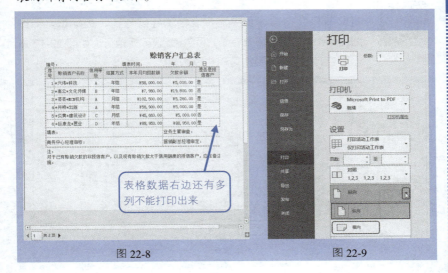

图 22-8

表格数据右边还有多列不能打印出来

图 22-9

❷ 进入打印预览界面后，可以看到默认的竖向表格更改为横向显示，并能打印出表格中的所有内容，如图 22-10 所示。

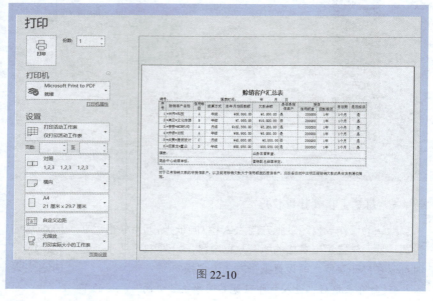

图 22-10

5. 在表格每一页显示指定行列

如果一张表格中包含数百数千条数据记录，那么正在执行打印时只会在第一页中显示表格的标题与行、列标识，如图 22-11 所示。如果需要在每一页中都显示标题行（如图 22-12 所示），可以按下面的技巧逐步设置。

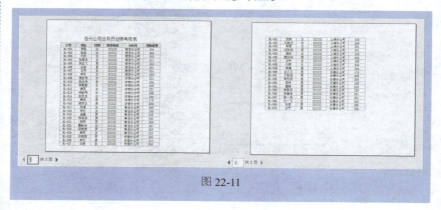

图 22-11

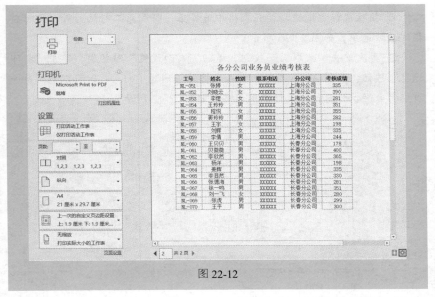

图 22-12

❶ 打开表格，在"页面布局"选项卡的"页面设置"组中单击"打印标题"按钮（如图 22-13 所示），打开"页面设置"对话框。

❷ 切换至"工作表"选项卡，在"打印标题"栏下单击"顶端标题行"文本框右侧的"拾取器"按钮（如图 22-14 所示），进入顶端标题行选取界面。

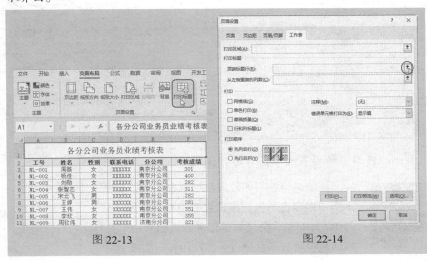

图 22-13   图 22-14

❸ 按住鼠标左键拖动，在表格中选择第一行和第二行的行号，即可将指定区域选中，如图 22-15 所示。

❸ 再次单击"拾取器"按钮，返回"页面设置"对话框，单击"打印预览"按钮（如图 22-16 所示）进入表格打印预览界面，此时可以看到每一页中都会显示标题行和列标识单元格，如图 22-12 所示。

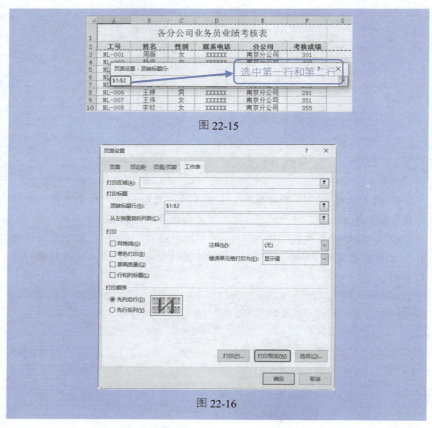

图 22-15

图 22-16

6. 按数据透视表的字段分项打印

扫一扫，看视频

普通表格的打印效果都可以在"页面设置"对话框中设置，本例中需要在一张数据透视表中按照字段（分公司）进行分项打印，即将每个分公司的汇总数据都分别单独打印在一张纸上，默认是将所有汇总项目全部打印在一张纸上。

❶ 打开数据透视表后，在右侧的"数据透视表字段"窗格中单击"行"区域中的"分公司"字段下拉按钮，在打开的下拉列表中选择"字段设置"（如图 22-17 所示），打开"字段设置"对话框。

❷ 切换至"布局和打印"选项卡，在"打印"栏下选中"每项后面插入分页符"复选框，如图 22-18 所示。

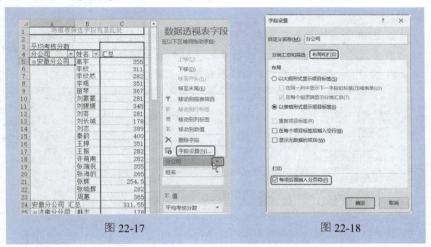

图 22-17   图 22-18

❸ 单击"确定"按钮完成设置，进入表格打印预览界面后，可以看到系统将每一项字段（按分公司）都单独打印在一张纸中，如图 22-19 所示。

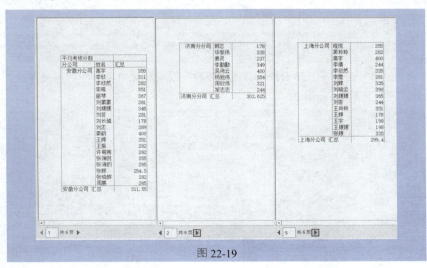

图 22-19

7. 按数据透视表的筛选字段分项打印

扫一扫，看视频

本例中的数据透视表按产品类别字段添加了筛选功能，通过筛选字段的选择可以查看每一个产品类别的汇总销售数据。本例将介绍如何将这些不同产品类别的汇总数据自动创建为以产品类别名称命名的新工作表，然后执行对这些工作表的打印操作。

❶ 打开数据透视表后，在"数据透视表分析"选项卡的"数据透视表"组中单击"选项"下拉按钮，在打开的下拉列表中选择"显示报表筛选页"（如图 22-20 所示），打开"显示报表筛选页"对话框。

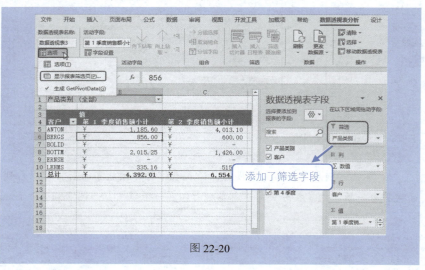

图 22-20

❷ 在"选定要显示的报表筛选页字段"列表框选中要打印的筛选字段，如"产品类别"，如图 22-21 所示。

图 22-21

❸ 单击"确定"按钮完成设置，此时可以看到工作簿中按照不同的产品类别新建了 3 张以产品类别名称命名的新工作表，如图 22-22、图 22-23、图 22-24 所示。

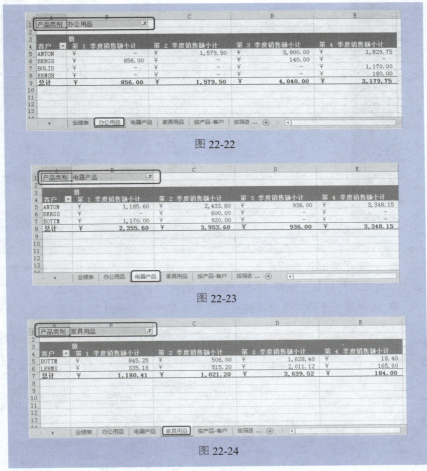

图 22-22

图 22-23

图 22-24

❹ 最后依次对这些表格执行打印即可。

8. 分页打印分类汇总数据表

在对设置好分类汇总的表格执行打印时，默认是将整页分类汇总结果都打印在一起（如图 22-25 所示），如果想将每组数据分别打印到不同的纸张上（即将各个分公司的考核分数汇总

扫一扫，看视频

结果单独打印在纸张上），可以按照下面的方法操作。

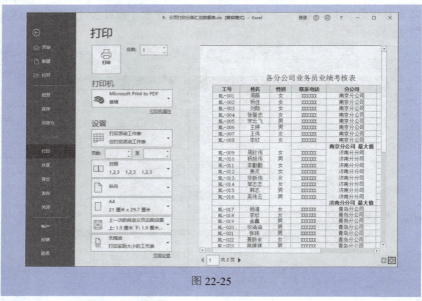

图 22-25

❶ 打开分类汇总后的表格，在"数据"选项卡的"分级显示"组中单击"分类汇总"按钮（如图 22-26 所示），打开"分类汇总"对话框。

❷ 选中最下方的"每组数据分页"复选框即可，如图 22-27 所示。

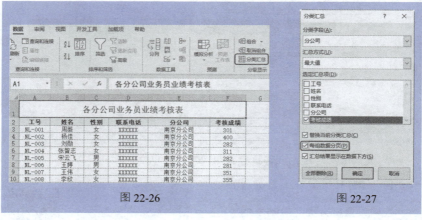

图 22-26　　　　　　　　　　　　　　　　图 22-27

❸ 单击"确定"按钮完成设置，进入表格打印预览界面后，可以看到分类汇总结果被分为 6 页按分公司分别统计打印，如图 22-28 所示。

图 22-28

9. 将打印内容显示到纸张中间

有些表格的内容较少，不足以充满整个页面。对于这样的表格，在打印时需要事先设置水平垂直页边距效果。

扫一扫，看视频

❶ 进入表格的打印预览界面后（先预览一下表格），单击底部的"页面设置"链接（如图 22-29 所示），打开"页面设置"对话框。

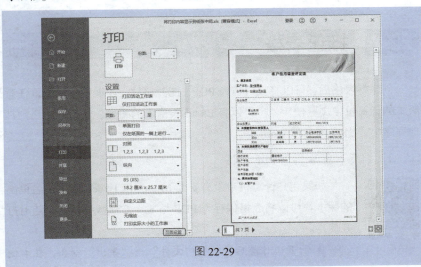

图 22-29

❷ 切换至"页边距"选项卡，在"居中方式"栏下分别选中"水平"和"垂直"复选框，如图 22-30 所示。

❸ 单击"确定"按钮完成设置，此时可以看到打印预览界面中的表格位于纸张正中间，效果如图 22-31 所示。

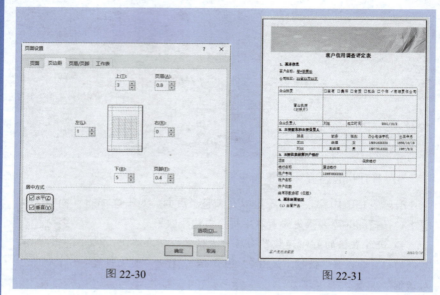

图 22-30　　　　　　　　　　　图 22-31

22.2 打包表格

创建好表格后，可以将其打包为 PDF、图片格式，实现在任意配置任意版本的计算机中浏览使用，也可以将 Excel 表格内的图表、表格等应用到其他程序中，比如 PPT 和 Word。

1. 将工作簿导出为 PDF 文件

扫一扫，看视频

如果用户计算机中没有安装 Microsoft Excel 2021 或者更高的版本，可以将表格保存为 PDF 格式，方便数据携带，随时打开使用。

❶ 打开工作簿后，选择"文件"→"导出"命令，在右侧

的窗口中依次选择"创建 PDF/XPS 文档"→"创建 PDF/XPS 文档"命令（如图 22-32 所示），打开"发布为 PDF 或 XPS"对话框。

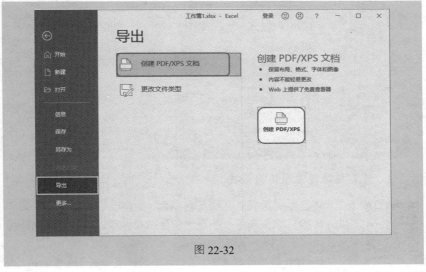

图 22-32

❷ 设置"保存类型"和"文件名"即可，如图 22-33 所示。

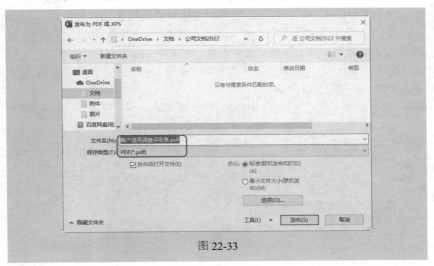

图 22-33

❸ 单击"发布"按钮，即可完成设置。当打开保存为 PDF 文件的文档后，即可查看表格，如图 22-34 所示。

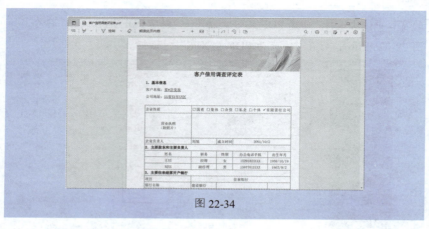

图 22-34

2. 将数据透视表输出为报表

扫一扫，看视频

创建数据透视表并执行复制后，会自动引用整个透视表字段。如果只想使用报表的最终统计结果，可以将其复制并转换为普通报表，以方便随时使用。

❶ 打开数据透视表后，在"数据透视表分析"选项卡的"操作"组中单击"选择"下拉按钮，在打开的下拉菜单中选择"整个数据透视表"命令（如图 22-35 所示），即可选中整张数据透视表。

❷ 单击鼠标右键，在弹出的快捷菜单中选择"复制"命令（如图 22-36 所示），再打开新工作表并单击鼠标右键，在弹出的快捷菜单中选择"值"（如图 22-37 所示），即可将数据透视表粘贴为普通表格形式。重新修改 B 列的格式即可，如图 22-38 所示。

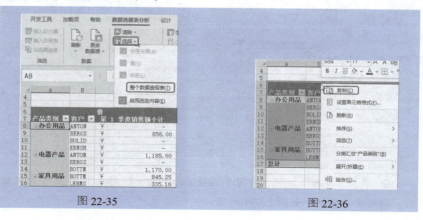

图 22-35   图 22-36

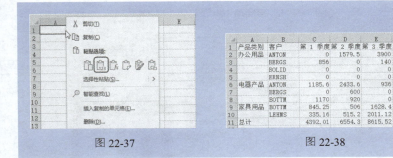

图 22-37　　　　　　　　　　　　　　图 22-38

3. 表格保存为图片

可以将创建完成的表转换为图片，从而更加方便地应用于 Word 文档或 PPT 幻灯片中，而且与插入普通图片的操作是一样的。

扫一扫，看视频

❶ 选中表，按 Ctrl+C 组合键进行复制，如图 22-39 所示。

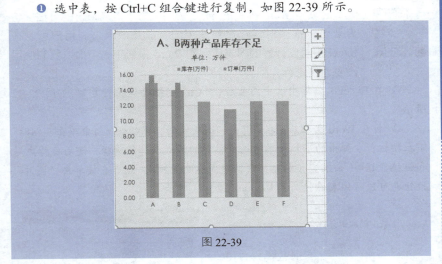

图 22-39

❷ 单击任意空白区域，在"开始"选项卡的"剪贴板"选项组中选择"粘贴"下拉按钮，在弹出的下拉菜单中选择"图片"命令（如图 22-40 所示），即可将表输出为图片，如图 22-41 所示。

❸ 选中转换后的静态图表（即图片），按 Ctrl+C 组合键复制，然后打开图片处理工具（如 Windows 程序自带的绘图工具），将复制的图片粘入。单击"保存"按钮，即可将图片保存到计算机中。

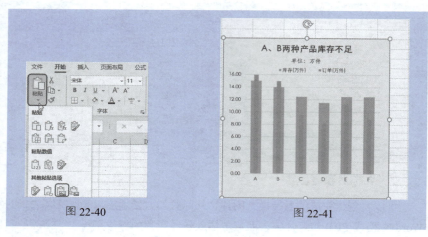

图 22-40　　　　　　　　　　　　　　　图 22-41

4. 将 Excel 表格或图表应用到 Word 报告

扫一扫，看视频

　　　　在使用 Word 撰写报告的过程中，为了提高报告的可信度与专业性，很多时候都需要使用图表提升说服力。用户可以在 Excel 中将设计好的图表应用到 Word 报告中，下面以复制使用图表为例进行介绍。

❶ 在 Excel 工作簿中选中图表后，按 Ctrl+C 组合键执行复制，如图 22-42 所示。

❷ 打开 Word 文档后，在"开始"选项卡的"剪贴板"组中单击"粘贴"下拉按钮，在弹出的下拉菜单中选择粘贴的方式，一般选择"使用目标主题和链接数据"（如果直接粘贴，默认也是这个选项），或者直接单击"图片"按钮也可以将图表转换为图片，如图 22-43 所示。

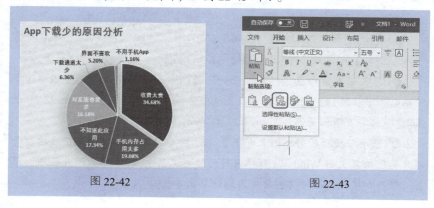

图 22-42　　　　　　　　　　　　　图 22-43

❸ 执行上述操作后即可插入图表，在文档中可对图表进行排版，效果如图 22-44 所示。

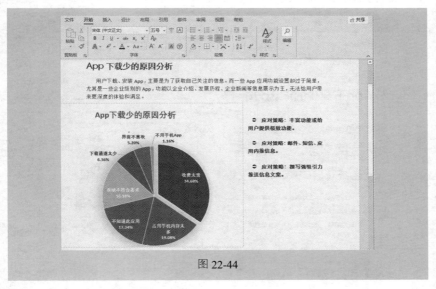

图 22-44

5. 将 Excel 表格或图表应用到 PPT 幻灯片

在 PPT 中使用专业的图表也是常见的，用户可以将在 Excel 中制作完成的图表直接复制到 PPT 中使用。

扫一扫，看视频

❶ 打开工作表后选中图表，按 Ctrl+C 组合键执行复制，如图 22-45 所示。

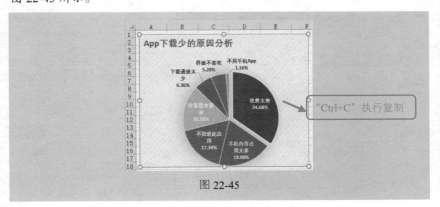

图 22-45

❷ 打开 PPT 幻灯片后，选中目标幻灯片，按 Ctrl+V 组合键执行粘贴，即可将图表应用到 PPT 幻灯片中，如图 22-46 所示。

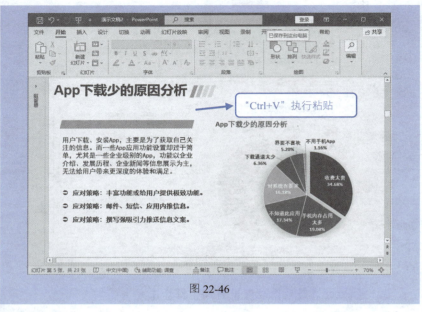

图 22-46

🔊 注意：

需要注意的是，粘贴到 PPT 幻灯片中的图表，是默认以"使用目标主题与链接数据"的方式粘贴。这种粘贴方式下，当 Excel 中的数据源发生改变时，粘贴到 PPT 演示文稿中的图表也会随之发生改变。另外，也可以直接以图片形式粘贴。